国家社科基金
GUOJIA SHEKE JIJIN HOUQI ZIZHU XIANGMU
后期资助项目

地点理论研究

Research of Place Theory

张中华 著

社会科学文献出版社
SOCIAL SCIENCES ACADEMIC PRESS (CHINA)

国家社科基金后期资助项目
出版说明

后期资助项目是国家社科基金设立的一类重要项目，旨在鼓励广大社科研究者潜心治学，支持基础研究多出优秀成果。它是经过严格评审，从接近完成的科研成果中遴选立项的。为扩大后期资助项目的影响，更好地推动学术发展，促进成果转化，全国哲学社会科学规划办公室按照"统一设计、统一标识、统一版式、形成系列"的总体要求，组织出版国家社科基金后期资助项目成果。

全国哲学社会科学规划办公室

摘　要

　　近年来，全球化带来的地点标准化建设模式对"地方""本土""民族""传统"的价值和意义产生了强烈的冲击，形成"千城一面""千镇一面""千村一面"的景观，人居环境"无地点"的特色危机不断加剧和蔓延，并不断唤起人们对"地点特色营建"的思考。人类社会的目标无非就是在人与环境之间创造一种"人心归依"的感觉，而地点理论正是从人的感觉、心理、社会文化、伦理和道德角度来认识人与环境之间关系的理论。地点建构是人居环境空间发展所关注的重要内容，是"人本化"空间营建的基本要求，也是彰显"看得见水、望得见山、记得住乡愁"的价值灵魂。鉴于此，本书从跨学科角度（哲学、社会学、城市经济学、人文地理学、建筑学、城乡规划学等）对当前诸多领域所关注的地点理论进行系统化的梳理。

　　首先，基于人文主义和现象学视角对地点的哲学渊源、现代空间相关学科研究中的地点取向等进行详细的阐释分析，对地点理论认知构成的基本概念进行界定和说明，对有代表性的地点观进行透析研究。研究注重厘清地点理论的相关概念，分析地点理论的哲学渊源、方法论以及不同学术流派的观点，并对地点性和地点感在人居环境科学体系中的功能作用进行解构性分析，提炼出人居环境科学体系的地点观构成理念。

　　其次，以城市空间为核心，以乡村空间为辅助进行地点观构成分析。在城市类型空间层面按照从总体到差异化个体的逻辑顺序，对城市总体空间、城市区位景观尊严空间、城市生活质量空间、城市遗址公园空间、城市形象空间、城市文化产业空间、城市体验型商业消费空间等进行地点观构成原理分析。在乡村空间层面，结合地点理论构成体系中的地方性知识原理进行解构分析。在对各类空间进行解构分析的基础上，系统探索各类空间发展的地点建构机制和关系规律。

最后，以实地踏勘、发放问卷等形式开展系统的实证研究，对国内外地点营建的历程进行溯源分析，总结提炼出城市可持续发展的地点营建图景，并结合城市空间总体发展、典型历史文化街区空间、传统村落空间、传统古镇意象空间进行实证解剖，进而总结出不同类型空间地点营建的现实规律和实践模式。

因此，本书对当前分散于不同学科领域，而又缺乏学科综合融贯分析的地点理论研究进行了首次系统的整合和建构性分析，对地点营建的方法、路径及对策等进行了深化研究，有助于推动中国地点理论研究的深化与创新。

Abstract

In recent years, the "place standardization" construction mode brought about by the globalization trend has caused severe impacts on the value and meaning of "place", "native place", "nation" and "tradition", and formed the sights in which thousands of cities, towns and villages are the same. In addition, the characteristic crisis, in which the human settlement environments lack the concept of place, keeps aggravating and expanding, which constantly arouses people's thinking on "construction of place characteristics". The goal of human society is to create a feeling of "human-heart conversion" between human beings and environments. Furthermore, the place theory recognizes the relation between human beings and environments from the perspectives of personal feeling, psychology, social culture, ethics and morality. As the key content focused on by development of human settlement environmental space, place construction is the basic requirement for construction of "humanized" space and the soul embodying the value that "people can see the waters, view the mountains and remember the nostalgia". Given above, the place theory currently studied by multiple fields is systematically arranged and analyzed in this book from a cross-disciplinary perspective (philosophy, sociology, urban economics, human geography, architecture and urban & rural planning science, etc.) .

Firstly, the philosophical origin of "place" and the "place" orientation in disciplinary researches related to modern space are interpreted and analyzed in details from the perspectives of humanism and phenomenology; then, the basic concepts of cognitive composition of place theory are defined and illustrated, and the representative "place values" are analyzed and studied. The research focuses on clearing the related concepts of place theory, and analyzing the philosophical origin, methodology of place theory as well as standpoints of different academic schools. In addition, the roles of place character and place sense in human settlement environmental scientific system are decomposed and analyzed, and thus the composition concepts of "place values" in human settlement environmental scientific system are extracted.

Secondly, cored on urban space and aided by rural space, the composition of place values is analyzed. On the level of urban spatial types, the composition principles for "place values" in overall urban space, dignity space of urban locational landscape, urban living quality space, urban heritage park space, urban image space, urban cultural industrial space and urban experience-oriented commercial consumption space are analyzed according to the logical sequence from overall space to differentiated space. On the level of rural space, the "local knowledge" principles in the composition system of place theory are decomposed and analyzed. On the basis of different spatial decomposition analysis, the place construction mechanisms and relation rules developed in different spaces are explored systematically.

Thirdly, a systematic empirical study is carried out in the forms of field prospect and questionnaire distribution, and the development history of Chinese and foreign place construction is analyzed; then, the vision for place construction oriented towards sustainable urban development is concluded and extracted, and empirical demonstrations are analyzed in combination of the overall urban spatial development, typical historical cultural block space, traditional rural space and image space of traditional ancient town; thus, the realistic rules and practical modes for different types of spatial place constructions are concluded.

Therefore, the current researches of place theory, which are distributed into different disciplinary fields and lack comprehensive integrated disciplinary analysis, are integrated and analyzed systematically for the first time in this book. In addition, the methods, paths and measures for place construction are studied in depth, which contributes to the theoretical and practical innovations of "research of place theory in China".

目　录

第一部分　地点理论的认知构成

第二部分　多维空间的地点观构建

第三部分　多维空间的地点营建实证

Contents

Part Two   Construction of Place Values in Multi-dimensional Space

Part Three　Empirical Demonstrations of Place Construction
**　　　　　　in Multi-dimensional Space**

第一部分

地点理论的认知构成

第一章

导　论

地理犹如一面镜子，反映着人类本身的存在与奋斗。

——美国华裔人文地理学家段义孚（Yi-Fu Tuan）

地点作为一种特殊的人工物，是由它的时间和空间、它的地形维度和它的形式、它作为一连串古代和近代事件的地点、它的记忆所决定的。所有这些主题都有一种集体特性；它们迫使我们在人与地点之间的关系上暂停片刻，并因此注意生态和心理之间的关系。

——人文地理学者罗西（Rossi）

第一节　地点理论研究的背景

一　空间的多维内涵

空间一直是物理学、数学、地理学、建筑学、城市规划学、天文学、文学乃至社会学等多个学科的重要研究对象。在西方传统中，空间问题首先由哲学来回答，现代科学兴起之后，对空间的说明似乎有了更加客观的描述方式，但人们对空间内涵的认识和理解始终处于不断变化和演进之中①。

---

① 伴随区域差异—空间分析—社会理论的发展，空间的内涵不断演进，从区域学派到空间分析，传统的空间认识使得人文地理学归属于自然科学范畴。20 世纪 70 年代以来人文地理学萌生了新的空间认识，关注空间的社会性，具有更多的社会科学的特质。参见（石崧、宁越敏，2005）对人文地理学领域空间内涵的演进分析。

（一）关于空间的哲学研究

西方哲学体系关于空间的研究，以亚里士多德、柏拉图、爱因斯坦、阿契塔（Archytas）、提图斯·卢克莱修·卡鲁斯（Titus Lucretius Carus）、高尔吉亚（Gorgias）、德奥芙拉斯多（Theophrastus）、牛顿、笛卡儿、莱布尼兹（Gottfried Wilhelm Leibniz）、柏克莱（George Berkeley）等更具代表性（刘瑞强，2014）。亚里士多德认为空间理论等于位置理论，认为空间是静止的、层次分明的、固定的、连续的。柏拉图认为元素是确定的空间结构。爱因斯坦认为空间是长、宽、深三维向度加上时间共同构成的连续体，其结构会随着处于空间中物体的质量而改变。阿契塔认为空间具有限制力量。提图斯·卢克莱修·卡鲁斯认为空间是物体的无限容器。高尔吉亚认为空间和物质是属于不同范畴的，空间是有限的。德奥芙拉斯多认为空间并非自身存在的事物，它仅是存在于事物之间并决定它们的相对位置的秩序关系。牛顿认为空间各部分的次序是不可改变的，所有事物在空间上都处于一定的位置次序中。笛卡儿的普遍扩延空间理论认为空间或内在处所与其所容纳之物质实体并没有分别。莱布尼兹的相对空间理论认为空间是事物并存的秩序，是物体间所有位置的总和。柏克莱的感知空间理论认为空间观念是人体运动不遭遇任何阻碍时所形成的，若不存在任何物体，则不可能有空间。康德的先天形式空间理论认为空间概念不由感觉对象抽出，而是这些对象的表象条件，空间是外在可感觉对象的必要条件，是先天的必要表象。毕达哥拉斯学派认为空间是一种数的限制，不具有物理上的意义，而只具有在两个物体中产生限制的作用。斯多亚学派认为空间是连续的，连续性是一种内在联结，由于这种联结，有距离的事物可以影响其他事物，这使得宇宙变成行动的场域。原子论者认为空间和物质是互补且相互排斥的，空间限制物质，空间也被物质所限制。

（二）现代科学中的空间定义

经典物理学将宇宙中物质实体之外的部分称为空间，且物理空间具有连续性、无限性、三维性、均质性、各向同性五大特点①。天文学中研究宇宙空间，指的是地球大气层之外的虚空区域。数学上，空间是指具有特

---

① 空间哲学观认为，空间具有多维的向性，经验现象学的出现使传统的几何空间观走向体验性的空间内涵。参见（童强，2011）对空间哲学内涵的系统分析。

殊性质及一些额外结构的集合，但不存在单称为"空间"的数学对象。互联网上，空间是指盛放文件或日志的地方。文学上，空间是代表目标事物的概念范围。建筑物上的空间是指由其围成或构成的"空心"体量，人能活动于（海德格尔称之为"诗意地栖居"）其间的、由具体的构件围隔而成的内外环境。随着空间的转向，近年来，哲学、社会学、地理学以及城市规划学等从各自不同的学科视角出发，使用"社会空间"一词构筑自己的思想观点，从而赋予社会空间四种核心解释思想，即：社会群体居住的地理区域；个人对空间的主观感受或在空间中的社会关系；个人在社会中的位置；人类实践活动生成的生存区域①。

（三）空间内涵的界定

综上分析可以看出，空间的定义，源自拉丁文的"spatium"，指在日常三维场所的生活体验中，符合特定几何环境的一组元素或地点②。显然，空间的客观规律涉及与生活体验相关的城市化空间、空间感知和空间的特定构成方式等问题。同时，空间还具有稳定性与变化性、秩序性与结构性、几何性与关系性、客观性与主观性、广延性与便捷性、伸张性与限制性、抽象性与具体性、社会性与人文性、均质性与同向性等特征。相对来说，地点本身具有空间的属性特征，但地点更突出地表现为城乡经济社会活动各类元素之间相互作用，个体与社会、人文与技术、历史与现实相互交织融合的复杂空间，具有容纳性、生产性、资源性、均质性、单元性、层级性、流动性、生长性、限制性等特性，是空间社会经济各类现象的承载容器及具体方位的指向③。

（四）空间的生产

"空间的生产"这个概念源自亨利·列斐菲尔（Henri Lefebvre）的《空间生产》一书。所谓"空间的生产"，是指人们赋予空间表达某种文化意义的过程，是指特定人群在所处的某一特定区域内进行社会实践

---

① 社会空间蕴含空间的社会化与社会的空间化两种重要趋向。参见（王晓磊，2010）关于社会空间的概念界说与本质特征分析。

② 日常生活中的空间是超越几何特性的空间，具有生活体验的特性，是社会性行为活动的容器，其本身也是一种社会性的产物。参见（肖毅强，2001）关于空间的现代主义意义分析。

③ 参见本书第二章对地点概念和内涵的分析。

所产生的结果。空间生产的主体是人群，人群控制了这一空间的生产，产生了社会关系和文化。西方世界很多著名的经济、人文地理学理论家如戴维·哈维（David Harvey）[1]、曼纽尔·卡斯特尔（Manuel Castells）、爱德华·索亚（Edward Soja）等都受到了这一学说的影响。国内学者叶超、柴彦威、张小林（2011）认为，空间的生产重在考察空间的象征意义，强调空间生产中的社会关系和特征的分析。哈维强调的是各种空间之间的关系，强调空间生产中的物质经验、再现方式和心理情感之间的相互建构效果（戴维·哈维著，阎嘉译，2003）。包亚明（2004）认为，空间中弥漫着社会关系，空间还是一种具有控制力、统治力的权力工具。

本书所强调的"空间的生产"是地点理论研究的哲学基础（地点的概念强调的就是一种空间的生产），意在强调人和社会在空间的生产中所扮演的角色及其所呈现的作用效能。例如，地点感的生产就是"空间的生产"现象[2]。空间的生产体现了日常现实（日常生活空间）和都市现实（将工作、私人生活和游憩的地点连接起来的路径和网络）之间的紧密联系。

二 空间的逻辑秩序

20世纪，伴随哲学、社会学、政治学、美学、物理学、地理学等学科出现高度抽象理论化的倾向，空间和时间的逻辑成为这些学科研究的核心。同时，人们通过研究发现，空间和时间之间存在特性差异，在过去100多年的空间哲学体系研究中，时间和空间并没有受到相同的对待。总体上，第二次世界大战之前的学科研究更多地集中在时间性的研究范畴之内，而20世纪诸多学科研究更多地集中在空间转向上。从诸多学者的观点中可以看出这一趋势，如伯格森（Henri Louis Bergson）和海德格尔[3]均

---

① 戴维·哈维在其《后现代的状况：对文化变迁之缘起的探究》一书中，在空间化的历史唯物主义框架内，沿着政治—经济学批判的路径，证明了"后现代主义是晚期资本主义的文化逻辑"这一命题。参见（陈磊，2014）的分析。

② 见本书第二章对地点感概念和内涵的详细分析。

③ 马丁·海德格尔（1889—1976），德国哲学家。20世纪存在主义哲学的创始人和主要代表之一。出生于德国西南巴登（Baden）弗莱堡附近的梅斯基尔希（Messkirch）的天主教家庭，逝于德国梅斯基尔希。

把时间性当作人的本质的东西，而科学哲学更是偏爱时间。马克斯·雅默（Max Jammer）认为，空间的测定可以还原为对时间的测定，时间在逻辑上优先于空间。到了 20 世纪 50～60 年代，人们开始意识到现代哲学理论过于偏重时间性而忽视空间性，于是开始思考空间的内涵。福柯①（Michel Foucault）呼吁社会理论从关注时间转向关注空间，认为我们必须批判好几个世纪以来对空间的低估。空间被当成固定的、沉寂的，相反时间却被当成多产的、富饶的（夏铸九、王志弘，2002）。福柯还认为，当今时代应是空间的时代，我们身处同时性的时代中，并处在一个并置的年代，这是一个远近的年代、比肩的年代、星罗棋布的年代，我们处在这一刻，其中由时间发展出来的世界经验，远少于联系着点与点之间的混乱网络所形成的世界经验（包亚明，2001）。后现代文化理论家弗雷德里克·杰姆逊（Fredric Jameson）则认为，现代主义是关于时间的，后现代主义则是关于空间的（弗雷德里克·杰姆逊著，唐小兵译，1997）。因此，后现代主义的兴起，极大地推动了思想家们重新思考社会日常生活空间建构的意义②。后现代主义地理学家戴维·哈维提出了"时空压缩"的观点③，认为时间消灭空间或者时间取代空间，这种空间就是地理空间，地理空间意味着地球表面的固定空间，但是在交通技术的影响下，空间变得越来越小，从而被时间所消灭。因此，也有很多学者认为，伴随生活速度的加快，地理空间的重要性不断被降低。海德格尔敏锐地观察到现代科学技术已经造成了新的时空体验，认为空间是一种社会性的建构。多年来，从亨利·列斐菲尔、曼纽尔·卡斯特等一批哲学社会学者对当代空间的哲学社会分析中都可以清晰地看出空间实践中所建构的社会深层意义和价值。这些多学科视角下的空间体验和价值研究为地点理论研究提供了空间哲学基础。

---

① 福柯是法国后现代思潮的代表人物，他强调研究方法的多元化，并在自己的研究过程中逐渐形成考古学和谱系学两大方法，以其为代表的研究对象就是知识和权力。

② 社会日常生活空间强调空间中的人的社会属性、文化属性、精神属性等。日常生活空间具有多面性，空间与人之间存在全方位的互动关系，它是人们日常生活的各种活动所占据的空间。

③ 时空压缩（compression of time and space）是一种研究因交通运输和通信技术的进步而引起人际交往在时间和空间方面变化的理论。这一理论认为，一定地域范围内人际交往所需的时间和距离，随着交通与通信技术的进步而缩短。

总体来说，20 世纪 50 年代以后空间已经成为哲学社会科学领域研究最突出的问题①。

三　空间的文化转向

我们在任何社会里都可以见到这样的情形，当人们聚集在一个特定地点（例如会场、餐厅等）的时候，处于较高地位的人总要占据宽敞、核心的位置，而地位低的人则要退居偏僻、局促的位置。这表明社会关系会投射到空间当中（冯雷，2008）。而研究社会关系的空间则属于人文社会科学的范畴。

（一）地理环境决定论

地理环境决定论认为，地理环境会对人类的体质、个性、生活方式以及政治形式等产生影响。"强地理环境决定论"者认为，地球气候、水资源分布、土壤特征等因素对民族文化特征和社会关系网络的形成起着决定性的作用。但是大部分地理环境决定论者（诸如孟德斯鸠）则认为，地理环境只是影响民族文化及社会性格的建构，不一定起决定性的作用。18 世纪的孟德斯鸠认为，地理环境对人类的影响分为三种类型：自然环境对人的生理特征的影响；自然环境对人的心理特征的影响；自然环境对法律和国家政体的影响。疆域的缩小或者扩张都会变更国家的精神（孟德斯鸠，1961）。19 世纪 20 年代，地理学者洪堡（Hunboldt）和李特尔（Ritter）开创了近代地理学。有学者认为，他们都是不同程度上的地理环境决定论者，李特尔关于地理环境决定人类的空间分布和人类活动方式的理论成为 19 世纪地理学的主流（鲁西奇，2001）。人类学与地理学有着天然的密切关系。19 世纪中期首先形成了人类学古典进化论学派，其代表人物巴斯蒂安（Adolf Bastian）把民族特质看作特殊地理环境的产物。他基于对世界各地的丰富实地考察研究，主张人类精神的一致性，把人类共同具有的基本观念称为"原质观念"（elementaigedanken），把民族特有的基本心理特征称为"民族观念"（volkergedanken）②。由于各民族各自生活的地理环境条件不

①　空间在非空间学科中的广泛应用，带动了人文与社会学科的"空间转向"，与此同时，空间学科也进行了"文化转向"。

②　原质观念必须有"真景物、真感情"；民族观念是人类基于民族，带有整个民族鲜明倾向性的较为稳定的见解和主张，它是以大文化为背景、内涵很丰富的一个理论概念。

同，因此，人类共同的"原质观念"就变成了具有地域性的"民族观念"。文化地理学者拉采尔（Friedrich Ratzel）① 以地理环境条件来解释不同民族的地域文化特征，认为各民族的多元文化是地理因素的历史长期演化而使然的（张猛，1987）。20 世纪初，美国政治地理学家亨廷顿（Huntington Samuel，P.）提出，人类文化只在具有刺激性气候的地区才能发展，他认为热带气候单调，居民生活将永远限于疲困。此后，他又提出自然条件是经济与文化地理分布的决定因素（普雷斯顿·詹姆斯著，李旭旦译，1982）。综上可以看出，地理环境决定论存在强决定论和弱决定论的差异性，从"强决定论"来看，地理环境决定了民族和社会的文化形态，而弱决定论则认为地理环境只是影响或者干扰了民族和社会文化形态。但不论哪种地理环境决定论，都承认地理环境因素和人类社会文化结构之间存在密切关联。

（二）空间的社会文化转向论

20 世纪 20 年代以后，决定论已非地理学的唯一基础，卡尔·索尔（Carl Ortwin Sauer）的文化景观论和美国的地理调节论冲击着地理环境决定论的核心思想，而地理环境虚无论、地理环境不变论以及文化决定论更毁坏了自然决定论的根基。从此，在地理学中自然环境决定论逐渐没落，文化的概念逐渐兴起。与此同时，人类学理论也发生着从地理因素向文化因素的转变。拉采尔的学生弗罗贝尼乌斯（Leo Frobennius）首次具体定义了"文化圈"的概念②，试图阐释某一区域内部的历史文化地理关系。哥雷布内尔（Fritz Graebner）进一步开展了对文化圈——地理空间中文化要素的独特复合形态的研究。其目的是通过细致的分析，确认文化要素之间的关联，从而阐释历史地理关系（冯雷，2008）。从这些特征可以看出，20 世纪的人类学研究已经从过去那种粗糙的地理区域视角转向社会和文化的空间建构视角，这为丰富地点的内涵提供了基础。

---

① 拉采尔的主要学术思想是地理达尔文主义，他认为人是地理环境的产物，但同时认为，由于有人类因素，环境控制是有限的，并把位置、空间和界线作为支配人类分布和迁移的三组地理因素。在此基础上，提出"国家有机体说"和"生存空间说"。

② 文化圈是一个空间范围，在这个空间内分布着一些彼此相关的文化丛或文化群。从地理空间角度看，文化丛就是文化圈，它涉及的地域范围比文化区和文化区域更为广泛。

四 空间的社会解构

20 世纪 70 年代以来，西方国家人文地理学的研究已经形成了综合性的理论框架，主要特征是社会问题和空间结构的集合性研究（Rediscovering Geography Committee，1997）。著名人文地理学者劳维教授与沃姆斯利教授编著的《综合人文地理学论》一书就阐释了基于人文地理视角对空间和社会空间结构耦合过程的分析。同时，在盖茨等学者所编著的人文地理学著作中，也对城市社会、文化与区域问题做出了解构性的分析研究。1999 年出版的《人文地理学核心论文集》（*Human Geography：An Essential Anthology*）也从多维视角评价了现代城市空间社会论的理论基础。总结这些学者的观点，主要集中在以下几个方面。

1. 地理学的历史与现状已成为历史性的唯物宣言，由于地理学与历史学及社会学密不可分，空间社会论已经将敏感性的地理要素和社会结构理论整合起来，集中诠释多变物质空间领域中竞争与合作的社会复杂结构特征。因此，现代地理学将空间和社会进行了更加科学合理的耦合尝试。

2. 地理学的空间研究更倾向于"有人"的视野，"无人"的空间地理学则经由物质（经济）地理学（非社会性）到空间（抽象定量）分析的地理学（本质是没有考虑人的社会行为结构特征），再到 20 世纪 70 年代兴起的结构主义地理学（将社会行为结构理论融贯到物质空间主义的分析领域），建立空间—社会融合的结构网络体系（Ley，1999）。

3. 传统地理学的空间观点从早期的"地理环境决定论"转向"物质空间结构论"再到"空间融合社会、物质与精神性要素"，空间社会论已成为"新"区域地理学研究的核心。而且在空间研究特征上也呈现三种哲学流派：一是人类生态学者用"文化感知"的"地点感"（the sense of place）或者"地点精神"（genius loci）① 来解构和认知区域地理学；二是把整个区域空间当作社会行为结构发生的媒介，区域地理是空间和社会发生耦合的现实基础；三是从经济政治角度出发，把区域看成经济社会演变的产物（Johnston，1995）。因此，新区域地理学在研究区域及空间问题上更强调空间的社会、经济、形态等"多元"的目标价值诉求。

---

① "genius loci"代表一个地方的守护神，一个地方的风气或特色。

五 空间的人文主义

（一）人文主义地理学的概念和基本内涵

人文主义理念是一种重要的哲学社会思潮。强调以人作为主体世界，尊重人的特性和身份，把人的生命和心理、思想和观点、信仰和态度等作为思考的基本切入点。段义孚以著名的哲学家伊拉斯姆斯（Desiderius Erasmus，1466～1536）和动物学家朱莉安·赫胥黎（Julian Huxlley，1887～1975）为例，指出文艺复兴时期的学者与现代科学家之间的共同点在于：他们都渴望扩展人类的个体概念。文艺复兴学者借助古典研究和希腊理想来反对狭隘的宗教神学，而到20世纪，像赫胥黎这样的科学人文主义者也认为需要摆脱宗教式的教条束缚（蔡运龙、Bill Wyckoff，2011）。著名人文地理学家段义孚先生认为，反映人文主义核心思想的学科主要是文化学、历史学和哲学，人文主义能够促进人的自我意识逐渐明了，是带有人文精神内涵和洞察力的哲学社会思潮（王兴中、刘永刚，2007）。段义孚认为，人文主义并不是要排斥科学，而是寻求多种价值路径来探寻人类生存的本质[1]。因此，以人文主义为核心价值理念的人文地理学是一种强调"人"的地理学，关联人的价值、情感及人文行为活动表现，以"人类主体"及"在世存有"为空间研究的核心，强调空间、地点和事物的社会架构。人文地理学者王兴中认为，人文主义地理学不是游离于科学之外，而是通过揭示这些事实而对科学有所贡献；在强调人类创造他们的历史故事方面，它不同于历史地理学。人文主义地理学家应该具有系统思想和哲学训练。人的经历、意识和知识是人文主义地理学所讨论的主题（黄颂杰，2002）。

（二）人文主义地理学发展史

人文主义地理学的历史较为悠久，可以追溯到1947年。当年著名的景观地理学学者赖特（Frank Lloyd Wright）引入"geography"一词，提出"地理知识"（study of geographical knowledge）的概念，认为对人类主观的理念和价值情感研究可以为其他空间研究提供必不可少的准则和知

---

[1] 人文主义是当代人文社会科学领域的重要研究方法，关注人的思想和生命，关注人的价值和内蕴的主体性，往往通过阐释人类行为活动的真实价值和意义去理解生活的空间。

识。从某种意义上来说，地理知识对生物生存是必需的，它是动物本能，各种动物都有与之相适应的地理敏感性。这种认知并不仅仅是地理学家的专长，几乎任何一种人类从事的活动都能被任意倾向的地理认知所建构。也就是说世界不是单一的，而是多元的，同一事物在不同人看来是不同的。因此，从现象角度而言，人文主义的地理知识更强调地球表面乃至空间的独特性和异质性。地理学者们在长期的地理空间建构研究中也已经意识到了"主观"研究的必要性，但是赖特的这些灵感思想一直没有得到应有的重视。一直到 20 世纪 60 年代，洛温撒尔的"重新论"及"geosophy"开始针对"外界世界"和"人脑画面"做了阐述，认为个人的经验是非常有限的，空间的地理知识，诸如距离、方位、景观等基本要素，需要经过人的社会经验、文化和媒体等各种因素的共同作用才能被观察出来，这种外部的客观世界和观察者对其理解的程度如何需要借助人文地理学家进行审视和检验。另外，英国地理学家柯克也主张采用人文主义方式对地理事物进行理解，他认为地理空间不是简单的一个"空间"或者"景观"，而是人类的活动经验、内聚力和客观物质形态综合形成的整体。一旦这个价值意义被建构，就会传承下去。而且柯克还将"地理空间"划分为现象空间和行为空间两大部分，前者是地球表面的客观物质形态实体，后者则被人类感知、觉察，并加以行为的干扰。这些看似较为分散的解释均可看作地理学家的探讨和摸索，它们间接或直接地为人文主义思潮的发展奠定了基础。

人文主义地理学的快速发展是地理学与人文主义思想相结合的结果，并不断完善。拉尔夫（Relph）、段义孚、莫塞尔（D. C. Mercer）和鲍威尔（J. M. Powell）等将胡塞尔的现象学哲学引入地理学研究中，从而有效避免了实证主义研究方法的弊端，将现象学作为一种重要的方法论。1976 年，段义孚在《美国地理学家协会会刊》（*Annuals of the Association of American Geographers*）上发表的论文中，首次使用了"人文主义地理学"的观点（于涛方、顾朝林，2000）。因此，可以看出人文主义不仅要成为一种批判性的哲学思潮，更主张以人类"在世存有"的经验、感知、情感和价值等非客观因素来研究地理空间和景观，即空间的社会人文主义建构思想（Smith，2003）。

（三）人文主义地理学的哲学基础

人文主义是一种哲学社会思潮和方法论，现象学是人文主义的灵魂和根本，通常被人文主义地理学者所采用。相对于实证主义，现象学的空间表现更关注人在空间中的主观能动性，现象学承认多元的现象世界和丰富的行为文化内涵，世界不是单一存在的客观世界，也不是统一的"假想—检验"所建构的模式，更关注描述性的"本质还原"的研究方法，从而获得空间发展的本质规律。地理学家西蒙（Seamon）认为，现象学可能会从历史、文化和人的本性角度去理解现实物质空间的本质问题，这是一种描述性的科学。现象学就是要研究人的主观情境，非常注意通过"移情"（empathy）的方式来阐释现实客观的物质具象。建筑现象学家诺伯格·舒尔兹（Norberg Schuls）称这种描述本质问题特征的方法为"地点芭蕾"①。拉尔夫则进一步针对现象学进行更多的阐释，他认为现象学的本质在于"彰显一个存在或者现象的本质和观念"。正如段义孚所认为的，地理是"人类的镜子"，揭示了人类生存及其斗争的本质，通过对景观的研究，就能了解某一社会环境下由各个因素相互作用而塑造的本质，就如同通过艺术和文学来揭示人类的生活一样（王兴中，2009）。

存在主义认为，人的真正存在往往只能阐释和说明，并不能通过客观的接触途径达到。因此，现象学和存在主义之间的差异性是较为细微的，存在主义反对理想主义，并认为现象学中包含理想主义的东西。存在主义关注人及其生活的环境，以及人的个体差异和选择的自由性。在存在主义学者眼中，一个人身份的自我肯定和确立都与环境有着密切的关系。个人所创造、所经历、所感知到的"地点"通常能够为我们提供一种"在世存有"的存在感，各种地球表面的人文景观就是一个个被创建的"传记作者"，对地点的区位关系和关联程度都在生活空间的结构网络体系中不断被记录着，一些独特地方（抑或空间、场所）的景观特质往往是和创建者的"个性特质"相关联的。人文地理学者恩特里金（Entrinkin，

---

① 地点芭蕾（place ballets）：芭蕾是一种规范的艺术、安静的艺术，通常在一定空间中表现为优雅的韵律感及丰富的剧情特征，能够吸引人的情感投入。地点芭蕾所处的空间（场所）能够让人产生地点感，这种地点感能够带来舒适感和愉悦感，例如我们生活过的家乡，我们时常接触到的街角、大树、河堤、广场等地点，人经常接触到的空间或场所往往就是地点芭蕾的空间，所以地点芭蕾探讨的就是人与地点之间的亲密关系的理论。先研究人到底需要什么，然后把人放到一个有故事的场域中，通过人与地点的互动以及人与人之间的关系演化，形成一种地方文化，进而使参与其中的人能够获得地点归属感。

1991）认为，在人文主义地理学的知识体系当中，存在主义现象学是研究的基本方法哲学，依据存在主义现象学可以解构城市社会空间的本质①。

（四）人文主义地理学的研究内容

人地关系问题一直是地理学、城乡规划学、建筑学、区域经济学等领域研究的核心主题和基本主旨，人文主义地理学也不例外，其核心是研究"人（社会）"与"地（自然、空间、环境）"之间的关系，人文主义地理学是以存在主义、现象学、行为学等多元哲学思想为基础，以"人"为核心特征的在地研究，是对地理空间通过人文主义手法进行解释和说明的研究。因此，地点和空间成为人文主义地理学研究的核心。

1. 空间

空间是地理学研究的基本单元，代表着一个结构网络，包含客观物质空间的形态结构，也有社会空间结构网络和主观意识形态的内涵。从区域范围来看，空间是一个具有共同价值和意义的范围区域，诸如行政单元空间、国土空间、社区空间、建筑空间等。因此，空间不是简单抽象的物质形态空间，而是一个在目标基础和人类意识价值上被重构后的空间，是人与地点（抑或人与场所、人与环境）之间相互联系的具体经验性的空间，通过人的感知、经验、意志和空间的具体建设或营造等多种途径所建构成的"地点"空间。人文主义地理学的基本价值诉求就是要对客观的物质形态空间进行情感和价值的关联，与传统实证主义几何空间不同的是，人文主义空间是用一个具有意义和价值中心的地点来进行度量的。

2. 地点

恩特里金（1977）认为，地点就是一个经验的空间，或者就是一个经验后的空间，空间具有情感和价值。人文主义地理学更强调对地点基础上的"地点感"（sense of place）的塑造与生产研究，进而探索地点的现实意义和情感认知价值，认为地点和地点中的人是密不可分的，地点就是一个"充满意义和价值的仓库"，孕育着地方上人的灵魂和感受。相反，在传统的实证主义地理学中，地点则是由抽象的几何物质形态空间所构成的。

---

① 存在主义现象学是对胡塞尔传统现象学的再认知、再阐释，主要集中于揭示社会空间的人类存在价值和意义。

六 空间的经济转向

20世纪80年代，伴随空间的社会文化转向，激进主义地理学与其他社会科学一道对传统实证主义地理学及区域经济学进行了进一步的批判，并达成了共识，认为全球经济的真实规模、国家的意识形态规划和地方的经验规模是联系在一起的，区域经济的研究更应关注地方的经验。因此，地方经验规模层面的空间结构和资本重组研究便成为20世纪80年代地理学研究的核心内容。

英国著名经济地理学家马西（Massey，1994）认为，传统区位理论以及坚持地理学"解释"传统的"可能论学派"都无法对20世纪60年代以来英国资本主义发展的地理变化做出合理的解释，应该集中关注资本主义空间经济转变的一般规律，尤其应针对地点独特性进行研究。在欧美经济地理学的"激进转向"或"马克思主义转向"过程中，区域地理学者哈特向所强调的"区域（地点）的独特性"重新成为研究的焦点，经济地理学领域亦开始对人们日常生活的空间（地域综合体）进行系统的研究。库克（Cooke，1998）认为，地域综合体不是简单的地方或社区，而是各种社会文化力量的总和，是个人和集体日常生活的中心。奥格纽（Agnew）等也强调地点观点在社会科学认知中的地位，并指出采用地点观点可以系统分析日常生活空间中的社会阶层差异性问题，可以使人关注地点作为一种空间情境化分析工具的独特之处，可以使人们意识到空间中的行为既是一种目的行为，也是社会结构化的产物，亦能够使人们认识到文化不仅仅对经济具有决定因素，而且反映在生产生活实践中的经济规则中（苗长虹、魏也华、吕拉昌，2011）。

上述关于区域独特性的研究昭示着经济地理学对地点及地域综合体作用的研究，把区域看成鉴别个体或地点感的中心。可见，新区域经济地理学更强调区域经济与区域重大社会经济问题的关联，更强调对区域独特性和地点特质的认识，进而推动地理学成为对社会更有用途的一门科学。20世纪80年代，地点理论的研究复兴成为新区域主义研究的新范式。20世纪90年代中期以来，为了对80年代以来经济地理学理论发展和研究视角的转变进行概括、总结和反思，一系列研究转向和不同流派的"新经济地理学"被提出并激烈争论，制度转向、文化转向、关系转向、尺度转向、地理转向、演化转向等说法不断涌现（苗长虹，2004）。进入 21 世纪，全球化和区域化已经成为空间发展的基本特质，西方新经济地理学中的"新区域主义"理论范式及其相关的一些转向虽然还处于不断的发展变化中，但是席卷国际社会科学领域的"新区域主义"运动，以其对地点、区域和全球的独特认识，以及对地方的空间管治与规划等而受到普遍关注（Passi，2002；Brenner，2013）。经过区域批判和空间解构的洗礼，在后现代主义和后结构主义哲学思潮的进一步影响下，在空间诸学科与社会诸学科的交融中，地点理论的建构必定是多元的。

第二节　地点理论研究的意义

一　理论意义

进入 21 世纪以来，城市可持续发展问题成为学术界研究的热点问题之一。早期的城市可持续发展问题主要集中在能源、资源及经济层面。近 20 年来已经开始深入城市空间发展的"地点尊严"、"地点包容"和"地点获得"等内容上，研究的核心开始转向如何维持城市可持续发展的内生动力以及社会公平、公正规划策略等层面，研究方法从关注区域层面转向关注城乡社会微观结构层面。

受新人文主义思潮的影响，空间诸学科（如地理学、城乡规划学、建筑学等）具有了社会科学的意蕴特征，并使得传统物质形态空间学科开始转向寻求与社会科学的整合，并着力揭示人和地点的空间关系。目前研究重点主要集中在地点与空间的社会特质上，包括社会与自然的融合，并用社会学的解构方式去重构城市空间问题。因此，空间诸学科的研究应在哲学基础上多元化。现在大多数学者（地理学者、城乡规划学者、建筑学家）都承认人文主义和结构主义对认识传统物质形态空间的研究相对于实证主义来说更具有说服力，也认识到了人的社会文化动因的重要性，并科学严谨地分析社会人文因子对空间（区域、世界）和地点（社会、文化、经济）的感知能力，尤其关注对城市地点区位的人本感知和文化认知体验。这样，由感知空间到行为空间，伴随社会经济和空间景观的演化，世界空间则由不同进程的"地点"空间所构成。

　　新人文主义空间观就是把人作为有思想的灵魂，进而研究由人所建构的生态空间。通过人的真实生活空间体验来说明社会空间结构内部的演化机制，并能够从机制意义上提出社会改革的对策和方法。因此，现在的城市空间研究应走向"科学的人本主义"和"人本的科学主义"。没有人文精神和关怀的科学主义是莽撞的和盲目的，没有科学精神的人文主义是虚浮的和蹩脚的。所以新人文主义空间哲学观强调"地理空间"和"人文空间"的时空内涵。新人文主义空间观倡导人对城市空间环境的基本体验，在平等获取城市空间资源、机会与实现自主的基础上向平等获取社会文化空间、实现自由和平等过渡，从物质形态空间向文化特色空间转向，从生理需求向价值诉求、尊严诉求、获得诉求、社会需求等方面深化，即满足社会空间的公正需求、文化尊严需求和价值保护需求。但关于新人文主义空间观，也出现过不同的声音，诸如：新马克思主义更强调要维护城市社会空间的地点公正机制，抵抗不公正的空间差异；新生态主义强调从文化生态多元价值介入的视角，抵制城市地点亚文化被剥夺和城市历史文化地点基因被破坏，强调保护城市珍贵的历史文化遗产；新城市主义强调平民价值的彰显，避免城市功能主义的弊端，提出"新城市主义"的发展诉求，追求"诗意地栖居"的人居环境，实施理想生活空间规划，倡导以人为核心的社区规划和生活空间氛围设计，进而提高城市日常生活空间质量，彰显城市空间规划的社区公共参与机制。

　　以上分析均不同程度地关注城市空间结构的基础单元——民生的空间单元，但没有真正解构到城市的人本公正、尊严获得、价值诉求的最小单元上，以及这些单元所建构的城市结构体系上。新人居环境的地点价值结构介入分析，即新人文主义空间观所创立的地点理论，从人的感知角度可以阐释人与地点之间的社会空间关联。因此，地点是人居环境科学理论透视城市社会文化空间结构的基本理论，该理论能够阐释城市空间发展的最小单元，表现为文化地点观、社会地点观、空间公正地点观的三维层面（王兴中，2009）。

　　文化地点观将人类的文化基因和文化共性与行为文化空间和地点的结构演变相对应，建构具有"真实想象"的人本行为文化空间结构。观点的核心在于倡导城市各类日常生活资源要素布局的微观区位体系，以地点的历史文化脉络和规律进行文化意象的建构，重构城市文化景观格局体系。

　　社会地点观对社会和空间要素进行耦合分析，纠正几何空间决定论与经济空间决定论的偏颇，以"差别和社会地位问题"的"女权主义崛起"，纠正"社会边缘群体和社区公正的关系"，将空间的行为贯彻以"要有权利必须尽义务"的法则，实现社会公平和经济繁荣发展。

空间公正地点观主要关注城市空间的社会公正性，围绕地点固有的自然区位特征和社会文化的依附特性，以地点的社会文化结构为基础，将社区意识融贯到城市社区空间的营造上，建筑"草根"、"亚文化"、"民主"及"公正"的空间正义体系。将空间的"地点再造"解构原理应用在城市日常生活空间的规划体系当中，并保障性维护空间公正的结构。

因此，将地点作为基本理论进行研究是透视城市人本生活空间结构体系公平公正、尊严获得、价值保护的必然要求。人类社会的目标无非就是在人与环境之间创造一种"人心归依"的感觉，而地点理论是从人的感觉、心理、社会文化、伦理和道德角度来认识人与地点、人与环境之间的理论，地点理论的建构性研究不仅是城市空间规划的重要方面，还是营造充满特殊"人情味"场所的基本诉求，是彰显"看得见水、望得见山、记得住乡愁"的基本价值理念。地点理论研究还处于学术争论阶段，该理念为构建公平的城市日常生活结构体系提供基础、原理和方法。

地点理论是城市空间结构创新研究的基础。对城乡空间和社会集合的研究构建了空间哲学"社会—文化转型"的基本理念，使传统的空间形态理论抛弃了物质主义论，转向社会公平价值论的讨论中（王兴中，2012）。地点理论观所追求的集空间性、物质性与精神性（社会性）为一体的社会空间的结构体系，恰好是空间研究诸学科分析其研究对象的空间载体。地点理论解构城市空间结构的体系是其他空间研究学科分析"真实问题"的理念和出发点，地点理论观30年来的研究实践，建立了解构城市空间结构体系的基本理论框架，该框架不但构成了"新"的区域——城市空间研究的核心，而且为其他分支学科的研究提供了区域或空间分析的理念出发点（Johnston, Gregory, Pratt, and Watts, 2000）。因此，对地点理论的研究和探讨成为近年来城市与乡村空间人文主义化研究的热点。

二 现实意义

从当前城乡规划学、哲学、社会科学、地理学、经济学等多学科综合角度来看，我国对地点理论的研究仍然处于起步阶段。起初主要是少数学者对地点理论进行介绍性和引进性的评价分析研究，在理论活化方面主要集中在旅游学研究领域，集中在游客的地点感和休闲旅游地的地点性研究方面。有些还采用定量化模型，诸如结构方程模型、层次分析方法等进行地点理论的建构性分析，进而探寻游客地点感的生成过程和形成规律，不仅可以丰富和发展空间研究的理论意义，而且可以丰富哲学现象学、地理学、社会学、建筑学、城乡规划学等多学科参与地点理论研究的内容，能够为空间的"人本化"研究提供科学的发展思路。当代地点理论的发展建构仍是在学习西方地理学的研究基础上起步的，如李旭旦教授的《国外人文地理学文献选译》[1]、蔡运龙的《地理学思想经典解读》[2]、王兴中的《中国城市商娱场所微区位原理》、周尚意等的《地方特性发掘方法——对苏州东山的地理调查》、唐文跃的《旅游地方感研究》等。

　　著名人文地理学者吴传钧教授在论述我国人文地理学的发展规律时强调，要研究城市的日常社会生活规律，应注重对社区（群）的行为活动空间的研究，尤其是行为地点、生活地点，包括犯罪地点等。伴随城乡规划学、城市地理学、建筑学等人居环境科学体系的日益完善，我国的空间研究表现出明显的社会化、人文化发展趋向，空间分析的"社会—文化"转向已经成为一种趋势。特别是自 20 世纪 90 年代以来，伴随我国城镇化步伐的加快，城乡空间发展的社会转型步伐也在加快，各类城乡社会问题日益凸显，迫切需要建立有中国本土特色的地点理论研究体系，尤其是要重视地点理论的原理性框架体系的建构以及地点理论应用于城乡空间的活化体系研究。应加强对城乡空间社会问题的研究，不断拓展新的空间研究领域，诸如城市和乡村的生活行为空间、城乡社会空间变迁、城乡经济空间的微观区位规律、城乡特色景观的地点营造规律、城乡建筑空间营造的"地点精神"、旅游地的地点性及游客的地点感知规律等，从而为我国新型城镇化的发展、城乡空间的可持续发展等提供支撑。

　　总体来说，地点理论是西方地理学、城市学、社会学、哲学、建筑学等

---

[1]　李旭旦先生在一生中译著无数，其中为学界所重者莫过于《人地学原理》《海陆的起源》《地理学思想史》《国外地理科学文献选译》。参见（汤茂林，2013）。

[2]　西方地理学思想经历了启蒙主义、实证主义、马克思主义和人本主义时代，目前又进入后现代主义时代。地理学思想的每一次转变都反映了环境和社会的格局和过程变化，应社会之需而生，并受当时整体学术思潮的影响。参见（蔡运龙，2008）。

多学科交叉领域研究的对象。城市空间经济的发展，带动政治、文化等社会上层建筑演进并进入后工业化发展阶段，探讨地点理论的构成（主要是地点性和地点感）及其演化规律已经成为当代城市空间哲学研究的必然产物，即表现为从地理环境空间—物质形态空间—经济区位空间—文化行为空间—社会地点空间的逐渐深入演进。通过地点理论的完善与成熟程度，可以透视我国人文经济地理学、建筑现象学、哲学、城市社会学、城乡规划学等多学科综合性发展的水平。地点理论对城市行为文化空间研究的理论水平如何，代表着当代城市学、城乡规划学、建筑学与人文地理学的前沿性水平。

第三节　我国加强地点理论研究的必要性与特殊性

一　全球与地方日益互动的紧密性

（一）地点性——空间的整体与互动

对全球化和地点性的讨论充斥当代建筑学、地理学、社会学以及城市经济学领域。在城乡发展实践及其他相关学科领域中，人们自觉或不自觉地在思考这些问题。全球化的趋势不可避免，也是不同国家和地区都会面临的现实问题。针对发展中国家而言，西方国家文化的强势传播会给广大的地方文化带来冲击，众多国家和地区，包括城镇和乡村都会为自己所在地的空间特色丧失而感到忧虑。城乡经济建设领域也是如此。一方面，全球化有利于地点性的城乡空间建设，有利于提升现代城乡空间建设的水平；另一方面，资源消耗型和土地无序规模扩张型的发展模式势必会对地方的生态环境造成极大的压力，地方的聚落文化也存在被消解的危险。正是在这样的背景下，地点性研究具有了多重的意义：不仅是对地点性的空间文化的再挖掘，同时为地点性的城乡空间功能结构、产业结构、社会结构、文化结构转型等提供了多样性视角。

地点本来是全球、国家整体中的一部分，没有任何选择置身其外的可能性，并存在于同一时空结构当中①，甚至互为条件，由于人为分割才形成二元对立。没有地点，国家就成为有名无实的空虚构造；同样，离开整

---

① 全球化和地点性之间的关系不是外部和内部的关系，它们是同一个过程。

体性的眼光,就不能发现所谓的"地点性"。只有把地点性的微观进程看作一个开放的体系,不停留在一个有限的空间范围之内,才能看到"地点性的流动和它的超越"或者"跨地点性的逻辑",才能看到地点谱系和国家乃至全球场域之间的互动和交流,才能够通过微观机制和宏观进程、内部因子和外部因子的角度充分认识当代中国城市空间结构的社会变迁过程(汪晖,2008)。费孝通先生在研究乡村的地点特性时早就注意到:我们的乡村从来都不是封闭的存在,它只是制度上的封闭,它通过"由上而下"和"由下而上"两条轨道将村庄和外面的世界联系在一起。由上而下的是国家对乡村社会文化的控制,由下而上的则是农民自己组织的通向外界的轨道(赵旭东,2007)。

只有用"整体历史"的观念去理解地域社会的历史脉络,将城市社会置于地域社会的脉络之中,才能更深刻地理解城市的故事和国家历史的关联(陈春生,2003)。这种启示就是不要把微观层面的研究对象当成一个静态的"小传统",要看到它与"大传统"或整体性的互动,甚至跨越地点性的限制,向整体性(国家、超国家)蔓延发展。因为"地点性知识"毕竟综合在一个文明单位之中,地点性的变迁也就在一定程度上作为一种典范类型能通过"自下而上"的视角解释中国社会结构的变迁(张畯、刘晓干,2011)。这表明地方与整体、传统与现代不是"你死我活""不共戴天"的关系,我们时时能看到它们继承、共生和互为张力的局面。因此,地点不是一个静止的、封闭性的概念,它不但与整体时刻互动、互融,不断地按照自身的逻辑发展,在发展中部分地丧失地点性或再构造,或者超越地点的范畴,而且时刻存在于近现代的背景下,构成现代传统的一个组成部分(黄宗智,2003)。

(二)大变局——社会文化的变迁

人类学家认为,文化变迁是一切文化的永存现象,是人类文明的恒久因素。文化的均衡是相对的,变化发展是绝对的。世界上没有也不可能有变化的"零起点",一切都在过程演变当中。而且人们更相信变迁是不可逆转、不可抗拒、不可消除的(张畯,2010)。在任何社会,都存在技术变迁、人的变迁、快速的生态变迁,以及由经济和政治模式内在的不一致和相互冲突的意识形态所导致的变迁(史蒂文·瓦葛著、王晓黎等译,2007)。文化变迁与社会变迁密切相关,也是一个动态平衡的过程。社会变迁的不同方式影响着社会中的个体和群体。一般来说，文化变迁指文化内容和形式、功能与结构乃至任何文化事项或文化特质，因内部发展或外部刺激所发生的一切变化。通常情况下，文化变迁多是缓慢积累以至于临界变化的，但在特定背景下，也可能会发生剧烈变动。社会变迁指社会各方面现象的变化，更确切地说是指社会制度的结构和功能发生的改变。而文化变迁总是与社会变迁相伴随，所以有的人类学家使用"社会文化变迁"这一说法。社会文化变迁或者可用对古希腊神话的解读来隐喻：旧神在新的共同体中寻找到自己的地位，并与新神构成某种统一体（赵玉燕，2008）。当然，有没有意识去寻求，或最终寻求的结果是怎样的，则另当别论。

二　日常生活世界中广义存在地点现象及规律

日常生活的世界包含各种具象的地点现象，人、动物、花、森林、山地、地貌、建筑、城乡聚落、气候等。同时，地点现象还包含各种无形的现象，如感觉、情感、态度、价值、品位等。这些既有的东西是人类存在的"内涵"，正如李盖尔（Rilke，2008）所言："我们日常生活中所能接触到的东西也许可以说是房子、桥、喷泉、大门、水壶、水果、树、窗户，以至于柱子、高塔等，这些勾画出了我们的生活世界。"构成人类日常生活世界的具体事物彼此之间的关系是复杂的，也是矛盾的，有些现象还是组合关系、并列关系、整体关系，抑或包含关系。在复杂的逻辑关系当中，构成日常生活中的"地点景观"即所谓的"地景"。地景的最具体说法是"地点性"，是行为和事物出现的地点，地点的存在是日常生活中不可或缺的一部分。

地点代表什么意义呢？地点不是一个区位的概念，而是由物质的客体、形态、颜色、气味和质感所构成的一个整体，是一种环境的特征和氛围，具有空间的具体本性。日常生活的经验告诉我们，不同的行为需求往往是以令人满意的方式发生的，而且存在于不同的生存环境当中。因此，城市和乡村中包含大量的特殊地点，建筑学和城乡规划学很自然地经常去考虑地点的存在。然而令人遗憾的是，建筑学和城乡规划学领域中的地点考虑经常是定量的、功能的、机械的，对地点存在的不同特质很少进行深度解析，诸如不同文化传统、不同民族背景、不同人群品性下的地点，往往具有特殊的认同性（identity）。然而现象学的出现为"地点价值"的重新思索提供了机遇。现象学被视为"空间的精神"，反对抽象化和理性化的空间构造，强调心理感知、情感价值、伦理美学视角的空间价值。海德格尔曾用特拉克（Georg Trak）的诗作《冬夜》来表达空间的生活情境，充满丰富的地点性内涵。

冬夜

窗上纷纷落下的雪罗列

晚祷钟声长长地响起

房子有完善的设备

桌子可供许多的摆设

多次流浪，不止一二回

走向门口踏上阴郁灰暗的路程

繁盛的花簇是树的恩惠

吸吮着大地的凉露

流浪汉安静的步伐走了进来

苦痛已将门槛变成碑石

在晶莹光亮的照射下，摆着

桌上的面包和酒

特拉克的诗说明了我们生活的世界，广义地存在一种地点性现象，特别是地点的基本特质（诺伯格·舒尔兹著，施植明译，2010）。更重要的是告诉我们每一种情境都有其地点性的特质。"冬夜"的描述是地点性的，"北欧"的现象也是地点性的，整体透露出"存在于生活世界"的意义①。

---

① 舒尔兹作品中透视出其对现代性中人性的关怀，即将个体的行动意义回归生活世界，关注人的日常生活归属。追溯舒尔兹所处的欧洲社会传统，其在生活中所体验的是一种现实的流亡。社会行动者在流亡现代性中面临的是原有生活家园归属感的丧失，但是在流亡的过程中其得以对抗现代性的理性社会，在此，社会行动者有着重塑家园的可能，得以在生活世界中重塑自我的生活归属，生活世界的意义得以回归到人的身上。但是舒尔兹眼中的"人"是一种理性人，其对抗现代性的可能性是存疑的，理性的人到底能否逃脱理性的牢笼束缚，这一点是值得怀疑的，因为理性人本身生活的环境也是处于高度理性的现代性之中。参见（杨国庆、张津梁，2015）。

三 全球化背景下加强地点理论研究的中国特殊性

全球化所导致的城乡"同质化"现象日益严重,"城愁何处觅""乡愁何处寻"问题日益显现。城市发展的"地点性"特色问题日益受到诸学科的研究重视。地点理论以人地关系作为研究的着眼点,探讨空间(环境)的地点性建构与人(社会)的地点感生产之间的关系。地点理论强调从结构主义和人本主义建构视角来分析,并解构人居环境的构成。著名的城市学家拉尔夫认为,在现代主义城市时代,城市被功能主义分割,空间格调单一,缺乏特色,城市建筑千篇一律地主导了全球城市,人们对城市的认知和情感变得毫无关联;在后现代城市时代,城市应是一个充满情境的空间,地点性则是城市空间精神的象征,而地点感则是人对城市空间环境感知的一种依恋情感。

21世纪中国城镇化的发展速度惊人,然而在快速城镇化进程中也出现了各种各样的城市问题,城市与乡村成为不同地点的一种拼贴图画,城市的脉络和基底正逐渐变得模糊,城市各类空间的地点性特色正逐渐消失,传统的城市经济增长方式和规划方式受到了各种挑战。一些城市在制订城市规划方案时容易忽视对地点历史文化传统与地点现实生活特征规律的综合考虑,仅仅体现为机械性、模仿性、规范性的功能组合和表达,忽视了对城市"地点性"以及城市各类人群"地点感"的关注。没有人情味、缺乏地点特色、弄不清楚自己身在何处、对城市没有归属感等城市问题日益突出,"乡愁"与"城愁"也难以寻觅。

美国城市学者乔恩·朗博士(Jon Lang)在《城市设计:美国的经验》中曾指出:"每一个地点都在向关注或使用它的人传达着其某些象征性的'地点意义'或者'场所价值'。人们因为某个地点在经历改变之后失去了他们所熟悉的特性而失落。这并不简单是'事物的震撼'的结果,而是一种感觉,那就是正在进行的建设不合时宜,它未能让人感觉到这里'属于我们自身',我们生活的空间正在失去'地点性'。"著名的空间哲学家亨利·列斐伏尔认为,城市空间的乐趣在于日常生活空间的多样性、不同的工作和娱乐空间的多种选择性等。城市规划建设应该深入思考城市日常生活空间中的环境特色和质量属性,进而创造一个更有吸引力的人居空间,不仅体现在城市空间与景观形态的特色风貌塑造上,还应体现在对城市各类日常生活空间资源及设施的可获得性、可持续性、舒适性、安全性、便利性、可识别性等特质表达上（Bridge，2006）。

因此，在全球化背景下，当代城乡规划与建设能否塑造具有地点性特征的人居环境，能否让生活在城市或乡村中的人产生地点感，则是彰显区域个性、凸显城市特色以及推进区域可持续发展的基本保证。

四　以城市空间为核心探讨研究地点理论的特殊性

美国著名城市理论家、社会哲学家刘易斯·芒福德（Lewis Mumford）在其著作《城市发展史：起源、演变和前景》中曾说过："一部人类文明史其实也就是一部城市发展史。"[①] 城市空间，几乎是人类文明史当中最伟大的创造。一部人类文明史，也是一部书写城市故事的连续剧。社会、经济、文学、艺术、科技、遗产、文化、景观等代表历史文明发展演变的各种主要元素，几乎都是在各类城市空间或场所中开展的[②]。尽管从农耕畜牧时代走过来的人类，对田园牧歌的精神怀乡已深入骨髓，尽管城市文明永远需要原野来滋养与守护，但这些都不会改变人口越来越向城市集中的趋势。同时，高度的城市化也逃脱不了物极必反的规律。如何实现人与人之间的和谐，如何使城市与环境不再互相对立而是融为一体，这些问题具有重要的意义，决定着城市化对人类到底是祸还是福。正如著名经济学家斯蒂格利茨所断言，中国的城市化问题是 21 世纪影响全人类的大事之一。中国能否走好城镇化道路，能否解决好各类城市问题将对世界发展具有重大的现实意义。

改革开放以来，中国城镇化快速发展，创造了经济的繁荣，提高了国民的生活水准，但同时城市发展也面临诸多的现实问题。对此中国政府已经形成了清醒的认识。以人为本，加快新型城镇化建设，绿色、创新、协

---

① 芒福德强调，城市发展与规划的主导思想应重视各种人文因素，不仅研究表象，还要研究源流、机理、美学、哲理等。芒福德的人文主义规划思想促使欧洲的城市设计重新确定方向。第二次世界大战前后，他的著作被波兰、荷兰、希腊等国家一些组织当作教材，培养了新一代的规划师。芒福德曾被许多英语国家的重要建筑和城市规划机构聘为荣誉成员。参见（刘易斯·芒福德著，宋俊岭、倪文彦译，2005）。

② 芒福德认为，城市是一个集合体，涵盖了地理学意义上的神经丛、经济组织、制度进程、社会活动的剧场以及艺术象征等各项功能。城市不仅培育出艺术，其本身也是艺术，不仅创造了剧院，它自己就是剧院。

调、开放、共享的发展政策被提上日程。2015 年 12 月 20 ~ 21 日在北京举行的"中央城市工作会议"上特别强调，城市是我国各类要素资源和经济社会活动集中的地方，全面建成小康社会、加快实现现代化，必须抓好城市这个"火车头"，把握发展规律，推动以人为核心的新型城镇化，发挥这一扩大内需的最大潜力，有效化解各种"城市病"。同时会议还强调，城市工作是一个系统工程，做好城市工作，要尊重城市发展规律。要统筹空间、规模、产业三大结构，提高城市工作全局性；要统筹规划、建设、管理三大环节，提高城市工作的系统性；要统筹改革、科技、文化三大动力，提高城市发展持续性；要统筹生产、生活、生态三大布局，提高城市发展的宜居性；要统筹政府、社会、市民三大主体，提高各方推动城市发展的积极性①。

本书以各类城市空间为核心，以乡村空间、城镇空间等为辅助来探讨地点理论（地点性塑造和地点感培育规律），有助于正确认识人居环境空间特色发展的实质，探寻空间特色塑造的方法论体系，进而架构基于人居环境可持续发展的地点基本价值法则和标准，引导创建一个诗意的、可栖居的、真实的、有特色的空间。鉴于此，抓住各类城市空间的地点观建构规律，就等于抓住了地点理论的核心。

1. "地点营建"之道应体现以人为本的新型城镇化思想

"城，所以盛民也。"坚持"人民城市为人民"的发展思想，推动以人为本的新型城镇化建设，这是我们做好城市规划与建设工作的基本出发点和落脚点。应充分保障人在城市发展中的地位和作用，让城市成为"诗意地栖居"的空间，营造城市归属感，塑造人的"地点感"，让人民群众生活得更加舒心、更加便利、更加幸福、更加美好。同时，还应努力推动政府、社会、市民共同参与城市规划建设和管理，尊重市民对城市空间发展的决策知情权、参与权、监督权，鼓励企业和市民通过各种方式参与城市建设和管理。

2. "地点营建"之道应遵循城市发展的历史文化规律

文化是城市发展的灵魂，是城市发展的"地点基因""地点之根"，

---

① 过去曾认为高楼大厦就是城市现代化，在苦心打造城市时，只学到了国外城市发展的表象，而人的需求才是城市建设的归结点。

而城市之魂的塑造在于对城市历史文化肌理的传承和保护。正如保罗·利库尔（Paul Klee）在《历史与真理》中所说："我们正面临着一个关键问题：为了走向现代化，是否必须抛弃使这个民族得以存在的古老文化传统？"因此，城市规划建设要充分尊重城市自身发展的历史规律，要在过去、现在、未来的发展基因当中探寻自己的地点性模式，打造自己的城市文化精神，塑造城市形象，要保护、弘扬中华优秀传统文化，延续城市历史文脉，保护好前人留下的文化遗产，尤其是那些能够彰显"地点基因"的资源环境、文化特色、建筑风格、街区肌理、历史遗迹等。

3. "地点营建"之道应利用各类城市空间进行地点感的培育

全球化背景下越来越泛滥的"无地点"现象不断唤起人们对"地点营建"的思考。正如建筑师奥乐斯·克里格（Alex Krieger）认为，创造一个不寻常的地点一直是城市规划建设的核心问题；城市景观研究学者弗莱明（Ronald Fleming）认为，地点营建是将城市公共空间赋予情感和价值标记，从而让人们能够深切体验到其与空间、时间之间的历史、文化和地理关系等，进而让人产生归属感或者地点感；城市规划评论家简·雅各布斯（Jane Jacobs）认为，街道是一个充满生机与活力的空间，人们在赖以生活的街道空间中很容易体验到地点感的存在。因此，城市规划建设应力图创造一个充满价值和情感、幸福、舒适、愉悦、富有意义的空间，这类空间通常表现为城市的各类建筑空间、街区空间、社区空间、商业空间、游憩空间、步行空间、邻里空间等。

4. "地点营建"之道应在继承地点传统的基础上寻求创新

近年来，利用地点传统文化资源或依托地点性知识而发展起来的地点文化产业，正在成为城市创新发展的积极经验。充分挖掘城市中各类传统建筑文化、历史街区文化、景观园林特质、地点特产资源、生态民俗文化、民间宗教信仰、历史地名人名等物质与非物质的地点性资源，在继承与保护的基础上，进行有效的整合利用，加强地点策划与地点营销，并使之活化成为一种地点性的新生命力，从而实现地点创新发展，这样不仅可以形成具有竞争力的地方经济产业，亦可成为培育城市地点感的重要途径。地点化的产物凝聚了地方人的生活文化特性与地区先人的智慧经验，具有明显的地域性特色。它不仅具有经济价值，更具有无形精神价值、生活归属价值及历史内涵特性等，从而有助于维系城市的地点认同感。

第四节　相关研究的界定

一　研究目的

地点理论所涉及的地点性、地点感、地点精神和地点依恋等理论单元在城乡空间建设领域具有极其重要的现实意义。本书研究的目的在于从不同语境中（国内外文献挖掘、国内外案例提取、不同学科中凝练、多类型空间中解构等）提取地点理论的核心主张，并以特定的方式阐释和解构地点。重构地点理论需要立足于全球化背景下所出现的城市、乡村、社区、建筑等各类日常生活空间现象，旨在发掘地点理论的时代属性和理论重构框架及其应用活化的维度，并尽可能结合各类空间的类型，诸如日常生活中的各类城市空间、村镇空间等进行理论性与实证性的建构分析研究，从而使地点理论重新焕发光彩。

二　研究空间类型的界定与说明

1. 理论分析层面

从空间地点观的理论建构层面来看，本研究主要以城市空间、传统村镇空间等为探讨的空间对象，系统解构各类空间地点观建构的研究现状、类型化特征以及理论模式，从而充分彰显地点观建构分析的系统理论集成。

2. 地点实证层面

由于笔者的专业研究领域主要集中在城市与区域经济、城市规划、乡村规划等领域，较为熟悉城市、乡村空间发展的现状与存在等问题，对其他类型空间的研究领域较不擅长（诸如文学想象空间更多的是文学专业领域所探讨的课题）。因此，依照笔者及研究团队成员的现有综合知识和能力，本研究重在对各类城市空间以及传统乡村空间进行深度分析。在笔者对国内外关于地点理论研究的大量相关文献进行梳理时也发现，城市空间下的各类"亚空间"具有丰富性和典型性，并充满了真实和想象，因此不同学科领域关于地点理论的探讨分析也主要以城市空间为背景来进行，甚至包括一些文学想象空间中的地点观问题的探讨，如蕾切尔·卡逊的作品

《寂静的春天》、罗纳德·勒特韦克的《文学中地点的角色》（*The Role of Place in Literature*，1984）、爱德华·卡西的《地点的命运》（*The Fate of Place*，1997）、劳伦斯·布伊尔的《环境的想象》（*The Environmental Imagination*，1995）等①。

因此，以城市中的各类空间为载体进行地点观的建构分析则是探讨地点理论本质的核心空间场域，若梳理清楚了各类城市空间的地点营建规律，也就抓住了地点理论研究的核心要点。另外，从中国城乡发展与新型城镇化建设的背景来看，当前中国城乡空间建设面临地点特色日益缺失的现实危机与问题，亟待加强对城市与乡村空间的特色化建设研究，探索可能的地点路径则是彰显中国特色、加快新型城镇化建设的重要支撑，是人居环境建设体现"看得见山、望得见水、记得住城愁与乡愁"的关键所在，也是解决中国城乡发展问题的重点所在。相对于其他类型空间而言，城市空间的地点观建构分析研究更具有研究的代表性、典型性和复杂性，是地点理论研究探讨的难点和关键点。概而言之，抓住了城市空间地点观建构分析的方法和路径对其他类型空间的研究将具有"触类旁通"的作用。

综上分析，本书主要选择城市空间为探讨对象（乡村空间作为辅助探讨对象）进行详细深入的研究，从而为当代中国城乡空间转型发展、中国新型城镇化建设提供地方智慧与路径，并丰富地点理论的研究体系。

三 典型个案选择的说明

首先，地点理论研究不仅涉及对物质形态空间"地点性"特征的分析，还涉及对不同类型地点使用者的行为文化认知规律、态度、情感和价值归属关系的相关分析。大城市因为更具有文化的多元性、空间类型的丰富性、地点内涵的异质性等多维属性特征，因此更容易成为地点理论研究所探讨的核心对象。事实上，从目前有关地点理论研究

---

① 随着生态批评不断否定和超越以往的批评模式和认知阈限，环境批评这一批评理念随之兴起，而且更加深入文学想象的生态、文化和社会蕴涵等层面，并努力在理论与实践、地方意识的生态建构及环境正义等方面寻求突破，以期重新估价文学想象的生态、文化乃至社会价值。参见（朱振武、张秀丽，2009）。

的文献来看，众多研究者也是把大城市作为地点理论分析的主要对象来进行研究的。

其次，西安作为西北地区的大城市，是十三朝历史文化古都，也是"丝绸之路经济带"上的重要城市，城市中各种类型的历史文化资源极其丰富，城市中不同功能的地点类型也极其丰富，作为西北地区的大城市，人口较为密集，城市空间中各种行为文化群体的社会异质性特征也十分明显，因此，针对其开展城市空间的"地点观"构建分析研究，不仅具有典型性，也更能体现出城市空间营建中的地点规律性和地点差异性。

最后，限于研究时间、研究经费以及研究团队的学术背景，本研究并没有针对我国其他地区大城市展开全面的实地调查分析，而是选择对西安及其周边的城市空间、乡村空间、古镇空间等进行个案的实证分析。从相关文献的梳理中亦可以看出，对于地点理论研究者来说，其更愿意选择一个较为熟悉，且在日常生活中经常体验的空间或地方作为个案分析对象，只有这样才能更加真实、客观地反映人对其所赖以生存的地点的感知和认知规律。因此，本研究最终选择西安作为主要城市空间进行实证分析，选择西安周边较为熟悉的袁家村和漩涡文化旅游古镇等作为其他类型的典型空间进行辅助性的实证分析。同时，在研究当中，本课题针对西安大城市的不同类型空间（诸如典型历史文化街区空间、典型遗址公园空间）以及周边典型的文化旅游古镇空间（诸如陕西汉阴县的漩涡古镇）、典型的传统乡村聚落空间（诸如陕西咸阳的袁家村）等进行了较为详细的实地踏勘与实证分析研究。

第五节　本研究的系统思路和方法

一　本研究的系统思路

本书对国内外关于地点理论的相关文献进行分析，并解读不同国家的"地点"生产经验，在此基础上，将人文主义理念（现象学和存在主义）的研究范式引入地点理论体系框架当中，解构不同学派（地点行为学派、地点结构学派、地点文化学派、地点社会学派、新马克思主义学派、新人本主义学派等）的地点理论构成观点，重点集中在人文主义（存在主义和现象学）理念对地点理论构成体系的建构研究上，从而形成本书的研究特色。

　　本研究从行为文化的地点性规律和人本主义空间观的研究视角切入，将存在主义与现象学的研究理念纳入地点理论的建构性分析中，阐述地点理论在各空间类型中的塑造机制和建构体系，从地点精神（即地点性的生产和地点感的塑造）角度，结合城市日常生活行为的经验和人的感知规律，解读人如何与地点互动，进而形成不同空间类型的地点感，从而建构出人居环境空间发展的地点性要素及指标体系。通过人本主义的研究方式，对城市日常生活空间中的地点及其场域中空间演化的过程做出阐释，透视各类城市空间中人与人的互动、人与地点的互动、地点认知结构、地点感、地点依恋规律以及解构地点感与地点依恋的形成过程、规律和现象。

二　本研究的系统方法

1. 文献综述方法

　　通过对国内外相关文献的梳理及分析，提取有关地点的相关理念和方法，进行综合归纳，形成系统的研究框架体系，并制定针对城市空间、传统村镇聚落空间地点观建构研究的主题和对策。

2. 人本主义法

　　从哲学现象学和人文主义视角对城市空间内涵进行系统解构。人文主义城市空间观的核心是研究"人"与"地"之间的关系，人文主义是以存在主义、现象学等多元哲学思想为基础，以"人"为核心特征的在地研究，是对城市空间进行人本主义解释和说明的研究。因此，地点和空间成为人文主义研究的核心。

3. 比较研究法

　　对不同学派、不同视角、不同学者、不同空间、不同社会背景下的地点理论及其活化应用实践进行比较分析，凝练共性原则，总结差异性规律，以便为各类日常生活空间的地点营建研究提供启示，促进以人为本的新型城镇化建设。

4. 系统分析法

　　将地点理论框架研究作为一个系统看待，分成研究基础、理论研究和实证解析等若干联系紧密又相对独立的子课题，进行深入分析，形成既有广度，又有深度的研究体系。

5. 定量模型法

例如，针对城市遗址公园空间中的地点性和地点感之间的关系规律，运用结构方程模型进行定量的验证性分析，并解释地点感形成的原因，进而为城市遗址公园空间的地点营建研究提供理论基础。

6. 解构分析法

一是对国内典型地点理论的解构案例进行系统分析，总结经验，升华观点，进而作为本研究的有力支撑；二是针对不同类型空间，诸如城市区位景观尊严空间、城市生活质量空间、城市遗址公园空间、城市形象空间、城市文化产业空间以及城市体验型商业消费空间等进行地点观的解构分析，探索总结城市空间发展中的地点观建构规律、方法和原理；三是从地点理论所蕴含的地方性知识角度对传统乡土聚落景观空间的地方性知识体系进行解构分析，从而形成以乡村空间为典型解构对象的地点观构成原理。

第六节　小结

现代空间社会学科已经取得很大的发展，现代空间研究诸学科自"空间—社会文化转向"以来，尝试运用地点微观机制的系统方法，对存在主义现象学空间及其构成单元进行探讨，建构充满真实意义和价值的地点理论体系，其建构的空间单位往往是各类日常生活空间结构中各种类型的空间。因此，对城市空间的地点理论观进行研究日益成为现代城市经济学、地理学、建筑学、现象哲学以及其他相关人文社会科学的热点。

第二章

地点理论的概念性认知

空间之音。聆听！室内如同大型乐器，聚集声音，将其放大，将其传播到其他地点……但是，不幸的是许多人意识不到所产生的声音。那种我们将其与特定室联系起来的声音，从个人角度讲，那总是首先进入我头脑的声音是童年时，母亲在厨房弄出的声响，这些声音使我快乐。

——瑞士建筑师彼得·卒姆托（Peter Zumthor）

第一节 从现象学哲学意涵说起

一 现象学中的"地点"渊源

地点理论的哲学思想基础来自现象学。现象学（phenomenology）原词来自古希腊文，意涵为一门研究表象、外观意象的学科。代表人物有胡塞尔、海德格尔、梅洛·庞蒂（Maurice Merleau-Pontly）、布兰坦诺（Franz Brentano）、舍勒（Max Sheler）、英伽顿（Roman Ingraden）、马西尔（G. Marcel）、萨特（Jean-Paul Sartre）。现象学研究发源于德国。著名的德国哲学家、现象学之父胡塞尔在 19～20 世纪发明了一种"意识性"的描述研究方法，抛弃科学的理性建构，将意识放在哲学的思考中心，用意识来解构世界现象，提出"生活世界"（lived world）① 是世界科学和哲

---

① "生活世界"是现象学对人的生存世界的描绘，它既是先验本体论层面上以感知为基础的存在结构，同时又指向实存维度中具体的历史文化世界。生活中的建筑、乡村、城市、旅游、文学、景观等都是生活世界的显现。

学的开端，任何关于世界的研究都可建立在"生活世界"的基础上（塞尔日·莫斯科维奇著，庄晨燕译，2005）。只有当客观物质世界转变成"生活世界"的时候，世界才是真实的和可感知的。海德格尔是胡塞尔的学生①，他发扬并改良了胡塞尔的生活世界观，提出了"存在主义"世界观，认为世界存在于自身，强调人的"在世存有"功能（张祥龙，1996）。海德格尔被研究者称为"绿色的海德格尔"。在中国，海德格尔关于"天、地、人、神"的观念以及"诗意地栖居"的说法更是成为当代地点理论研究最直接的理论根源（海德格尔著，陈嘉映译，1987）。此后，法国现象学代表人物梅洛·庞蒂提出了"知觉现象学"的理念，认为世界来自身体知觉的呈现，人们在观察和体验世界的时候，不应强加任何科学理性的成分，现象学的目的就是表现人类如何知觉世界表象，以及世界表象如何反映在人类的知觉世界当中。因此，梅洛·庞蒂的知觉现象学试图探讨的是科学解释之前的世界之体验的基础层次，人们需要感知世界，需要将知觉研究建立在文化的世界之上，从文化的世界还原到人们直接经验的世界，还原到从"自我"到"主体性"的建构上②。如果对现象学进行总结，大致可以把现象学划分为存在主义现象学和知觉现象学两种范式。受这两种范式的影响，在人文地理学领域、建筑学领域人们较早开展了对现象学理论的应用研究探索，在人文地理学领域更是显著。

（一）意向性理论

哲学现象学家胡塞尔认为，经验对象和对经验对象的显现是两种不同的事情，所有的经验对象都应该在意向性活动中体现出来，当从各类景观现象中概括出经验成分之后，我们发现剩下的便是经验之后的意向结构，所有的现象经验都是在意向结构中建构的。意向结构就是各种经验现象显现的基础，在意向结构中显现就是各种意义的"现象"，意向性理论就是要表明经验对象是如何通过意识的本质结构来进行显现的（余虹，1991）。现象学质疑人们在认知世界时不加反省、自然素朴的直观态度，在这种自然观点中，世界对我们来说是自明存在的实体的总体，它始终被

---

① 对海德格尔来说，现象学的现象概念指的是存在着的存在和这种存在的价值与意义。

② 梅洛·庞蒂的理论颠覆了二元论的身体观，引导人们信任并尊重身体直觉，以自身内在的统一性感知外界的自然事物，使得事物具有情感，同时身体在感知事物的时候也在感知自身，用身体经验自然，并获得更多自然的真知。

认为是一种无疑的显存（王茜，2014）。所以这个世界作为我们的实践和理论活动的普遍领域，"对我不仅仅是作为事实世界，而且在相同的直接性中作为价值世界，财产世界，实践世界而存在"（胡塞尔著，倪梁康译，2005）。也就是说，在现象学的世界当中，所有事物及其所构成的现象永远是和人对事物的感知、经验联系在一起的，只有深入了解或者洞察各种事物之间的相互联系，才能对我们的生存世界有真正的了解。中国的地理环境当中充满丰富的意向知识，如中国名山众多，为何偏偏华山、恒山、嵩山、泰山、衡山被称为五岳？其所反映的正是中国人的宇宙意向观。古代帝王在选定都城时往往认为都城周围如果有可以撑起天空的高山环绕分布，就能够保证都城的稳固和安全，所以被选定的五岳往往和都城的位置有关，而由于历代都城位置有所变动，因此历史上被认定为五岳的山是不确定的。因此，在都城选址的地理性空间格局当中，五岳不仅是一个地理事物，而且是承载着区位价值、布局规律、社会文化内涵的一种经验后的现象或者景观。人与存在的世界相互关联，并不断建构及影响着周围的世界。类似的这种地理意向现象在长安城（今西安）的布局当中体现得是非常明显的（见图 2-1）。汉长安城位于渭河以南的关中平原上，居于关中平原的中部，东有崤函天险、南有武关、西有散关、北有萧关，易守难攻，一旦东方出现变乱，便可以坐镇长安，进可攻、退可守。而且当时关中地区的气候温和，雨量充沛，土地肥沃。大禹曾经把天下的土壤分为九等，称雍州的土地为上上等。《汉书》中如此描述："始皇之初，郑国穿渠，引泾水溉田，沃野千里，民以富饶。汉兴，立都长安，徙齐诸田，楚昭、屈、景及诸功臣家于长陵。"

正如胡塞尔所言，以往我们更多讨论的是先有的自然世界，一旦我们放弃了这种自然观点，并朝向意识生活的时候，便处于一种新的认识境界，这种境界包含不确定的一般意义、个体差别意义等，这种意义是我们自己能够感知并评价的生活意义（胡塞尔著，倪梁康译，2005）。另外，在批判现代科学实证主义时，胡塞尔认为，实证主义的问题在于看不到主体与客体之间的统一关系，因而是错误的。他认为，客观世界（日常的经验的世界和高层次的知识的概念世界）是在它们本身中发展起来的它们自己的生活构造，一旦注视到这种生活，朴素的自然观就不再可能站住脚了（胡塞尔著，张庆熊译，1998）。通过以上分析可以看出，意向性理

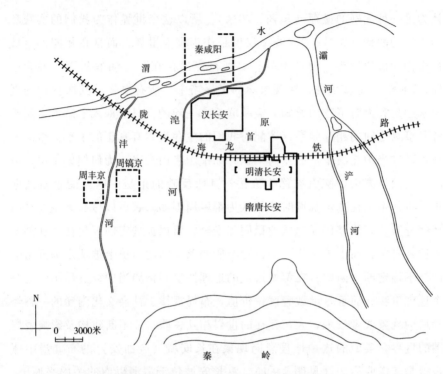

图 2-1　长安（西安）附近都城位置变迁

资料来源：笔者自制。

论是现象学当中一个重要的概念，其内涵就是一个意识活动的主体必然联系着一个意识活动的对象，即各种主体对客观自然世界经过感知、认知、经验后的一种意识性活动，或者说意向性理论主要是探讨在思维、意识层面认知主体与对象之间关系的理论。现象学正是关于"所有那些在相关的意向构造中汲取其存在的空间价值和意义的一门科学"。现象中的客观世界不只是生物机体的存活，还与生命的意义、目的、善与恶、幸福感、耻辱感、尊严感等价值判断的问题相结合。

（二）生活世界理论

在直接经验的存在层面上展现的现实就是"生活世界"。胡塞尔认为，生活世界是指通过知觉实际地被给予的、被体验到的世界，一个"在我们的具体的世界生活中不断作为实际的东西给予我们的世界"（胡塞尔著，张庆熊译，1998）。梅勒（2004）认为生活世界包含两重含义：一个是我们的日常生活世界或者称为文化世界；另一个则是作为纯粹感性经验的生活世界。第二个含义是生活世界本身就是一个结构，是一个拆除了价值、情感之后的产物。在这种拆除之后还遗留下来的东西便是一个感性知觉的世界，感受快乐和不快乐的世界，感受身体需要的世界，是一个非历史的、抽象的边界概念，是先于所有行动的、理智的、情感的和意愿的立场选择之前的人的世界，是纯粹感觉经验的世界，是被动接受的肉体享受、忍受和本能趋避的世界①。王茜（2014）认为先验层面的生活世界与物质现实性不能分离。作为一个关于现实的原初逻辑结构，它之所以能够被理解是因为它在具体的时空维度中显现自身，展现为一个个具体的历史文化世界。人只能在具体历史文化语境中生存，感知经验不可能是抽象的生理经验，而是渗透着文化属性。倪梁康（2007）认为，胡塞尔的生活世界始终具有发生—历史的特征。它是由人所建构、实践的周围世界，这个周围世界作为许多周围世界中的一个处在历史及其传统的视界之中。现实只有作为生活世界才能被恰当地理解。具有物质属性特征的城市抑或乡村中的各个事物自身（比如建筑、广场、公园、绿地等）不是现实，它们只有在一个主体性存在世界（诸如不同人的感知、认知、体验）的统摄下显现为一个整体时才是真实的现实。人对城市世界的原初感知也不是现实的景观，只有这种景观被赋予了具体的历史文化内涵或者地点价值属性的时候才能形成生活的世界②。

（三）"诗意地栖居"理论

海德格尔曾经说，世界是凡人居住的房子，并且提出了"诗意地栖居"的命题。当前城市化快速发展，人们为居住环境的恶化所困扰，气候变暖、森林减少、水土流失、空气污染等环境问题使得地球变成一个越来越不适合居住的家园。怎样才能获得一种理想的人居环境呢？房地产开发商通常会打出诱人的广告标语，以营造一种居住于自然之中的美好幻觉。"诗意地栖居"真是房子建筑在林间水畔吗？仅仅意味着在楼房的周

---

① 在梅勒看来，生活世界意味着绝对的给予性、先在性，对于我们这些清醒地生活于它之中的人来说，生活世界总是已经存在于那里，预先为我们而存在着，它是所有理论与非理论的基础。

② 生活世界原理有助于我们更好地认识城市和乡村的属性特征，那就是除了创造更好的人居环境外，还应该考虑到物质环境中各类人群的认知情感和属性价值，有助于在制定公共城市规划政策时，从人本角度考虑各类城市资源空间分配的公平性，避免产生空间剥夺。

围广植花木使小区环境更优美一些吗？或者意味着主动远离尘嚣到乡村去过一种自给自足的农耕生活吗？海德格尔对栖居的理解既不是首先从物质层面发生、为了安置身体而发生的居住，也不是纯粹对某种精神理想的追求。在他看来，栖居应当建基于存在之本质的显现，或者说栖居行为同时也是存在者的存在行为，存在者的存在正是通过栖居行为而实现的。

海德格尔对"栖居"进行了词源学的追溯，根据他的考察，"是"和"栖居"这两个动词在古高地德语中是一致的。英语里面说"I am""you are""he is"，"am""is""are"都是系动词 be，德语里说"ich bin""du bist"，"bin""bist"也是系动词，如果从词源学的角度来追溯，"bin"来自古高地德语中的"buan"这个词，"buan"则是筑造的意思，所以"ich bin""du bist"，在古代德语中是表示筑造的词，即"buan"意味着栖居。动词"筑造"即栖居的真正意义对我们来说已经失落了。"buan"这个古词不仅告诉我们筑造就是栖居，同时暗示我们必须如何来思考由此词所指示的栖居，它同时道出了栖居的本质所及的范围。在古高地德语中，"我是""你是"意味着"我居住""你居住"。"我是"和"你是"的方式，即我们人在大地上存在的方式，那是 buan，即居住（王茜，2014）。海德格尔认为，"诗意"意味着人和自然事物处于一个共同享有的意义网络中（马尔霍尔著，校盛译，2007），"存在"则意味着对由天、地、人、神四要素构成的完整意义世界的守护，并且在此守护行为中成就存在者的自生。"大地扮演着孕育者的角色，开花、结果，在岩石、河流中蔓延，植物和动物耸立在其上……""苍穹是太阳的路径，月亮变换的轨道，闪烁的星辰，一年的季节，白昼的光亮和尘埃，夜晚的阴郁和泛红，温和的和恶劣的气候，漂浮的云，蓝色的大气深渊。"在海德格尔看来，居住便是将自己安置在大地之上、天空之下。天空和大地既是自然界的客观物质具象，同时也对应着人类的行为情感，包含人类的行为空间。当人类劳作的时候，仰视天空能够获得时空流动的观念，能够洞悉世界之无限；当手捧黄土、睡卧大地的时候，能够获得生命孕育和土地承载的意涵，正是大地和天空承载与建构着对空间与时间、存在与居住的最深刻的理解。海德格尔认为大地和天空本身就充满诗意，仰望天空和俯瞰大地能够唤起人对空间辽阔的感慨、对宇宙的崇拜、对无限的知觉、对神秘的渴望，最终经由天空、大地以及对神的感知，建构起人的存在，也就是所谓的"诗意地栖居"（王茜，2014）。

挪威建筑现象学家诺伯格·舒尔兹认为，除了修建建筑物之外，"保护自然事物"也是一种重要的栖居行为（诺伯格·舒尔兹著，施植明译，2010）。许多村庄里都会有一棵大树，作为人们休闲、乘凉、聚会的地点，大树庇护树下的人们，仰头望见星辰，享受阳光的照耀而又不会有暴晒的疼痛，给他们的想象力以无限宽广的空间，围绕这棵大树所形成的空间则是一处栖居的地点，其中包含一个自然与人类共同参与的完整生命世界（王茜，2014）。人们不砍伐大树是因为要维护这种有意义的生活经验，不破坏包含生命经验的地点。环境生态美学专家艾伦·卡尔松（Allen Arvid Carlson）认为，"诗意地栖居"还应体现在"功能适合"原则上，并充分彰显在地形、领地、地点三个层面。从地形上看，建筑应该和它所处的地形及周围的环境融为一体、和谐共生，就如同从自然中生长出来的一样。比如坡地上的覆土建筑，舒缓的建筑屋顶、低矮的体量与地形坡度完美地融合在一起。从领地上看，一处符合功能适合原则的环境必然是"某些人"的环境，是人们共生存的社区及家园，带有人们谋生活动的印记，从中能够看出人类的精神成长。从地点角度看，一处融入了人的情感和记忆，能够作为情感价值中心而存在的环境也是符合功能适合原则的表现（艾伦·卡尔松著，陈季波译，2006）。因此，"诗意地栖居"并不是简单地居住在某一个地点，而是强调对这个地点产生长久的生活经验，并对这个地点及周围环境形成一种深度的意义认知，形成一种特定的领地经验或生活方式，不仅意味着居住的房子本身，还意味着能够通过居住的生存方式感知周围的天空、大地等自然环境状态，并能够与周围事物形成一种功能上的协调，并将它们完整地保存在生存世界的意义网络里，使人们能够通过自然而感悟生命的神圣与地点的深度意义。

（四）"无根感"与乡愁

海德格尔认为，当人们谈论自己家乡的时候，总是充满浓浓的深情，我们可以称之为"乡愁"。很多人在迁居城市之后对所居住之处没有任何归属感，这种现象可以称为"无根感"。这说明在人类的生活世界当中，家是一个可以"诗意地栖居"的空间，不仅是童年的成长空间，更是一个和个体的生活经验紧密联系在一起的地点。故乡的风土人情就渗透在每一个人的语言行为、思考方式、兴趣爱好以及生活习惯中，故乡是一个人内心最深处的地点情怀。

伴随中国城市化进程的快速推进，城市发展的规模与尺度日益庞大，城市群、超大城市、国际化大都市等字眼充斥在我们耳边。随着传统城乡户籍制度藩篱逐渐被破解，城乡人口流动的趋势将更加明显，现代都市人的"无根感"日益显现。各类城市在快速推进城市化的过程中也面临地域文化特色缺失、城市景观同质化的危机，使得现代人普遍为家园失落感到焦虑。"乡愁"与"城愁"话题成为近年来网络媒体热聊的话题，以至于思乡和怀旧也成为学界研究的热点（诸如城市社会学、城乡规划学、人文地理学、城市经济学等领域）。2014 年中央城镇化工作会议精神中还专门提到新型城镇化建设应体现"看得见山、望得见水、记得住乡愁"的发展要义。乡愁是人们对故乡的一种思念和怀念之情，因为故乡是出生成长的地方，但是"记得住乡愁"是否就意味着我们要重返故乡生活呢？是否意味着为了乡愁，我们要固守家园呢？是否意味着离开家园的人们就一定要经历失去家园的焦虑呢？缓解"无根感"有没有好的办法？那些优质的人居环境是不是能够缓解"无根感"？故乡作为一种充满情感和价值的地点究竟具有什么样的魅力？

梅洛·庞蒂是知觉现象学的代表人物，他从身体现象学角度来考虑，乡愁其实是一种基于身体知觉经验的情感焦虑，是一种特殊的情感体验。故乡一直在塑造并影响着人们感知世界的方式，人与生存环境长期互动和亲密接触，能够形成一种亲密的感觉、喜悦的感觉，故乡的生活世界塑造了人的内心情感和价值认同。所以对人来说，故乡不是一个空荡的地方，而是一处能够让人产生恋地情结的地点，是出生成长在此处的人与客观物质环境空间交融后的产物，是能被生活在这里的人感知到的空间，能够让人感觉到个体的生命与这一块环境是亲密在一起的，故乡的所有景物都会让每一个成长在这里的人产生一种依托感（梅洛·庞蒂著，姜志辉译，2001）。王茜（2014）认为，在乡村城市化过程中，众多的农村剩余劳动力涌入城市，但是他们首先感受到的是自己对故乡之外城市的一种陌生感，是身体与所熟悉的客观物质世界的一种脱离，其自然会对陌生的景物、异己的环境产生一种焦虑感。个人主体性的身体离开家乡适宜的生活世界而产生乏味感，就像植物离开了赖以生存的土壤很容易枯竭一样，这些知觉性的体验会让身体产生一种"无家可归"的焦虑。另外，城市规划与建设所导致的城市景观的同质化现象也是"无根感"的重要产生原因。由于激进式的建设，城市的地域文化传统被消弭了，造成了"千城一面"的景观，这样很容易让生存在城市中的人在身体知觉层面，由于缺乏象征性的价值意义而出现单调乏味的焦虑感。因此，在现代城市规划当中，规划设计方案的制定应体现城市规划公众参与的意识，不能一味地追求空间的使用效率，而忽略广大市民的身体知觉体验情感，应对一些具有历史文化内涵的遗产空间、绿地开敞空间、公共休闲空间等进行特色的表达与凸显，从而让广大市民获得一种深层次的知觉体验，进而弥补远离故乡的心灵匮乏感。不仅是城市，当前大规模推动的所谓标准化的新农村抑或美丽乡村建设也容易导致乡村特色的缺失，进而使广大乡土聚落的特质逐渐消弭，对生活在里面的人而言，也容易产生一种"无根感"。生态批评家乔纳森·贝特说："人的心灵的秩序不能脱离我们栖居的环境空间，人之心态健康与否取决于栖居的地点，我们的身份是记忆与环境共同建构的。"（胡志红，2006）当环境的某些固有特质被破坏时，人就很难获得舒适感。

是不是除了故乡之外，其他所有的地点都不能让人感受到乡愁呢？像家一样的空间环境并非只有故乡。当人在某个地点找到了他所熟悉、所感知、所向往的生活时，那么该处地点就能够塑造出一种类似"家"的"第二故乡"。诸如有很多人来到桂林阳朔西街，便选择在那里永久居住，是因为他在那里找到了心灵栖居的场所。因此，对某一处地点的依恋之情并不意味着我们一旦离开那个熟悉的地点就会产生一种"无家"般的焦虑感，相反，应当努力使我们目前所居住的地点成为一个能够承载自己的生命理想、价值体验和精神愉悦的地方，使这个地点成为我们赖以生存的场所，自身的理想和价值能够通过该地点的气味、氛围、景观、建筑、色彩和声音等充分表达，身体能够和外部的地点环境融为一体，当人与地点之间能够形成这种互为融合的感觉时，那么这个地点就变成了我们生活中的"第二故乡"。

近年来，全球化的快速推进，使乡愁成为热门的话题。乡愁更像是一种隐喻，被想念的并不只是故乡，而且是任何一个充满诗意及情感的地点。一方面，全球化使同质化现象泛滥，造成地点性消弭；另一方面，人们更渴望获得真实性的家园和栖居场所，虽然乡土性变得越来越少，但是人们对理想的、充满灵魂认同的栖居之地（人居环境）的寻觅永远没有消失。正如米切尔·汤玛斯豪（Mitchell Thomashow，1995）所认为的，全球化开放所带来的新奇、意想不到的一些感受也会使日常生活中的人能够有机会接触其他地方的家园文化风貌，能够使我们通过其他方式认知自己的家园。

总之，在今天的城乡规划建设当中，追寻乡愁已是人们面对日益同质化的危机所坚持的永恒人居价值，故乡则是被永远追寻的地方，是诗意人居环境的理想。在城乡规划建设当中，无论是规划师还是当地政府及居民，都应把对"第一故乡"的永恒信念和理想融贯到我们目前所生活的城市或乡村人居环境的营建当中去。所以，城乡规划建设意味着尽量在我们的城市或乡村努力营造一个可以被感知的自然环境，尊重城乡空间发展的历史文化脉络，并且致力于塑造其中新的文化情感价值，增加空间的经验性、感知性、情感性与价值属性等特质，应力图进行"地点重构"，使我们的城市或乡村成为一个能够承载记忆、想象、认知、情感、精神与价值的"地点"，并使人们重新建构一种"地点"意识。正如人文地理学家萨克所言："我们不能离开地点而生活，地点意识有助于解释我们生活的各个环节是如何配合的，它还说明了我们如何既是文化的，又是自然的，独立自主的。最重要的是，作为地理环境的媒介，这种意识把我们的一致集中于我们共同的目的——把地球变成一个家。"（格伦·A. 洛夫著，胡志红等译，2010）

二 现象学的发展

人文地理学开展及实践现象学的研究主要植根于对人地关系的关注上，人地关系理论是地理学研究的核心。人地关系是指人与空间（地理环境）之间相互联系和相互作用的机制（陆大道、郭来喜，1998）。人地关系不仅属于自然关系的研究范畴，也是人与各类社会环境（居住环境、经济环境、文化环境、建筑环境、景观环境等）关系的研究范畴。作为哲学方法论层面上的人地关系，"人"一般是各种社会性的人，指在一定生产方式下从事各种社会活动或生产活动的人，指在一定环境当中或地域空间上活动着的各类人；"地"则是指与人类活动密切相关的，有机自然界、无机自然界等诸要素有规律组织或结合的各类环境。这类环境一般具有地域差异性、社会多样性、文化多元性、景观异质性等特征，是在人类作用下已经改变了的地理环境，即经济、社会与文化环境的综合。人地关系理论是地理学、建筑学、环境科学、城乡规划学等诸空间（环境）学科研究的高度概括，具有空间哲学和地点哲学的意义。

人文地理学派代表性的研究学者主要有爱德华·拉尔夫和段义孚，前者的代表作是《地点和无地点性》（1976）、《地理经验和存在于世：地理学的现象学根源》（1989），后者的代表作是《地点倾向、环境知觉的研究》（1974）和《地点与空间》（1977）等。拉尔夫和段义孚后来又发表了论文《有关现象学与地理学关系之探究》和《地理学、现象学和人类性质的研究》①。在将人文地理和环境研究中的现象学方法引进建筑研究的过程中，西蒙（David Seamon）起了一定的作用。西蒙是堪萨斯州立大学建筑系教授，也是《环境和建筑现象学通讯》的主编，主要致力于行为地点学研究，并与其他人合编了《住所、地点与环境》，在其著作中主要运用地理环境和环境心理学来分析建筑空间布局的地点规律性。在建筑现象学研究领域，另外一个代表人物是诺伯格·舒尔兹，其代表作《场所精神——走向建筑的现象学》《居住的概念》《存在、建筑、空间》等深刻分析了建筑现象学及地点的构成。此后，美国著名城市设计学家凯文·林奇（Kevin Lynch）在其《城市意象》一书中也提出了运用感知、感官体验、环境心理的方式来研究城市环境，所涉及的范畴也是建筑现象学所要探讨的核心内容。地点意象观强调人对环境的心理意象或心智地图。凯文·林奇认为："一个城市的可读性，应该有容易识别的客观事物，如道路、边界、区域、节点和标志物等空间形态要素，通过人的认知，将其转换为能够为人们所认同或依附的情感元素。"（凯文·林奇著，方益萍、何晓军译，2001）

第二节　地点与 "诗意地栖居"

一　地点是天、地、人、神的集合体

海德格尔在《建·居·思》中阐述了地点、建筑和栖居之间的关系，界定了"定居"（dwelling）的概念，认为早期人们营建的目的就是定居，而定居则要有地点，人们必须在地点中停留，作为定居的营建就是作为在世的存在保留在我们日常生活经验中，而在这过程中，地点提供了可能，

① 参见（沈克宁，2008）关于建筑现象学领域相关研究观点的分析。

因此，海德格尔试图将现象学恢复到"事物自身"的本质上来。海德格尔在《人——诗意地栖居》中又一次对定居进行了更深层次的探究，认为人们应该诗意地栖居着，"有诗意的地点才能定居"，而能使我们"诗意地栖居"的是一种营建态度。营建是一种培养生长之物的营建和建造建筑的营建。海德格尔在《建·居·思》当中还提出"天、地、人、神"的思想，其本质就是天人合一、人地和谐的精神（海德格尔著，孙周兴译，2004）。也就是说，当我们谈论天的时候，其实就已经包含了地、人、神三要素，天、地、人、神是四位一体的。定居的行为当中就包含对天、地、人、神的思考，是否具有"神性"则是塑造"地点精神"的关键。海德格尔论述地点的时候是这样解读的：在事物没有出现之前，地点是不存在的，比如正是有了营建的房子才出现了地点，因为有了某个房子才出现地点。营建的房子就是天、地、人、神的四位一体，让四位一体在空间上找到聚集的地点，地点性则由这个集聚的空间来确定，并生产了地点感。因此，按照海德格尔的地点观，我们日常生活的空间就是由若干个地点构成的，所谓的建筑景观、居住景观、道路景观、商业景观……都是由成千上万个地点来界定的。而空间只有通过地点才具有了生活的特性和存在的立足点。空间是地点的容器，地点使空间具有方位属性和独特性，即使空间具有"地点性"。

二 地点是经验的空间

美国著名人文地理学者段义孚对地点的论述较为显著，他认为，空间和地点是一体的，因为具有了经验的作用，才让两者不分你我，正如当人们面对一个陌生环境的时候，空间和地点都是抽象的领域，没有什么特征的差异，但是当人们在此逐渐生活下来之后，或者经过一些活动体验之后，空间则具有了某种意义，并且具有了价值，这个时候地点就形成了，地点形成的过程就是空间的生活经验过程。人们对所在的地点产生一种安全感，抑或"恋地情结"（topophilia）①。一个人对其生活的地点所产生的

---

① "topophilia"（源于希腊语词语"地域"和"钟爱"）意为强烈的地点感，通常与一种感知相融合，即在某一人群之间的文化认同感。"恋地情结"这一概念由著名地理学家段义孚所创，意指对身处环境的情感依附，即一个人在精神、情绪和认知上维系于某地的纽带。

"家园感"也是这种空间经验作用的结果。段义孚还认为，没有经验的空间，缺乏"指向性"和"稳定性"，人们很难在此空间当中发现自我的存在，就不会产生所谓的"安全感"。因此，运用地点这个概念，使得空间具有意义，地点就是一切能够引发人们感情共鸣的空间，它组织了生活世界的意义，使人、时间和空间在多维方面发生了动态的作用，经过不断的累积、叠加产生了世界。人们在某一城市当中生活的时间、生活行为的方式和态度都会影响到一个人对地点的印象和认同。

按照海德格尔的"天、地、人、神"的四位观，段义孚的地点观其实就是在无限广阔的空间中找到一个"中心神"，"中心神"将天、地、人凝集在一起，形成了经验的中心，这个经验的中心就是"地点"。人类生活在一个具有熟悉感、温暖感、庇护感的"家"当中，这就是我们总把自己的家比喻成"守护神"的原因，家、家园或者居住地、栖居地就是一种"中心神"。当然，在我们日常生活的领域当中，类似的"中心"非常多，也就是说地点类型非常多，当我们去除了地点之后，就会发现整个世界是空旷的、无意义的、无秩序的、无价值的，也就没有了神性。故"神"存在于我们日常生活的世界当中，"神"就是经验的空间精神。段义孚还认为，地点是需要创造的，而且地点的精神也是可以传递的。地点的生成需要人的作用。当人们对某一部分空间熟悉和了解后，这个空间就转变成了地点，受制于人的经验、能力的差异，地点是有范围和大小的，而且地点是针对不同人的。地点精神的传递特性主要表现在地点具有生活经验的属性，是发送各种历史故事的地点，能够让人们产生回忆，人在知识的获取和历史的回忆当中，就会再造地点的意境。

第三节　地点理论出现的基础

一　空间诸学科思想的轮回

当前无论是发达国家还是发展中国家，都面临一个重要的议题，即如何实现社会平等和空间社会公正。社会平等包含制度、文化、经济、价值观、义务和权利等社会发展理念，而空间社会公正则是社会平等理念在空间学科当中的耦合。西方发达国家的空间社会研究诸学科（城市规划学、建筑学、地理学、城市经济学、城市社会学等）早在 20 世纪 80 年代末期就开始了针对城市空间社会公正发展的系统研究。其本质特征在于从城市空间建构视角分析城市空间中的社会平等观念，而且主要以城市社会、文化问题为导向，尤其反映在人居环境空间的营造及人本主义空间社会秩序的布局规律上。目的和导向就是创造一个充满人性和诗意的空间，这种空间理应是一种充满"地点性"和"地点感"的情境空间。这种趋势被认为是"空间的社会文化转向"态势，直接影响了当代人居环境学科的发展潮流，而且从今天的城乡规划学、建筑学等学科领域都可以窥见这种迹象，反观中国的城乡规划学、建筑学、景观学、地理学、城市经济学等空间社会诸学科的发展历程亦可以看出。传统的建筑学、城乡规划学等学科领域过分关注传统的建筑和空间形态美，而理科"达尔文"式的自然法则和工科"实践工程理性"的模式左右着学科的人本主义方向，一些城市规划学者更愿意追求空间的时间和经济效益。总结国外城市空间研究诸学科的研究历程和发展轨迹可以看出，空间诸学科的研究大致经历以下几种认知的转向。

二 空间存在主义和人本主义的转向

存在主义和现象学有着密切的关联，是广义现象学的重要内容。存在主义形成于 20 世纪 20 年代，流行于 50～60 年代，战争给人刻骨铭心的痛苦，使得哲学从对客体世界的思考转到对人的思考上。存在主义认为，人的存在不能通过认识途径达到，而只能通过阐述或说明的途径达到。存在主义关注人的本质、尊严、自由，对人的健康发展有着积极的作用。受存在主义思潮的影响，在 20 世纪 70 年代，空间诸多学科（主要是在人文地理学、建筑与城市规划学科领域以及一些社会科学内部）出现了回归人本主义的转向，主张从人的角度去探讨意义、价值、目的，这成为空间学科人本主义转向的基本内涵和目标诉求。人本主义从人自身出发，研究人的本质和自然的关系，凸显人的理性、正义、仁爱、自由、情感、欲望、权利、意志、贪婪等，从人的空间世界角度阐述问题。著名地理学家约翰斯顿（Johnston，1995）指出："人类社会只能通过人本主义的努力来表现，因为有关地点的态度、感觉、主观看法不能通过实证研究来解释。"格雷诺·奥维拉（Grano）认为："人的感知、经验、知识、行为模式及其所处的环境构成的地点是一个整体系统，这已经成为地理研究的一个基本假设前提。"（王兴中，2000）皮特（Peet，1998）认为，实证主义和人本主义地理学的差异本质在于对地点概念的认知。段义孚在其所著的《恋地情结》《恐惧景观》中认为："人本主义研究人与自然的关系，关注人们的地理行为以及人们对地点的情感和思想，而空间不是均质的，是充满人类情感的地点。"

三　空间行为主义和结构主义的转向

行为主义研究较早属于心理学领域的重要议题，此后逐渐成为行为科学的研究特征。主要包括社会行为、文化行为、行为心理、经济行为、政治行为等，这些行为可以跟空间发生关联，故可以形构成空间行为。行为主义研究方法，尤其是后现代行为主义方法强调把人的尊严、价值、文化意识、权利地位等纳入心理研究的范畴，与行为主义密切关联的是结构主义特征（王兴中，2005）。著名社会地理学家吉登斯（Anthony Giddens，Baron Giddens）提出社会学的"构造""行为""社会系统""社会实践""前后关系""结构二元性"等概念，认为社会行为总是在一定的框架内发生一种完全根据经验的联系。因此，行为是在时间、空间背景中，在社会和机制所设定的范畴中设计并制造地点。吉登斯还认为，地点就是若干带有社会活动的物理环境。在传统社会当中，地点和空间是重合的，因为社会大多数人的生活空间维度是由"在地"或"地点化"的活动支配的。现代社会不仅使时间和空间发生了分离，而且使空间和地点相脱离（安东尼·吉登斯著，李康等译，1998）。相当多的学者将行为主义和环境感知理念运用到空间和景观的研究当中，这种研究可被视为对实证主义、模型主义的"空间分析"和"客观景观"研究的反思和批评。凯文·林奇的《城市意象》和古德尔的《意境地图》推进了对地点理论的深度解构，引发对地点特色空间——购物中心、娱乐地点、开敞空间的感知研究（杨大春，2005）。

四　风水堪舆思想所反映的传统地点观

长期以来，风水堪舆思想在我国传统人居环境营造研究中占据重要地位。它是我国早期人地关系研究的代表，"风水"成为中国人内心深处的秘密，是人对地点的一种复杂情感。因此，它是中国传统"地点感"文化的缩影。同时，它也是中国传统农业社会形态结构下的一种特定"人地观"，是人对生存环境的一种行为环境认知，是人对宗族世家、乡土观念、生活场景、生产条件、自然环境等产生的持续的、稳定的心理认同，不仅具有文化内涵、情感内涵，更具建设的实用性[①]。风水堪舆学所反映的"地点性"正是风水地点理论观的直接表征所在。

传统风水堪舆思想提出过"元气自然学说""河图洛书说""天人合一说"等原理（练力华，2014）。"元气自然学说"认为，堪舆学就是研究建筑周围的山水和周边环境物体的，这些有形的物体，会散发出"气"[②]，形与气形影不离，气隐而难知，形显而易见，故可"因形察气"。"河图洛书说"认为，空间与环境具有时间和方位特征，强调"天地定位、山泽通气、水火不相射"的原理。"天人合一说"认为地理活动的出发点和归宿就是解决人与天和谐相处的问题，达到天、人、地等气场的和谐协调，上观天文、下察地理、中理人事，乃天人合一理论。在传统堪舆思想中，天人合一的表现就是将地理用在建筑上，强调必须从选址到规划设计和营造都要周密考虑天文、地理、气象等自然环境因素，也要综合考虑人和社会的环境行为感知因素，从而创造天时、地利、人和为一体的良好居住环境，从而达到"天人合一"的诗意栖居境界。地点理论所承载的是一种理性与非理性、空间形体与文化心理意象、现实与抽象、科学与情感混杂的学问，风水堪舆思想就是对理想人居环境的想象与实践，它所追求的就是一种"诗意地栖居"的地点环境营建目标。

五 由社会"公平"到空间"公正"的追索

空间诸学科的发展线索告诉我们，在城市物质空间形态结构当中，存在主义的社会形态认识论与空间文化结构是相互作用和相互依附的。城市

---

① 王其亨在其《风水理论研究》中指出："风水实际上就是集地质学、生态学、景观学、建筑学、伦理学、心理学、行为学、美学于一体的综合性、系统性很强的古代建筑规划设计的地点选址理论，它与营造学、造园学构成了中国建筑理论的三大支柱。"

② 传统环境地理学认为，气的本质是物质，可分为有形之气和无形之气，有形之气由看得见的山水、建筑和周围环境物体所发出，无形之气则由宇宙真实天星和虚拟天星所发出。相关研究认为，"山清水秀"与"山环水抱"的山水结构能够蓄积生气。

学家哈特逊（Hartshorn，1992）在《城市解析》，建筑社会学家弗瑞兹·斯蒂尔（Fritz Steele，1981）在《地点感》，地理学家段义孚（2001）在《地点与空间：经历的透视》，尔瓦内斯基（Salvaneschi，1996）在《商务地点区位论》等著作中就告诉我们，城市物质空间形态结构的效益会随着人们自身及社会存在价值观的变化而改变，即人本主义行为模式会改变城市空间结构的组织模式，对地点的行为感知和情感认同价值将反映在具体的物质空间形态建设当中。空间诸多学科的学者更喜爱用"地点"这样的空间单元来描绘人们对区域的认知以及对物质空间实践价值好坏的评判。"地点"已经成为空间社会学科研究地方的一种哲学方法论，用来解构各种日常生活空间的结构。虽然"地点"是一种解构空间的哲学方法论，但是地点观所反映的是空间研究由社会"公平"转向城市空间"公正"的社会人本主义思潮（王兴中，2012）。

第四节　现代空间规划学对新人文主义思潮的关注

当今诸学科的研究焦点是如何运用自己学科的理论和方法或者相关交叉学科的观点来阐述可持续发展的本质，尤其在城市学相关学科的研究领域，可持续发展是20世纪后期至今学术界研究全球环境问题的重要方面。20世纪60年代以前西方城乡规划学主要探讨城乡空间发展的"环境形态设计""功能主义""能源和经济效益最大化"层面，20世纪70年代以后城乡规划学界开始关注空间可持续发展与社会发展的策略方面，并且深入城市形态设计与人的社会、文化空间尊严价值方面，如"文脉主义""参与（协作）式规划""精明增长""新城市主义"等，在研究方法上也从对物质功能空间形态的关注转向对微观结构的探讨。尤其是近年来，新人文主义研究方法已经不仅是传统社会科学领域的主要研究方法，在建筑与城乡规划学科领域也已经开始逐渐得到深化，完全"实用工科主义"的思维方法逐渐走向了科学、工程设计与人本主义相耦合的方向，城乡规划学不再是纯粹的"工科主义"或"泛科学主义"。城乡规划学不能再只注重物质空间形态的设计，而应该融合科学理性、工程思维与社会价值，应该对"城市空间形态"和"地点表达"进行耦合分析，无论城市还是乡村，都是一种空间的综合体，亦是由若干"地点"构成的经验空间

（环境），因此，它们都存在着垂直和水平两种关系，垂直表达的是相同地点的不同因素通过社会、经济、生态、文化等要素耦合起来，而水平关系表达的是把不同"地点"的多种要素（物质的、形态的、社会的、经济的）联结起来，形成一种结构。

一　新人居环境视野下的城乡规划学本质论

城乡规划学的主体被当作一门人居环境科学，而人居环境科学的本质就是关注"人的地点价值及其环境的表达"，受到新人文主义思潮的渗透和影响，在工程理性的基础上强化了对空间社会尊严与文化价值的思考，实质是研究人与地点、人与环境之间的空间逻辑关系，而这本身也增强了城乡规划学的理论性和科学性。因此，新人居环境视角下的空间诸学科应该关注不同地点中的不同空间特性，应关心如何将社会价值和人的尊严理性反映在城市或乡村物质空间形体的设计中，也就是说，当代城乡空间规划应在哲学基础上多元化，应在人本主义、结构（功能主义）、实证主义、工程主义、经验主义等多维研究方法中寻求融合，应充分认识人文的重要性，还应充分分析人文情感因素如何在城市和乡村的联动机制中创造价值。这种认识的核心就是人对地点构成的认知、感知、意象能力（即地点感），以及环境的改造或设计如何表达一个地点独有的特性能力（即地点性）。这样从认识到行为，从文化理性到空间实践，伴随社会空间结构的演变，城市空间就由不同进程的地点文化空间所建构着。

总结上述观点认为，新人居环境科学视角下的城乡空间研究诸学科的本质就是研究人作为有思想的生灵，创造环境并不断在空间（环境）中表达人的情感与价值。现在的人居环境科学应该走向"科学的人本主义、人本的科学主义、人本的工程主义和工程的人本主义"，没有人文关怀的科学主义和工程主义不是一个学科所能长久的，也是盲目和莽撞的。新人居环境科学视角下的城乡规划学不但要对各类城乡物质空间形态（社区空间、商业空间、娱乐空间、消费空间、遗址公园空间、旅游空间等）进行解析，还应该对各类空间蕴含的人文时空内涵进行深度解析。

二　新人本主义解构视角下的城乡空间规划

新人本主义认为，随着城市经济社会的发展，人对城市空间或环境的认知体验，逐渐向城市空间的社会公平、自由、机会均等维度过渡，并探究如何更好地满足城市空间发展的社会公正需求、文化尊严需求以及价值保护需求（王兴中，2012）。20 世纪 70 年代以后，西方城市规划学界中的新马克思主义观点、新生态主义观点等大多是针对城市空间发展的社会公平、公正观点所展开的（朵琳·马西著，王爱松译，2013）。新马克思主义的城市观认为，城市空间规划应建立公正保障机制（如协作式规划、公共参与规划等），保障空间的机会均等，并提出城市的"时空"唯物再造（张京祥，2005）；新生态主义提出用文化价值保护的方法切入城市研究（如简·雅各布斯在《美国大城市的死与生》中的观点），尤其是新城市主义强调以人为核心的城市空间生活环境氛围设计理念，避免在城市空间营造中破坏或剥夺城市的文化生态（曹杰勇，2011）。总之，以上分析都关注城市空间发展的社会公平、公正问题，但只在城市空间研究的宏观层面，还没有真正深入最小的空间单元层面，即所谓的"地点"结构层面，以及由地点观所建构的城市日常生活空间结构体系层面。

第五节　地点理论的认知构成分析

一　地点的概念及其认知构成

地点理论综合了现象学、存在主义及心理学等方法，将人的需求、文化、社会和自然等要素加入城市物质空间形态的研究中，赋予地点意义和价值。地点的研究方法和传统的以客观物质空间形态为主的研究不同，其追求使用者的主观想象和情感认知，能够将物质空间形态的客观具象和人的抽象行为意象有机融合到一起，更加注重城市具象景观背后的深层社会文化内涵，诸如城市各类地点中所包含的人的价值、情感、身份特征及归属感等因素。

地点的概念内涵可以追溯到古代哲学家亚里士多德的相关作品。亚里士多德认为：地点或位置是关于人与物质环境之间相互关系的概念，表达的是人和空间之间的位置关联。几个世纪后，罗马开始使用"地点精神"（地点性）的表达方式，即地点为物质（环境）的区位意义。赛姆（Sime）于 1995 提出了一个与地点相关的独特论点，他认为：与空间相比,"地点"这个词蕴含了人与特定物质区位(地点)之间暂时或长期很强烈的一种情感价值关联。这种关于地点的相关论述得到建筑学和人文主义地理学等相关领域研究学者的高度重视与使用,其对相关内涵进行了进一步的深化分析。在当今关于地点理论的研究阵营当中,建筑学和人文地理学依然是研究的主流学科领域(Relph,1976;Tuan,1977;Seamon,1989)。

建筑学领域内的代表人物是诺伯格·舒尔兹,他支持和发展了地点理论,并且强调世界中人的"存在主义"特性。但诺伯格·舒尔兹的论述被赛姆批判为缺乏对任何居住在某个地点和参观某个地点的人的行为和经历的真实物质空间的分析。赛姆认为,地点是一个带有很强心理性质的概念。坎特(Canter)于1989年出版了《地点心理学》一书,将一些心理学研究成果收录到地点主题下。他认为地点是关于某些特定物质环境经验上的统一体,地点具有三个主要构成部分:"活动"、"可评估的概念化"和"物质性质"。并且他认为,"地点感"的核心主旨就是一种人对地点的情感联系。空间从地理上的概念被凝练成为具有真实意义和价值的"地点",空间从抽象几何空间转变成为"地点价值"和"地点精神"(Loureiro,2014)。

人文地理学者拉尔夫认为,地点是人和自然秩序的融合,是我们关于世界的直接经验的有意义的中心。地点的本质属性是它对人的意图、经历和空间行为的定位(order)和聚焦(focus)作用。建筑现象学家诺伯格·舒尔兹认为,地点是经验性的日常生活空间,具有清晰的边界和领域,具有形态、结构、颜色、质感、气味、氛围等景观属性特征,由人、动物、花草、树木、城市、街道、住宅、门窗及家具等组成,包括日月星辰、黑夜白昼、四季,这些景观的总和决定了地点的特质。福瑞兹·斯蒂尔(Fritz Steele)认为,地点包含空间位置、心理状态、社会价值、情感认知、价值标准等内涵,地点是人类日常生活空间中的一个空间单元。人文地理学家段义孚认为,地点包含两种内涵,即人所处的社会位置和地理区位。社会地位的研究属于社会学领域,而区位的研究则属于空间经济学领域。地点的主要意义是一个人的社会位置。因此,地点实际上并不仅仅是空间位置,也不仅仅是社会经济地位的空间索引。地点是各类文化群体积极参与城市空间营建,并深入关注城市生活世界的各种人文现象的集合,即地点是文化群体经验和愿望空间景象的具体呈现，亦是社区群体赋予社区的空间意义和价值所形塑的"存在空间"。城市地理学家普雷斯顿·詹姆斯认为，地点是一个具有人类生活背景，与价值理想、身份等级、目标职责等行为心理有着紧密联系的空间。地点暗示着拥有，建立身份，界定职业，并畅想未来。地点充满思乡和定向的生活记忆（Stăncioiu，Diţoiu，2016）。地点具有体现人类愿望的特质，是一个动态的价值空间，因时间、空间以及个人经历的变化而发生变化，人对空间环境的实践经验会让地点产生新特性。

综合上述学者的观点，笔者认为，地点不仅是一个客观的物质环境空间，而且包含物质空间形态的大小、范围、颜色、结构、位置等客观特征，又被若干个体称为一个具有"意义"、"意向"或"感觉价值"的中心，是不同人所生活的空间场域，是一个动人的、有情感附着的价值焦点，是一个令人感觉充满意义的地理空间。

二　地点理论基本概念的认知构成

（一）地点感

段义孚、威廉姆斯、诺伯格·舒尔兹（Tuan，1977，1984，2009；Williams，1992，2002；Norberg Schulz，1980）等众多学者分别从人文地理学、建筑现象学等视角探究了人存在于某一空间中的特殊在地情感，并阐释了地点充满意义（meaning of place）。认为地点感的产生往往需要具备对空间的认同感、方向感、归属感、安全感，以及要能够创造出类似"家"一样的感觉。其他相关研究也指出，成功营造出地点感是创造城市认同感的重要因素（Campelo，2013）。段义孚认为，地点感与群体所生活的（或体验的）文化空间即行为地点有着千丝万缕的联系，尽管人是具有多种感觉的生物有机体，但是文化决定人偏爱何种感觉或者偏爱何种地点。坎特（Canter）认为，地点感的创造与空间中的行为文化活动有着密切的关联，不仅暗示着空间实质环境要有地方特色，同时还要有主体人的情感价值投入。地点是人类日常生活的空间容器，是对城市进行感知和认知的场域（Josef，Ursula，Philipp，2015）。

综上所述，地点感是人对空间环境（某些地点）的一种特殊的情感归属和依恋感觉，这种情感是人与空间环境长时间互动后产生的深层关联。因人的生活经历、职业背景、性别等多种行为背景的差异性以及地点本身特性的差异性，人对地点的情感归属感也会呈现不同的深度。地点感是可以创造的，一个完整的地点感创造过程需要客观的物质空间环境、人本身的行为文化活动以及人对空间环境的意象认知。客观的物质空间环境就是人所栖居或行为活动的空间，诸如城市中的居住社区及其附属的相关服务设施；行为文化活动则是人类一切的行为活动、生活习性和生活方式等；意象认知则是人对客观物质空间环境的感觉、态度和看法等。

（二）地点依恋感

"地点依恋感"（place attachment）是地点理论体系中经常使用的概念，相对于地点感并没有较大的差异，较早属于环境心理学领域中的概念，后来旅游行为学者将其引入旅游、休闲、游憩行为空间研究中。段义孚（1976）在研究中认为，地点依恋感是指人们在认知与评价某一特定地点或环境时所产生的与其关联的一种情感归属程度，并称这种情感依恋关系犹如"对大地的迷恋"（geopiety），或是人对自然环境的一种崇拜之情。地点依恋感就是人对地点的一种深层次的地方感，是人类自身经由长期的生活行为经验和深层次的灵魂体验所形成的一种感觉中心。地点依恋具有等级层次关系，首先，经由使用者对物质形态空间的长期利用，并伴随时间的累积，形成"地点感知"，并通过"初步愉悦的地点体验"达到"长期且根深蒂固的依恋"（Ujang，2015）。国外游憩及旅游学界一些研究学者认为，地点依恋是指人对地点的一种情绪、情感以及环境使用者所抽象出的一种感觉（Williams，Patterson，Roggenbuck，Watson，1992）。

摩尔和格雷弗认为，地点依恋显示旅游者存在复杂的"恋地情结"，部分游憩者对某些特殊地点（旅游景区、荒野游憩地等）怀有尊敬、感激、回报与关怀之情（Moore and Graefe，1994）。乔根森与斯德曼认为，地点依恋是人对他们所处环境的一种认知情感（Jorgensen，Stedman，2014）。胡蒙则从社区的地点依恋视角进行分析，认为地点依恋就是人对所居住社区空间的某种依赖情感，诸如"地点情结"或者"地点认同"意义，因为在所居住的邻里之间，存在某些特殊的情感依恋关系（Hummon，1992）。而且在社区调查研究中还发现，"意义"源于人在生活社区中所经历过的个人和社会经验，包括这些个人或群体参与社区活动的水平和程度。不同的人所具有的信仰、态度、价值观、需求以及先前的经历和记忆等使传统的空间环境变得更加复杂，这些因素将共同影响主体人对地点环境的特殊情感价值。地点依恋不是一种静态的环境依赖关系，会随着主体人生活经验丰富程度的变化而变动。

通过以上分析，笔者认为地点依恋就是一种深度的地点感，尤其在体验经济学、社区心理学和旅游地理学界，学者们更强调人对环境的一种根深蒂固的依恋感觉。地点依恋因人对环境的感知及体验程度的不同而呈现由浅到深的变化过程。

（三）地点归属感

心理学者通常使用"地点归属感"（sense of belonging）来反映人对某些地点的一种心理归属情结。比如去过某个地方旅游之后，所萌发的在此地长期居住的想法，认为该地是自己最想要生活的空间。归属感是一种文化心理行为，属于文化范畴（Ning，Dwyer，Firth，2014）。一些心理学者研究认为，归属感也会因人对地点的熟悉程度、感知水平、价值标准等差异而表现出不同。因此，地点归属感与使用者和地点的空间相互作用程度有着正相关关系。现代社会是利益型社会，不是血统和（时间、空间、关系）临近型社会。但也有人提出，即使是在高度流动的社会，也有大批人口固守故土，如老人、穷人等。同时，社会的异质性抑制了城市内部的流动，无论是在生理感觉上还是在社会感觉上，直接的地点性对于个人的发展具有异乎寻常的意义。即使流动性高的个人也对故乡和出生地怀有强烈的情感（Ujang，2012）。作为日常生活行为发生的各类地点空间，因使用者在特定的时间内对其进行不同程度的感知和利用，就会产生一种情感上的归属感。

通过以上分析，笔者认为地点归属感也是一种深层次的地点感，尤其强调人与地点的深层情感关系，通过使用或者被体验，地点可以变成人真正拥有的唯一事物，就仿佛是属于自我的一件商品，火不能烧掉它，它也不会丢失被盗，来年的时尚潮流也不能使它淡薄。地点归属感是人与环境发生良性的相互作用之后，环境对人类的一种回报，同时也是人的一种身心收获。

（四）地点认同感

人文地理学家拉尔夫（1976）认为，地点认同感（place identity）可以被认定为个人与特定地点的一种关系，意指具有某种特性的人会与其所熟悉的地点之间维持一种长期的情感依恋关系，不会因为某些特殊的限制（诸如地理环境优劣的限制）而产生疏离感。

地点认同可以通过态度、价值、思想、信仰、意义以及行为的情感延伸，升华为对地点的归属感。它也可以被认为由固化在地点与空间中的"规范、行为和规则"组成的"认知结构符合体"（Proshansky，1983）。摩尔和格雷弗研究认为，地点认知是经历一段较长时间后所形成的情感与象征意义的依附，是对地点的一种满意感，是人对地点的认同，使人们觉得地点给予了生活的意义和目的（Moore，Graefe，1994）。因此，地点认同是心理层面的依附（emotional attachment），能够使人区分出"此地点"与"其他地点"的不同。社会心理学家布雷姆（Brehm）等则以"社会表征理论"① 来探讨地点认同的特征，认为地点认同就是个人所依存的群体历史与文化环境，因认同为群体的成员，并通过分享共同的历史传统、习俗规范以及集体记忆等所形成的个人对某一共同地点（空间）的归属感（Brown，Altman，Werner，2012）。

综上所述，地点认同现象的产生是人与周围客观物质空间环境长期相互作用的结果。地点认同往往是多维的空间认同，是充满多元的文化价值和意义的认同，即地点认同是人对地点认知的一种持续过程。要重构地点，首先要充分感知地点的文化内涵和属性价值，要通过积极的学习和了解，让内外不同的因素进行互动，并在此地进行长期体验，在积极的互动中形成对地点的一种情感认同。认同感是一种基本的心理现象，而地点认同感则是人对外界地点环境通过长期经验后所获得的一种安全感，也是人能否"诗意地栖居"在所属空间环境中的一种基本保障。

（五）地点性

段义孚（1977，1984）认为，空间与地点两者共同揭示了人文主义地理学的本质，而空间是抽象的、空洞的概念，缺乏实质内容；相反，地点则是由社会行为文化长期作用于自然地理空间而形成的，只有地点才是人群关注的焦点与意义的核心。通过人的居住以及对某地经常性活动的涉

---

① 社会表征作为一种产生于日常生活的社会共识性知识，被同一组织群体内部的所有成员所共同拥有，并且成为群体成员之间交流与沟通的基础。这种社会共识性的知识体系，主要源自人们的经验基础，同时源自人们通过传统、教育和社会交流接收和传递的信息、知识和思维模式。转引自（姜永志、张海钟，2012）。

入，或者通过亲密性及记忆的积累，或者通过人的意象、观念及符号等意义的赋予，或者通过充满意义的"真实的体验"和"动人的事件体验"等，传统的物质形态空间转变成为"地点"。段义孚认为，地点的营造来自外在知识的空间经验，物体可以被人为地抽象成"可意象性"，人利用自身的知识和经验可以洞悉那些具有公共符号的地点意义。因此，按照段义孚的地点观，地点是一种人本主义色彩浓厚的空间或场所。地点是建立在人与人之间互相关怀的"网络"基础上的，源于情感紧密的物质空间环境，以及意识可察觉到的环境。但是相对于复杂的地点内涵，对地点性该如何进行界定呢？

人文地理学者拉尔夫认为，地点性（locality）是一个地点区别于其他地点的独特性质，强调地点本身的空间属性特征。拉尔夫还认为，地理学通常就是关注不同地点的差异性，即各个地点的特点差异和特色定位等。人们可以通过感官感受到不同地点的性质魅力，各种感受的综合形成了不同的地点性。地点性经由人的主体创造性活动而产生，并发展成为一种地表人文现象，并且还在地表上塑造出一个区域的特色（高鑫，2007）。因此，地点性被视为特殊或值得记忆的性质，包括独特的物理特性或可意象性，或是由于地点（空间）和某些历史事件相关联而变得有情感和有价值（Johnston，Gregory，Pratt，and Watts，2000）。马西（Massey，1994）认为，地点的特殊性不是长远的内在历史过程的积累，而是由特定地点及与其联结在一起的某种关系所形成的关系网络……每个地点都是在地社会关系的独特混合焦点。

综上所述，地点性就是此地点区别于其他地点的根本所在，正如"此处"与"他处"的差异一般，是不同地理环境、社会环境、文化环境等要素分异机制制约下所形成的一种地域差异规律。但是地点性因根植于地点，而地点又具有文化属性内涵，因此地点性也是人类在地点空间中，通过日常生活经验与长期历史文化的积累与重构所形成的，即地点性不仅包含物质空间形态环境的特质，亦包含社会经济文化的内涵与属性。

（六）无地点性

地点的营造总是趋向于人和空间之间的亲密关联，并通过经验的互动产生地点性。与此相反，如果一个地点缺乏特色，或者传统的地点机理遭到了破坏，那就会产生无地点（placelessness）或非地点（non-place）的现象（Arefi，1999）。无地点常常被看成地点及地点性的对立面。无地点展示给人的是空间缺乏地点精神，带给人的印象就是"那儿不存在那儿"（there is no there there）（Matthew Carmona，2003），看似晦涩难懂的语言却表达了空间缺乏精神与特色的本质。如果一个空间无法让大多数人产生认同感，那么这个空间则是"空心化"的空间，也就丧失了"地点精神"，因此也就无法让人产生地点感（Kinder，2013）。"无地点"概念的建立和深化有助于我们更为理性地看待当今各类城市空间所存在的问题和困境，有助于解决城市的更新问题、空间重构问题以及经济产业如何活化的问题，并有助于诊断各种地点建设中的误区，通过一种地点的批判性建构，为城乡发展提供一种参考框架（Horlings，2015）。

"无地点"的概念来自《地点与无地点》（*Place and Placelessness*）一书，在这本书中，拉尔夫将"无地点"界定为"地点性特征的彻底消除或者消失"或者"统一化、标准化的城市空间景观建造"，并且他还引用了著名建筑师摩尔的观点："世界上充满着多元的'地点'，却被一种机械单一的、混乱的和无意义的建筑景观所消除了。"通过摩尔的表述，我们不难看出，在前工业化大发展时期，诸多充满地点性的空间（真实的地点）被非真实的、无地点性的建筑和景观所大量占据，地点性遭到了破坏或者被扭曲。同时可以看出，拉尔夫将空间的同质性当成一种无地点性的景观象征，当城乡和区域空间被一种均质化、统一化、无差别化的建设模式所占领时，就意味着那些地方的、民族的、特色的、可识别的空间景象消失了，城市的整体特色也将会消弭。在拉尔夫看来，地点所缺失的"意向深度"（intentional depth）导致了无地点性的产生（Cai，Hanlin，2016）。因此，无地点及无地点性不仅意味着空间丧失了多样性的文化景观，还意味着那些充满价值和意义的地点消失了，进而导致地点感的消失。布鲁曼（Kent Bloomer）与摩尔在其合著的《身体、记忆与建筑》（*Body，Memory，and Architecture*）一书中，将无地点和无地点性比喻成为城市空间肌理的消失以及现实的地点文化危机。正如他们所言："我们的公共环境面临的最大威胁是各种空间不属于我们任何人，既非公也非私，既不舒适也不令人兴奋，甚至不安全，无地点感在侵蚀着城市的各类公共空间领域……包括从我们社区中消失的人、想象力与环境之间潜在的空间交流行为。"

（七）地点理论

综上所述，可以对地点理论的概念和内涵进行系统的归纳和总结。本书认为，地点理论以人地关系为研究的着眼点，强调从结构主义和人本主义建构视角来探讨空间（环境）的地点性建构与人（社会）的地点感生产之间的关系规律。地点将作为解构城乡空间结构的基本单元，通过客观物质环境的地点性基因表达规律与人的地点感意象生产规律进行城乡空间结构模式的解构。

第六节　代表性的地点理论观透析

地点有时候被称为"场所""所在"等，在人文地理学领域，它是一个极其重要的概念。地点理论源于存在主义现象学和人文主义哲学方法论，通常指的是某个有着特殊经验的地点或空间，空间因为植根于永恒的精神，或者蕴含丰富的行为经验而形成地点。因此，地点是地球上普遍存在的经验空间。地点理论不仅对人文地理学产生重要的建构作用，同时对哲学家与建筑学家对空间的认知产生重要的影响，如著名哲学家海德格尔的相关著作以及法国加斯东·巴舍拉的《空间的诗学》（*The Poetics of Space*）等就体现了这种影响①。

一　段义孚的地点观

（一）对段义孚的评价

段义孚是美国当代华裔地理学家，美国人文主义地理学创始人。迄今为止，段义孚发表论文 100 余篇，著作 20 余部。1976 年 6 月，段义孚在《美国地理联合会会刊》上发表论文《人文主义地理学》，首次使用了"人文主义地理学"（humanistic geography）这一说法。这篇文章成为人文主义地理学的标志性学术作品，后被广泛引用，段义孚本人由此被称为"地理学大师"。段义孚称自己研究的地理学为"系统的人文主义地理学"。其代表著作有《恋地情结对环境感知、态度和价值的研究》

---

① 《空间的诗学》初版于 1957 年。在现代主义晚期建筑文化快要窒息的氛围中，此书从现象学和象征意义的角度，从地点价值视角对建筑展开了独到的思考和想象。

（*Topophilia：A Study of Environmental Perception，Attitudes，and Values*）、《经验透视中的空间与地点》（*Space and Place：The Perspective of Experience*）、《撕裂的世界与自我群体生活和个体意识》（*Segmented Worlds and Self：Life and Individual Consciousness*）、《控制与爱：宠物的形成》（*Dominance and Affection：The Making of Pets*）、《逃避主义》（*Escapism*）等①。

（二）段义孚的地点观

1. 地点的希望和困惑

段义孚在《经验透视中的空间与地点》一书中对地点的空间范围进行了诠释："地点有大有小，小到一把舒适的扶手椅，大到整个全球。人的家乡是一个具有重要情感价值的地点，或者处于城市，或者位于乡村，可以养活一群人的生活，人对自己的家乡都充满着一种深厚的感情，因此家就是地点，地点就是家中的老宅基地或老邻居。"关于家园，段义孚在后来的《我是谁》一书中进一步进行了分析，认为家园的空间范畴已经超出了城镇、社区、家和居所的范围，是一个有意义的空间中心，这个空间中心承载过呵护和养育之情，非空间范畴所能限定。他在论述中称，一个母亲就可以成为一个具有家的内涵的地点，母亲就是婴儿在外玩耍之后回归的地点；地点的另外一个内涵则是地点并不像一般空间那样具有具体的位置或方位，地点不一定要固定位置，就像在船长的带领下，行驶在大海中的巨轮就是一个地点②。可见，在段义孚的地点观中，地点不一定是具体的空间或场所，地点可以是某一个人物，或者某一个角色，或者某一个事物，或者某一类事件，地点是一个意义或价值的中心。地点可以是具象的空间，也可以是虚拟的空间，也可以是非物质的存在形式，如文学、影视剧、舞蹈等。段义孚还认为，好的地点是好的生活的基础，地点不仅是有形的物质空间结构，还是人类社会群体的形象缩影，能够塑造丰满的人际关系，展示人类的诉求与争鸣。好的地点与好的生活具有关联性，比如阳光灿烂的天气总是能给人们带来轻松惬意的体验一般，好的地点不仅可以给人带来美感，也有利于人的健康。

---

① 参见（宋秀葵，2011）对段义孚人文主义地理学生态文化思想的详细研究。
② 在段义孚看来，地点不是一个空间的范畴，是一个充满"家"一样的味道的情感词语。在段义孚的观点中，凡是有价值的中心和存在都可以被称为"地点"，包含休息的地点、繁衍的空间、储存的实物等。

　　从段义孚的地点认知来看，地点与传统空间概念的差异在于地点可以使人具有安全感和稳定感，还包含空间的精神和价值意义。地点具有"共同体认同"（communal identity）的内涵①，是人身份统一的源泉。地点给人提供一种安居的氛围，具有清晰的方位，能够被大多数人所识别并认可。如果空间缺乏安全感或方位感，则会让人感觉到"身无定处"。段义孚曾借用拉尔夫的话来表达他所认为的地点意义："我们想知道我们自己是谁，知道我们自己处所的位置，更希望自己能够被社会所接纳，以及想在地球上某个地点建造一个舒适的家。"段义孚认为，一个地点的清晰程度影响在这个地点生存的人的人格健全程度。从生物生态上看，我们需要营造一个具有完整性的地点，人需要一种稳定感，这种稳定感的获得跟一个稳定的地点空间是相关联的，时间看似是静止的地点，是一个可以回归心灵的地点。在段义孚看来，地点的稳定性可以通过人的自我意识来表征。他用家的概念来解释"什么最有资格被称为地点"。理想的家就是一个稳定的场域，人总是在离开家乡后希望看到自己的家乡永远保留当年自己生活过的痕迹，如果我们曾经生存过的家园被破坏，我们就会感觉自身的稳定感遭到了破坏，我们的人格成分就会丧失。由此看来，在段义孚对地点的诠释中，家是一种最为稳定的地点情感，人的自我意识会随着对家的意识的增强而增强。除此之外，段义孚还认为，许多类似家的能够使人获得稳定感或美好感的事物也能够让人产生自我意识，如人手中能够紧握的物体，能够让情侣相互倚靠坐在公园中的长椅等，这些事物能够给人以幸福感和亲密感，还有什么能够比这些切合实际的地点更让人感觉幸福呢？如果我们经常与这些亲切的事物擦肩而过，而去追逐一些不切合实际的事物，我们最终会产生失落感（段义孚著，周尚意、张春梅译，2005）。在段义孚看来，稳定是地点最基本的特征。产生地点之前我们必须先获得一种稳定感。打破常规，突破自己熟悉的领域可能会把人推向疯狂的边缘。但是，如果我们沉溺于熟悉的地点，则意味着被束缚，长期的"安分守己""固定在一个地点"可能会使人产生一种耻辱感，意味着无

---

① "共同体认同"是一种与历史文化变迁相关，根植于人类深层意识的心理建构，唯有通过客观理解每一个独特的地点形成的历史过程与机制，才可能寻求共存之道，寻求不同地点之间的和平共存之道。

能或拘束。所以段义孚本人对地点持有一种矛盾的态度，认为地点具有积极和消极的双重作用。

2. 地点与空间的差异

段义孚认为，地点和空间之间存在差异，地点更具有单纯性，而空间更具有多元性，地点和空间之间存在着辩证运动以及附加给人的生存意义和价值①。他一直认为，人们的日常生活经验就是贯穿于地点和空间当中的辩证运动，人和地点以及人和空间之间存在着相互作用、相互联系的关系。空间被限定范围，并被人性化为地点。地点相对空间来说具有了安全和行为价值的中心功能。人所生活的地点就是价值的中心，但是地点需要空间来支撑。在空旷的空间中，人会渴望得到地点的安全感，在封闭私密的地点则可能会渴望空间的空旷感。一个身心健全的人更希望得到自由和限制感，地点是限制的，而空间则是开放的。一个坚定而又具有完整人格的人需要的是一个动与静、变化和稳定相结合的地点（Tuan，1986）。因此，地点和空间之间相互交替，持续变化着，并因个性和文化的差异而变动。段义孚认为，"要想创造好的、丰富的生活经验，那就不能局限于地点的直接经验"。美好的生活需要有个性化地点的出现，需要运用丰富的经历来充实地点，要能既体会到地点的稳定感，又能够享受到地点的自由和变化。无论是稳定还是自由和变化，对人来说都是极其重要的，在向往空间之前，我们要先获得一个地点的生存感和稳定感。一个人在成长的过程中无论喜不喜欢自由，一般都不会拒绝成长。对一个正在成长的人来说，创造一个有价值的生活中心是成长的基本标志，也是内心世界的无限延伸，否则失落的灵魂会经常徘徊于家和社会、地点与空间之间。除此之外，段义孚还认为，地点精神和空间自由是一种相互作用、相互联系的整体，空间的自由建构离不开地点的安全感、私密感和存在感。相反，由于家的存在以及地点的局限，人们向往更加自由的空间，想去追求、去冒险、去探索，地点的存在促进人对自由空间的追索。同时，对于大部分冒险者、开拓者来说，自由空间是其目标，但是家或地点则是他们必需的安全基地。从行为认知上来说，正是由于我们拥有家（地点）的存在感，我们才向往那些更具有异地荒凉特征的空间（Tuan，1993）。

---

① 参见（宋秀葵，2011）对段义孚人文主义地理学生态文化思想的详细阐释。

段义孚认为，一个健康成长的人应该清楚空间和地点之间的关系，并倡导通过教育培养的方式来启发人了解地点和空间的区别（Tuan，1991）。比如，通过家的教育，人们可以更为清晰地意识到需要设置家和外界的界限，这样才能获得空间自由感。合格的人性应该在社区、家、街区或家乡等存在的空间中形成。即使是一个逃避约束的人，其在空间中自由探索的目的最终也是创建自己的生活范式，最终依然是创建一个以自我为中心的价值体系①。因此，段义孚认为，地点和空间其实并没有严格的界限，而是相互转化、相互包含的关系，自由的空间中会存在地点，如登山爱好者在冰川中安营扎地，所创建的营地虽然是家外之家，但是相对于空旷的冰天雪地，营地被包含在自由的空间中，并形成一种短暂的地点亲切感之美。

二　爱德华·拉尔夫的地点观

（一）关于地点的阐述

爱德华·拉尔夫在《地点与无地点性》一书中认为，在我们的日常生活中，地点既非独立的经验，亦非可以用地点或外表的简单描述所能定义清楚的个体，而是在场景的明暗度、地景、仪典、日常生活、他人、个人经验、对家的操心挂念，以及与其他地点的关系中被感觉到②。谈到时间与地点的关系，拉尔夫认为，虽然地点具有一种无形的性质，且依时间而变，是一个复杂的概念，但要紧的是地点有一个物理的、可见的形式——地景。就好像每个人自小至老表现出来的个性与独特性，哪怕经历了许多外在变化，特殊地点的同一性仍能维持，因而有一种内在的、隐藏的力量。地点经过时间而改变的特质，当然与建筑物及其地景的改变有关，也与我们态度的改变有关，而且在一段长时间的离开之后形成，似乎含有一种戏剧性。换言之，地点特质的持续性，明显地与我们经验的改变和自然的改变两者有关，而增强了对那些地点的联想及附属的感觉。再者，"时间常是我们地点经验的一部分，而这些经验必定和流动性与连续

---

① 参见（宋秀葵，2011）对段义孚地点生态思想的详细阐释。
② 美国地理学者苏珊·汉森在其《改变世界的十大地理思想》一书中认为，"地点感"思想是改变世界的十大地理思想之一，书中对爱德华·拉尔夫的地点观进行了论述。参见（苏珊·汉森著，肖平等译，2009）。

性有密切关系。地点自身是'过去的经验、事件'和'未来的希望'的当前表现。不过，地点的本质并不在于永恒性或穿越时间的连续性"。当谈到人类群体与地点的关系时，拉尔夫提到："人们就是他们的地点，而地点就是它们的人们，它们虽然在概念上是容易分开的，在经验上则否。在这样的脉络中，地点是'公共的'——透过一般经验，并融入一般象征意义中，它们被创造出来且得到了解。"关于个人经验与地点的关系，他又进一步提到："梦境与记忆的地点，提供了有意义的个人经验。地点的直接经验可以是相当深奥的，它可以是一种突然出神的经验，或是一种缓慢温和地成长的融入，重要的是，这个地点的意义是属于自己的唯一性和私人性，因为它是你的特殊经验。""在我们对于地点的公共和私人经验中，常有一种亲密情感，这种亲密发生在这个特殊的地点当中，认知和被认知的一部分，它是组成我们在地点中的情感根源。去紧系于地点且深系于它们，乃是一种重要的人类需求。"这种需求乃是扎根于一地的需求。"在地点中，我们是面对世界的起点，而且让个人在事物秩序中，稳固地掌握自己的位置，对某些特殊地点形成具有价值和精神意义的中心，以及心理上的爱慕情怀。"因此，拥有一个家就意味着要去定居："家是个人，也是社会成员的同一性基础，是存有的、居住的空间。家不是你曾经居住过的房子，不是某种可以随意变化的空间，或者可以相互交换的事物，而是一个不可取代的具有价值意义的中心。"① 但是，我们要记得，对于饱受家务操劳与婚姻暴力的女性而言，家却不是这么亲密美妙的存有地点，而是痛苦的深渊，这或许正是拉尔夫所谓的"地点的苦闷"，即"乏味痛苦感也常是地点的一部分，而且任何承诺必须包含一种束缚的接受。我们的地点经验，特别是有关家的经验是辩证的，在想要留下和又希望逃脱之间达到平衡点"②。

拉尔夫还认为，地点的本质并非来自其位置，也不是来自其服务的功能，亦非来自居住其中的社群，或是肤浅俗世的经验，地点的本质主要在于，将地点定义为人类存在之奥秘中心的，无自我意识的意向性（unself-

---

① 爱德华·拉尔夫在对家的地点观阐释上与段义孚的观点具有一致性。
② 从拉尔夫的观点来看，人在某些生活地点，如果遭受过不愉快的事情，或者某些地点缺乏生机和未来的话，那么存在该地点中的人就会很容易产生"地点的苦闷"。

conscious intentionality）。地点是被意向定义的对象，或是事物群体的脉络背景，它们自己可以成为意向的对象。拉尔夫还以拉斯维加斯为例指出："拉斯维加斯的主干道是一个令人难忘的地理和历史片段的融合（被重新设计和组合过的空间）。它是一个由其他地点和其他时代所组成的空间；它是一个真实的和人造的事物，是一个容易相互变换的迷人的地点；它是一个梦幻空间，用来接纳通过暴富而产生的无限自由。拉斯维加斯的设计者并没有被误导，他们创造了现在每年吸引 2300 万游客的地点。来此地的游客也没有被迷惑，他们知道所有的这些都是虚构的；他们来是因为他们喜欢拉斯维加斯。对我来说，作为一个地理学家，同意还是不同意他们的观点并不太重要。真正的问题是获得一些批评的理解：这里正在发生什么，或换一句话，去认识这个地点。"①

（二）关于地点感的阐述

拉尔夫认为，地点感在某种程度上是人生来就具有的一种基本能力，将我们与世界联系了起来。它是我们所有环境经验中不可分割的一部分，我们之所以能够建立一种有关环境、经济和政治的抽象论点，是因为我们首先身在某个地点。但除此之外，地点感的塑造还是一种后天学到的关键环境意识，这种环境意识可以用来掌握世界看起来像什么、如何变化等知识。在整个地理学史中，地理学家将地点感作为一种能力来进行反思，作为一种技巧来发展（Relph, 1987）。拉尔夫还认为："并不只是地理学家已经注意到了地点感，建筑师、心理学家、艺术家、文学批评家、诗人甚至经济学家都考虑过它的各个方面。他们的大多数可能使人们相信地点感是永恒的好，地点感的加强只可能使人工环境更美丽、我们生活更美好和社区更公正。尤其对地理学家而言，地点装载了他们所有希望、成就、雄心甚至生活恐惧的人文生活的各个方面。他们将地点感看成把我们每一个人与环境联系起来的脉络，一种根据地点特性理解地点的学术方式。"拉尔夫认为："地点感是一种强烈的、通常是积极地将我们与世界联系起来的能力，但是，它也能够变成有害的和摧毁性的。作为一种教学技巧，地点感总是既要理解地点好的一面，又要理解地点坏的一面。地理学家在两

---

① 参见美国地理学者苏珊·汉森在其《改变世界的十大地理思想》一书中对爱德华·拉尔夫的地点观的论述（肖平等译，2009）。

千多年前首先记述了这种技巧，当时就认为它很重要，如果我们要认识20世纪晚期令人迷惑的地理学，它现在就是不可或缺的了。"

（三）完美地点感的消失

拉尔夫认为，完美地点感的年代并非固定在历史里。对某些人来说，如社会精神病学家埃里克·沃特尔（Eric Walter），当神的世界和人的世界重叠时，年代是古典的。他引述亚历山大（Alexander，1987）的意见，无论在什么地点，爱、关心和耐性都是与环境相适应的，人类和人类生活的具体真实性能够在地点的结构中发现其位置。拉尔夫还论述了为什么旧的地点好过新建设的地点。他认为，使用当地原材料以及按当地传统建造起来的建筑物已经被深深地打上了本土语言和民族特色的烙印，使之发扬光大；社会价值观、技术和环境的和谐性影响力很大，这是一种用承载当地传统、精神的古代语言来表达的和谐性。地点感的确是一种巨大的、积极的力量。拉尔夫还论述了无地点性的特征，他举了一个乡村发展的案例。在南威尔士有一个能够俯视瓦伊谷地的乡村——几乎不能说是乡村，而是像散居的房子。这里直到20世纪中叶才有自来水和电。部分是因为落后，这是一个强烈独立的社区；每一个人都相互认识，许多人终其一生也没到过几英里之外的地点。面对困境（如冬天里道路被大雪封锁几周），这个乡村拥有非凡的抵抗力。要不是所有这些可取之处，这里不是一个特别舒服和方便的生活之地，在20世纪70年代，当乡村生活对城里的中产阶级产生吸引力后，许多当地居民赶快抓住机会卖掉他们的财产搬到附近镇里。他们潮湿的小村舍整个地被新来者翻新，或者被具有郊区人行道和路灯的整齐划一的大房子所替代。新居民每天定期去很远的地点上班（有些去100英里以外的伦敦），在佛罗里达或土耳其度假，他们复活了濒临死亡的传统节日，创造了新的社区生活。一个老式的酒馆变成了法式餐厅，客人中包括好莱坞影星。村子仍位于原来的位置，但是它完全是一个不同的地点了。在拉尔夫的观点中，我们可以看出现代主义思潮已经深刻地改变了地点的外貌和含义，地点（特殊性）和世界（普遍性）之间的平衡已经发生转移，同一性开始超过地理差异①。

---

① 参见美国地理学者苏珊·汉森在其《改变世界的十大地理思想》一书中对爱德华·拉尔夫的地点观的论述（肖平等译，2009）。

三 诺伯格·舒尔兹的地点观

诺伯格·舒尔兹深受海德格尔思想的影响，在其著作《场所精神：迈向建筑现象学》（*Genius Loci：Towards a Phenomenology of Architecture*，1979）一书中认为，建筑是赋予一个人"存在的立足点"的事物。他探究"地点"的重点在于建筑精神上的意涵，而非实用的层面。地点有其精神，而建筑就是地点精神的形象化、具体化，建筑师的任务在于创造有意义的地点，帮助人定居。关于地点的界定，舒尔兹指出："地点不仅是抽象的区位，还是由具有物质的本质、形态、质感及颜色等不同物象所组成的一个整体。这些物的总和决定了一种'环境特性'，亦即地点的本质。一般而言，地点都会具有一种特性或'气氛'。"

"人与地点或与自然空间产生关系，有三种主要的方式。首先，人要使自然结构更精确，亦即人想将自己对于自然的了解加以形象化，表达其所存在的立足点。为了达成这个目的，人建造了其所见的一切。其次，人必须对既有的情境加以补充，补足其所欠缺的东西。最后，人必须将其对自然（包含本身）的理解象征化。象征化意味着一种经验的意义被转换为另一种媒介。"

关于地点精神，舒尔兹认为："根据古罗马人的信仰，每一种独立的本体都有自己的灵魂，守护神灵。这种灵魂赋予人和地点生命，自生至死伴随人和地点，同时决定了它们的特性和本质。当人定居下来，一方面他置身于空间中，同时也暴露于某种环境特性中。这两种相关的精神（即空间与特性），可以称为'方向感'和'认同感'。要想获得一个存在的立足点，人必须要有辨别方向的能力，他必须晓得身置何处。而且他同时得在环境中认同自己，也就是说，他必须晓得他和某个地点是怎样的关系。""人类的认同必须以地点的认同为前提。认同感和方向感是人类'在世存有'的主要观点。因此，认同感是归属感的基础，方向感的功能在于使人成为人间过客，是自然中的一部分。"

再者，"任何客体的意义在于它与其他客体间的关系，换言之，意义在于客体所集结为何物。物之所以为物，是其本身的集结使然。结构则暗示着一种系统关系所具有的造型特质。因此，结构与意义是同一整体中的观点。一般而言，意义是一种精神的函数，取决于认同感，同时暗示一种归属感。因此构成了住所的基础"。

四 艾伦·普瑞德的地点观

1983 年，艾伦·普瑞德（Pred）撰写了文章《结构历程和地点：地点感和感觉结构的形成过程》（*Structuration and Place: On the Becoming of Sense of Place and Structure of Feeling*），提出了"结构历程"的观点。结合吉登斯的结构历程理论（structuration theory）①、时间地理学的"日常路径—生命路径"（daily path-life path）和"计划"（project）概念②以及雷蒙·威廉斯的感觉结构（structure of feeling）概念③，来重新思考地点感的构成，探讨地点感与感觉结构的形成过程。艾伦·普瑞德对传统的地点感研究提出了批判，认为传统地点感研究在方法论上是折中的，并经常采用蒙昧主义者的用词，大部分和地点感相关的著作，常因全体否定或未能适当处理和地点脉络之间的关系而受到影响。他认为历史进程、社会脉络或个人一生的生活轨迹等都是地点感理论的基础。因此，地点感经常被视为自由漂浮的现象，既不会受到历史特殊权力关系的影响，也不会受被社会、经济所限制的行动和思想的影响。

艾伦·普瑞德借用雷蒙德·威廉姆斯的"感觉结构"④ 概念指出，人的感觉结构会和某一地点所承载的世代与阶级关系相关联，是人对某一地点品质的一种感知，形成于人们日常生活路径体验与制度性的工作计划中，经过缓慢的经验累积和相互作用而形成。在这个过程中，个人的主体行动与结构性的制度相互辩证，构成结构化的历程。

---

① 参见（Giddens, 1981）中的论述。

② 时间地理学，以时间和空间两个层面来分析人类活动的时空行为。在时间地理学中，强调每一个人都有目标（goal），为完成目标，人们必定设立计划（project），此计划是指在一个限制环境中，某时、某地所必须进行的一连串活动。参见（Parkes, Don, and Nigel Thrift, 1980）。

③ 参见（Raymond Williams, 1979）中的论述。

④ 雷蒙德·威廉姆斯认为，我们说的是冲动、抑制、总体品质（tone）中极具特性的元素，尤其是意识的情感因素和关系，但并不是与思想相对的感觉，而是被感觉到的思想和作为思想的感觉（thought as felt and feeling as thought），即一种实践意识的当下类型，这种类型存在于活生生的且相互关联的连贯整体之中。因此我们把这些元素定义为一种"结构"，就像一种元素集合（set）一样，有着具体的内在联系，既相互联结又充满张力。参见（Raymond Williams, 1979）。

五 朵琳·玛西的地点观

朵琳·玛西（Doreen Massey）在《权力几何学与进步的地点感》（*Power-geometry and a Progressive Sense of Place*，1994）一文中批判了人文地理学的地点感，但采取了和艾伦·普瑞德的时间地理学和感觉结构论不同的途径，转而以政治经济学的观点明确地提出"权力、认同和地点感的问题意识"，并且将其放在全球化的背景中去分析，进而重新界定"地点是什么"。朵琳·玛西批判传统地点观过于狭隘，而未能回应当今全球化（global）与在地化（local）发展的主题，她提出以"进展式的地点感"（progressive sense of place）概念来取代旧有的、具有单一本质、边界较为僵固的地点概念。同时，玛西也批判了大卫·哈维的"时空压缩观念"①，认为他没有考虑到不同社会群体所经历的时空压缩经验的差异性。她认为时空压缩的权力几何学根植于不同的社会群体与个人，以不一样的方式处于各种流动的空间关系中。这不仅涉及谁移动和谁不移动的问题，也涉及与流动或移动相关的权力空间问题。移动能力和对移动能力的控制，都反映且巩固了空间的权力。玛西提出的"进展式的地点感"认为：地点不是静止的，而是动态的，亦即形式是过程；地点不必有框限；地点没有单一独特的认同；地点的特殊性不断地被再生产，但是这种特殊性并非源自某种长远、内在化的历史。地点的特殊性源自下列事实：每个地点都是更为广大与较为在地的社会关系的独特混合的焦点。因此，这些关系经过融合就会产生出与其他地点不同的效果。朵琳·玛西还认为，我们需要的是对于在地的全球感受（a global sense of the local），或对于地点的全球感受。

六 凯文·林奇的地点观

凯文·林奇在谈论地点感时，经常会以视觉的词语来表现。一个地点是否具有可意象性（imagability）、明晰性或易读性（legibility）乃是地点

---

① "时空压缩"是美国著名新马克思主义者戴维·哈维在其《后现代的状况》（*The Condition of Postmodernity*）一书里提出的一个重要概念。他使用这一概念是试图表明："资本主义的历史具有在生活步伐方面加速的特征，而同时又克服了空间上的各种障碍，以至于世界有时显得是内在地朝着我们崩溃了。"参见（Harvey，1990）。

感的重要判别标准，而这些都属于视觉层面。凯文·林奇在其著作《城市意象》（*The Image of the City*，1960）中讨论了地点感的视觉架构。凯文·林奇认为，"城市的环境要使人一目了然，才能分门别类……虽然清晰明了是美丽城市的唯一特色，可是一谈到环境，那城市尺度的大小、时间和错综复杂的关联，又占了重要的地位。我们不能把城市看作一件物品，必须要顾及市民的切身意见"，又谈道，"只有一个生动而有组织的现实城市景物，才能产生鲜明意象，才能担任富有社会性的任务。它是不同社会群体之间进行沟通联系的元素符号，也是集体记忆所共同尊崇的目标……凡是内心里保存着一个良好的环境意象的人，一定会获得情绪上的安全感"。因此，一个能够让人容易辨认（方位与所在）、产生熟悉感的城市空间，才是好的生活环境，反之，让人觉得迷惑甚至恐惧的城市，则是不好的环境。至于我们如何辨认城市，凯文·林奇提出了用五种元素进行识别的方法，即用道路（path）、边界（edge）、节点（node）、区域（district）与标志物（land mark）来作为观察和记录城市意象的依据（见图2-2）。

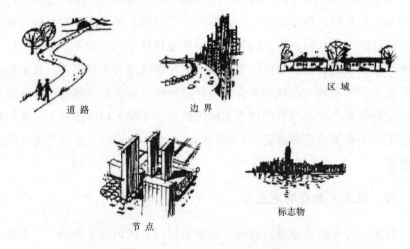

道路　　　　　　边界　　　　　　区域

节点　　　　　　标志物

图2-2　凯文·林奇的地点意象构成

资料来源：参见（王建国，2009）。

所谓道路，就是指各种通道，包括街道、人行道、运河、铁路等。所谓边界，是指一种线型要素，是两个面（或者不同领域）的边界，这种边缘或多或少是种阻碍，如海岸、围墙、开发区的边缘，或是分割性、隔离性的铁道和高速道路等。所谓节点，是指交通必经之地，通道密集的中心点，或是结构之间的转换点。所谓节点，就是集合的地点，有时是核心，如广场。所谓区域，是指城市里中型至大型的空间，被认为有两个维度的伸展，观察者可以进入"其中"，并且拥有某种共同而可以辨识的性质。标志物通常可以从远处看到，如太阳、高楼、高山等。凯文·林奇的这五种地点意象元素可以看成空间形式、功能与意义的三种组合，带有空间价值判断和功能属性的内涵。

第七节　小结

人文主义空间观强调的是人与空间环境在相互作用中对地点进行建构，并彰显一种空间精神和价值。因此，人文主义所强调的空间实体不仅是一种事物，而且是被人类生活认知赋予了一定形状、结构、聚合性和价值意义的整体。也就是说，地球表面的空间是一种蕴含着文化、民俗及个人认知和想象的景观。人是日常生活行为空间的流动客体，通过认知和爱好来创造空间序列，并有机编织空间网络，调整时间和空间进程，建构空间、环境与人之间的关系。自20世纪70年代中叶以来，人文主义地理学对地点、地点感、空间性等概念的持续关注是区分人文主义和实证主义方法论的核心和关键，不仅彰显人文主义对地球空间的关怀，更体现了对自由空间中所包含的地点的理解。以地点为线索建构出了人文主义空间现象学研究的基础范式。

地点和空间是相互联系又相互区别的两个概念，空间是抽象的、自由的，但缺乏精神实质内容，相反，地点是在人的长期日常生活后形成的经验性空间，是价值、安全、认同感的中心。地点是通过人的主体创造性及经验性的活动而塑造的一种地表人文景象，并且在区域中形成一种地方特色。因此，地点性的内涵是人与地点环境之间长期作用所形成的一种地点精神。地点包含价值和意义的特性，并蕴含有特色的物理形态和景观，地点往往和真实或神秘的事件相关联，并成为日常生活空间中个人或群体对地点的深刻附着，个人或群体的态度、价值和情感被镶嵌到地点中，从而形成一种人对地点的深切关怀或情感依恋，进而获得一种"栖居感"。

第三章

地点理论的哲学基础、方法论及流派

　　存在作为"问"之所问，要求一种本己的展示方式，这种展示方式本质上有别于对存在者的揭示。据此，问之何所问，亦即存在的意义，也要求一种本己的概念方式，这种概念方式也有别于那些用以规定存在者的含义的概念。

——马丁·海德格尔（Martin Heidegger，20 世纪存在主义哲学的创始人）

第一节　存在主义

存在主义产生于第一次世界大战之后。受现代文明的影响，人类历史进入了非宗教的发展时期。一方面，由于工业机械化的发展，人类获得更多的空间自由和权利；另一方面，由于工业化所带来的机械统一化和扁平化趋势，人类日益发现现代化的景观正在对传统的景观进行袭夺，空间支离破碎，赖以生存的家园被工厂、环境污染等破坏，人类缺乏自我归属感，认为自己是整个群体中的"外乡人"。当人类迫切需要一种理论来解构自身的异化感受的时候，存在主义就此产生了。

一　思想特征

存在主义一般有两种特质指向，即"人创造自己"和"存在先于本质"。存在主义与现象学的差异在于其不相信有一般性的本质、纯粹的意识、终极知识等，没有先于或超越人类存在的本质（没有上帝，因此没有单一的人类本质），人类的价值源自人类的存在，现实是人类通过自由的行动而创造的（魏金声，2014）。

人类的精神属性来自个人和外界事物之间的价值归属感，以及个人和他人世界的关联机制。就个人与事物外界的关系而论，其会引发一种意识，即个人警觉到他孤身一人来到世界，是如此荒谬而毫无道理，并将世界从混乱中创造出秩序，从虚无之中创造一个世界，而这世界又如此摇摇欲坠，我在他人的眼光之下，成为一个客体，而非由自己造成，这会引发一种恐惧感和羞耻感，进而会形成一种对抗心理（李天英，2015）。

存在主义预设了原子论式的个人主义，这导致了个人对物理与他人世界的某些态度，存在主义的目的就是探索这些态度，尤其是其荒谬与悲剧的一面。存在主义的重要性在于它对现代社会的许多方面提出抗议，试图提高自我意识，并向个人指出他们是自主的道德作用者。存在主义强调的是自由、决定和责任。一方面，强调人只有在能自由选择时才是真正的自己；另一方面，指出人身为社会和群众的一部分，阻碍选择，产生了绝望和异化（迈尔森著，巫和雄译，2015）。

二　研究方法

存在主义者接受某些现象学的方法，但是他们不关心本质的现象学，而停留在存在的层次。他们的方法是要使个人脱离群众，脱离服从社会的压力，并且促进自己。这种方式导向了个人主义（MacCannell，1973）。存在主义的目标是实现自我，运用各种手段（诸如精神分析、教育、文学、视觉艺术等），向人展示人的不真实性（inauthenticity）①。如表 3 – 1 所示，真实性（authenticity）是地点的基本本质特征，真实性研究通常用于分析一个地点或区域的本质特征，进而根据地点的真实性规律来制定地点发展的规划和对策（Ram，Björk，Weidenfeld，2016）。

---

① "不真实性"是与"真实性"相对应的概念，在建筑学、城乡规划学、人文地理学、旅游经济学研究领域，学者们通常关注地点的真实性应用，诸如地点的自然的真实性（natural authenticity）、原创的真实性（original authenticity）、独特的真实性（unique authenticity）、参照的真实性（referent authenticity）、影响的真实性（influencing authenticity）等。

表 3 - 1   地点的真实性应用

真实性	特指	强调点	原则
自然的真实性	地点的自然属性，如边界、尺度、大小、地形、地貌地点的第一特征	地点自然要素的纯天然和绿色	强调地点上的原材料，保持天然，散发乡村气息，倡导绿色
原创的真实性	地点规划设计理念的原创性	地点设计的独特性和原创性	强调针对地点的规划设计理念能让过去复活，使地点未来的发展看起来更具有希望，或者使地点具有复古感
独特的真实性	有关地点的服务管理水平	服务的真诚性、人文关怀和独特性	直接与真诚，关注独特性，放慢节奏，临时性，异域性
参照的真实性	有关地点使用者的感受和体验	地点的历史传统和文化架构	通过地点称颂个人，或追忆一段时光，或凸显场所的重要性，从而做到真实
影响的真实性	使用者地点感对周围环境的进一步影响	使用者对地点的归属感，即地点感的创造阶段	通过地点表达个人的愿望和集体的理想，彰显地点营建的艺术，并赋予地点以价值和意义

资料来源：参见文献（Gilmore，2010）。

第二节　现象学

一　思想特征

现象学（phenomenology）强调一切知识皆是主观的，并试图分析与辨明主观知识的基本特质，其目标不仅是要理解人，而且要通过揭露生活的意义与价值而使生活本身更有意义。现象学的焦点在于通过研究个人生活世界里各种元素的价值和意义，去理解人类的行动，这并不是主观的经验论，因为现象学强调：个人（包括科学家）赋予现象的意义，乃是存在于人类意识里的一般本质产物，现象学不仅要理解，并且要通过理解，增加人的自觉意识，进而不断丰富生活（阿尔弗雷德·许茨著，霍桂桓译，2012）。通过对各派现象学的分析，可以归纳出现象学具有以下几个方面的思想特征。

第一，关于人的研究，必须免除有关人如何行动的预先设定的理论或推测。观测者对于世界的观点必须悬置，以免诠释遭受外在于主体的概念或潜在解释的混淆。

第二，社会科学的目标应该是对于行动性质的理解（understanding），而非解释（explanation，"解释"这个词由实证主义所使用，强调客观证据）。

第三，对人类而言，世界的存在是一种心灵的建构，在意向性（intentionality）的行动里被创造。一个要素由于某种意向被人赋予意义后才进入了个人的世界。

另外，哲学家施皮格伯格（Spiegelberg）区分了五种现象学①。

第一，描述现象学（descriptive phenomenology）：指出现在所研究的个人生活世界里的材料（现象）。

第二，本质现象学（essential phenomenology）：指超越意义分布的表面现象转移到潜在的过程。研究可以直觉分析现象本质的一般性经验，而非在自然世界里真实发生的经验。

第三，表象现象学（the phenomenology of appearances）：指研究随着意向性的操作以及意义的分派，现象本质如何被塑造。

第四，建构现象学（constitutive phenomenology）：本质和本质性的关系，发展成为意识中的一部分，而建构现象学研究这种意识如何发展。

第五，诠释现象学（hermeneutic phenomenology）：诠释潜藏在意识里的意义，即那些不能立即展现的意义。诠释学（hermeneutics）最早是阐释神学的经文，现在用来诠释一切正文，目标在于理解作者的意思②。它与观念论的相同之处在于：两者都要联系行动者的情境，理解他们的行为动机。现象学尤其是胡塞尔的超验现象学倾向于找寻意义背后的普遍真理，相信纯粹意识（pure consciousness）的存在，但诠释学只在现象层次上具有

① 参见（〔美〕赫伯特·施皮格伯格著，王炳文、张金言译，2011）对五种现象学的详细阐释。

② 诠释学是一个解释和了解文本的哲学技术，它也被描述为诠释理论并根据文本本身来了解文本。20世纪60年代以来，解释学与西方其他哲学学派以及人文学科中的有关研究结合，并由此形成了一些新解释学学派。其中比较重要的是法国保罗·利科的现象学解释学和德国的批判解释学。参见（潘德荣，2016）。

解说意义，比较局限于经验的层次，甚至有些现象学家认为后三种现象学是不可能的，因为观察者无法进入研究对象的心灵。

二　研究方法

现象学由研究自然态度（natural attitude）开始，即个人接受生活其中的生活世界并不加质疑。在辨明了自然态度后，就试图联结潜藏在背后的一般本质，以及存在于意识中的绝对知识（赵万里、李路彬，2011）。需要注意的重点在于现象（个人生活世界里各项目的意义）必须不经中介地传送到现象学家眼前，但是我们不能真的通过他人的眼睛来观看，因此施皮格伯格提出两种近似的方法①。

想象的自我转移（imaginative self-transposal）：研究者想象自己占据了他人的真实位置，并且从那里观察世界，研究者尽可能地想象他人的心灵架构。可以用他人的第一手感知和他人的传记作为这种想象的线索。因此，要达到根本的共识，研究者要将自己转移到研究对象的情境，然后在那个位置上重构研究对象的生活世界，这是一种沉思式的方法。

合作的接触与探索（co-operative encounter and exploration）：这种方法与弗洛伊德的精神分析有关，分析师和被研究者一起探索后者的生活世界，而其间的关系是相互信赖与尊重。被研究者将其观点托付给现象学分析师，使分析师可以利用被研究者的眼睛看世界（但这毕竟不是分析者的眼睛）。因此，现象学的探究有赖于沟通，依靠的是互为主体性（intersubjectivity）② 的建构。

第三节　存在主义现象学

一　此在

存在主义关注的是人类自身的存在感，即以"人的存在"作为日常

---

① 参见（〔美〕赫伯特·施皮格伯格著，王炳文、张金言译，2011）对现象学方法的详细阐释。

② 互为主体性是20世纪西方哲学中的一个范畴。它的主要内容是研究或规范一个主体怎样与完整的作为主体运作的另一个主体互相作用。参见（王晓东，2004）。

活动的出发点和归属点。在海德格尔看来，存在主义的共性就是要人为地研究人，因为人的存在并没有共性，是基本的一条环境法则，人的存在就是个体自身的存在，这是存在的基本，因此，存在主义的基本法则就是否定诸多"抽象"的必要性存在。一切从殊相中抽象出的共相概括活动，只能消除殊相所特有的本质，只能导致殊相间的混淆。海德格尔还针对理性人、群体人（the whole man）等所造成的矛盾进行深刻的反思，通过深刻体验并观察人类和他自己的"存有"相互分离的现象，认为人与自己本身的疏离乃是最终极的疏离形式，因而人就会成为所谓的局外人或陌生人。

空间的科学实证化研究并不是唯一的存在方式或方法，也可能是彰显存在者存在可能的存在方式。"存在"在空间表现特征上还与其他存在者之间存在一种显著的差异性。正如贝纳特（Barret）的观点：在现代主义时代我们具有了很多实证主义所持有的毛病，那就是要对事物、存在物等进行深入的了解，尤其是想要穷其所有对事物特征进行了解，而对事物后面包含的精神、价值和情感等多元的事物则很少关注，似乎这些事物背后的事物与我们没有关联。现代实证主义所要做的就是驾驭我们赖以生存的环境中的事物（贝纳特著，段德智译，1992）。海德格尔认为，任何存有论，如果未首先充分地澄清存在的意义，并把澄清存在的意义理解为自己的基本任务，那么，无论它具有多么丰富紧凑的范畴体系，归根到底它仍然是盲目的，并背离了它最本己的意图（蔡运龙，2008）。

海德格尔认为，"存有"并非存在物（beings）或事物（things）等现存之物（或称存在者），而是存在之物的存有，也就是"此在"。因此，"存有"并非空洞、遥远的抽象名词或概念，而是与日常生活中每个人最密切相关的实存（马琳，2016）。萨特所谓"存在先于本质"亦即此理。海德格尔从"此在"入手揭示"存有"的意义，即从每个人的具体在世经验入手，通过"在世存有"（being in the world）对"此在"进行阐述，并以此区别了近代西方哲学与存在哲学。总体而言，存在思想所谓的存有是在世界之内并且跟整个世界息息相关的存有，故而存有是超越自己而遍布于一片场地或区域的存有，海德格尔将此"存有场"称为 Dasein，即"此在"。因此，"此在"是存有的基础，亦是存有的最典型形式，通过"此在"让存有与世界紧密相连，没有"此在"就没有"存有"，没有"此在"也就没有"世界"。海德格尔认为："这种存在者，就是我们自己向来所是的存在者，就是除了其他存在的可能性外还能够发问存在的存在者，我们用'此在'这个术语来称呼这种存在者。"海德格尔使用"此在"这个新概念，是为了强调"存在"意义的自我揭示和自我展示的重要性，也就是"此在"是一种"除了其他存在的可能性外还能够发问存在的存在者"，而这种对自身的"存在"发问、并能自我领悟自己存在的存在者，就是生存于世界中的人。此外，存有不仅发生在空间，还发生在时间之中。存有的有限性"尚未"（未来，the not-yet）和"不再"（过去，the no-longer），是存有在时间上的表现，而构成"人的存在"的一切必须根据人的时间性（尚未、不再、此时此地）加以理解，因此存有不仅是一个关乎空间的场域，也是一个关乎时间的场域①。

二　在世存有

爱德华·拉尔夫以"在世存有"诠释了海德格尔的空间思想，认为"在世存有"具有三种结构特征②：一是存有者"自我"的在世存有的实体；二是与生活世界相关联并包含关怀、情感与价值关系的"人的存有"；三是在世界中的存有。因此，人的在世存有关系必然包括人与世界相互交融的意义和关系。拉尔夫由此进一步阐明"世界"的两种存在形式及其意义：一是"提示现前"（presence at hand）的世界，也就是将世界客体化并视之为可抽离观察的抽象实体的世界；二是"熟悉运用上手"（readiness to hand）的世界，即存有者通过日常生活的长期积累和经验，继而"总是且已然地在世存有"（always and already in a world）的自我参与世界。

段义孚从"世界"和"环境"的差别角度阐述了海德格尔的空间存在思想，并清楚地阐明了"世界"性的取向。他认为"环境"对人而言

---

① 参见台湾学者廖本全、李承嘉从传统空间规划的一个省察视角对"存在空间"的诠释分析（廖本全、李承嘉，2003）。

② 参见台湾学者廖本全、李承嘉从传统空间规划的一个省察视角对"存在空间"的诠释分析（廖本全、李承嘉，2003）。

是一种假设了一个硬邦邦的科学姿态的非真实状况，而在"世界"的"关系场域"中，我们才得以与事物或与自己面对面，并且创造历史（Tuan，1976）。段义孚对空间存在的这种思维脉络与拉尔夫所谓的存有者的观点并无两样。因此，"熟悉运用上手"是"我"与"世界"互为存有，并且在日常生活实践中发生的，正如《庄子·养生主》中庖丁解牛的"熟悉应用上手"，且拥有"存有的装备"。

"在世存有"即是，人在日常生活中具体亲近的生活世界活生生地在生活实践中展示存有，亦即，唯有展开自身正面迎向"存有"本身的开放性存有者，才能拥有"世界"，否则，即是"非世界的存有"（a worldless being）。段义孚主张应诠释和了解"在世之人"或"人之在世"（man in the world）的空间或地点性质，即空间性或地点性，通过存在现象学而关注人与世界的具体亲切关系。在实存世界中的人以其经验作用于大地所形成的具体状态，段义孚据此建立了人文主义的空间地点观，即强调研究人在其"经验"脉络中的空间感知，并凸显"经验"是我们认识这个世界的工具，即"地理是人的镜像"。具体经验的空间是以"我在空间中的存有"为存在条件的，也就是人的"在世存有"活动的投射结果。在在世存有空间中，"我"就是空间的中心，而这个以"我"为中心的空间，映射了我的心情和意向（见图 3－1）。

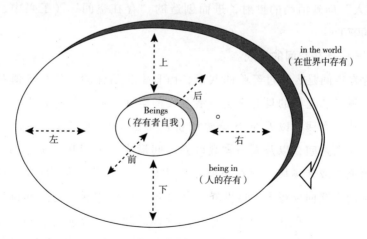

图 3－1　海德格尔空间思想："此在"的诠释

资料来源：转引自（刘永刚，2007）。

因此，段义孚认为，人在世存有的空间是由人体存在的"我"为核心，而产生前、后、左、右以及上、下的方位，这即是海德格尔空间思想的基本形式。而且，此六方空间并不是中性的几何空间，它由人的意识导向产生价值判断或情感，进而融贯了人的意识与价值。空间的每一个方位，对于生活在大地上的人而言，均必有其象征性的意义，而人与空间交汇，空间进而产生了人的生命和心灵的存有特性，物质空间不再是冰冷的几何线条。

三　存在空间

"存在空间"（existential space）是由存在现象学强调的"主体性空间"（subjective space）构建而成的空间主体，是拉尔夫和段义孚所诠释的空间理念。段义孚认为存在空间是由"主体人"的"自我中心"（egocentricenter）作为空间的中心向外扩展，在此扩展过程中，"主体人"不断地投射，赋予层层空间意义和价值。这也是费孝通"差序格局"的空间概念（传统社会结构的格局犹如一块石头丢在水面上所产生的一圈圈推出去的波纹，每个人都是由他社会影响所推出去的圈子的中心）。因此，存在空间的尺度可大可小，可具现，可想象，例如房间、家园、邻里、社区、乡土、聚落、国家，乃至世界及宇宙的构成，皆是"主体人"向外活动的投射，进而创造的"存在空间"（王兴中、刘永刚，2007）。

（一）存在空间的构成

存在空间是人通过经验的共享，由日常生活体验、象征价值和符号意义所触发和建构的具有真实生活意义的空间。此空间包含人主动参与空间的社会实践，以及带有情感和价值痕迹的空间实践。在存在空间中，人与人之间，以及人与客观世界之间形成一个相互作用、相互联系的价值网络或者场域。存在空间是以主体人的自我价值为中心向度的，通过空间实践向外彰显态度、观点或立场，向内则展示情感和价值的归属与统一。一个存在的个体往往以连续性的脉络区分他自己和外在的中心。向内，主体人以外界的客观世界为参照点识别主体性中心；向外，以主体人的主体性中心来表达日常生活的存在性世界，通过文化网络系统建构主体的空间存在。这种内外建构的动力源泉在于主体人的意向性

（subjective intentionality）①。

意向性的作用在于通过主体意向性的原动力建构主体与主体之间的关系网络，这种关系网络就是所谓的"互为主体性"（intersubjectivity）。诺伯格·舒尔兹称这种关系为"我们的关系"（we-relationship），即不同人群相互作为主体，进行类似于社区共同感建构的向心凝聚的网络关系，通过关系网络的内在建构，营造出一种文化内涵或者文化景观。另外，能动性（agency）在存在空间的建构当中也具有非常重要的意义，不同主体人的共同意向需要通过能动性进行强化，从而塑造出文化系统，因此，在存在空间的研究当中，通常使用文化系统的网络性或景观性进行路径探究。

能动性、互为主体性和主体意向性三者之间所建构的关系网络共同彰显了存在空间的本质，并通过三者之间的互动依存关系和相互作用的演化过程，使得主体与主体、主体与世界之间产生关系（见图3-2）。这种关系的亲密程度或者距离程度决定了存在空间的连接性强度，如主体与主体之间的情感、意向、共识、利害以及知识上的互相欣赏和人格上的互相吸引等都会对存在空间的特性产生影响，并能够彰显出不同的价值和意义。还需要注意的是，这种关系的距离并不是几何上的空间距离概念。通过价值和意义网络的建构，依据空间的存在价值，建构出存有的领域即地点和所在，也就是一个充满历史人文价值和深层次内涵的存在空间。因此，"存在空间"是由"主体性空间"（subjective space）综合而成的一种空间，依据主体人的意向性活动或经验，通过日常生活的实践从而镶嵌于地表空间所建构出的一种意义空间类型，正如海德格尔所诠释的，在世存有的"此在"是内向价值和外向意义所共同建构的一种空间网络。

（二）存在空间的基本图示

诺伯格·舒尔兹提出"存在空间"的三要素是"中心及所在（地

---

①　所谓"意向性"指的是人存在于世界，作为主体行动时，经过直观思维的作用，对此世界抉择一个方向、一个目标，因而构成了"主体人"与"世界"两种"存有"之间的勾连。经由意向投射的行动，会表现在人的期望、价值判断，甚至显现在景观中，也就是塑造出一个文化体的形式而被观察出来。因此，唯有追溯人的"意向活动"方可明白"人的本质"；而"世界"正是人的"意向活动"的创造，因此，唯有通过对"意向"的探究，才能了解世界。

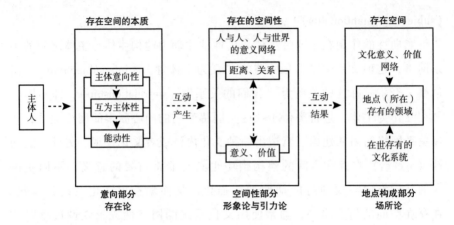

图 3－2　存在空间的构成

资料来源：转引自（王兴中、刘永刚，2007）。

点）"（center and place）、"方向及路径"（direction and path）、"区域及范域"（area and domain）。"存在空间"就是基于此三种关系建立的，其中"中心及所在"显示了存在空间的亲近（proximity）与分离（seperation）关系，"方向及路径"显示其连接（succession）的关系，而"区域及范域"则显示（内与外）封闭（closure）的关系（诺伯格·舒尔兹著，黄士钧译，2012）。在自然的知觉中，人类的空间性是"自我中心的"，主体意义与价值体系从"中心"往外扩展而形成一个熟悉、亲切、安全的"所在"。这个"所在"可表现出向内凝聚的领域性，而呈现一个外部与内部的界限，从而塑造了存在空间图示的基本形状，即一个中心及围绕此中心的环。因为"所在"的配置与联系，产生决定世界架构的"方向"，并且依"方向"而选择，创造垂直的"神圣向度"和水平的"生活向度"的"路径"，因此，主体人的活动与意义网络得以呈现在"区域"之中①。"存在空间"即基于"中心及所在""方向及路径""区域及领域"三种关系建立，"中心"与"所在"对人而言，就是其依"方向"和"路径"等实践主体活动（出发与归返）所彰显的"区域"，并通过"领域"来圈围四周令人恐怖的

---

① 参见台湾学者廖本全、李承嘉从传统空间规划的一个省察视角对"存在空间"的诠释分析（廖本全、李承嘉，2003）。

未知世界。这个图示就是海德格尔"此在"空间思想的展现（见图3-3）。

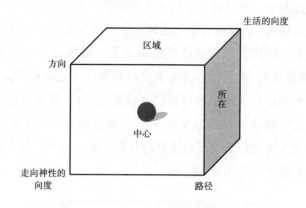

图3-3 存在空间的基本图示

资料来源：笔者自制。

四 存在空间的地点构成

从我国台湾学者廖本全、李承嘉（2003）对存在空间的阐释分析可以看出，存在空间的核心动力在于人的主体意向性，主体的意向价值赋予存在空间意义。在当前的城乡空间环境营造中，要想真实了解人类所存有的空间必须从人（包含不同社会阶层的人群）的意向性入手，需要考虑不同社会阶层人群的行为文化生活规律以及行为社会价值准则，进而掌握整体的文化价值网络。个人的意向性和整个社会的文化系统之间存在相互影响的关系：一方面，主体人的意向有助于人群整体价值网络的形成；另一方面，一个国家或地区的整体文化价值属性又会对个人的存有空间行为产生强烈的影响。因此，人居环境可以看成一个文化价值网络①，若要了解人居环境空间营建的本质属性，就必须通过文化价值网络来探究地点与人之间、地点与文化之间的关系规律，从而真实彰显空间的内在性意义和

---

① 文化是一个族群的社会生活全体，是一套意义与符号的系统。因此，文化具有广义与狭义的不同界定。狭义的文化指的多是一个族群与社会生活的产物，如器物、工具等发明，乃至图腾、工笔、舞蹈、戏剧等民俗或艺术成就；而广义的文化，则包括政治、经济、社会制度乃至文化深层结构中的思想、信仰、价值观及伦理规范等，也包含民族性、价值体系、意识形态、人生哲学等文化最终极的关怀等。参见（廖本全、李承嘉，2003）。

价值。

存在空间系统就是一个系统的文化系统，彰显的是人与人、人与世界之间的意义性网络，不仅包含空间的文化结构，也包含地点所建构出的历史范畴和时间场域①。越是历史文化脉络清晰的存在空间，其符号的象征性意义就越大，其代表的地点性价值也越大。英国人类学家赫胥黎提出"三层文化体模式"，将文化体分为下层的器物层（或物质层）、中间层的社会层（或制度层）及上层的精神层（或观念层），从而建构出文化三层体的概念，这一概念不仅凸显文化核心、观念系统、规范系统、表现系统、行为系统五大文化系统，亦清楚地分析了文化的本质与内涵，成为文化分析的基础概念（见图3-4）。

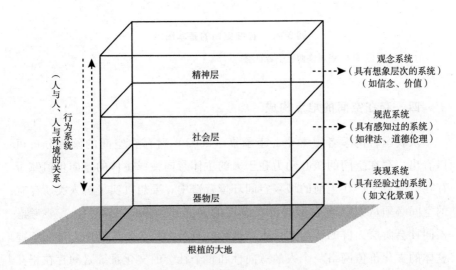

图3-4 文化再现的三元结构

资料来源：转引自（王兴中、刘永刚，2007）。

按照文化发展的三层体系理论，可以看出精神层是整个文化网络的核心，承载着文化思想、价值、观念、信仰与意义的内涵，这些要素是整个文化系统的本质与中心坐标，也是主体人的自我认同与价值意识的灵魂。社会层则是指日常生活空间行为，蕴含文化价值与核心的社会化过程，彰显人与日常社会生活空间的行为文化互动。日常生活空间则是多维度的空

---

① 存有不仅包含空间场域的内涵，而且包含时间的范畴。

间，也就是人群立足于天地之间依前、后、左、右、上、下所构筑的六方空间体系，亦即人与人、人与社会、人与土地、人与自然、人与神等关系所构成的社会组织、制度与规范，以及伦理关系、典章、法律等。物质层代表的是空间或环境的物质空间形态的各类具象，既有日常生活所需要的基本生存物质（诸如吃、住、行、游、购、娱等所需要的物质性要素），也有社会不同文化群体所追求的其他类型物质元素，诸如建筑、公园、园林等的呈现。作为表达文化价值网络的存在空间就是通过行为的文化系统来彰显人与地点之间的相互作用规律，人与地点之间共同演化，呈现的是整个社会发展的文化属性特征。

按照存在空间的文化阐释分析，地点理论就是以存在空间为空间本体，来探讨各类地点空间的历史文化特质。也就是说，地点是一种存有空间，不仅根植于过去的历史范畴，而且可以面向未来，彰显希望、理想和价值意义。日常生活中的各类地点构成存在空间的文化价值网络。地点的形成与塑造是人的"在世存有"行为文化的具体投射与呈现，具有实存的意义与价值。一个地点所呈现的空间性与文化系统的内涵是无法以任何现成的空间理论进行阐释的。要对地点进行研究就必须深入诠释各个阶段的行为文化活动过程，即一个自然空间如何转变成文化的"地点"，这也是段义孚所描述的"地点精华或本质"（the essence of place）或"地点特质"（the personality of place）的形成过程。地点特质的塑造不仅包含地点的特色物质空间形态基础（范围、尺度、边界、领域等内容）的形成，也包含在此地点所发生的各类行为文化事件（诸如某人在此生活过，这是我的故乡，这里有我的玩伴，感觉我属于这个地方等）的融入，只有这样，才能够彰显一个地理区域的地点性，才能够让使用这个地点的人产生地点感，从而整体彰显地点的空间历史脉络（historical context）。

五　存在空间的地点感

对地点的诠释、理解、体验与创造是地点感研究的重点，同时包括消极与积极的方面，也就是说，特别强调人类主体与身体的感觉、意识和经验，以及人在日常活动中的情感感受。因此，地点感强调个人或整个社区通过身心经验、记忆与意向而发展出与这个地点的深刻情感依附关系，并赋予地点浓厚的象征意义，即地点感同时涉及客观与主观两个方面。地点感建构所依据的地点特性很多，有的是自然特征，如地势、气候、水流等，有的是当地的特殊物产，还可以是特殊的历史事件或节庆活动。甚至，有些特殊的人物也与地点感有关联，人们通过对地点特性的感知，运用强化、赋予、接受和认知等手段来具现人与地点之间的空间互动，并创造出意义丰富的存在空间。

第四节　地点理论的代表性流派及主要思想

一　地点行为流派

地点行为流派产生于 20 世纪 70 年代，借助行为方法和人本主义方法，以地点行为规律的存在为前提，通过居民日常生活行为的微观尺度来塑造地点，通过地点行为认识城市社会结构，注重对地点行为活动规律的研究，认为"地点的优劣""地点质量的高低""地点环境的特质"等会对人（社会）的性格产生影响，并塑造人格行为与社会阶层行为（Walmsley and Lews，1985）。地点行为流派在探究地点规律时，注重了解地点背后的人们是如何学习、行动和认知空间的，了解他们如何获得、处理与传送地点物质信息。地点行为流派认为要了解人们如何赋予地点意义，研究人们在他们所感知的世界中的活动和决策制定过程，以及在此过程中地点是如何影响行为的，包括解释主观且有意义的社会行动脉络过程。

（一）经验地点理论

地点行为流派以经验主义的认识论为基础，对地点问题的研究主要集中在人类日常生活行为与各类地点（如消费地点、娱乐地点、游憩地点、办公地点等）之间的互动机制上，该研究注重环境控制（environmental conditioning）和行为主义（behaviorism）的影响两个方面。地点行为流派非常关注地点的空间环境形态特征是如何对个人及群体的社会文化行为产生作用和影响的，认为某一类地点（诸如公园、绿化带、街巷等空间）中的犯罪行为、休闲娱乐行为、越轨行为、旅游消费行为等是由地点形态设计所决定的。

（二）人本地点理论

地点行为流派注重采用人本主义的分析方法，强调从微观层面研究地点与个人（社会）自我认同的关系，识别地点的主观价值和意义，即研究地点如何塑造人格和心理，人们如何感受和认知地点，并据此认知外部世界，形成经验而对世界做出反应（Rediscovering Geography Committee，1997）。地点行为流派关注个人经验中的地点感是如何在日常生活空间中被获得的。其优点在于拒绝理性人的行为假设，在研究中重视人的感知、经验、价值取向和决策能力，反对把人抽象成均质的机器或动物。主要研究整体宏观（统计）行为方式和个体微观（认知）行为方式。前者是将重点集中在人们整体（社会现象）行为方式上，关心整体与城市环境相互作用而产生的表面综合特征。从人与环境相互作用的认知角度，总结（大脑）内部行为（mind behavior）和外部（特殊社会现象结果）行为（resultant behavior）与对应城市社会地点（区位）构成要素的关系。

（三）地点互动理论

探讨各类地点与人类社会生活行为特征之间的相互作用机制，研究日常生活地点是如何对个体和群体行为产生影响的。不同学科领域的研究方向不同，地理学家对地点意象与地点形态之间的关系进行了大量的研究。社会学家倾向于理解生活行为在这些地点中的文化特征和规律，还有一些社会学家提出了研究地点的四个层次：地理层次（世界）；作用层次（世界对人类施加影响的部分，无论人能否意识到）；感应层次（人以直接、间接经验认识到的部分）；行为层次（可感应的环境部分，感应是其中某些环境性质的重要决定因素）[1]。

20世纪80年代以后，关于地点行为理论的研究更加关注"社会—空间"的系统构成。20世纪90年代关于地点行为理论的研究开始重视对人类行为和内部地点的关联机制的分析，以及对日常生活空间中所形成的人的差异化行为的支配作用及情感关联分析（Valentine，2001）。现阶段的地点行为互动理论更加深入探讨地点与人的行为活动之间的关系，通过考察地点的主观意义向度，研究地点的空间形态特质如何塑造人格和心理，

---

[1]　参见（沃姆斯利著，王兴中译，1988）关于行为地理环境的详细分析。

人们如何感受地点的空间特质并据以认知外部世界，组织对自己有意义的经验，并对空间环境做出反应。

具体来说，地点行为理论可以用来探讨城市休闲空间、城市遗址文化空间、城市文化产业开发、城市景观环境设计与人们日常生活行为活动规律之间的关系（Golledge and Stimson，1987）。城市不仅是人们组织其生活的空间，而且还是一个富有意义和价值属性的空间。人们将某种意义和特定的感情与各类地点相联系，并通过地点环境的营造手段来辨认熟悉的邻里、工作地点、休闲娱乐地点以及购物消费地点。因此，地点可以塑造人的社会日常生活行为，其行为也根据他们对空间的观点而被组织，进而建构出社会亚文化的地点。人们对地点的认知、感受和经验决定了人们对地点的态度是积极的还是消极的（Pacione，2005）。

（四）地点意象理论

20世纪70年代的地点理论研究十分重视地点意象（images）。意象理论包含内在表述、意象地图及意象感知框架等。人们在不同的生活地点中接受和感知不同的信息，并进行过滤，形成某种相似的意向，并与日常生活中所接触的各种事物进行直接相关，进而反映出人的多种意象地图（Westwood and Williams，1996）。意象理论包含两个重要的影响要素：一是客观要素，指人们在地点空间环境形态中所需要的内在空间和外在空间；二是主观要素，指个体对地点的感受不同。

地点意象运用和发展了行为主义和人文主义地理学的研究方法。凯文·林奇在其著作《城市意象》中，提出了可意象性的概念和建立城市可意象性需要的三个条件：识别（identity），指物体的外形特征和特点；结构（structure），指物体所处的空间关系和视觉条件；意义（meaning），指所具有的功能和代表性价值。凯文·林奇通过调查研究的方式对地点特性进行了分析，认为意象的构成要素包含路径、区域、边缘、节点和地标等。通过凯文·林奇的意象理论可以进一步分析认为，地点意象理论将地点感和空间环境的建设紧密联系在了一起，强调的是空间环境对人的感知和教化作用，阐释的是意象感知规律对日常生活空间的导向作用。另外，人对地点的意象评价与人们在城市日常生活中的行为决策也有着密切的关系，如居住区位的特质、邻里关系的稳定性、社会身份的标签、时间及性别差异等因素都会影响人对不同地点环境的喜爱或偏好。

根据凯文·林奇的意象生产原理，地点感就是一种视觉化的空间意象。将地点感的概念与近年来文化研究当中对于再现（representation）与论述（discourse）的探讨关联起来就会发现：文化地理学对于"文化地景"（cultural landscape）作为一种再现的研究或者亨利·列斐菲尔关于"空间之再现"与"再现之空间"的阐释等都可以较好地阐释地点感的视觉文化意象规律。在旅游业快速发展的背景下，当前许多地方都开始试图营造景区独特的地点意象来吸引游客，获得更多的旅游经济收入。地点感可以转化成商品属性和价值。另外，在近年来日益流行的文化遗产保护规划趋势下，地点所在的文化价值和保护内涵也已经成为一种重要的意象结构，一些遗址公园不仅是保护的象征，更是一种可以开发利用的地方文化产业。

二 地点结构流派

地点结构流派建立在西方城市结构研究的理论和方法之上，在研究上从城市空间的物质属性跨越到城市空间的社会属性，从宏观的城市社会区域结构过渡到城市社会空间的微观地点形态与结构。地点结构流派研究的核心内容是空间形态和社会过程之间的相互关系，理论研究基础是社会关系的构成范畴和社会过程的空间属性。该流派认为地点行为流派的根本缺陷在于把各类地点结构的解析建立在个体行为之上，而不是地点的社会结构体系中，而地点的社会结构是引发个体行为以及环境变化的根源。

（一）地点结构理论

20 世纪 60 年代以来，受经验主义思潮的影响，城市空间发展的社会文化转型趋势日益显著。对城市空间结构及形态的研究日益体现在对"日常生活行为地点"的认知解构上，其认识地点的本体理论观念在于：我们所体验的事物就是存在的事物，其方法论要求提出体验过的事实，认同地点的形成是物质经验的转译和反映，并观察和提炼出地点的物质结构，大多以地图、图表和数学公式的形式来描述地点的物质结构。

传统芝加哥城市社会流派、城市经济流派、建筑与城市规划流派等在研究城市空间结构时，强调城市中各类地点的物质结构属性，诸如所在地点的范围、边界、地点上的建筑规模和形状等。空间的社会文化转向发生以来，关于地点的研究探讨集中在地点结构背后的社会文化特性上，认为地点结构形态的客观现状是人（社会）的意识通过空间进行转译。地点的内涵彰显了城市社会物质发展的条件。地点物质空间结构的变化则会影响甚至加速城市社会、经济空间结构的变化。由地点所建构的物质结构关系则是导致新型社区结构、家庭结构、城市阶层结构等变化的主要原因（Jacob, 2006）。地点结构理论强调地点的不同尺度关系，社会生活有不同的层次，从某个街区到城镇、省市、国家乃至全球层面，上下左右交互穿插。地点结构流派的优点在于对各类纷繁复杂的社会组织关系及对应地点尺度的把握，不足之处在于过分强调地点数据和实测手段，却将真正的目的抛在了脑后，过于依赖数量化资料使其研究受到很多限制。

地点结构理论的实质是地点形态和地点中的各类人（人群）相互作用的网络在理性的组织原理下的表达方式。地点结构理论是地点结构流派的重要理论，以研究城市的物质空间结构形态为起点，描述了穿越时空的日常社会活动的结构化方式（Bryant and Jary, 2001）。研究包括统治着城市日常生活的长期及深层的社会实践规律（Dear and Wolch, 1989），如城市地点环境景观形态结构的形式（urban patterning），人类活动和土地利用的空间组织形式，地点性景观的描述和类型学地点的分类系统等。地点结构理论研究成果较多，德国学者科尔所采用的聚落比较法、拉采尔的城市聚落定义、克里斯塔勒的中心地理论（central place theory）以及美国学者索尔的景观形态学（morphology of landscape）等都反映了这方面的研究成果。

（二）地点功能理论

古典区位论开地点结构分析之先河，并已成为现代地理学的重要理论。城市空间结构理论是地点理论研究的重点，城市可以被看成各种地点的综合，是多种社会与经济活动集聚而成的地理空间实体，各种活动在城市地域的内部具有不同的组合格局，地点的形成是人类生活与功能组织和情感需求在城市地域上的空间映射（Alex Anas, Richard Arnott, Kenneth, 1997）。城市的四大功能是居住、工作、游憩、交通，从地点观来看，与之相对应的地点则是居住地点、工作地点、游憩地点和交通地点。城市地点功能的形成是为了满足人类活动需求，因此城市空间的变化与扩展是人们日常生活行为与各类城市地点相互作用的结果，它们相互作用的结果构成了日常城市生活空间结构模式（王兴中，2004）。从地点观来看，城市空间结构研究的核心就是探讨日常生活行为地点的组合规律和分布规律。地点的形成是人类生活与功能组织和情感需求在城市地域上的空间映射，城市的社会和政治关系根植于每一个地点结构的功能属性中，地点不是被动发挥作用，而是维系和发展社会关系的基础，不同地点之间的关联性形成重要和复杂的城市空间影响模式（McDaniel，Jason，2005）。

城市日常生活地点的时空结构解释了社会行为和关系（包括阶级关系）是如何被不同类型和等级的地点所建构的，以及如何被具化的。城市空间中不同地点的形态差异性机制是早期城市规划功能主义流派所关注的重点，即在传统的城市规划领域中，城市中各种地点的物质环境属性（urban physical space）是解构流派所关注的核心。例如，琼斯和木恩（Jones and Moon，1993）在对 Balfast 城市风貌的研究中，根据建筑物的一些主要特征（如建造年代、使用功能和建筑形式）来辨识城市风貌特色的地点分布模式。

城市空间结构理论研究的不断深入反映了当代城市空间结构形态理论研究的社会文化转向，表明依托城市空间结构理论进行社会文化和生活的研究越来越重要（王兴中，2004）。空间社会文化转向的本质在于依托各类地点进行空间功能组合，人（社群）通过日常生活行为的地点建立与城市、与环境的相互联系。从这个意义上来说，城市空间发展中的社会、行为、经济、健康等理应被纳入各类"地点"的研究视角中，只有这样才能深刻理解各类空间和环境的本质，从日常生活行为的地点观视角进行城市空间结构的解构研究已经成为现代城市空间结构研究的重要趋向（Werlen，2005）。

地点功能理论强调从社会结构调整人的地点行为入手，注重城市社会结构的形成过程（Lowe，1993）。认为城市中的地点结构具有多层次性，包括功能属性、行为活动属性、文化价值属性和物质形态环境属性等地点特质。地点功能流派认为，地点的属性特征及规律对于认识城市日常生活空间结构具有重要的现实意义，结构存在形式以地点为基本单元，不同地点属性的功能组合形成现实的城市空间结构特征。

三　地点文化流派

地点文化流派从文化特质视角入手，阐释文化如何影响地点的空间结构以及地点中人的行为活动模式。在传统的城市经济、城市社会分析领域，地点文化的研究拓展了传统城市空间研究的领域，并且衍生出对地点行为文化的关注（Pile and Thrift，1995）。因此，在城乡区域发展空间中，区域空间的组织结构规律可以从地点的差异格局中去探寻。而区域经济学、城市经济学、人文经济地理学、城乡规划学、景观学等空间相关学科的社会文化转向趋势可以揭示未来人类行为的地点分布规律和差异关联，从而有助于探寻和找出世界与区域的人文地点的结构组合机制和变化规律，地点理论成为探寻区域空间规律的"手段"式科学（Paul Claval，2002）。地点文化流派探究问题的核心在于对地点进行行为文化的阐释，目的是通过对人类行为文化的了解，揭示其与地点建构之间的关系规律。

（一）地点与文化互动理论

地点与文化互动理论指地点内部预期的行为文化模式，反映了特定的文化价值观，即地点强化了文化的属性，或者地点本身就是一个文化符号，同时，文化通过各种力量不断地塑造着地点，即文化反映着地点。地点与文化的互动对构建身份、塑造地点的社会特性起到重要作用，这种互动性持续存在，也赋予了地点主观性特征（Nourhan，2016）。地点与文化之间的互动性研究是空间社会科学关注的普遍规律，尤其存在于各种消费空间、购物空间、旅游（游憩）空间、建筑空间、景观及其他各种日常生活地点中。因此，在探究空间发展机制的时候，通过对地点与文化之间互动关系的梳理，有助于发掘各种类型和尺度的文化景观特征和表现形式（Çiğdem Canbay Türkyılmaz，2016）。由于地点是多层面的，文化是多元的，这意味着构成世界与区域的人类社会文化空间也是多维度的。

（二）文化生态地点理论

地点与地点之间存在着差异性，其本质是文化生态规律的在地化表达。文化生态学学者强调不同的亚文化因素对各类地点具有一种适应性的作用机制。城市生态结构的基本规律彰显的是各种文化要素的构成。诸如城市结构中的"同心圆模式""扇形模式"等所反映的就是地点区位的亚文化规律，其所强调的就是城市生活空间结构内部的不同地点文化的稳固性。每一个地点或场所在演化的过程中都表现出极强的排他性和稳定性，城市空间结构的布局形态则体现出地点文化的道德传承。因此，地点与它所处的城市社会文化价值结合在一起，成为当地文化体系的重要组成部分，并以此影响城市土地布局的形态。让人眼花缭乱的各类城市景观，其象征性的价值通过凝聚（retentive）、恢复（recuperative）和抵制（resistive）影响地点的分布（Firey，1945）。文化生态理论认为城市社会空间结构体系的构成是社会某种阶层文化价值导向的产物，文化生态理论将社区看作城市中最具有说服力的构成体系，社区就是一个典型而又广泛存在于城市空间单元中的地点。社区功能是不同社会价值体系的空间对应，每种功能都有特定的空间位置（Miriam Gleizer，2015）。文化生态观认为，城市内部不同类型的地点所承载的行为文化特征能够反映某一城市所特有的文化内涵和社会价值诉求。一方面，文化差异性会对地点上的景观塑造产生重要的影响作用；另一方面，地点本身的特质也在建构或影响着一个区域的文化差异性①。

文化生态流派主要研究地点构成中文化因素的作用，阐释各种文化因素（主流文化与非主流文化）如何混合在一起，并通过各种地点中的物质文化载体（如景观、建筑物、雕塑小品、公园绿地、广场、街区等）来表达。埃尔沃特（Aravot，2002）认为，地点能够构建和形成社会身份特征，并形成新的文化地点关系，如竞争关系、共存关系、统治关系、依附关系等。由于文化和社会阶层具有多样性，对所对应的地点类型、范围和属性的探讨也在不断深化，地点因社会文化的多样性而呈现更加丰富和多元的内涵（见图 3 - 5）。

四 地点社会流派

（一）社会阶层化视角下的地点观

社会学视角下的地点观研究产生于 20 世纪 80 年代，受到社会文化转向思潮的影响，社会空间结构研究开始关注人本主义视角下的社会问题（Arefi，1999）。社会流派受现象学和人本主义哲学方法的影响，关注地点与人全部关联领域内的生活结构特征，尤其是社会阶层化对地点结构特征的影响机制，诸如不同社会阶层的人所产生的地点感是否具有差异性。哈维（1973）在 *Social Justic and The City* 一书中提出"社会—空间统一

---

① 一方面，城市的某个地点可以承载表现某些特定历史文化价值的景观；另一方面，地点可以塑造或者改变城市某些特定领域的固有文化价值。

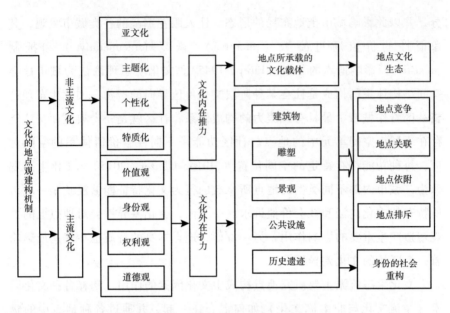

图 3 – 5　地点—文化关系构建模式

资料来源：笔者自制。

体"（social-spatial dialectic）的概念，认为人（个体与群体）与周围环境之间双向互动的连续过程就是社会与空间的统一体，反映在社会地点观上就是地点与其所属的社会集合构建了地点社会流派所关注的核心内容。社会流派关注地点所代表的社会身份特征以及阶层差异特征，对地点的物质空间属性较为忽视，将地点的敏感性与社会理论有机结合起来，探讨多变的地点物质景观及区位差异与复杂社会环境之间的关系。因此，"现代社会地理学是使社会条件更加合理的一种科学尝试"（Harvey，2000）。亨利·列斐菲尔认为社会活动发生在地点，并通过创造对象而创造出一个新地点，如到一个城市旅游时，就会产生对该地点的特殊态度（Lefebvre，1991）。地点社会流派的优点在于由过去的物质属性地点研究转向人文社会熟悉地点研究，不足之处在于社会生活的复杂性并不能与地点建立完整的对应关系。

近年来社会地点观研究日益深化，尤其是中产阶级受到关注，探讨中产阶层化视角下的地点观成为研究的重要方面。研究将经济、文化、社会阶层分析综合在一起，探讨城市中产阶级在社会及物质构建中如何利用时间和地点的问题（Zukin，1987）。雷（Ley）则认为在中产阶层化背景下，城市社会结构的变化与人们日常生活消费的各种地点之间存在密切的对应关系，全球化背景下的城市经济结构伴随不同社会阶层的消费差异性而呈现新的社会空间结构特征，尤其是在社会文化转向背景下，中产阶层作为中间力量，其消费文化的表现形式较多反映在其对应空间地点上。各类消费地点因阶层化的差异呈现不同的物质属性特征，社会阶层化和地点差异化之间形成了紧密的互动，进而对城市价值观、消费观念和生活、生产方式都产生相应的影响（Atkinson，2002）。

自 20 世纪 80 年代以来，谢夫凯（Shevky）、威廉姆斯（Williams）和贝尔（Bell）等开拓了城市社会地点观的研究领域。他们认为，作为现代城市社会的一些重要演化趋势的地点表现，城市内部地点结构可以用经济地位（economic status）、家庭类型（family status）和种族背景（ethnic status）三种要素进行概括①。

（二）新城市主义视角下的地点观

新城市主义是 20 世纪 90 年代初形成的一种重要社会发展思潮，其核心人物是彼得·卡尔索普（Peter Calthorpe），主要关注城市问题与城市可持续发展领域②。新城市主义强调城市发展要有明确的边界，在边界范围内进行再开发。城市规划要提供多种可能的交通方式、价格合理的住房来满足城市居民的需求。主张社区与邻里紧凑发展，居民的各种活动设施要限定在五分钟的步行距离之内，公交站点也应在步行距离之内。新城市主义强调在地点设计上要力图创造地点感，要求规划师将各类建筑及景观的设计与地点环境（包括历史、气候、地形等）紧密联系在一起。要增强地点的安全性、舒适性和吸引力，使地点营建能够增强邻里氛围（李东，2003）。

新城市主义流派深受空间社会文化转向思潮的影响，在对城市问题的分析上，着重从城市物质景观的社会文化内涵入手，对城市建设的社会价

---

① 转引自王兴中在《社会地理学社会——文化转向的内涵与研究方向》一文中的分析。参见（王兴中，2004）。

② 新城市主义是 20 世纪 90 年代初针对郊区无序蔓延带来的城市问题而形成的一个新的城市规划及设计理论。主张塑造具有城镇生活氛围、紧凑的社区，取代郊区蔓延的发展模式。参见（唐相龙，2008）。

值、目标与文化期望等方面进行系统阐释。新城市主义理论强调从以人为本的视角探究城市日常生活空间质量，并对各类地点（场所）进行质量评价，尤其是在社会阶层化的背景下，不同阶层所关注的消费地点、娱乐地点、社区等成为研究重点。新城市主义通过对地点的物质形态空间的重新建构与规划设计改变人们的生活质量，增强人们的"空间获得感"①，减弱"空间相对剥夺感"②，从而实现空间社会公正、公平发展的目的（Peter Newman，2015）。新城市主义理论期望实现的主要城市社会目标包含三个：社区、社会公正和公共利益③。因为它们代表着当前地点营建理论中所涉及的最为主要的几个社会理论，也是未来城市规划与发展的主要方向（Grant，Tsenkova，2012）。

（三）社区主义视角下的地点观

社区主义（communitariannism）主张以社区为单位，发展社区服务，建立社区自治，结合个人发展与集体利益，用社区温暖、带动个人，从而发展社会、改革社会。在社会学领域，具有强烈社区主义色彩的古典社会学家是滕尼斯和杜尔克姆。前者强调了社区对个人的重要意义，后者关注社会价值观的整合作用和个人与社会的关系。后来英国社会学家麦基弗在1917年强调指出，社区必须建立在成员的共同利益基础上，社区的主要特征是共同维护公共利益。社区主义视角下的地点观把社区当成一个地点，从地点感的建构与生产视角，分析社区感的形成及其影响机制。早在1974年，萨拉森（Sarason）在《社区感：社区心理学的前景》一书中便率先提出建立一门以社区感为核心概念的学科，至1977年，他已比较完整地阐述了社区感的概念并试图围绕社区感来构建社区心理学的理论体系④。

---

① 获得感表示获取某种利益后所产生的满足感，空间获得感强调人在使用各种城市空间中的资源和设施时形成的幸福感。

② 相对剥夺感（relative deprivation）这一概念最早由美国学者 S. A. 斯托弗（S. A. Stouffer）提出，其后经 R. K. 默顿（R. K. Merton）的发展，成为一种关于群体行为的理论。它是指当人们将自己的处境与某种标准或某种参照物相比较而发现自己处于劣势时所产生的受剥夺感，这种感觉会产生消极情绪，可以表现为愤怒、怨恨或不满。参见（夏奥琳、杨铖、杜薇，2015）关于相对剥夺感的研究回顾。

③ 详见著名城市规划学者彼得·霍尔在《规划：新千年的回顾与展望》一文中的分析。参见（Peter Hall，2002）。

④ 参见（Fisher，Sonn，Bishop，2002）关于社区感的介绍。

麦克米兰（McMillan，1996）提出社区感形成的四要素模型，认为社区感就是社区成员所具有的一种地点归属感，类似于对"家"的归属概念，邻里之间能够获得彼此的关照，有共同的信念。在四要素模型中，第一个要素是"成员资格"，指的是社区中的建筑、景观及服务设施建设要有特色和吸引力，社区具有明确的边界，能够使成员产生"领域感"，社区具有明确的标志系统，社区安全，氛围和谐；第二个要素是指影响力，主要指社区成员之间彼此默契，形成一种团体动力；第三个要素是"社区诉求的整合与满足"，主要指社区成员之间形成的一种共有的价值目标体系，并建构出的一种"精神联结"。一些心理学者还将社区感划分为地点性社区感（sense of geographic or locational communities）和关系性社区感（sense of relational communities）。前者强调社区成员对某一个特定地点的依恋与认同，后者强调社区成员以共同的兴趣、爱好建构成的"心理联盟"（Loomis，Dockett，Brodsky，2004）。

总结当前的研究进展可以看出，社区主义视角下的地点观建构研究着重探析社区发展中的地点构成作用，研究地点如何促进社区感的培育以及社区感对社区地点性特征的响应机制（Valentine，2001）。社区主义地点观强调两个方面的内容：一是社区物质形态空间的本土特质；二是人们使用社区中各类资源、空间等所反映的意向及行为方式。因此，社区作为一个地点，承载着物质景观属性、身份权利属性、情感归属特质、文化行为属性、心理交流属性等内涵，能够给生存在此的人提供庇护感、安全感、愉悦感、身份感、认同感、参与感、共享感、刺激感。社区就是海德格尔视角下的"家"，社区对存在于此的人们的意义在于其所提供的"栖居"氛围及其所能提供的心理安全和幸福感（见图 3 - 6）。

社区主义地点观探讨的核心在于社区感，现代主义的居住社区常常因为统一、呆板而破坏了社区感。20 世纪 90 年代以来，重新重视社区，创造独特的可辨识的社区感已经成为社区建设与规划的主流趋势，创造社区感的重要手段就是创建新型特色社区及保留具有传统文脉的社区。社区营建除了地点性的文化特征之外，还强调对社区感的培育，更强调社区感塑造中人的因素，人的行为活动使社区这一重要的地点产生了地方特性，并具备了价值、情感、身份等含义。

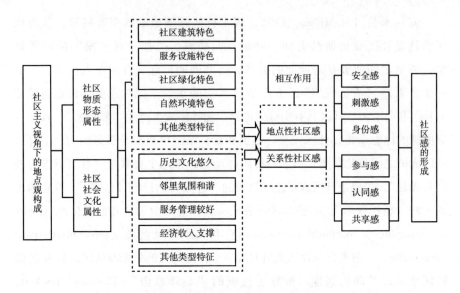

图 3-6　社区主义视角下的地点观构成模式

资料来源：笔者自制。

五　新马克思主义流派

　　新马克思主义流派强调以人为出发点，以实践为核心范畴，把马克思主义哲学解释成一种人本主义的实践哲学。新马克思主义流派注重经济生产关系与历史演变中社会生产力的矛盾，认为资本主义城市是与资本主义生产方式在空间上相互融合后的产物。在对资本主义经济社会结构特征进行分析的基础上，对国家、制度结构、住房和资本主义的运行机制等问题进行了研究（丁蕾，2007）。新马克思主义分析城市空间和形态的理论框架逻辑严密，但争议很大。马克思本人没有撰写任何关于城市的研究著作，但作为社会理论学家影响着20世纪60年代后西方城市问题的研究。现代社会与马克思所处的时代完全不同，除了社会阶级，还出现了各种各样的社会组织，它们运用各自的力量影响城市的发展。在城市社会理论分析研究中，许多学者拓展了马克思的思想，如列斐菲尔、卡斯特尔和大卫·哈维是三位重要的马克思主义城市理论学者，列斐菲尔是新马克思主义流派的代表人物，他对空间的分析，将马克思主义的研究框架导向新的方向，新马克思主义流派的研究是沿着他的方向前行的。

（一）亨利·列斐菲尔空间实践视角的地点观

亨利·列斐菲尔是法国社会地理学界著名的马克思主义学者，他对城市的空间生产研究影响最大，其主要贡献在于诊断地点与空间的差异，并从地点性的生产视角解构城市空间，利用空间实践的思想，关注城市日常生活空间中的各类地点规律。相对马克思主义视角的经济社会空间结构分析，亨利·列斐菲尔从空间的实践和生产视角提出了解构空间的新方法，主张用三种类型的空间解构方法分析经济社会空间。其一，空间实践，指在特定的社会空间中实践活动发生的方式，研究人们在社会生活中的空间实践特征。其二，空间的表征，指描述和构思空间的特定方式，通过地图来描述空间的元素。其三，表征的空间，指特定社会空间内具有象征意义和文化意义的建筑（Lefebvre，1991）。亨利·列斐菲尔的空间理论的局限性在于，其没有从深度的地点生产机制上去探究人与空间之间的区位关系，没能深刻地解释空间生产中的地点感是如何创造的。虽然列斐菲尔没有深入探究日常生活行为活动中的地点建构规律，但是他提出了对城市日常生活空间结构的研究，为今后研究地点理论提供了创造性和建设性的思考维度。

（二）后现代城市主义视角下的地点观

20世纪晚期，伴随全球化的影响、福特主义向后福特主义的过渡以及由此带来的"时空压缩感"，一种重要的城市空间发展思潮产生了，即后现代城市主义。后现代城市主义是相对现代城市主义而言的，反对现代城市主义过于遵循城市功能的信条，转向强调形式追随虚构、形式追随策略、形式追随财政和形式追随恐惧（Nan Ellin 著，张冠增译，2007）。后现代城市主义既强调历史主义，又彰显空间的个性，既对地点充满怀旧情感，又希望一些有个性的城市规划设计师能够创造出有个性的地点。后现代城市主义还强调对社会不同群体差异性的认知，主张易变性、虚拟性和意识性，形成了城市空间的高度流动性和不稳定性。后现代城市主义理论主要讲述城市在后现代文化的影响下形成一系列复杂的、分裂的、无序的观点，以及由于后现代文化的分裂和变化在城市景观中形成新的物质空间结构（Paul Knox，2005）。后现代城市主义认为，城市问题的日益凸显根源在于城市中那些有意义的公共空间正在衰退，公共空间和私密空间的隔离导致各类城市问题的集聚与再现（Duany，Plater-Zyberk and Alminana，

2003）。建筑学者赫克斯塔布尔（Ada Louise Huxtable）认为，后现代城市主义关注地点的含义和象征意义，把地点当作联系城市空间与人类经验的纽带，地点是表达城市价值体系的领域，地点是城市社会文脉的表征（Melville，1986）。后现代城市主义的发展轴线见图 3 - 7。

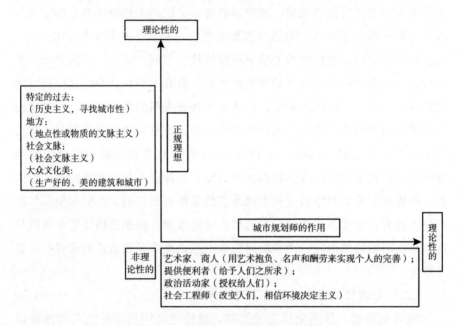

图 3 - 7　后现代城市主义的发展轴线

资料来源：笔者自制。

后现代城市主义追求人的需求满足，除了满足功能方面的需要，还要传递其内在的含义和价值，主要应对的是城市中的各类"无地点"问题。后现代城市主义视角下的地点观以彰显人的个性为出发点，不再把功能和结构看作城市空间发展的核心，而是通过人们对城市各类地点行为的认知和表述，形成动机、需要、态度，再经过行为控制形成作用地点（action place）和活动地点（activity place），以此来阐释人们的社会地位、家庭居住、住宅区规模、通勤方式、意象以及客观环境之间是如何相互作用、相互影响的（Castells，1997）。

六　新人本主义流派

新人本主义流派以哲学现象学思想为基础，不断加强对空间使用者的行为特征分析，从而建构自己的本体理论和认识方法体系。新人本主义哲学观认为，存在空间中的人是文化生态中的核心，一切关于地点的分析应该针对地点中的人的行为活动进行，不存在独立于人类行为活动之外的地点建构，即"一切关于地点的特性应该来自人（社会）经验的空间，并且可能独立于那个空间之外"。因此，新人本主义流派关于地点观的建构分析克服了科学主义只关注空间的物质特性（边界、大小、地形、地貌、植被、景观等）的弊端，转而使当前的城市经济学、人文地理学、城市社会学等学科领域关注以人为中心的社会物质属性。人（社群）是整个空间领域中的一分子，无人的空间是几何的空间，很难区分出地点与空间的差异性。地点对每一个人来说都是其存在的载体，其构成要素是人的行为活动的结果，每个人在其生存、生产、生活的行为过程中创造了地点的含义和价值，同时，在行为活动过程中，新的地点不断被塑造。新人本主义流派还强调空间生产中的过程研究，不同行为活动过程中的特征成为探讨地点塑造的重要环节，从而获得对地点感的真实了解，即直接关注个人经验中的地点感是如何在城市日常生活中被获得、被传递、被改动以及被融进城市空间概念体系的。在新人本主义的发展趋势下，城市空间问题更强调从城市邻里单元结构以及地点构成结构的视角来进行深入分析，重在分析城市物质形态结构与行为认知因素之间的微观特征。

城市经济学者、城市社会学者、城市规划学者及人文地理学者对城市邻里区的概念进行了长期的探讨（Kearns and Parkinson，2001）。近期相关研究者认为，对邻里社区探讨的意义在于探讨人们的日常生活行为、健康和生活机会等规律（Southworth，2003），包括对地点依恋程度、地点感以及社会结构的分析（Docherty，Goodlad and Paddison，2001），并把以上这些因素作为判定城市增长和发展变化的指示器（Butler and Robson，2003）。邻里社区理论涉及四个主题：①邻里社区的定义；②邻里社区的对等与比较；③探究邻里社区效应（neighborhood effects），塑造个体态度和机会以及对形成邻里文化起到的作用；④邻里空间结构，确定邻里社区日常生活地点和社会联系，邻里社区是特殊的地点类型（Castells，1996）。邻里活动反映了人们的生活类型、社会联系以及政治和经济结构，邻里社区赋予地点更多的意义和价值，也发展和形成了人们的日常生活习惯和交际习惯，邻里社区就是人们日常生活的地点，通过经济和个人的作用，塑造地点和空间的类型。邻里类型的谱系被划分为以下五种：①独裁邻里，有明确名称没有准确边界的地域；②物理边界，有清晰边界的明确的地域；③均质邻里，环境特征和自然特征十分明确并具有内部均质性；④功能邻里，由于特殊活动类型而聚集在一起的区域；⑤社区邻里，指近亲团体邻里（Bloom，2004）。

国外新人本主义研究旨在关注城市邻里社区中人的居住选择行为与社区所在地点之间的关系规律，与住房质量有关的拥有权、建筑密度，居住流动性以及社区的空间演变规律。其核心结论认为：①由于居民生命周期、社群或亚文化等因素，城市社区形成不同类型的"阶层—等级"地域体系；②在这种体系下，社会空间环境质量是由该城市所处的社会、经济与文化发展阶段决定的，其政治、经济与文化因素构建了城市居住生活环境的整体结构（丁蕾，2007）；③（阶层化的）住所与其邻里社区成为不同社群或亚文化居民生活空间质量的显现核心区（Hartshorn，1992）。新人本主义的地点观强调从某一社群中不同生命阶段的人群（如有孩子的父母及其照料者人群）的地点感出发，探究地点感的生成与邻里社区生活质量空间（包含与使用者密切相关的各类社区资源和设施）特质之间的关系，尤其强调从城市社区资源（地点）的可获性角度进行质量评估，并进行地点微区位布局规律的探讨和规划应用分析（王兴中，2012）。

七 可持续性城市研究流派

20 世纪 80 年代中期到 20 世纪 90 年代初，伴随经济全球化进程的加快，受国际政治经济学和世界城市体系理论影响，城市化研究迈入了以世界或全球城市为重点的新阶段（李宝梁，2005）。弗里德曼（Friedmann，1986）提出了有关世界城市是全球经济控制中心的种种假设，并选用了一些西方发达国家的主要城市做了描述性说明。沙森（Saskia Sassen，1991）全面系统地阐明了全球城市的理论，并通过对纽约、伦敦、东京三个城市的个案比较研究，论证了其理论。沙森把全球城市定义为：①世界经济结构的制高点；②金融、信息和其他专业服务机构的集散地；③占主导地位的高级第三产业的创新发明地；④第三产业的主要市场。全球城市形成的原因包括：大型跨国公司和银行业集中控制功能的加强；制造业的衰退和反映在空间上的扩散及多点化；电信和信息领域的技术发明和金融、法律、会计、咨询、建筑设计等行业的快速发展。

可持续发展理论关注城市空间发展的可持续性，城市可持续性涉及环境、人口、资源、经济、文化与社会等方面，目前国际上越来越重视对可持续城市及其影响要素的关联分析，研究范围涉及各因素中的子因素，研究方法则从宏观区域性分析转到微观地点区位布局规律分析，主要涉及城市可持续空间发展、城市可持续交通、城市土地使用规划、城市公园、城市能源消耗与城市住房、城市文化娱乐空间以及城市生活环境空间质量等方面（Pacione，2005；Prakash，2006；Ozdemir，2007；Cottrell，Vaske，Roemer，2013），可持续性的理念要求均衡发展，那么就需要考虑可持续性空间所涉及的每一个方面，力争多赢局面。今后的研究焦点应集中在城市社区参与、商业社区（Business Community）以及城市可持续性发展项目成功的衡量标准等方面（Portney，Kent，2003）。

八　全球化理论流派

全球化理论是关于全球层面的外部力量如何影响改造各类地点，在全球化进程的推动下，空间的本质、含义和功能更加复杂化，不同地方的空间产生差异，城市内的空间差异也开始明显。地点逐步失去使人们产生依附感的传统制度和实际力量，也导致地点之间的相互关系发生变化。全球化导致不同地点之间的竞争更加激烈，并因此产生更大的空间差异，但是也创造了地点之间更密切的联系和相互依赖（Eade，2008）。

全球化带动了城市功能的多样化，世界的城市形成了新的体系，呈现金字塔形，在金字塔顶端的是一些具备全面综合功能的大城市，金字塔的塔基部分是数量众多的小城市。城市在金字塔形的体系中所处的等级位置通常决定了其专业化程度。这一理论观点通常与人类生态学的观点相反，它从政治经济体系或政治世界体系的角度，强调城市由于在体系中相对位置和功能的不同，而拥有不平等的权力和交换地位（Martin Albrow，John Eade，Neil Washbourne，Jorg Durrschmidt，1994）。

九　旅游意象空间流派

（一）国外代表性学者观点

国外旅游地理研究领域尤为强调对"地点性体验"的研究，主要集中在对地点意象的讨论分析中。凯文·林奇较早从城市意象角度开展研究，他系统分析了美国波士顿、洛杉矶等城市居民对各类地点的体验，提出了城市空间的"可意象性"（image ability）概念，认为城市意象构成中应包含五种要素，即道路、边界、领域、节点和标志物。凯文·林奇在分析城市中的客观物质景观时不仅强调景观的物质性和人的感知意义，还包含了对物质性景观背后的社会构成、历史文脉、行为文化、价值愿望、空间结构等方面的深层次考虑。城市中各类引人注目和组织完善的地点是人们价值、意义、身份与尊严的汇集之地。地点感会进一步促进人的行为活动，从而更有利于这个城市人们的记忆存储。凯文·林奇认为"可识别性"是城市构成的一个重要方面，一个城市的人居环境如果拥有清晰的空间肌理和文脉，则可以给人以安全感，并能够提升人们内在的体验深度和强度（凯文·林奇著，方益萍等译，2001）。因此，可以看出关于地点的体验是城市意象研究的重要视角和方法。另外，凯文·林奇还注意到，人自身的感知能力、文化身份、社会地位、个性品行、心理状况、使用经验、态度价值等都会影响对空间的情感体验。

奥特曼和罗尔（Altman and Low，1992）认为人对地点的依附感源自视觉景观，并可从视觉景观隐含的意义当中找到与地点依附的关联；意象是由个人的态度、价值观、情绪、记忆、体验以及瞬间感觉产生的一种心智地图（mental picture）。爱德华·拉尔夫探讨过地点意象和地点身份之间的密切关系，认为地点意象会因为地点中人的身份、社会地位、感知经验等的变化而产生变化。一个地点的意象就是它的身份，理解意象的社会结构是理解地点身份的基本前提条件（唐文跃，2013）。地点意象不仅是客观现实的、选择性的抽象景观，而且还是对"是什么"或"相信是什么"的解释。地点意象由个人或群体的体验及其与那个地点相联系的所有要素构成。在国外旅游地理研究领域，研究焦点集中在旅游目的地意象上。对旅游目的地的感知体验形成了游客对此地的意象。冈恩（Gunn，1972）将旅游目的地意象界定为两类：一是原生意象（original image），指游客没有实地参观时对目的地的意象；二是诱发意象（induced image），指通过促销旅游产品或者实地旅游观光体验之后获得的意象。埃希特纳（Echtner，1999）构建了旅游意象的框架性体系，包含属性—整体链（attribute-holistic）、功能—心理链（functional-psychological）、共同性—唯一性链（commonunigue）三个连续链。他还以观光地点、广告的刺激与潜在游客之间的关系来说明观光地点能够产生意象符号系统现象。在这种符号系统中，一些有特色的地点或景点被认为是旅游地的旅游商品总称，而游客则是选择商品的消费者。对游客来说，旅游活动不只是选择商品本身，更重要的是体验商品背后所潜藏的符号意象。游客选择到旅游地进行旅游体验，从感知意象的形成到赋予旅游地深刻的意义，这之间寄托了游客对地点的情感。游客在旅游地游览的同时，不仅抒发了心中的感觉，而且得到了旅游地所提供的功能性服务。对于游客来说，旅游地意象是能够被区别、组织和赋予意义的，所以游客会对这个地点产生认知和持续的情感①。

索菲（Sopher，1979）认为，生命首先是人类生活中最重要的支撑，其次为地点依附感的产生。索菲的"the landscape of home"的含义以家的概念为基准，将自我的意象当作个人对家的看法。另外，地点除了可以寄托情感外，还可以通过意象的塑造来吸引游客。例如，旅游区醒目的地标物、艺术和特殊建筑、地方仪式或庆典等带有诱惑性力量的景点或事件，都可以诱发旅游地地点意象的形成。地点意象的形成可以使地点的特性被保存或强化，可以成为旅游地空间建构的概念基础，并指导地方旅游规划或创造新的地点空间。旅游地的空间意象亦可以作为形成地点依附感的因素，影响人们的空间行为规律。

（二）国内代表性学者观点

国内的地点意象研究主要集中在对城市、古村落、古镇、旅游景区的意象空间研究上。城市意象空间是指由于周围环境对居民的营销而使居民对周围环境产生的直接或间接经验认识，是居民头脑中的"主观环境"（顾朝林、宋国臣，2001）。白凯（2009）则从心理学角度分析了旅游目的地意象的构成和发展过程，认为旅游目的地意象研究应着力于将抽象的概念推理和具体的实证测量相结合。李瑞（2004）认为，城市旅游意象是旅游者对城市旅游要素所表达的城市历史文化风貌和时代特征的感知和综合评价。城市意象和城市旅游意象既有联系又有区别，两种意象要素的内容并不完全相同，并且物质表现形式的空间组合和表意也不完全一样。

---

① 旅游目的地意象不单指旅游地点本身所具有的景观特色，还包含旅游体验过程中的整体感觉，地点所包含的具有吸引力的景点都被视为旅游地感知意象的来源。

徐美、刘春腊等（2012）则从游客感知角度出发，提出"旅游意象图"式的旅游景区规划设想，认为旅游地意象的基本要素包括旅游道路、旅游节点、旅游边界、旅游标识和旅游区域五个方面，旅游意象图的构建过程可分解为旅游意象点、旅游意象线、旅游意象链、旅游意象面、旅游意象图五个基本步骤，指出可从资源类旅游意象、产品类旅游意象、市场类旅游意象三个层面确定具体的旅游意象，并分析了旅游意象调研的四大基本方法：传统问卷调查法、绘制心智地图法、旅游意象游戏法和旅游意象访谈法。唐文跃（2013）认为，国内的地点意象研究较少涉及人的意图、期望等要素对地点体验的影响，缺乏对地点情感的关注。

综上所述可以看出，在国外旅游地意象研究领域，一个重要发展方向就是用旅游意象空间及其构成去分析旅游业发展问题，在激烈竞争的市场中赢得游客、延长旅游区生命周期，旅游规划实际上成为一种旅游意象空间规划。

十　文学想象空间流派

文学是一种文化符号，其根植于地点，小到某一地点大到全球，要探讨文学所承载的想象空间（环境）必须探讨地点的文化意识与生态建构，因为地点性的文学作品意识在主体世界人形成生态意识、促进环境想象以及解决环境问题过程中至关重要。爱德华·赛义德（Edward Said）曾经说过："所有的文化都是彼此关联的，没有一种文化是单一纯粹的；所有的文化都是混杂的、异类的、非常不同的、不统一的。"① 因此，按照爱德华·赛义德的文化意义来看，我们有必要分析文学与文本世界中的地点变迁、地点内涵及地点意识，这对于解决全球与地方的各种环境问题具有重要的现实意义。地点感代表着一个地方的社会和文化内涵，对地点环境的意识与想象在某种程度上反映人对某一个地方或区域的环境意识、忠诚感及道德伦理责任。环境诗人文德尔·贝利则认为，如果一个人不能熟悉并忠诚于自己所在地点的环境，地点很容易被滥用，甚至被毁灭。哈佛大学英美文学系教授、著名生态批评学者劳伦斯·布依尔（Lawrence Buell）认为："环境危机并不只是一种威胁土地或非人类生命形式的危机，而是一

---

① 参见（伊格尔顿著，方杰译，2006）在《文化的观念》中对文化内涵的论述。

种全面的文明世界的现象……环境批评的任务不在于鼓励读者重新与自然'接触'，而是要灌输人类存在的地点意识——作为一个物种的人只是他所栖居的生物圈的一部分——还要意识到这一事实在所有思维活动中留下的印记。"① 海德格尔在论述地点观时强调，地点就是真实而又诗意的栖居地，是属于自己的"家"，并承担起保护"家"的自然与人文环境完整的重任。在当前全球化变迁的背景下，空间被无节制地开发，地点面临特色消弭的危机，仅成为坐标轴上一个虚拟的点。传统的以"家"为核心的地点圈层模式逐步被打破，人对地点的归属感被"扁平化"，很难再寻觅其核心。在这种背景下，文学想象发挥着重要的功能，其通过情境化的语言、神话般的环境意识以及媒介所建构的虚拟空间，利用景观的陌生化处理为人们提供多种可能的地点想象，从而唤起人们的地点意识和地点忠诚感。

对于每个人类个体而言，地点意象指人对地点的一系列经验的累积和意识，而对于整个社会而言，地点意象则是人类所有意识的综合与凝练。地点意象的形成历程和变化则凝聚在文学想象空间中，并形成一种文本性语言，因此，探究文学作品中的地点想象很有必要。新西兰生态学家杰佛·帕克、英国小说家格雷厄姆·斯威夫特和美国环境作家约翰·米切尔等曾经跟踪、记录了一些关于地点特征的演化与消弭，不仅唤起了人们的环境意识和社会良知，还有利于培养人对地点的忠诚感及道德伦理意识②。地点意象在传统的文学与环境作品中表现得较为薄弱，而且大部分集中在某些特色领域。未来的环境批评研究应重塑文学作品中的地点意识，实现地点内在特性的表达与集成，彰显地点价值与意义，并将其扩大到整个生态环境研究领域。同时，城市作为现代社会景观中最为核心的有机部分，对城市各类空间的地点意识以及在文学作品中的城市地点意识的研究应进一步深化。在众多文学想象空间中，地点只是一种空间的载体与事件发生的场所背景，但其表现的则是人赋予空间和环境的象征价值和意义。小说家豪威尔斯在《现代婚姻》中将新英格兰的一个村庄作为一种

---

① 劳伦斯·布依尔在其著作《环境批评的未来：环境危机与文学想象》（*The Future of Environmental Criticism*：*Environmental Crisis and Literary Imagination*）中认为，"地方的"比"生态的"更能体现当前环境问题的状态，而且更好地捕捉到了"文学—地方"研究的跨学科焦点。

② 参见（伊格尔顿著，方杰译，2006）在《文化的观念》一书中对文化内涵的论述。

"地点"背景；哈代的小说《还乡》描述了一个"爱敦荒野"的地点场景，刻画了在其中所发生的人物故事，表达了诸多隐喻意义；生态作家艾伦则从美国式的地域书写、地域生态、本土意识等角度，在其作品中深刻表现出其对人类生存文化困境的关注；美国女作家芭芭拉·金索维尔和萨拉·奥纳·朱厄特则在《记忆中的地方》和《针枞之乡》中表达了对某些特定地点意识的关注；有些城市生态批评家还在叙事、散文、诗歌等文学作品中对城市的文化符号进行有机考察，重视城市中各类地点的差异性和多样性研究，从而表达文化与生命的丰富性。总之，探究文学作品中的地点意识差异，理解和想象地点的变迁，不仅有助于培养全球与地方的环境意识，还有利于审视人类文化对环境的深刻影响。

十　乡村地方性知识流派

全球化所导致的城乡同质化现象日益严重，引发的"乡愁何处寻"问题日益明显。"地方性"日益受到诸学科的研究重视。记录及整理地方性，并使之保留下来以供发展所用已成为区域研究的一种范式。2015 年 12 月，李克强总理在"地方志系统"先进模范座谈会上批示"地方志流传绵延千载，贵在史识，重在致用"。地方志蕴含丰富的地方性知识，是维系中华民族血脉亲情的重要力量。综观国内外研究进展，目前关于城乡空间发展的地方性知识流派主要集中在乡村人类学、农村经济学等领域。地方性知识问题研究已经成为当前地点理论研究领域中的一种重要范式。

从国外研究进展来看，吉尔兹提出"地方性知识"（local knowledge）的概念，认为其包含土著知识、民族知识等内涵，诸如某国的、民族的、家乡的、老土的等（杨念群，2004）。相对于不同的认知对象，地方性知识有不同的称呼，如在汉语中有"中央的、官方的、正统的、地区性、地方性、地点性"等知识内涵。也有学者认为，地方性知识就是一种传统的知识（traditional knowledge）。传统知识也被称为本土知识、土著知识、乡土知识、社区知识、无形文化遗产、民族科学知识等[①]。总结不同

---

① 参见（朱雪忠，2004）在传统知识法律保护领域的相关研究。还有人经过进一步研究认为，地方性知识与普遍性知识、全球性知识相对。哲学、科学技术学、科学政治学、科学史学、科学社会学、民族学等学科领域也关注或有特定的地方性知识的概念。

学科关于地方性知识的内涵解析，本书认为地方性知识就是指具有某些文化特质的地域性知识，包含地方的、乡土的以及通常受到某些条件限制的局域性知识。地方性知识是以"此地"为对象所形成的特定知识①。约瑟夫·劳斯认为地方性知识是一种本土实践智慧②；一些农村经济学者研究认为，地方性知识有助于确保食物的稳定供应，依据地方性知识制定的农业经济策略更具可持续性。

从国内研究进展来看，乡村发展的地方性知识流派主要集中在人类学、民俗学等领域。学界关注的核心在于地方性知识在乡村现代化实践中的作用。研究成果丰硕，如叶舒宪的《人类学与文化寻根》、秦红增的《乡村社会两类知识体系的冲突》、吴正彪的《论社会历史变迁对地方性知识积累的影响——贵州麻山地区苗族的三种生计方式个案研究》、王建革的《望田头：传统时代江南农民对苗族的观察与地方性知识》等。叶舒宪（2001）评价了吉尔兹的《地方性知识》。杨庭硕（2004）、冯瑜（2012）等研究了复原及利用民族地方性知识的最佳对策。杨念群（2004）、蒙本曼（2016）等探讨了地方性知识在政治变迁、灾害预防、生态保护、生态移民中的重要作用。杨小柳（2009）、肖应明（2014）、朱竑（2015）等探讨了地方性知识在农村土地确权、传统农业更新、乡村扶贫开发、特色经济挖掘、民族村寨建设等方面的意义。

本书研究认为，地方性知识对促进城乡可持续发展，尤其是对推进乡村社会的现代化进程具有重要的作用。在当代历史文化村落保护、乡村生态建设、美丽乡村营建等实践中，不同地域的地方性知识所蕴含的本土经验或本土智慧将更有利于维护人类生态安全，更能使现代乡村建设符合不同地区的资源结构、历史文化传统，做到对乡村历史文化遗产的保护、对生态资源的安全利用与乡村建设的可持续发展。同时，在现代乡村建设领域中，现代乡村规划方法总是与全球化、现代性的功能结构规划相伴随。

---

① 邢启顺在《乡土知识与社区可持续生计》一文中论述，乡土知识其实就是某些特定地点的知识。参见（邢启顺，2006）。

② 格尔兹认为，地方性知识涉及在知识的生成与辩护中所形成的特定的地点情境，包括由特定的历史条件所形成的文化与亚文化群体的价值观，由特定的利益关系所决定的立场和视域等。参见（格尔兹著，王海龙等译，2004）关于地方性知识的系统介绍。

随着城市现代性对乡村的侵入，以及当地经济、组织、制度、民俗等变迁，乡村社区也往往呈现相对应的文化景观变革，产生了乡村地方性和现代性两类知识体系，即形成不同的乡村社会景观风貌体系。

第五节　地点理论研究的趋势

一　地点研究的文化转向

地点研究的文化转向是重视文化的广泛含义，解释文化问题如何影响城市的生活方式以及地点构成。地点的文化转向研究衍生于地点的文化价值观及体系，更强调文化与所对应的地点之间的互动关系。地点具有多种内涵：一方面，地点作为空间的组成部分具有明确的特征，人们在客体地点中活动并作用于客体地点；另一方面，地点作为参照结构，起着重要作用，每一个地点的存在，都预示着新的位置安排，地点成为个人与组织相互联系的工具。地点是社会构成的内部要素，而不是外在的（Riemer，Johnston，2014）。由于社会是多层的，文化是多元的，因此，未来地点文化转向研究要在区域的构成与发展规律的差异中不断辨识地点与文化的关系模式，进一步研究社会与文化如何构建现在与未来、世界与区域的宏观—微观地点。

二　地点观视角下的文化差异研究

地点观视角下的空间差异化研究使地点具备更丰富的文化内涵。地点观视角下的文化差异主要体现三个方面。其一，作为传统主流的研究地点的理念，地点作为客观的实体有其自身的结构和特性，各种社会活动发生在特定的地点里，人们可以观察到地点的存在，因此，地点具有真实性，并存在于经验主义的辨识空间中，即局外人的地点观。其二，认为地点架构了活动本身，形成不同的地点价值，形成了地点的认知概念，即地点感。观察者存在于活动关系中，这种地点构架更多地涉及社会性要素，这种是局内人的观点。（Mike Crang，Nigel Thrift，2000；Robert，Brander，2013）。地点的认知活动形成了各种类型的社会关系，很多地理学家将地点的概念作为社会关系规律的反映。地点观视角下的差异化研究拓展了对地点的认知，摆脱传统地点类型模式的束缚，对研究日常生活空间（人居环境空间）中的各类地点起到了引导作用。其三，对女性空间的探讨，尤其是关注女性生活地点（场所）的行为规律及激进地理学的研究[①]，进而丰富了对城市不同空间研究的角度，更好地阐释城市空间结构的特征及微观地点组织规律（Valentine，2001）。地点观视角下的差异化研究拓展了对城市日常生活空间结构的认知，摆脱了对传统城市空间类型模式的束缚，未来地点观视角下的差异化研究趋势对探索城市经济、社会空间结构规律确立了更加明确的方向。

第六节　小结

本章在地点理论概念性认知的基础上，进一步展开延续分析，探究地点理论的哲学基础、方法论及流派。研究结果认为，地点理论的出现根植于空间哲学研究中的社会—文化转向趋势。海德格尔的存在主义现象学的空间观是地点理论的哲学本源。概念观点的核心在于存在空间，核心动力在于人的主体意向性，主体的意向价值赋予存在空间意义。在当前的城乡空间环境营造中，要想真实了解人类所存有的空间，则必须从人（包含不同社会阶层的人群）的意向性入手，需要考虑不同社会阶层人群的行为文化规律以及行为社会价值，进而掌握整体的文化价值网络。

在对存在空间详细阐释的基础上，对存在空间的地点构成和存在空间的地点感进行尝试性的建构分析。通过对地点理论的代表性流派及主要思想的梳理分析发现，地点理论发展所面临的社会经济状况将更加复杂，社会活动发生在地点，也通过创造对象而创造一个新的地点。在研究城市空间的社会经济问题中，人们越来越关注不同人与地点之间更加细微和紧密的联系，并且站在地点的视角重新讨论性别、阶级、身份和政治等问题。把社会、政治、经济、文化因素结合在一起对城市的地点结构进行多维度

---

① 激进地理学（radical geography），定义为批判空间科学和实证主义地理学并与马克思主义分析方法相结合的一种研究，特别关注贫穷、饥饿、健康、犯罪及不平等问题。参见（叶超、蔡运龙，2009）。

的阐释，并倾向于将宏观与微观结合起来进行地点规律研究，研究人们如何通过地点来满足和创造自己的生活。近年来关于地点理论的研究更加注重对微观地点的考察，并进一步探究地点与自我认同之间的关系，考察地点精神，即研究地点如何塑造人格和心理，人们如何感受地点，并据以认知外部世界或组织对自己有意义的经验，从而对世界做出反应。

第四章

地点理论导向下的人居环境科学体系构成

> 寻根文化最糟糕的结果就是被制造和作为影像销售而结束……最好的历史传统被重组而成为地点历史的……博物馆文化。
>
> ——城市学家戴维·哈维（David Harvey）

人地关系自人类诞生以来就"不以人的意志为转移"而存在着，它是人类居住在地球上就必须探讨的永恒科学课题和本质科学问题，人类的建筑论、景观论、规划论、居住论、建设论、工程论、技术论等所有有关人与环境研究的学科都必须以协调人地关系为最根本的和最高的理念准则。人居环境科学是研究人与居住环境之间关系的学科，也是人地关系科学研究中的重要课题。早在二战之后，著名的建筑、地理与城乡规划学者道萨迪亚斯（Doxiadis）就从人地关系视角提出了人居环境科学的思想，认为人居环境科学研究应该突破空间尺度的束缚，从不同领域和范围研究人类的生存居住环境，小到某一个村落，大到城市、区域、城市群或整个地球。在他看来，人类的居住环境问题并不是单纯的建筑、规划、景观问题，而是整个人类的生存系统问题。因此，其本质上就是人地关系研究的核心问题。地点理论是 20 世纪 60 年代以来活跃在西方地理学界、建筑与城市规划学界的一种重要理论，是一种基于现象哲学视角研究人地关系问题的基本理论，代表着后现代人地关系科学或人居环境科学研究的新趋势。它强调空间的地点性（特色性）和人的地点感，探索人类各种生存空间（建筑、地点、城市、区域）如何更具有地点性，并且如何让人类产生地点感。那些具有地点性又能够让人产生地点感的人居环境才是真实的栖居环境，才是真正和谐的人地关系。

目前，随着中国城市化进程的快速推进，出现了一系列人居环境问题。在过度"现代性"（modernity）的环境营造趋势下，出现了自然环境日益恶化、生态承载力日益衰退、环境景观特色缺失及城乡空间同质性泛滥等诸多问题，将人类发展推至关键节点，"现代性"的无限性和资源环境的有限性之间的矛盾日益尖锐。地球上的万物不得不再次面对人与自然关系如何协调的现实问题，以协调人与地点、人与环境关系为根本任务的城乡规划学、建筑学、风景园林学等学科理应主动迎接挑战，视挑战为机遇，并化危为机，敢于忘身，保护自然、营造特色、创造诗意，促进城乡经济社会的可持续发展和人类生活的持续美好。

第一节　相关概念的阐释

一　人地关系思想

（一）人地关系思想的概念内涵

人地关系是指人与空间（地理环境）之间的相互联系和相互作用[①]。人地关系不仅属于自然关系的研究范畴，也是人与各类社会环境（居住环境、经济环境、文化环境、建筑环境、景观环境等）的研究范畴。作为哲学方法论层面的人地关系，"人"一般是各种社会性的人，指在一定生产方式下从事各种社会活动或生产活动的人，指在一定环境或地域空间中活动着的各类人；"地"则是指与人类活动密切相关的，由有机自然界、无机自然界等诸要素有规律地组织或结合形成的各类环境。这类环境一般具有地域差异性、社会多样性、文化多元性、景观异质性，是在人类作用下已经改变了的地理环境，也是经济、社会与文化环境的综合。人地关系理论是地理学、建筑学、环境科学、城乡规划学等诸空间（环境）学科研究思想论的高度概括，具有空间哲学和地点哲学的意义。

---

① 参见（陆大道、郭来喜，1998）一文中对《地理的研究核心：人地关系地域系统——论吴传钧院士的地理思想与学术贡献》的详细分析。

（二）早期人地关系思想的观点

人地关系的思想主要包括环境决定论、可能论、人类中心论、生态论、文化景观论、环境感知论等思想。

1. 环境决定论

环境决定论又称地理环境决定论。萌芽于古代中国的先秦时期和西方的古希腊时期。古希腊哲学家希波格拉底在《论环境》一书中，曾提出"气候决定人的性格和智慧"的观点。古代中国先秦时期著作《礼记·王制》中提出的"广谷大川异制，民生其间者异俗"论断具有地理环境决定论的思想。另外，西方历史学家色诺芬、修昔底德等研究过地理环境对生活方式的影响，柏拉图探讨过地理环境对民族性格的影响（赫特纳著，王兰生译，1986）。地理环境决定论重在从地理环境的差异性视角探究地域在社会、经济、文化等方面的差异，虽然有些论断过于牵强，但是对我们今天研究地域建筑学、地域景观学、地域文化学、地域人类学等仍具有重要的现实意义。

2. 可能论

地理环境决定论由于过度强调地理环境的影响作用、忽视其他要素的影响而遭到众多批判，于是诞生了一种基于可能论视角下的人地关系理论。弗朗斯·博兹（F. R. Pttis）于 19 世纪末提出了可能论思想，认为自然地理环境为人类生活居住空间提供了领域和界线，而且提供了可能的生存机会，不同地点的建筑、景观、生活方式等是不断适应自然地理环境的结果①。著名人文地理学家卡尔·索尔（Carlo Snaer）认为，人类通过文化机制对自然环境施加影响，改变和塑造文化景观，并提出"人类是造就景观的最后一种力量"的观点（李小云等，2016）。地理学家詹姆斯（E. Jmaes）对黑石河谷地区建筑景观的变迁进行研究后认为，居住景观的变迁是一种"连续性居住"（sequeniocpanaec）的结果，一个地区居民生活行为的变化会影响和改变环境景观（翁时秀，2014）。

---

① 国内学者王爱民在《分析地理学人地关系研究的理论评述》一文中认为，人地关系是地理学研究的核心。在分析了人地关系论思想渊源的基础上，对环境决定论、或然论、生态论、景观论、行为论、空间论、文化论和可持续发展论进行了综合评述和重新审视，提出了地理学人地关系研究的原则——综合性原则、区域性原则、因果原则、整合性原则和人地相关原则。参见（王爱民、缪磊磊，2000）。

3. 人类中心论

人类中心论强调以人为宇宙中心，最初跟神学思想联系在一起，认为人在万物当中具有特殊的地位，有充分的权力和力量来改变世界秩序，环境景观是人类主体施加影响和改造的结果。受这一思想的影响，再加上工业革命思潮和近代主体至上思想的影响，城市功能论、建筑技术论、景观改造论等观点一时间受到诸多规划师的推崇，并发展成为征服自然的一种人地观和科技万能论（邹永华，2002）。总之，人类中心论过多强调人的价值和伦理道德，强调人类是一切事物的中心；在人地关系中，人类中心论强调人与自然的对立，容易造成人地矛盾，是一种功能性、功利性的思维观。反思今天诸多城市建设用地大规模扩张、城市大拆大建、城乡自然环境不断恶化等问题，其本质在于人类以自我为中心思想的泛滥。

4. 生态论

生态论最早源于英国生态学家丹斯利在 1935 年提出的"生态系统"概念。他把环境看作一个有机实体的系统或群落。其后生物地理学者巴罗斯（Barrows）在《人类生态学》一书中提出"环境生态论"观点，认为环境科学研究不仅要认知环境本身的客观属性，还应致力于对人群的社会文化生态研究。生态论思想重在从生态结构与功能、生物营养结构、生态区域平衡角度来探讨人地之间能量和物质的平衡，使人地关系研究进一步丰富起来（吴云，2003）。反观我们今天的生态城市规划、低碳城市规划、反规划理论、景观生态学、建筑生态学等思想，大多是受生态论的影响而产生的。

5. 文化景观论

文化景观论是由德国地理学家施吕特尔于 1906 年提出的，他认为应当从文化景观的视角来分析人地关系，并阐释了文化景观的概念，要求在把文化景观当作从自然景观演化而来的基础上进行环境研究[①]。其后，美国景观地理学家索尔在 1925 年出版的《景观形态学》一书中，提出文化景观应是自然和文化共同作用下的一种景观形态。总之，景观学视角下的人地关系研究强调景观的自然与人文兼容并蓄，并体现环境的整体性和地

---

① 地理学者 F. 拉采尔较早称其为历史景观。他主张对田地、村落、城镇及道路等进行分类，以便了解其分布、相互联系和历史起源。

域性。

6. 环境感知论

环境感知论从科学行为主义出发，强调空间的行为研究，环境感知论的发展对人地关系研究产生了重要的影响。通过对人的感知和认知，可以更好地从环境与行为互动角度了解人地关系，摆脱传统人地关系问题研究中只把人类活动加以理性化、中心化、概括化的环境后果倾向①。通过对人与环境之间的认知关联，引导人类行为思想向深层次领域推进，从而建立一个融合心理、空间、认知、感知、决策、反馈等为一体的人地调控系统。

二　人居环境科学思想

人居环境科学是在地理学、城乡规划学、建筑学、景观学等学科基础上发展起来的新学科。它是探究各种人类生存活动需求所涉及的环境空间、构筑空间、地点领域、地理空间的一门学问，是一门综合了乡村、集镇、城市，将以人为中心的人类聚居活动和以生存环境为中心的生物圈相联系并加以研究的科学和艺术。它是对地理学、建筑学、城市规划学、景观学、生态学等学科的综合融贯，其研究领域是大容量、多层次、多学科的综合系统。学科的目的是了解、掌握人类聚居发生、发展的客观规律，以更好地建设符合人类理想的聚居环境。

吴良镛教授认为，人居环境的核心是"人"，人居环境研究以满足"人类居住"的需要为目的。大自然是人居环境的基础，人的生产生活以及具体的人居环境建设活动都离不开更为广阔的自然背景。人居环境是人类与自然之间发生联系和作用的中介，人居环境建设本身就是人与自然联系和作用的一种形式，理想的人居环境是人与自然的和谐统一（吴良镛，2001）。人居环境内容复杂，人创造了人居环境，人居环境又对人的行为产生影响。

---

① 科学行为主义者认为，人类的行为具有一定的模式，对这些模式化的互动行为可以依据数量化的方法进行研究。他们将自己的理论体系建立在客观的、可观察、有形的、可衡量的、价值中立的基础之上，努力寻求关于一系列行为类型的数量资料、可验证的假设与可证实的知识，对事物不做先验的判定，直到获取充分的证据。参见（苏瑞，2015）。

三 人地视角下的地点理论思想

（一）地学视角下的地点理论思想研究综述

自 20 世纪 70 年代末以来，关于地点性的研究在人文主义地理学、建筑学、城市社会学等领域开始出现，并快速发展。人文主义地理学派认为人们的经历不同，对一个地点的认识和认同也不同，因此，描述一个地点的地点性也不同。相关论著中有影响力的如拉尔夫的《地点与地点消弭》、段义孚的《空间与地点》、普瑞德的《作为历史偶然性过程结果的地点：结构化与塑造地点的时间地理》等（Waterton，2010）。该学派认为："地点不仅是地理现象，而且是丰富的人类经验，是存在于世界的方式，没有人的经验，地点就不能被构成，也不能被解释。"段义孚的"地点之爱"（topophilia）就是人与地点之间的情感联系，地点是一个关爱的场域（Butz，Eyles，2004）。约翰斯顿认为，人文主义地理学者特别强调以"日常生活世界"作为场景来探索地点与人之间的情感联系（Johnston，Gregory，Pratt and Watts，2000）。布蒂默（Buttimer）继承哈格斯特朗的时间地理学，强调地点意义在日常生活世界中的能动性（Entrinkin，1991）。雷（Ley，1981）则借用了建筑现象学的观点，将城市作为一个地点。强调地点的意义镶嵌于人类身体在日常生活中的移动（Smith，2003）。皮特（Peet，1998）研究了后工业城市主体与客体分离的特征，人类在城市中被遗忘，地点被毁灭。总之，地点理论以地点性的主体性为根本，强调地点是人生活的核心意义，常以日常生活世界作为场景来探讨人与地点之间的关系。

（二）人地关系理论视角下的地点理论思想框架

关于地点理论概念本质的研究并不多见，即使在国外学术界也只是对地点理论中的某一方面要素进行阐述，如地点感、地点精神、地点依恋等。笔者较早尝试过对地点理论的概念本质进行界定，认为地点理论是以空间现象学为哲学本体的建构理念，以人与地点（空间）之间的关系为基本讨论对象，以存在主义和结构主义空间认知模式为方式，以地点性建构和地点感生产以及两者之间的互动机制为核心，用以解构空间或环境构成的理论。地点性建构（营建）和地点感生产（塑造）是地点理论的核心本质思想。因此，地点理论可以被看作人地关系理论体系中的核心理论（见图 4-1）。

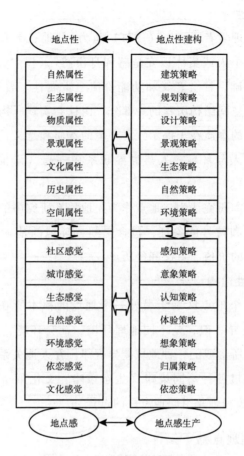

图 4 - 1　地点理论的构成框架

资料来源：笔者自制。

第二节　从地点理论视角对人地关系科学系统进行解构

一　从地到地点性

从早期的人地关系思想史可以看出，早期的人地关系研究往往是从人地关系系统中的某一视角进行的研究。例如，关于地的研究大部分是从地理环境、地貌环境、建筑景观、自然环境、生态景观等视角进行分析，过多强调地点的自然属性、形态属性、景观属性，而容易忽视地点性。

（一）地点性

著名人文地理学者段义孚（1971）认为，"地点是人类生活行为的空间载体，能给予个人或集体以安全感和身份感"。拉尔夫（1976）认为，地点具有客观基础、社会意义和功能价值三重属性。普瑞德（1984）认为，地点是城市空间结构历程的一部分，由社会实践所构成。诺伯格·舒尔兹认为，地点的本质在于揭示人居环境的本质和意义，能够以积极的方式将人与空间、人与环境、人与世界联系在一起（诺伯格·舒尔兹著，施植明译，2010）。

综上所述，本研究认为，地点作为人地关系研究中的一个重要空间概念，是空间媒介和符号的象征，包含空间或环境的基本质量、维度和属性，能够彰显人的价值、意义和经历。

（二）地点性建构

地点性是一个地点区别于另外一个地点的根本所在，正如"此处"与"他处"的差异一般，是不同地理环境、社会环境、文化环境等要素分异机制制约下所形成的一种地域差异规律。在人地关系理论体系中，地点性建构就是通过各种不同策略（生态策略、文化策略、规划策略、建筑策略等），培植和强化空间地点性的过程。

二 从人到地点感

（一）地点感

地点感是人与所处环境或空间之间的一种反馈性的作用机理。人通过情感、价值和记忆等与所在的空间产生一种情感关联，进而形成一种对地点的依附行为，这种依附行为的心理本质就是地点感。胡蒙（Hummon，1992）认为这种依附行为在人与环境、人与空间之间起到一种重要的纽带作用。布朗、伯金斯（Brown，Perkins，1992）认为，地点感是人与空间相互作用而产生的一种对地的情感依附行为，地点感建构要素包含：①充满强烈情感记忆的地点；②能够彰显个人身份特征或能够激起个人情感信念的地点；③地点是一个空间的概念，包含可控的隐私感、宁静感；④能够不断产生个人与空间或个人与环境之间的相互情感作用。

（二）地点感生产

地点感生产强调从人的感知、认知视角来辨识地点性的要素构成，人通过对各类地点性要素的感知获得一种地点认同感和依恋感，这种地点认同感或依恋感就是人对空间（环境）的情感作用，也是不同人地点感的生产、形塑过程。因此，从地点性建构和地点感生产的视角来看，地点感的生产过程是一个复杂的过程，涉及人的心理、态度、价值、情感等，当然那些没有地点性特征的空间或环境大多不容易让人产生地点感。因此，具备地点性往往是地点感生产的空间基础。

第三节　从地点理论视角对人居环境科学体系进行解构

一　人类地点观

人类是自然环境的改造者，又是人类社会的创造者。从地点理论视角来看，人类的行为是产生地点感的本质要素，也会影响到地点性的形成。人居环境之所以具有空间意义在于人的"在世存有"（见图4-2）。

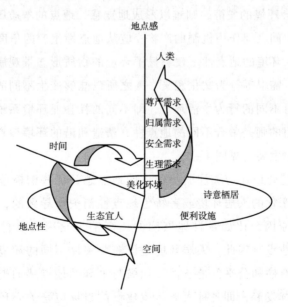

图4-2　人类"在世存有"的环境系统

资料来源：笔者自制。

环境是人类行为的结果，环境又影响着人类的行为，其本质就是地点性和地点感之间的互动机制。按照马斯洛的需求层次理论，人类对环境的影响行为在于不同阶段的环境需要，在基本生理需求阶段，人类居住行为的本质在于逃避自然，寻求身体的庇护，人类总是在不断地试图摆脱环境的负面影响，寻求身体和心理的安定，这是一种"逃避主义"法则。当基本环境需求满足之后，人类开始寻求更好的环境素质，如归属感、爱与被爱感、价值感、尊严感等，为满足这种心理需求，要有相应的环境条件支撑，如美的环境设计、诗意的居住环境、便利的服务设施、公平的城市空间等，所有这些要素的营造或改善都是为了实现人类最高的居住空间理想，那就是具有地点性和地点感的人居环境。

二 社会地点观

不同的人类亚文化群体组成了社会。社会环境则是人居环境系统中的核心要素，主要包括文化亚系统、管理亚系统、法律亚系统、经济亚系统、行为亚系统等，也包括不同亚系统之间相互作用的机制和原理。从地点理论视角看，社会环境是"地点感生产"和"地点性酝酿"的基本环境，缺少社会环境的发酵，则难以形成地点感，地点的本质属性应是社会生产和物质空间之间作用机制的产物。应从地点性生产的角度来看待我们生活的环境，环境的地点性不仅彰显了环境的物质形态景观属性，还包含价值、尊严、需求等行为文化意义。人之所以能够产生不同的地点感，在于每个人都有不同的行为生活环境，即不同的社会亚环境系统背景。人居环境建设的目的则是整合不同的地点性，塑造和谐的环境地点感，最终促进社会的和谐发展（见图4-3）。

人居环境建设还应关注弱势群体的地点感，那些消极地点感的产生往往是因为恶化的人居环境或者特色地点性消失所导致的，需要分析其背后的真正原因，比如乡村地点感的逐渐消失是因为乡村社区的城市化、同质化建设。因此，人居环境建设需要关注不同的环境地点性和地点感，通过有序和公平的地点性、积极与平等的地点感的塑造促进人居环境的可持续发展，即各种人居环境建设的目标应是关心环境的地点性和人的地点感，这将是新时期人地关系发展（人居环境建设）的出发点和归属点。

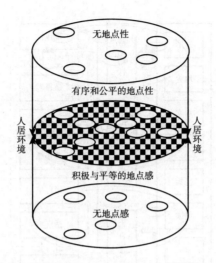

图 4 – 3 人居环境系统中社会系统的地点观解构

资料来源：笔者自制。

三 自然地点观

自然地理环境是空间的基本物质属性，自然地理环境包括地形、地貌、水文、土壤、生物、气候、资源等诸要素。自然地理要素因经度、纬度、高度的不同分别呈现经度地带性、纬度地带性、垂直地带性。这些地带性的本质其实就是自然环境天生固有的地点性，它是人类居住、交通、建筑、游憩、工作等活动所立身的容器和载体，人类和社会系统都需要在这个系统里进行工作和运转。规划师、建筑师、景观设计师等也会利用这个系统进行人居环境规划（见图 4 – 4）。

因此，自然的地点性就是其本身所固有的自然属性，自然属性是变化的，所以自然的地点性也是动态的、变化的、多元的。自然的地点感是人对自然环境感知后的一种自然情感，这类情感也是复杂和多样的，比如人对土地的崇拜情感、人对大河的崇拜情感、人对雷电的崇拜情感、人对大山的崇拜情感、人对大海的崇拜情感、人对生物的崇拜情感、人对自然灾害的畏惧感和逃避感等都是独特的对自然的地点感。中国早期堪舆或风水地理学的本质也是人类对自然环境的一种敬畏心理。可以认为，自诞生以来人类就没有停止过对自然地理环境的情感表达。可见，自然的地点感与

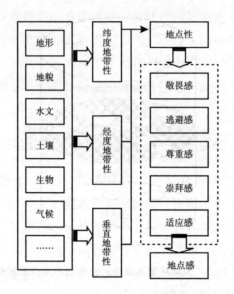

图 4-4 一种自然的地点观

资料来源：笔者自制。

人类的存在息息相关，共生息、共存亡。因此，在今天的人居环境建设中，要了解人地关系的本质就需要从历史时期的地点性和地点感着手，只有这样才能更加清晰地了解我们今天的人地环境特征，也就是历史的地点感和地点性影响了今日的地点感和地点性。

四　景观地点观

环境既是一种空间也是一种景观。景观是由自然空间、社会经济空间共同组成的地域综合体或空间体系。它包括自然景观、文化景观和经济景观。景观与自然系统一样，具有组成上的异质性特征，因此，景观的地点性也是其本身固有的属性。早在 19 世纪初，德国地理学家威廉·冯·洪堡（Von. Humboldt）将景观作为一个科学名词引入地理学，并将其解释为"一个区域的总体特征"，认为景观是探索自然景观如何变成人类文化景观的过程，这种思维其实就是人地关系研究的思想（Naveh，1984）。其后，"景观"一词被引入风景园林学、建筑学、城乡规划学等多学科领域。景观是指土地及土地上的空间和物质所构成的综合体。它是复杂的自然过程和人类活动在大地上的烙印，因此，我们又常常把景观称为"大地的艺术"，人类对景观也具有天生的地点感。景观的地点感可以理解为：景观可以是人类视觉审美的对象——风景感；景观是人类生活的空间和环境——栖居感；景观是一个具有结构和功能、具有内在和外在联系的有机系统——结构感；景观也是一种记载人类过去、人类借以表达希望和理想、赖以认同和寄托的语言和精神空间——符号感。

五 居住地点观

吴良镛教授认为，居住系统主要指住宅（建筑）、社区设施、城市中心等，人类和社会系统需要利用居住的物质空间环境和艺术特征。人类生活的艺术在居住空间中得到了彰显。居住环境与人类生活行为之间的互动共同塑造了居住环境的地点性和地点感。居住环境成为"一个生活地点、感知的地点、出生的地点、娱乐的地点、工作的地点、游憩的地点……"具有一种"家"的感觉，处处彰显人类的生活情感和价值。居住空间的结构感、层次感、形态感、建筑感、景观感等则彰显了居住的地点性。居住空间给人类的舒适感、美观感、便利感、栖居感、地点感、家园感、社区感、体验感……则是居住地点感的体现。因此，居住空间（环境）的营造本质，并不是功能和形态、结构与层次、建筑与景观的优化和完善，而是通过这些措施达到地点性和地点感的有机统一，实现"诗意地栖居"（见图 4 - 5）。

六 网络地点观

人地关系网络又可以称为人地环境的支撑系统。交通体系（铁路、飞机、轮船、公路）、公共设施体系（供水、排水、供电等）、通信体系（互联网、电话）等构成的环境网络支撑着人地关系系统，使原生态的自然环境网络与复杂的人类社会环境网络之间产生了关联，使人地环境系统具有了生产性，使人类活动具有了行为性，使人类与自然环境、人工环境之间建立了纽带，也是环境的地点性和人类的地点感建立联系的桥梁。不仅如此，网络的变化也会重构人地环境的地点性和地点感，如互联网普遍改变了人类认识空间的方式，影响人类的认知方式、行为方式、活动内容和情感方式等，可以加速地点感的生产，也可以减缓地点感的生产，如人类沉溺于网络的虚拟环境，可能会对真实生活场景的地点感变得日益模糊。另外，

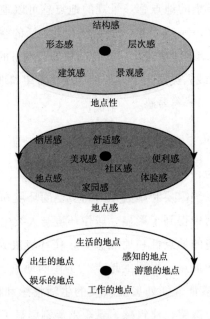

图 4-5 居住地点观

资料来源：笔者自制。

交通技术的改善也会使传统城乡空间的界线变得日益模糊，当然地点感和地点性也会在这种趋势中变得日益模糊，在城乡建设日益同质化的今天，城乡的地点性和地点感正面临着毁灭的风险。

第四节 基于地点理论的人地居住环境科学体系的构建

一 迈向人地居住环境科学体系

地点理论的出现扭转了传统的空间观和人居观，它通过人与地点之间的情感关联，建立了一种基于地点性和地点感的人地环境理念。由此，笔者认为，针对人居环境的研究也应该形成，乃至上升到一种基于地点理论的人地居住环境科学体系。在人地居住环境科学体系中，仍遵循传统的人居环境科学建构系统，由不同学科群组成，但是建构的标准和尺度则是遵循地点性和地点感的维度。人地居住环境科学体系是一个群体化的学科组，遵循传统人居环境科学体系营造的理念，借助相邻学科之间的渗透和拓展，来创造性地解决实践中的问题，并借助经济学、社会学、地理学、环境学等相关学科构建开放的人居环境学科体系（见图4－6）。

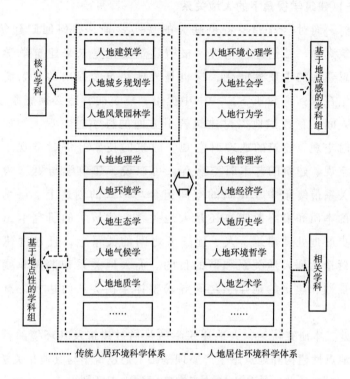

图4－6 迈向人地居住环境科学体系

资料来源：笔者自制。

因此，针对人地居住环境科学体系的建构，笔者认为在遵循传统人居环境科学体系研究基础上，可以将人地居住环境科学体系划分为两大层面：一是核心学科层面，主要包括人地建筑学、人地城乡规划学、人地风景园林学三个主导学科；二是相关学科层面，主要包括人地管理学、人地经济学、人地社会学、人地生态学、人地文化学、人地心理学、人地地质学、人地地貌学、人地生物学等。通过核心学科层和相关学科层的建立，形成一种更广意义上的人地居住环境科学体系。同时，还应借助新型地点理论思想，架构基于地点性和地点感原理的新型学科组群，从而形成一种更加广义的思维理念，来提升当前关于人居环境科学研究的理论水平。

二 人地居住环境科学中核心学科体系构成研究的初步构思

（一）建筑学视角下的人地关系

当前，面对全球建筑特色缺失的现实背景，如何回归建筑本源、挖掘建筑真谛、弘扬建筑精神、根植建筑文化是未来建筑学学科发展需要深思熟虑的本质性问题，这也是人地建筑学提出的背景意义。吴良镛先生在《广义建筑学》一书中提出，建筑的营造必须着眼于时间、空间、人间，有意识地探讨建筑若干方面的科学时空观。例如，建筑的人文时空观、建筑的地理时空观、建筑的技术经济时空观、建筑的文化时空观、建筑的艺术时空观等。可以说，建筑学与更广阔的世界的辩证关系最终集中在建筑的空间组合与形式的创造上。可见，广义建筑学的本质和最终落脚点还是人地关系。建筑学的研究本源应回归到如何更好地处理建筑、人、地三者之间的关系上，且通过建筑及其环境的营造达到人地关系和谐的目的。而人地关系和谐无非就是在建筑的地点性和建筑的地点感之间寻求整体平衡，从而达到诗意栖居的目的。

因此，本研究认为，人地建筑学就是通过建筑及其环境的营造或设计，在地点性建构和地点感生产原理基础上把建筑学与其他相关学科整合为一体，对建筑营造中的人地关系问题进行本质性的探索。总之，人地建筑学追求建筑的地点性和建筑的地点感，即建筑"肉体和灵魂"的统一才是建筑学追求的本质，也是建筑学中人地关系研究的最高理念法则。

（二）城乡规划学视角下的人地关系

目前城乡规划学已经作为独立的一级学科进行设置和建设。这是我国国情所在，是当前中国快速城市化发展背景下城乡发展道路的客观需求，是中国城乡规划事业与国际接轨的必由之路，也是从传统建筑学规划教育模式转向社会主义市场经济发展模式的综合需要。城乡规划学成为一级学科体系虽然推动了传统的城市规划向前迈进，但是我们做的工作依然不够。从近年来关于城乡空间特色缺失的现状就可以看出，我们对城乡规划建设的"原本质"和"原目标"的探索依然不足，这就要求我们回归城乡规划的本源，探索城乡规划的真谛，借助相关学科（如地理学、生态学、经济学、社会学等），来拓展和完善城乡规划研究的领域，把规划作为一种平衡人地关系、协调人地关系的过程，促进城乡统筹、区域协调、社会和谐稳定。当然衡量城乡统筹、衡量社会和谐，我们依然可以借助地点理论来进行思考建构，规划好的城乡空间形态、凸显空间的地点性、营造诗意的城乡空间环境、塑造空间的地点感是人地城乡规划学研究的核心本质。

本研究认为，在区域发展与规划层面，应力图营造城乡区域的地点感和地点性，凸显不同区域的特色，而不是城乡一样化；在城乡规划与设计层面，应凸显城市的地点性和地点感、乡村的地点性和地点感、城市和乡村独特的地点精神，强调城乡景观风貌的特色化建设；在住房与社区建设规划层面，应力图进行居住环境的地点性建构，培植社区感，通过社区感的塑造实现地点感的生产；在城乡发展历史与遗产保护规划层面，应通过对历史文化的保护和活化再现历史的地点性和地点感，把历史与未来、传统与现代综合起来，营造一种不同时空尺度下的人地图景；在城乡生态环境与基础设施规划层面，可以通过生态培植或充分挖掘自然的地点性来塑造人类对大地尺度的地点感；在城乡规划管理层面，可以通过基础设施支撑体系的建构，来培植城乡空间的网络化，并塑造出地点性和地点感，从而实现城乡一体化（见表4-1）。

表4-1　基于地点理论的人地居住环境规划设计的整体营造观

人地城乡规划学	地点感生产	地点性建构
区域发展与规划	城乡归属感 生态伦理感 大地迷恋感 区域整体感 区域特色感	区域生态建构 大地景观营造 资源保护利用 设施网络支撑 居民体系优化
城乡规划与设计	创造城市感 营造生活感 提高便利感 凸显文化感 彰显价值感	有序形态设计 集聚结构优化 环境优化整治 网络设施建设 优美景观营造

续表

人地城乡规划学	地点感生产	地点性建构
住房与社区建设规划	营造地点感 建设社区感 创造认同感 实现依恋感 保障公平感	建筑地点营造 居住社区规划 邻里街区设计 社区建设管理 住房政策保障
城乡发展历史与 遗产保护规划	历史悠远感 景观沧桑感 遗产价值感 地点圣地感 乡村幽雅感	遗产保护规划 历史再生活化 明晰发展肌理 乡镇历史保护 城乡历史梳理
城乡生态环境与 基础设施规划	有机生态感 大地伦理感 绿色生命感 网络通达感 服务便利感	生态格局优化 绿色基地嵌入 乡村自然保护 设施网络建设 服务设施配置
城乡规划管理	建设有序感 管理高效感 营造公正感 体验人性感 创造和谐感	城乡安全管理 城乡建设管理 城乡规划法规 城乡优化管理 城乡政策建设

资料来源：笔者自制。

（三）风景园林学视角下的人地关系

在全球人口增加、城市化步伐加快、自然承载力降低、自然资源日益紧张、自然开放空间减少、居住环境质量降低等现实背景下，有必要将风景园林学提升到人地居住环境科学体系中的重要地位上来，并将其上升到大地景观学尺度上来，即人地风景园林学。力图把不同空间尺度（从微观园林地点到全球景观格局）融入景观体系研究，建立一门集自然科学、人文艺术、工程技术学科为一体的应用学科，协调人与地点之间的景观关系，通过对集自然、生态、土地、文化、经济、社会为一体的景观地域综合体进行科学理性分析和科学规划设计，努力营造鲜明地点性和鲜明地点感，彰显人地风景园林学在人地关系研究中的重要地位（见表4-2）。

表 4 - 2　基于地点理论的人地风景园林学的整体营造观

人地风景园林学	地点感生产	地点性建构
大地景观学	地脉感 文脉感 尺度感 艺术感 伦理感 区域感	地貌地理 水文地理 土壤地理 气候地理 植物地理 人文地理 社会地理
风景资源学	原味感 风情感 震撼感 魅力感 幽远感 意象感	自然资源 人文资源
风景历史与遗产保护	沧桑感 圣地感 震撼感 伦理感 安全感	风景历史 风景遗迹 风景脉络 风景保护
风景生物与生态学	活力感 生命感 和谐感 有机感 差异感 等级感 尺度感 区位感	风景植物 风景动物 生态演替 空间分异 景观异质 尺度效益 自然等级 景观地球 生态区位
风景形态学	结构感 意象感 形体感 系统感	基质 廊道 斑块
风景试验学	伦理感 安全感 协调感	景观生态修复 景观生态恢复

人地风景园林学	地点感生产	地点性建构
风景规划与设计	地点感 城市感 游憩感 体验感 文化感 伦理感	场地景观优化 城市景观营造 景观建筑设计 风景区规划设计 旅游规划 自然保护规划 公园规划设计
风景规划管理	有序感 公平感 人性感 和谐感 协调感	风景安全管理 风景建设管理 风景规划法规 相关政策建设

资料来源：笔者自制。

第五节　小结

自 20 世纪 60 年代以来，地点理论已经成为人地关系及人居环境科学理论研究的崭新课题。地点理论以地点性建构和地点感生产为核心，探讨人与地点之间的情感关系，使传统的人地关系研究，从"地"走向了"地点性"，从"人"走向了"地点感"。人居环境科学理论是人地关系研究中的一个侧面，主要针对的是人居环境中的人地关系研究内容，因此，植根于人地关系研究的地点理论思想也会对人居环境科学体系产生重要的影响。由此思路演绎，本研究提出，应通过地点理论视角下的新型人地关系分析，对人居环境科学体系进行系统解构，构建基于地点性和地点感思想的人地居住环境科学体系，并认为可以构建人地建筑学、人地城乡规划学、人地风景园林学三大组群理论体系，以探讨人地居住环境科学体系，从而实现地点理论视角下的广义人居环境科学化研究的思考。

第二部分

多维空间的地点观构建

第五章
城市空间地点观的总体构成原理

> 建筑没有什么不同的种类，只有不同的情境需要不同的解决方式，借以满足人生在实质上和精神上的需求……定居，尤其要以对环境的认同感为前提……在我们的环境脉络中，认同感意味着"与环境为友"。
>
> ——建筑理论学家诺伯格·舒尔兹（C. Norberg-Schulz）

人居环境理论和地域系统研究是人类聚居学、环境学与建筑学的核心。不仅如此，目前人居环境研究也是诸多学科研究的焦点，地域系统是一个复杂的巨系统。宏观上，人与居住环境之间相互作用的机理能够为有效地开发和保护人类生存环境，制定恰当的国土开发整治规划、区域规划、城市规划与城市社会经济发展战略服务（吴良镛，2001）。微观上，人与环境相互作用的机理可以为城市社会日常生活服务。人与地点构成人居环境科学理论研究的微系统——这正是地点理论所要探究的问题。地点理论强调从空间角度认识人与环境之间的关系。因此，地点理论的应用研究，不仅为人居环境科学理论研究的微观原理研究提供了新的视角及可能，而且对人居环境科学理论的应用及实践产生积极的作用[1]。

---

[1] 传统的人居环境建设、规划与设计强调更多的是功能结构主义，地点理论则强调从地点性和地点感视角去解构人居环境。因此，现代人居环境科学不仅要考虑人居环境营建的功能主义，更应倡导关注以人为本的宜居环境建设。

第一节　城市地点观的价值趋向

一　后现代城市空间体系的微观单元构成

（一）地点——解构城市空间体系的最小单元

新人本主义认为，随着全球一体化进程的加快，在生存空间得到基本保障的前提下，人们逐渐追求空间自由、自主、机会均等，对空间的需求从满足人的居住、生存的生理需求向社会需求、尊严需求、价值需求等方面转化。从人本主义城市空间发展与建构角度而言，城市相关学科研究的焦点聚焦在城市空间价值的引入方面，诸如新马克思主义学派关注城市空间的不公正现象，提出空间规划的"时—空"微观再现；新生态主义学派关注城市空间构成的生态价值观，关注城市资源获取方面的"相对剥夺感"现象，并提出从城市历史文化景观的遗产价值的结构再现角度来抗衡当今城市空间规划的失衡；新城市主义学派为消除现代城市主义功能的弊端，提出追求城市人居和谐环境的规划理念，倡导"以人为本"的城市空间生活氛围的设计理念。以上这些学派的理念都不同程度地关注城市空间规划与设计的最小单元——地点，以及由地点构成的城市空间结构体系。在后现代趋势下，新人居环境学派从城市空间与地点构成的价值角度介入，以人的认知角度揭示人与地点之间的物质、经济、社会与文化等方面的关系。因此，地点理论是透视新城市空间结构的理论元（王兴中，2009）。

（二）地点——引领城市空间设计的潮流趋向

后现代主义城市与建筑学派研究认为，追求地点感是当今城市空间设计的主流，在西方欧美国家，地点理论已成为城市空间设计的主要理论之一。地点理论学派认为现代主义城市设计给城市景观带来了创伤，并对城市社区、安全、城市体验造成了伤害，地点精神的回归就是要消除人们对地点的恐惧感，增加地点的安全感、社区感，有效地缓解城市中心区的衰退，阻止环境的恶化及公共空间的消失，重新塑造城市邻里的街道感，以使城市焕发出生命力和活力，更新城市。地点理论设计学派非常关注平民的社会参与，注重从实际的社会与物质空间环境找寻设计的灵感，关注城市空间带给人的价值、尊严、信仰以及人与人之间的真诚。空间不仅要满足真实的物质需要，而且要满足人的各种心理需求。地点理论设计学派还注重城市空间的聚集效应，认为空间人群的聚集能够刺激城市的消费、创造有活力的氛围，这里所说的活力不仅是人的活力，更重要的是产业也将焕发应有的活力。

二　后现代空间规划的研究趋势

（一）空间的文化生态概念趋势

文化生态学主张后现代区域规划总的趋势应是关注文化体系的区域战略，并试图在地域文化类型现代化的趋势下，努力使地域文化社会空间结构不趋同于一个结构模型，达到社会平等、空间公正的目标（王兴中、刘永刚，2007）。其规划的本质在于"探究区域与地点的文化解构与建构"。文化生态学者把城市比喻成为包罗万象的"生态"。地点作为空间的概念有了自己的意义，人们根据地点的特性可以识别、确认自己和辨识他人的身份。以前比较清晰的国家与国家之间、中心与边缘之间、城市与乡村之间、"我们"与"他们"之间的界限日益变得模糊。人类学家雷纳托·罗萨多（Rosaldo，1989）认为，地点感的复兴让城市成为创意文化产业聚集的空间，地点理论有助于成为城市中心区复兴与更新的手段。

（二）城市与建筑空间的行为文化趋势

后现代建筑与城市规划学者强调规划空间与行为（文化）相互适应的规律，认为后现代城市可以跨越几个世纪和几种文化，以促进人类社会行为规则的创新，并由此推动社会生活和社会交往方式的变革。该规划理念的本质在于探究城市或区域的行为文化解构与建构。目前建筑师和规划师的注意力集中在边界或边缘问题上，既关注它们的表象，又关注它们的比喻性表现，理论和实践都日益集中在对地点的行为文化意义的解释上，那些被认为是时间和空间"阈限"的地点，那些在对空间的迷恋中被视为间隙的或没有人的地点成为关注的焦点（Schwarzer，1998）。后现代建筑理论学家斯蒂芬·霍尔（Steven Holl）受环境主义影响提出了"日常生活类的建筑"概念，他认为建筑应该是一个能维持环境价值（包括使用价值在内）的日常生活反复体验的地点。他（1989）还认为，"网络社会的崛起"与

"赛博空间"① 的出现把所有的地点和文化连接成一个连续的时空聚合体，后现代建筑就是要使现代建筑的"形式追随功能"走向"功能追随构想"。

（三） 社会区域和谐形象塑造的趋势

城市社会生活空间规划学者认为，城市是各类日常生活地点的聚合体系，应在探讨城市社会生活空间结构的基础上，准确地对社区地点体系进行理解，并通过制定区域治理对策，提高城市空间的质量。该学派认为对社区与地点体系下地点精神的研究即城市形象解构与设计研究是基础性研究，城市生活地点的作用机制表现为城市居民或旅游者在城市空间环境中的生活行为的空间再现。特定的生活行为与特定的环境相结合，便会产生具有特定功能的地点情境或氛围，并构成城市的空间思想，人们组织并利用这些思想进行决策，进而提出各种假设。简言之，空间规划诸学科的研究都聚焦于解构空间（区域、城市与社区）的地点构成与建造上。

（四） 城市经济布局区位选取的微区位趋势

国外城市空间布局的研究特点主要表现为探讨内容由空间系统向地点类型、由宏观实证因素向微观认知因素以及由物质层次空间向社会文化空间转变。根据研究内容与方法，可以将其划分为 5 个逐渐深化的阶段：①20 世纪20～50 年代为产业布局的宏观区位选取阶段；②20 世纪 50～60 年代为城市商业、娱乐业的圈层宏观区位选取阶段；③20 世纪60～70年代为"宏观区位论"向"商业地点的行为主义微区位原理"② 转变的过渡阶段；④20 世纪 70～80 年代为综合探讨计量与行为的宏观—微观结构阶段；⑤20 世纪90 年代以来为城市消费主义的认知区位结构主义探讨阶段（王兴中，2005）。由城市空间布局区位理论的演化进程来看，地点理

---

① "赛博空间" 这个概念由 Gibson 在 1984 年出版的科幻小说 《精神漫游者》（*Neuromancer*） 中首次定义和使用，表示全球计算机网络世界，该网络世界连接了世界所有的人、机器和信息资源。信息技术的高速发展以及互联网呈几何级数的增长，使得"赛博空间"迅速膨胀，促使人们提出了新的地理学概念——赛博空间地理学。参见（卢鹤立、刘桂芳，2005）。

② 国内学者白光润在 《微区位研究》 一文中认为，微区位选择对象的空间范围是城市或城镇的街区。区位选择的主体是城市公共事业管理部门、企业、居民个人等。微观尺度的区位问题主要的制约因素包括城市规划、人文环境、生态环境、产业事业关联、市内交通、街区地价、道路结构等。微区位还可以进行更细的划分，如街区位置中更细的位置关系，如上坡还是下坡、左边还是右边、朝阳还是朝阴、弯路还是直路、道路内侧还是外侧、大型商场入口还是中间，等等。参见（白光润，2003）。

论构成后现代语境下城市人本主义布局区位理论的新趋向，关注城市生活空间下的建筑地点布局、城市基础设施与城市商业服务设施的优化布局与区位选取。

三 后现代城市空间规划与设计的价值趋向

（一）区域规划学派空间形象认知的价值趋向

城市形象是城市规划与设计方面的难点。在后现代空间规划的研究趋势下，应用地点解构原理，探究符合人本认知的城市形象设计，是后现代区域城市规划的前沿方向。拉尔夫1976年提出并探讨了地点性的概念及其在景观规划和设计中的应用，并使"创造地点"（place creation）成为西方城市空间规划最基本的设计理论和设计目标，为此形成了重视从空间认知构成上去塑造城市"地点形象"的学科观。区域规划的地点形象学派认为，城市中各式建筑与地点作为空间形象的媒介，其外观设计的风格，必定是反映城市文化的一种重要元素，蕴含了历史积淀下来的文明印记。那些形象标志性建筑物，代表着时间与空间的遗留，也可能是重新建造以彰显城市性格，不仅对应着城市的文化，也指代了城市本身。

（二）城市设计学派空间营造的人本价值趋向

后现代城市设计遵循后现代主义的理念，注重城市中人的定位，满足张扬个性的需求。后现代城市是复杂、矛盾与不确定的，这完全是出于人的多元需求，以人的宜居为导向。当前衡量现代城市的指标大多以整体的经济和社会发展为前提，而对人的关注不足。后现代城市设计要求人的需求能在各类城市环境或空间中得到满足，关注空间的人本个性及其对应的地点行为规律。因此，后现代城市设计学派认为，地点成为各类人群精神价值的空间依附，成为空间生产与符号消费的象征。城市设计要从地点特性与地点氛围中找寻设计的理念，寻求用"复兴地点感"[1] 的方法来为空

---

① 中央城镇化工作会议提出："要依托现有山水脉络等独特风光，让城市融入大自然，让居民望得见山、看得见水、记得住乡愁；要尽快把每个城市特别是特大城市开发边界划定，把城市放在大自然中，把绿水青山留给城市居民；要注意保留村庄原始风貌，慎砍树、不填湖、少拆房，尽可能在原有村庄形态上改善居民生活条件；要传承文化，发展有历史记忆、地域特色、民族特点的美丽城镇。"本研究认为，乡愁也是一种地点感类型，乡愁跟日常生活中各类人居环境建设之间存在着密切的关系。创造宜居、生态、美丽的人居环境更能激发出人们的乡愁感、城市感，这也是"复兴地点感"的重要方式。

间设计提供素材，要更多地考虑文化的背景主义和地域主义，因此地点成为重新思考城市设计所要重点考虑的因素。

第二节　地点的空间性质解读

一　多维性

地点空间有绝对和相对的两重性，空间的大小、边界及形状由围护物及其自身应具有的功能形式所决定，生活中的地点如果离开了围护物，就不可被感知到，就变成抽象空间的概念，因此，地点是一个经验空间的概念。戴维·哈维认为，地点构成的空间观可以分为绝对空间（absolute space）、相对空间（relative space）与关系空间（relational space）。绝对空间观认为空间是绝对的实体，空间像是个容器，而非事物（thing），而且可以与存在其间的事物分离而独立存在。空间本身是一个独特的、实质的而且显然是真实或经验性的实体。

二　时间性

时间意味着空间事件的历史演替，抛开时间研究空间将是空洞的、没有任何价值和意义的。时间属于空间的关键组成部分，它和空间是自成一体的。空间是各种可见实体要素限定下所形成的一个能够被感觉到的"场"，源自人类生命的知觉感受，而这种感受与时间紧密联系在一起。卡斯特尔（Castells，1996）认为，从社会理论的观点看，地点包容空间与时间，空间需要来自不同历史时期社会实践的物质支持才能与时间融为一体，只有形成空间与物质的结合体（articulation），空间才能被感知。

三　流动性

流动空间意味着一种新的社会与空间组织逻辑，经济社会结构的变迁、人类组织方式的变化，或者信息技术的革新等都会影响空间的动态性。现代信息技术突飞猛进，信息处理活动日益成为空间信息经济的核心与生产力的来源，信息发展方式对城市空间结构与物质形态产生重要影响，形成一个新的空间组织模式（空间逻辑）。因此，地点不仅是生活中的行为空间概念，还是信息经济的组织空间，日益成为流动的空间，是城市空间动态意义延伸的一种重要形式。

第三节 地点解构城市空间的模式

在地点空间景观认知规律下，空间模式不外乎三类：认知型地点空间模式、经历型地点空间模式、构想型地点空间模式。

一 认知型地点空间模式

建筑学的空间行为文化学派用文化生态学（即感知方法）的地点感来认识空间社会—文化区域的构成关系。在城市地点空间里，具现了人与开放空间、商业空间、休闲空间、工作空间之间的紧密关联，这些空间又构成了城市的路径与网络。对于城市中的居民来说，这种空间会被认知为自身赖以生存的地点、生活的地点、记忆的地点，等等。人对空间的认知，已经形成了一种认同感，这种认同感是后现代建筑与城市空间设计的根源和根本动力（见图 5 - 1）。

二 经历型地点空间模式

经历型的地点空间把人的生活行为与空间联系在了一起。这些行为包括居民、设计师及其他空间使用者对城市空间的设计、使用、控制等。城市空间成为外来旅游者、居民、艺术家和那些从事艺术性生产的作家以及哲学家的实践地点。这是一个被生活经验所支配的空间，空间具有商品符号的意义。在这种符号系统中，城市有特色的建筑物、地点成为隐含商品意义的符号系统。人在空间中所感知到的不仅是空间中商品本身的价值属性，更是隐藏在商品背后的人的情感、意义与价值要素（见图 5 - 2）。

三 构想型地点空间模式

构想型地点空间是建筑师与规划师对城市空间进行认知与设计后的空间。这种空间与生活的、存在的、经历的空间并不相同。建筑师和规划师对空间地域特性的认知与大众群体（包括旅游者和居民）存在差异。建筑师、规划师以及城市管理者的专业技能使他们具备对地域客体的超强感知

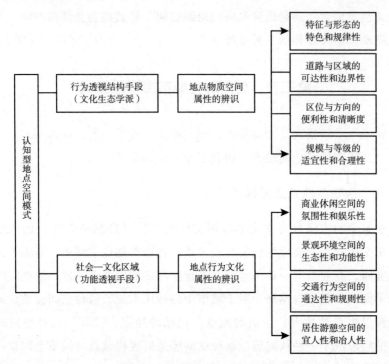

图 5 - 1   认知型地点空间模式

资料来源：笔者自制。

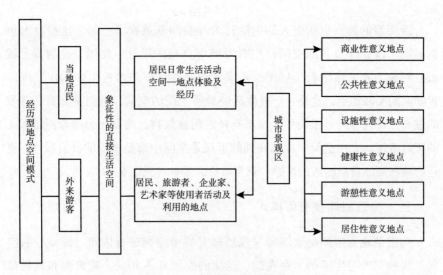

图 5 - 2   经历型地点空间模式

资料来源：笔者自制。

能力，他们能超越大众的认知水平，通过构想新的建筑与城市空间，带动城市的发展（如新的经济开发区建设、公园建设等）。当然，建筑师与规划师对城市空间设计的构想离不开对空间的认知（见图5-3）。

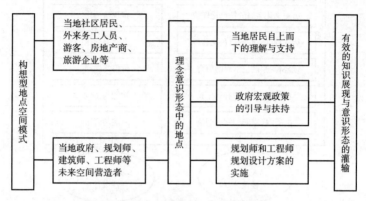

图5-3　构想型地点空间模式

资料来源：笔者自制。

第四节　地点理论解构城市空间的活化模式

亨利·列斐伏尔在其空间代表作《空间的生产》（*The Production of Space*）中提出了空间再生的三元理论，即空间实践（spatial practice）、空间再现（representations of space）、再现空间（spaces of representation）（王志弘，2009）。本书将这组概念中的空间属性和地点属性进行了关联，形成并构成城市空间再生的"地点构成三元模式"，即地点实践（place practice）、地点再现（representations of place）、再现地点（places of representation），这组概念被国内外城市社会学家广泛引用，成为解构城市空间的经典模式。

一　地点实践解构

地点实践解构针对的是客观物质具象景观的营造和再造，通过特征景观的再造达到塑造地点感的目的（见图5-4）。

图5-4中所示空间的形体具象营造出来之后，经由人们对其特色的感知，具现了人与地点之间的紧密关联，形成系统的城市路径与网络，从

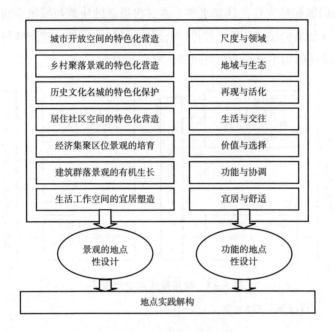

城市开放空间的特色化营造	尺度与领域
乡村聚落景观的特色化营造	地域与生态
历史文化名城的特色化保护	再现与活化
居住社区空间的特色化营造	生活与交往
经济集聚区位景观的培育	价值与选择
建筑群落景观的有机生长	功能与协调
生活工作空间的宜居塑造	宜居与舒适

景观的地点性设计　　功能的地点性设计

地点实践解构

图 5 - 4　地点实践解构

资料来源：笔者自制。

而产生特殊的地点感。因此，就地点实践解构模式来说，城市物质空间的特色化规划和建设是地点感诞生的基础要素，规划师和建筑师的任务在于塑造千姿百态的城市景观。

二　地点再现解构

地点再现解构模式关注的是空间中的行为人，尤其是人的生活行为地点的分布规律。城市规划的本质在于营造各类地点，通过景观、建筑等要素来满足各类人群的日常生活需求。因此，规划师需要关注人对真实空间的反应。同时，规划师自身的空间设计思想也是这些行为当中的一个重要组成部分（见图 5 - 5）。

一个真实的地点再现要综合考虑各类人群的空间行为特征。城市空间已经成为艺术家的生产地、旅游者的体验地、设计师的试验地、哲学家的思考场、老百姓的生活圈。城市空间被设计、使用、控制等活动支配着，并生产出具有特殊意义的各种符号。建筑物、交通、公园、绿地、广场等

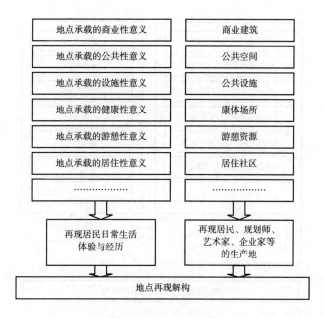

图 5 - 5　地点再现解构

资料来源：笔者自制。

要素都是各类地点符号系统中的一员。人在空间中所感知到的不仅是空间中符号本身的价值属性，而且是隐藏在符号背后的人的情感、意义与价值要素。

三　再现地点解构

再现地点解构可以被看作一种人本主义的城市空间规划与设计策略。建筑师或设计师综合考虑各类人群的行为文化特征和地点的物质空间属性，然后设计出一种独特的空间，使物质和精神的维度都包含在城市空间中，形成一种综合了前两种模式的"第三类"空间思考模式，是一种想象与真实、主体与客体、模糊与清晰、可控与不可控、可知与不可知、可感与不可感、有形与无形交织在一起的地点。城市景观是多样性、丰富性、文化性的集合体。建筑师、规划师、城市管理者、市民、旅游者等通过不断增加的空间经验获得了对城市的崭新认识，并通过构想、规划、设计、建造等手段不断重塑城市空间（见图 5 -6）。

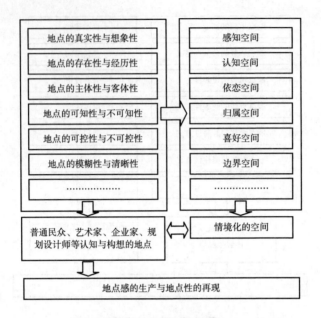

图 5 - 6 再现地点解构

资料来源：笔者自制。

第五节 地点理论解构城市空间的活化维度

一 地点理论活化的内涵

地点理论强调城市空间发展的地理依存性（geography dependency）、地点价值性、消费符号性、感知意象性等文化特征，因此，其蕴含丰富的文化内涵、精神内涵和共享价值。在地点理论的导引下，城市空间将在物质与具象、主体与客体之间不断进行重构与再生，具体主要有区位活化观、设计活化观、遗产活化观、形态活化观、产业活化观。

二 地点理论活化的维度

（一）区位活化观——由传统物质区位观走向微观行为区位观

传统区位观大多以经济利益为判断城市区位价值的标准，强调交通站点、港口、机场等关键节点对城市经济产业布局的影响。地点理论的诞生扭转了这种宏观成本区位观，而转向关注区位的经济、社会、生态与文化利益的最大化，尤其关注人。从地点理论的解构可以看出，现代城市社会空间的差异本质在于不同阶层获取城市区位资源的差异。因此，地点的区位关系从传统的"地点—地点"向"地点—人—地点"过渡。以人对区位的身份认同、情感认同为判断区位价值的标准，传统的区位距离被人的心理接受距离所代替。因此，区位不仅是有距离的，而且还是有思想的。从区位观的空间演变历程也可以看出，区位观正在发生转变。20世纪30~50年代为抽象经济区位阶段，如传统的古典经济区位论就是倡导此种模式；20世纪50~60年代为区位模型定量化阶段，主要是通过抽象经济学模型来计算分析区位的选择价值；20世纪60~70年代为转型阶段，人的行为价值成为区位要素辨识的关键，这一阶段成为微区位理论的诞生阶段；20世纪80年代以来则进入以城市消费文化为代表的空间区位认知结构主义时期，符号消费和行为文化综合的微区位布局研究成为城市空间规划所要考虑的焦点，尤其关注城市日常生活空间中的建筑空间设计及群体组合、城市资源配置、设施可达性等（见图5-7）。

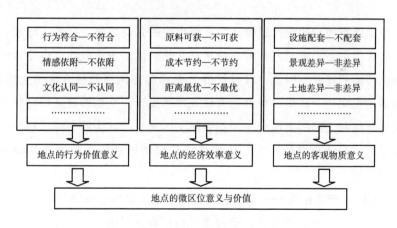

图5-7　微区位阐释

资料来源：笔者自制。

（二）设计活化观——由传统美化设计观走向现代城市形象观

地点理论中的地点感对城市设计研究具有独特的魅力，是塑造城市形象的关键因素。城市设计的本质在于对城市文化和形象的挖掘，地点理论指标可以作为探究人本主义城市空间形态设计的基本原理，城市具有地点感是设计师城市设计的目标。正如城市学家拉尔夫所倡导的，创造地点感已经成为西方发达国家解决城市空间社会问题的基本设计理念和规划方法，也成为识别设计成果优劣的判别标准（见图5－8）。

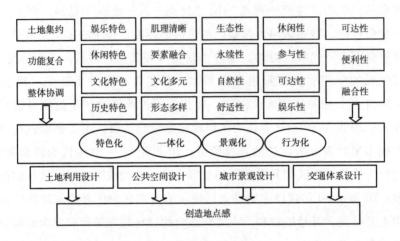

图5－8　设计活化观

资料来源：笔者自制。

基于地点理论的设计思维认为，城市中的各类建筑、广场、绿地、公园、街区等形态要素是一种附有情感和文化内涵的物质载体，也是城市精神形象传播的媒介，因此，其设计要考虑到形态风格的独特性和文化性，可以将地点文化、历史、社会元素融入形体设计，从而彰显城市完整的时空发展脉络和无形的灵魂价值。正如凯文·林奇所认为的一样，那些人们普遍认为"最为糟糕的区域"往往是现代城市设计所造就的一片缺乏地点感的区域。

（三）遗产活化观——由传统文物保护观走向地点脉络再现观

遗产是时空整合的产物，通过遗产可以窥视过去、现在、未来的景观意象。在地点观的解构下，遗产或遗址的现代文化价值可以被充分挖掘出来，能够让游客产生一种"迷恋"般的地点情感，能够唤起游客或规划师对遗产和遗址景观资源的保护意识，从而形成一种约定俗成的模式，在人与环境的互动当中体现出来，并用来延续地点的脉络和记忆的痕迹。这种行为可以称为一种"地点脉络结构的再现行为"。规划师、建筑师也可通过这种手段来让人们"恢复记忆、发现地点"，培植对历史的兴趣，尤其是在规划设计中，可以采用记忆规划的模式，让历史遗产与产业发展、土地利用、景观设计、街区保护之间融合发展，使城市成为一个记忆的地点、象征的地点、经济的地点和文化的地点，从而强化遗产保护的责任和意识（见图 5-9）。

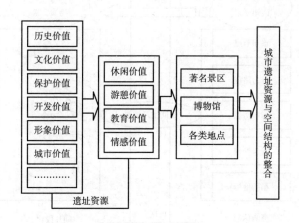

图 5-9　遗产活化观

资料来源：笔者自制。

（四）形态活化观——由功能主义形态观走向实存价值融合观

现代城市规划学科自诞生以来就一直以功能主义为主要目标，但是功能主义的盛行并没有解决城市中出现的各类问题，反而导致这些问题在现代城市化进程中不断加剧。因此，功能主义的形态并不是完美的，必须寻求更好的形态理论。凯文·林奇在《城市形态》一书中认为，好的城市形态总是在历史的进程中不断地镶嵌着各种不同的意图和价值，而不是做几个简单的几何空间容器（凯文·林奇著，林庆怡等译，2002）。在凯文·林奇看来，好的城市形态设计就是一种类似"地点化"的评价体系，关注地点活力、地点感受、地点适宜性、地点可达性、地点管理、地点效率与地点公平[1]。因此，规划师需要更充分地了解地点的文化意涵，将形态设计与人的价值、意义、功能和网络联系在一起，让城市中原有的节点、走廊、围合空间、道路、网格、外围、边界、中心等物质形态要素成

---

① 建筑学家舒尔兹认为，实存空间是凯文·林奇城市形态意象的延续。强调地点、路径和领域，以实存空间理解城市，城市空间则可以看成由地点构成。

为人类共同生活的地点，让城市成为一种拥有共同文化精神的共同体（见图5－10）。

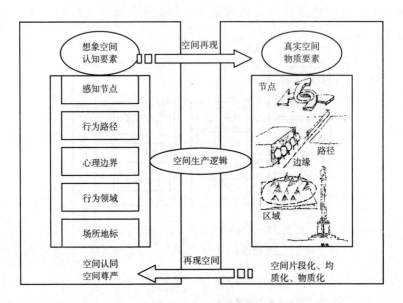

图5－10　形态活化观

资料来源：笔者自制。

（五）产业活化观——由传统产业缔造观走向文化产业更新观

全球化与在地化是当前城市发展研究中经常遇到的一个重要议题，如何应对"千城一面"的问题，如何保留中国传统城市的文化特色，是当前城市与区域规划研究的焦点。采取地点理论的解构模式可以为解决这些问题提供崭新思维。文化特色的培育不能只靠城市文化形象的宣传，更应该考虑到文化如何融入城市的经济发展和产业活化中。自20世纪90年代以来，欧美发达国家城市的后工业化转型思路就是一种典型的文化产业带动模式，尤其强调具有地方文化特色的消费产业形态的打造，如《大伦敦发展战略规划（2008~2030）》非常注重地点创意文化产业的复活，通过地方文化的活化，刺激伦敦城市发展的二次更新。我国的城市发展已经进入了城市与乡村一体化发展的阶段，因此，城市与乡村的互动可以通过文化产业活化来促进。城市可以通过中心城区的历史文化与现代文化大力发展旅游产业、休闲产业、创意产业，乡村可以通过地域文化大力发展地方文化产业，如乡村旅游业、现代休闲农业，从而实现地方经济的复苏（见图5－11）。

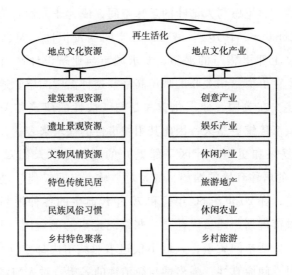

图 5 – 11　产业活化观

资料来源：笔者自制。

第六节　地点理论应用城市发展研究的重要实践领域

城市设计是营造城市空间环境的手段和方法，地点属于空间的构成要素，具有空间的属性，在空间的塑造中起着重要的作用。地点承载着空间物质环境属性与社会行为文化意义的建构作用，不同地点之间的差异组合彰显出地点特性，让空间这一概念具有了实质性的内容。因此，那些大都市区、城市中心区、郊区、街区、旅游区成为人们辨别城市空间的关键元素。它们涉及具体的地点以及彼此相互作用所形成的城市景观，这些能够提供特殊意义的地点，在各类城市空间设计中显得尤为重要。

一　后现代城市设计领域中地点精神的回归

自从 20 世纪 60 年代以来，北美及欧洲各国对现代主义城市设计的批判之声一直没有停止过。因为现代主义并没有实现自己的承诺，没有把生产的工业化模式及机器概念运用到城市设计领域当中，城市留下的是一个个破碎的格网，功能分割，边界急剧蔓延，社会地位的不平等加剧，城市的社会文化生态环境日益遭受现代功能主义的破坏。城市甚至被描述成一个缺乏安全感、邻里感与人情味的乏味空间，成为非人性、荒芜及毁灭性的代名词（Lefebvre，1979）。城市缺乏空间的辨识性，勾起了人们对过去熟悉的"乡土邻里感"的渴望，要求城市与建筑设计与当地文化背景以及个人的生存价值密切关联的呼声高涨，这种渴望的感觉通常用地点化的语言来表述。在美国，地点化首先是与一般性的建筑相关的，而在欧洲，因为其城市传统更悠久，因此其用城市性的探求来表达，如传统街区与中心区的复兴和更新、社区（邻里）的回归等。人们对城市中具有"乡土情感"的居住环境的渴望，成为对"城市空间权利"进行辩护的一个典型。总之，在20世纪60年代和70年代诞生的各种批判中，人们普遍认为现代城市规划与建筑设计是一张缺乏地点感的蓝图（Ley，1980）。为了提高城市生活空间质量，人们不仅追求对城市内部空间结构的识别，而且表现出对空间原真性、强烈性与简洁性的渴望，对人与城市环境之间和谐氛围的渴望，以及对城市中心地点精神回归的渴望，地点可以表达和满足人们的这种心理需求。

二 城市设计中地点理论的实践导向

（一）环境景观设计方向

拉尔夫（1976）研究认为，地点是所有景观元素中的一种"空间关系艺术"。经验的地点是一系列空间构想的结果，或者是对街区景观的一种连续感受，城镇景观成为规划师、建筑师、画家等构想的蓝图。凯文·林奇（1976）通过实际调研发现，人们主要通过道路、边界、地区、节点和标志物5个重要景观元素来理解地点，强调景观知觉的连贯性以及它们给人们带来的美好的城市形态，呼吁创造一个有特色的地点，加以个人的身份认同、存在的感觉经验与个人价值等，帮助人们更好地理解周围的景观环境。简·雅各布斯也倡导通过人性化地点的设计来减少人们对现代城镇景观的困惑与担忧。摩尔在《身体、记忆和建筑》一书中认为，建筑设计师要做的就是不断地去创造地点，创造地点就要不断地开拓不同空间领域，帮助人们产生自我身份认同感与空间存在感。因此，摩尔倡导在景观设计中利用人对景观资源的感知与认知的心理行为，采用融合的设计技巧，并结合个人历史经验及其他修饰手法达到空间人性化设计的目的。诺伯格·舒尔兹提出"重新发现地点"的概念，认为城镇景观设计不应停留在对景观功能的分割上，也不应该停留在对过去经验的不断复制中，而应该从人本主义空间中找寻新的发现，运用地点特性实现景观设计的新突破。

（二）社区参与规划设计

20 世纪 60 年代后期开始出现针对现代主义规划思想的批判，人们不愿看到城市规划成为城市独裁主义者的政治手段，更希望能够积极参与到规划环境中来，成为策划规划方案的一分子。当时凯文·林奇（1976）的社会问卷调查方法得到建筑师、规划师以及地方政府的推崇。规划师要扩大自己的研究范围，除了考虑物质环境的设计因素外，还要充分考虑环境中人的普遍价值与观念，要收集来自各方的规划建议。一些城市社会学家把矛头指向了规划师，认为当地居民才是环境设计中应该重点考虑的对象，并指出城市化的快速发展带来了社区人口的大规模集聚，社区生活空间的高层次化、单元化、独立化、封闭化，改变了传统社区的人文生态，邻舍间、家族间交往的密切程度减弱，楼上楼下、左邻右舍相邻 10 多年，互不知道对方姓名的情况，在社区是司空见惯的。社区感及邻里感的消失导致城市中人情淡薄，群体生活意识也很淡薄。另外，随着商品经济和信息技术的高度发展，越来越多的城市社区朝着似乎唯一正确的共同的空间模式发展。这是一种被称为"机器模式"的模式。一个个同质化的社区空间，被缔造成一个个全球类同的城市空间。因此，在这种背景下，建筑师与规划师不应简单地设计和实施规划，而必须投身对现状的批判性检验，为那些无法代表自己利益的人们呼吁。地点代表着日常生活实践的物质性背景成为一种重要的规划策略，这样的认识成为大规模社会转变的催化剂。

（三）地域的本土化设计

二战以后大量城市设计作品受现代主义及功能主义的影响，存在"无地点性""地点毁灭"等问题（Porteous and Smith，2001），这诱发了后现代城市主义学派开始重新审视地点感的功效，倡导保护及尊重历史文化遗产，按照地域文化的机理与形式，重新组织并发现地点，对地点进行设计。建筑大师萨夫迪（Safdie Moshe，1970）研究认为，城市设计应从传统古村落的"乡土感"中挖掘出一种"古典"的设计理念，反观村落的"乡土感"我们会发现，当代设计中缺乏一种"本土感"，这是一种我们能够感觉自己存在于世界之中的生活方式，它能唤起我们对童年生活的记忆，我们需要创造一种既能表达自我，又能与周围的环境很好融合的一种设计理念。杰克逊（Jackson，1980）认为，地点感在本土化设计中发挥着重要的作用，它能使人与建筑环境之间达到互惠互利的关系，这是一种和谐的地域环境氛围，它是一种人文主义的设计理念，它在鉴赏本地化景观以及商业建筑方面具有重要的作用，这种思想对西方城市设计的影响是深刻的。坎特（Canter，1989）认为，地点感在地域本土化设计中有两个重要的特征：时空的演变特性（在设计中注重对过去、现在及未来的深入理解）、地点特征（对地脉与文脉的熟悉及考量）。地域本土化建筑在欧洲被称为"传统的村落建筑"，而在美国被称为"包含不同时空演变特征的各类城市景观"。

（四）历史文化遗产保护

段义孚（1974）认为，人们对熟悉的城市或家乡往往怀有一种"迷恋"般的情感，受这种情感的影响，人们会对那些有意义的地点中的建筑物或其他事物加以整理及保存，以保存历史痕迹。20世纪60年代在美国，历史保护运动蓬勃兴起，而且在全球有迅速蔓延的趋势，该运动倡议建立全国性的历史保护法，加大对传统街区的保护力度，对有重要意义的建筑物及地点进行普查登记。该运动主要是对二战后美国大规模破坏城市肌理行为的直接反应。在英国，也有相关法律法规来加强对城市历史文化遗产的保护及管理，如在1967年通过的市政娱乐设施法等，要求当地政府要对其管辖范围内的传统历史街区进行资源性普查，而且地方政府可以通过遗产保护性旅游的方式加强历史保护并开发其新用途。为了使历史遗产保护上升到教育层次，一些院校还开设了一些专业性课程。凯文·林奇采用历史分析方法，对地点的历史文化特性进行时空解析，试图从地点感知、地点特权、地点的安全感与满足感等视角找寻不同景观要素，提高人们对地点的历史文化认同感。总结国外相关学者的研究，地点理论在历史文化遗产保护领域的应用主要集中在：①重新发现传统街区，进行有机更新保护；②重新恢复具有重要性的、有意义的地点及建筑；③重新发现城市的密度，合理利用传统土地，对其进行规划设计，并控制城市用地的蔓延；④重新发现传统邻里的活力，关注和谐的社区氛围，回归社区。通过对城市历史文化材料的整理、合并，发现历史文化的线索，进行空间布局设计，塑造能唤起人们记忆的地点感，从而加强人们对历史文化遗产保护的认同感与责任感。

第七节　地点理论应用城市设计研究的方法维度

一　城市空间行为存在的价值系统——地点构成论

对空间意义与价值的整合构成塑造城市景观的动力，这种动力也构成人们（包括设计师与其他人群）的共同"主体意向性"，因此，对人的"存有空间"的环境设计必须从设计的意向入手，而建筑师与规划师的主体意向乃是通过具有空间文化意义与价值网络的地点精神的塑造来实现的，这种设计手法是地点理论解构后现代城市空间景观与文化的重要方法与手段，唯有对地点建构的城市空间本质进行充分的认识与体验，方能了解城市与建筑空间的"内在性"（insideness）意义。

二　城市空间设计的行为动力系统——意向存在论

城市空间以人的自我为中心，折射出人的意义与价值，城市空间设计的本质就是要创造出空间的文化系统。空间营造的原动力来自人自身的主体意向性（subjective intentionality）。所谓"意向性"，指的是人存在于（外部）世界，因"主体人"的行为活动，经过计划、构想与设计，对空间发展的目标与方向进行抉择。空间营造与设计构成"主体人"与"世界（空间）"联系的方式与方法。规划师或建筑师经由意向的指导，在设计过程中表现出期望的意义与价值判断，直至显现在客观的景观设计作品中，也就是通过塑造一个文化客体的形式表现出来。这个存在的文化体——"世界"，正是由设计者的意向活动创造出来的。因此，唯有追溯人的意向行为与意向活动，方可明白人居环境中人的本质，也唯有通过对意向的探究，才能更好地进行城市空间设计。

三　城市形象塑造的人文内聚系统——空间形象论

人的主体意向性会产生主体与主体之间相互联结、向心认同的关系。从建筑现象学的哲学方法论上说，形成了所谓"互为主体性"的作用，这种作用构成了客观世界中具象景观、设计师和抽象世界的关系，人居环境中人与人、人与环境之间互为主体，共同建构了向心凝聚的关系网，空间的方位、路径、距离与关系决定了空间景观塑造的意义与价值的异同。设计师必须具有创造世界与设计城市环境的决心与能动性，这种能动性创造了空间形象。

四 城市空间要素设计的感知系统——景观认知论

福瑞兹·斯蒂尔（Fritz Steele，1981）在其所著的《地点的意识》（*The Sense of Place*）一书中对地点空间的特性进行了概括，他从人对地点的认知角度出发，认为在环境特性与个人行为的相互作用下，个人会产生不同的地点感，这些地点感受地点本身特性的影响，当然也和个人的感知技巧、情绪和意图等因素有密切关系。他还总结出地点空间的景观设计特性应包括地点身份特性、地点的安全性、地点舒适性、地点的活力、地点的社会公正与公平等，具有历史文化意义的地点更能唤起人们对于空间经验的感知与回忆，也能够唤醒人们参与社区设计的积极性。

五 城市空间区位选取的聚集系统——兴趣引力论

美国著名城市设计学者哈特向（Hartshorn，1992）在《解析城市》（*Interpreting the City*）一书中提出城市就业、基础服务设施、零售业及休闲游憩空间的兴趣引力（interest gravitation）概念，来解释城市空间布局中区位选取的移动力量，那些地点集聚的区域构成"兴趣引力区"，实证研究得出城市空间中众多的兴趣引力区往往与城市空间中不同等级结构的节点区域重合，它们形塑了城市的空间结构体系。西方一些研究学者还认为，那些具有生活意义与行为价值的各类地点往往呈带状聚集，这些带状的城市兴趣引力区的引力大小直接同组成该区的吸引地点的数量、多样性与属性（吸引力、新奇性与方便性）相关。而且大部分兴趣引力区是在生活交通、工作交通与长距离交通三种道路重叠交汇地产生，即在交通聚集的"区域路"（regional road）下布局（王兴中、刘永刚，2008）。早在1897年，弗雷德里克·劳·奥姆斯特德（Fredrick Law Olmsted）就将兴趣引力概念引入波士顿的"翡翠项链规划"（Emerald Necklace Plan），旨在建立一个波士顿中心城区与公园区之间的天然通道，通过地点的串接满足不同阶层的兴趣需要。"兴趣引力圈"设计是一种改变大都市中心区景观结构的规划策略，它将多样化的景观带到都市中央区。旨在通过特色地点的设计创造一个复兴的公共区域，作为城市基础构成部分创造就业机会，通过产业布局、设施配置、通勤保障、景观塑造以满足日常生活中的各种需要。

六　城市空间设计目标的功能系统——城市形态论

凯文·林奇在《城市形态》一书中认为，城市的形态绝不能只是对几何街道肌理的简单描述，它们的实际功能以及人们赋予形态的价值和思想，形成了一种独特的现象。历史上城市形态的产生总是人的企图和价值取向的结果，因此，规划师需要了解使用者在日常生活中对空间的真实感受。凯文·林奇认为功能主义的城市空间形态缺乏真实生活的内涵，空间被抽象成一个毫无特征的容器。他试图用"地点化"的设计语汇来处理人的价值观与居住形态之间的一般性关联，从而区别于功能主义理论。城市不再是一个抽象的空间，而是一个包含价值与意义的地点。凯文·林奇还从地点观视角提出了评估城市空间形态设计的 7 个性能指标。①地点活力：城市设计要考虑生命的肌理、生态的要求和人类的支持能力；②地点感受：空间形态应该是居民能感觉、能辨识的；③地点的适宜性：对于居民的生活空间行为，能提供恰当的空间、通道与设施；④地点可达性：居民对各类地点中的设施、服务、信息等资源的获取能力与程度；⑤地点管理：根据居民使用地点的程度，制定管理与控制策略；⑥效率：创造和维护空间环境所付出的代价；⑦公平性：空间中不同利益群体之间的环境益处和代价分配关系。

第八节　小结

人居环境科学研究的目标无非是在人与环境之间创造人心归依的感觉，而地点理论是从人的感觉、人的心理、社会文化、伦理和道德的角度来认识人与环境之间关系的理论。城市空间设计与人居环境营造研究是地点理论应用的重要领域，人在城市空间中行动，构建空间的意义，这些景观区域构成城市空间的"形象意义区"。地点理论的复兴是人本主义价值观在人居环境科学理论研究中的重要体现，代表后现代城市空间设计的前沿。城市空间设计的地点观及其空间构成原理还处于学术争论阶段。本章基于相关文献，创新性地提出了城市空间总体发展中的地点构成原理，总结提炼了认知型、经历型、构想型地点空间模式，对地点理论应用城市总体设计研究的方法维度进行了系统的阐释，并尝试性地提出了地点构成论、意向存在论、空间形象论、景观认知论、兴趣引力论、城市形态论等方法维度。这不仅可以为城市空间的总体设计提出崭新理念，还可为构建城市社区体系提供基础、原理与方法。不仅丰富与充实了人居环境科学研究的理论体系，而且为人居环境科学研究中的微观原理应用研究提供了新的视角及可能。

第六章
城市区位景观尊严空间的地点观构成原理

> 在"经典"区位论中，推动者是个别的、自发的、理性的经济机器。在行为地点理论中，兴趣产生的主要机器是"决策者"，由于忽视经济条件，它的重要性被夸大，从而产生了唯意志论的"区位最优原则"。
>
> ——经济地理学者塞耶（2004）

20 世纪 60 年代以来，西方发达国家城市景观空间研究的对象由物质景观转向物质与文化景观，其本质在于从人本主义视角探究不同景观的区位价值和区位重构关系，尤其关注城市日常生活空间质量观下的人居环境景观的配置与规划，从而实现不同的区位价值，满足不同社会阶层下人的区位尊严需求。本章重在从行为文化区位景观价值视角探讨城市区位景观价值的演变特征、区位景观理论的内涵与构成、后现代景观规划中的区位景观价值取向及区位文化景观尊严规划的原理构成等。在区位文化景观尊严规划的导向下，主要从环境景观营造中的区位尊严构成、社区人本主义生活空间营造中的区位尊严构成、历史文化景观保护中的区位景观尊严构成、阶层化生活行为文化情境中的区位景观尊严构成等视角进行系统分析，认为城市区位文化尊严规划的核心在于对不同城市情境文化景观的认知判断，并制定积极的区域响应对策，包括不同设施和资源的公正配置与对文化空间的保护。

"区位"一词来源于德语的复合词"standort"，英文于 1886 年译为"location"，即位置、地点之意，中文译成"区位"，日语译成"立地"，有些则译为"位置"或"布局"。"区位"一方面指该事物的位置，另一方面指该事物与其他事物的空间联系。这种联系可以分为两大类：一是与自然环境的联系，二是与社会经济环境的联系。对区位一词的理解，严格来说还应包括以下两个方面：首先，它不仅表示一个位置，还表示放置某事物或为特定目标而标定的一个地区、范围；其次，它包括人类对某事物所占据位置的设计、规划。区位同与其相关联的所有自然、经济、社会文化形态一起构成区位景观，因区位的差异性特征彰显不同的空间价值，形成了区位景观价值体系。

区位景观尊严理论研究是后现代视角下城市社会学、文化生态学、社会地理学、景观学等学科研究的焦点。人与居住环境的关系可以看作对不同区位价值的选择、过滤的结果，区位不仅具有地理、方位、经济的内涵，而且还具有社会文化价值的特征，能够彰显不同亚文化群体对环境和空间的区位价值响应。

第一节　区位景观价值的历史演变特征

中国古代传统的区位景观价值体系是以风水地理为主要特征的，彰显的是人对地理环境的一种空间选择意图。进入现代社会以来，人类对区位景观的认知和理解发生了巨大的变化，现代主义视角下的区位景观价值强调区位的基本自然和经济属性，如区位所在的地理位置、方位、经济布局规律等。现代主义区位景观价值体系往往以经济竞争程度和区位成本大小为判断区位价值的标准，容易忽略人的个性价值，诱导空间不公。这一时期比较著名的代表性理论是早期的芝加哥住宅区位选择学派理论，如墨迪（R. A. Murdie）认为，城市居住区的等级划分与区位选择与城市居民的经济地位与收入、职业和受教育程度等正相关。而后现代经济视角下的区位景观特征则表现出多样性的行为文化内涵[①]。总结国外区位景观价值体系研究的阶段趋势，其特

[①] 相较于现代经济学，后现代经济学显然更加人文化、更加个性化。后现代经济学主张的核心是多元化和网络化。用日常经验表达，就是个性化加上心连心。后现代经济学通过将经济学的基础从科学主义向人文主义方向扭动，使许多以前不可理解的现象，开始变得可理解了，尤其在涉及社会网络的问题上。后现代经济学高度概括了个性化、多元化、异质性等后现代说法。参见（姜奇平，2009）。

点主要表现在该领域的探讨内容由区位物质景观体系向社会文化生态景观价值体系转变。

一　关于经典区位理论的研究

第二次世界大战以后，科学技术和各门学科的发展，使区位论获得迅速发展，以艾萨德（Walter Isard）的《区位和空间经济》（1956）和贝克曼（Beckman）的《区位论》（1968）的出版为标志，以新古典区位论为代表的现代区位论逐渐形成。新古典区位论对企业生产和定价的地域空间效应进行了研究，主要关注地点微区位的布局均衡，忽视了宏观区位选择的一般均衡问题。典型的地点微区位使用局部均衡模型，把产出水平、最小化指标、投入产出的市场价格作为参数（陈文福，2004）。

但是新古典区位理论的理性经济人和完全信息假定在 20 世纪 60 年代受到很多批评。经济行为的特征并不是完全理性的静态性，而是有限理性的动态性。适应经济学（adaptive economics）、行为经济学（behavior economics）、演化经济学（evolution economics）等新的理论探索都认为经济行为的特征是有限理性的动态性，是不断调整的过程。以行为经济学为主的区位理论在很大程度上突破了新古典区位理论的假定。行为区位理论是将组织理论和心理学作为理论基础的，既重视区位主体的区位动机和选择过程，也重视行为和区位的相互结合。以行为经济学为主的区位理论是研究区位主体在企业内外环境下如何形成空间形态的。20 世纪 70 年代，出现了以结构主义为主的区位理论。该理论认为，行为区位理论的贡献在于摆脱了新古典区位理论的假定，但是，行为区位理论较侧重企业本身的区位行为，因此，其难以解释宏观经济结构与空间现象之间的关系。以结构主义为主的区位理论认为区位是经济结构的产物，尤其是资本主义结构的产物（金相郁，2004）。

经过 20 世纪 70 年代的世界经济危机，80 年代西方发达国家进入了产业再结构化阶段，其生产方式从大量生产方式转变为柔性生产方式，对产业的空间分布以及企业的区位选择造成影响。以柔性生产方式为核心的区位理论认为，生产方式的变化影响区位选择的变化。在以柔软生产方式为主的产业结构中，网络经济及网络效应在区位选择中的作用越来越重要，网络经济是降低成本、增加收益、提高聚集效应的关键因素。萨塞尼安（Saxenian）强调企业文化及区域文化在区位选择中的影响。他认为，区域文化并不是静态的，而是不断演变的，即动态的。萨塞尼安认为硅谷文化具有无时间限制及面对面交往的特征，这两种文化特征形成独特的地方文化，对区域外部不断地产生很大的吸引力，成为重要的区位因素（金相郁，2004）。

20世纪90年代，以非完全竞争市场结构为主的区位理论对以往的区位理论产生极大的影响：一方面找到新的区位因素，另一方面改变传统区位理论的框架。以往的区位理论较重视因素分析，最近的区位理论较重视体系或整体分析，尤其是更加重视非经济因素在区位理论中的重要作用，波特的钻石模型以及库克的区域创新体系理论等就是例子（金相郁，2004）。

如上所说，从新古典区位理论到非完全竞争区位理论，区位理论的发展经过5个阶段①。20世纪90年代的研究表明，区位是区域经济发展的核心因素。区位理论，从研究如何选择区位发展为研究如何创造区位条件。传统区位理论侧重于经济因素，最近的研究表明，非经济因素的作用越来越大，尤其是文化、政策、政治的作用。区位理论的重点在于两个方面：一方面是区位因素分析，即在既定的条件下如何选择最佳区位；另一方面是区位创造分析，即如何创造区位条件。换句话说，区位不单纯是经济活动的空间分布，更重要的是经济发展的空间基础。

二　关于地点区位论的研究

综观国外的城市地点区位理论研究成果，根据其发展时期、研究内容与方法等，可以将其研究划分为以下几个阶段。

第一阶段是20世纪60~70年代，行为科学与行为地理学出现，促进人类生态区位学派的发展，区位研究开始以地点使用行为、地点认知及社会经济阶层研究为导向，摆脱"价格"与"距离"的束缚，开始涉及微观的城市行为地点尤其是商业消费地点、游憩地点、居舍的搬迁地点

---

① 20世纪区位理论的发展经过5个阶段：以新古典区位理论为主的阶段；以行为经济学为主的发展阶段；以结构主义为主的发展阶段；以生产方式为主的发展阶段；以非完全竞争市场结构为主的发展阶段。参见（金相郁，2004）。

（孙文茜，2008）。贝里（B. J. L. Berry）和盖尔逊（W. L. Garrison）（1958）提出的三级活动理论第一次将地点使用者行为原理纳入理论架构，将使用者行为与城市各类地点类型结合起来，作为划分城市消费空间类型的标志。该理论认为，使用者会在特殊地点产生多目的的购买行为（Hayashi，1986）。美国学者赖斯顿（Rushton）从使用者消费行为视角去研究城市各类消费地点的问题时认为，使用者实际生活中的行为在任何层次的中心地都会出现成批、多目的的形式（Hillsman，1987）。格力奇（Golledge and Stimson，1987）提出了以使用者和经营者两者的连续性行为变动为基础的地点区位选择模式。戴维斯（Davis）提出了"购物中心层次性系统发展模型"，在模型中将消费者行为及其社会属性纳入购物地点的层次结构的形成和变化之中，从而使得该模型更具真实性（薛娟娟、朱青，2005）。英国学者波特（Potter）1982年在其著作《城市零售系统：区位、认知和行为》中，完全从消费者知觉和行为的角度来探讨零售地点的区位布局规律问题（方远平、毕斗斗等，2008）。贝里1988年提出了一个更真实的零售地点区位理论，主要考虑服务地区的人口特征、使用者行为方式和所服务人口的社会经济特性等对地点区位构成的作用，并将地点区位与周边地区的人口密度、收入、受教育水平、职业结构等联系起来，推论出地点区位层次的改变模式。英国威尔斯大学地理系学者道生（Dawson）于1980年提出"零售地理的制度性研究框架"，他认为在零售地理的研究领域中，应致力于研究零售活动与其他经济、社会结构之间的相互关系，以及零售活动之间、零售活动与消费者之间、零售活动与其地点区位之间的组织规律，他认为，零售地点区位的制度性研究框架主要由地点所承载的组织形式、活动技术、商品、政府政策等构成（孙文茜，2008）。国外学者琼斯（K. Jones）和西蒙斯（J. Simmons）的《零售区位论》（1987）对中心地理论和商品市场、消费者行为、经理行为等做了深入的理论和实证研究，并组建商业区活动研究中心，作为政府部门的协助伙伴和商业区企业的咨询部门，将城市商业空间结构研究推向了市场，在实践中充分发挥了城市商业活动销售供给和消费需求地点综合研究的优势。本阶段还是注重传统区位论的研究空间与范围，还没有扩展到娱乐、游憩等商娱型消费地点领域（桑义明、肖玲，2003）。

第二阶段是20世纪70～80年代，三类学派都将经验性行为推理和统计预测相结合，运用多元回归分析等方法重点对地点区位选择和商圈进行了研究，逐渐扩展到对娱乐地点的探讨。

戴威斯（Davies，1976）的《零售营销地理学》一书，从理论基础、商业区域体系、商业用地、消费者购物行为、商店区位评估等方面进行了综合的论述，重点是对零售活动的地点特性进行研究。根据城市社会阶层化的空间差异规律，提出了不同等级购物地点的发展模型，阐释了面向不同收入阶层使用者的地点业态和不同等级消费地点构成的演变规律。加尼尔（Garnier）、德洛贝兹（Delobez）和比弗（Beaver）的《营销地理学》（1979），通过理论综述与实证分析，从业态组织、业态区位、业态网络、CBD 商业、乡村业态、城市边缘区新业态等方面进行研究，侧重于不同尺度消费地点的组织规律。道森（Dawson，1980）的《零售地理学》一书从更广阔的角度提出了商业地点区位的制度框架，此框架反映了商业地点构成理论（地点轮回理论、地点生命周期理论、地点竞争理论）。麦拉夫第和高什（Mclafferty，Ghosh，1989）研究了多目的消费行为对零售企业在地点区位选择上所产生的竞争机制问题，认为多目的消费行为导致竞争企业在地点区位布局上呈现离散状态，而离散布局的程度依赖于多目的使用者的行为偏好，而这往往是由相对成本、需求和不同商品的价格决定的。美国学者冈恩（Gunn，2002）则从居民休闲行为地点的角度，提出城市周边各类休闲娱乐地点在区位布局形态上往往呈现圈层式或环城式发展格局。

第三阶段是 20 世纪后期以来，此时地点区位研究出现了较明显的分类研究趋势。

这一时期的地点区位理论深刻反映出地点的行为方法论、地点的结构主义方法论与新人本主义地点区位观相结合的发展趋势（孙鹏、王兴中，2002）。美国、澳大利亚、英国和日本等国学者都对商业消费型地点的布局区位进行了更深入的研究。尤其是 20 世纪 90 年代以来，学者们从"人本"感知的角度，揭示城市宏观条件下（道路与交通系统）的地点区位布局规律，即社区居民的兴趣（行为）聚集地点的消费规律、交通载体（自驾车）与社区商业消费地点之间的和谐关系等（Salvaneschi，1996）。艾肯（Akin，2002）在其著作《区位：如何为商业找到最佳的区位》中，从零售地点所在区位的特点、道路、交通、停车场等各个方面进行更微观的对地点区位构成机制的探讨。墨兰彼（Melaniphy，1992）对餐馆、饭店和快餐店等特殊消费地点的区位构成规律进行了系统深入的研究。2002年，詹姆斯·哈林顿（James Harrington）在《零售业区位》一文中从地点之间的相互作用角度，对区位的布局规律进行了分析，并结合赫夫模型（Huff model）导出了预测商业性地点潜在顾客数量的方程式（孙鹏、王兴中，2002）。

西方学术界"新人本主义"地理法的创立，使得许多重要的社会科学的基础概念、前沿概念，被人文地理研究所借鉴。因此，社会空间研究尤其是地点的区位构成规律研究需要从社会文化角度进行。

首先，英国地理学家杰克逊（Jackson）与考斯格罗夫（Cosgrove）提出要注重文化的内部运作、符号生产与价值内涵，进而基于这些内容来考察各类地点构成、地点秩序、地点竞争（唐晓峰，2005）。

其次，文化生态学派也将文化因素引入对地点构成的研究上。文化生态学派认为传统的生态学很容易忽略文化因素对地点特性塑造和地点适应机制作用的分析。传统生态学把物质空间（地点的几何与物质特性）看作一种非文化的自然现象，而文化生态学派则认为空间不仅是一种阻碍，也可能成为一种象征，这种象征的特性只能用一系列文化价值来解释。所以，文化因素在地点区位的组织布局中处于核心位置。只有根据文化因素，才能真正理解地点区位分布及土地使用的价值规律。用文化的观点来看，就能很好地解释为什么土地会被不经济地利用甚至反经济地利用，因为如果某个地点被赋予某种价值，只有不经济地或反经济地利用该地点的土地，才能体现其象征性的"区位景观价值"[①]。文化也会使区位产生阻碍特性，使得某些社会体系的功能只有在找到"适当的地点"[②] 时才能发挥作用。

最后，"文化转向"也被引入人文地理学研究。在以西方为代表的现

[①] 区位不仅是一种景观，还是一种符号，也是一种语言和象征，它承载着企业及使用者的情感归属、文化背景、经济基础等多种价值。国外经济地理学在研究区位价值时，也逐渐发生了"制度转向"及"文化转向"，诸如引进制度环境（各种正式的和非正式的社会、经济、文化和政治系统等）来讨论新经济地理现象。

[②] "适当的地点"代表着区位选址的合理性和适宜性，即区位选址要和当地的地理环境相适应，还要体现对地方文化的适应，甚至要考虑到乡愁和恋地情结。参见（周伟林，2008）。

代化社会中，在社会空间的分布格局上，显现或隐藏着许多歧视、压抑、排斥、不公正的情景，这些正是人文地理学在"文化转向"中关注的重要议题（唐晓峰，2005）。随着文化概念的变化，应该更注重研究各类社会群体的具有各种价值属性的社会空间。

第二节　区位景观理论的内涵与构成

一　区位景观的内涵

区位景观（location landscape）是地理学、经济学、景观学领域的一个重要概念，是指地理空间要素所在的方位、范围及空间。国外城市社会地理学派认为，区位研究不能只停留在研究物质空间的形态要素（景观）的层面，而更应该关注区位的空间文化（行为）价值（景观）意义，因此，在后现代社会地理学派的眼中，区位是一个有行为意义的动态空间概念，是一种人本主义价值取向，区别于实证主义空间研究。段义孚（1977）从人文主义视角出发，认为以地点为代表的微观区位景观研究已经成为当代人本主义空间研究的焦点，地点微观区位景观所表达的就是人与居住环境之间的一种情感依附行为。拉尔夫（1976）在其关于地点感的研究中也阐述过区位景观的价值体系，认为区位的价值在于它是人们真实经验的空间，具有特殊的身份价值、功能活动和地点意义三重属性，区位物质空间（景观）的特性与人的情感、态度和价值不断地进行空间的重组和活动，构成了区位景观价值。区位景观尊严的彰显在于那些能够给予人类生活基础，能够提供人类生活的背景，并能够给予个人或集体空间的安全感、身份感的地点。当代城市与区域规划的本质应在于如何实现人们的区位景观尊严，在于如何提供更多可共享的空间设施，形成空间共享景观。

二　区位景观构成模式

在区位景观认知规律下，对区位景观的认知解构模式不外乎二类，即具象区位景观模式和区位文化景观模式。后现代视角下的区位景观模式应是一种充满真实与想象、行为与文化、价值与尊严的文化区位景观。

（一）具象区位景观模式

具象区位景观模式研究大多是以现代主义为代表的景观学派、建筑学派和城市规划学派，强调形态景观要素的构成、布局与规划设计，核心是协调人与自然的关系。它通过对有关土地及一切人类户外空间问题的科学理性的分析，找到规划设计问题的解决方案和解决途径，监理规划设计的实施，并对大地景观进行维护和管理。在城市的具象空间里，区位价值具现了各类自然生态开放空间、商业空间、休闲空间、工作空间等各自的区位基本属性构成及相关组合关系。现代主义的区位景观价值大多以空间布局最优化、经济价值最大化、景观组合生态化为代表，在现代城市与区域景观设计中占有主要地位。但是具象区位景观模式很容易从利益功能主义视角出发研究问题，容易忽视区位景观的文化（行为）价值，所以容易在现代城市建设中出现一些缺乏特色、同质化比较严重的大公园、大绿地、大广场，现代城市景观成为千篇一律的代名词（见图6-1）。

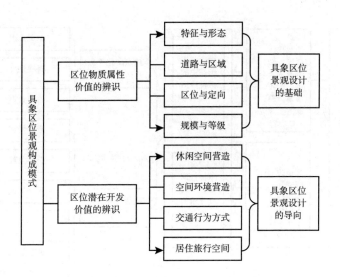

图6-1　具象区位景观模式构成

资料来源：笔者自制。

（二）区位文化景观模式

区位文化景观模式以地点（地点）的微观区位价值构成为基本理念，阐述的是区位物质景观属性和行为文化属性融合后的一种经验型的景观构成。因此，针对区位文化景观模式可以有以下两种理解。首先，区位文化景观模式把人的生活行为和物质景观联系在了一起。日常生活中的行为文化景观包括居民、设计师、开发商及其他使用者对物质景观空间的行为改造、设计或控制等。城市文化区位成为外来旅游者对旅游景点的选择、居民日常生活游憩地点选择、艺术家行为艺术制作地点选择所考虑和识别的主要构成要素，经过这些使用者的行为文化改造，成为一种被生活经验所支配的、具有消费符号和行为价值意义的景观系统。在这种景观系统中，有特色的建筑物和隐含的商品、文化意义成为决定区位价值的关键。其次，区位文化景观模式是建筑师、景观设计师、规划师对物质属性空间进行认知和设计后的景观。这种景观所在的区位与生活的、经历的空间景观存在差异，景观设计师对区位地域特性的把握和大众群体存在差异。他们具备敏锐的区位价值感知能力，通过构想新的建筑与城市景观，带动整体区位价值的提升，如城市旧区的改造、遗址公园的建设等（见图6-2）。

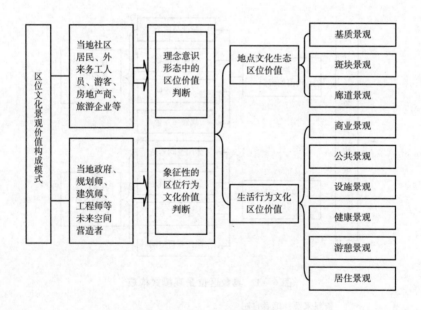

图6-2 区位文化景观模式构成

资料来源：笔者自制。

第三节　后现代城市规划中的区位景观价值取向

一　后现代景观规划的趋势

（一）区域文化生态景观价值趋势

后现代区域规划强调区域文化的生态价值取向，文化生态学者关注社会文化体系中的区域发展战略，试图在文化多元化的背景下，努力使地点文化空间不趋同，达到社会空间公正、公平的目的。后现代区域景观规划的本质在于探究多元的地点区位景观的文化价值与建构，文化生态学者把城市中的不同区位景观比喻为包罗万象的"生态"。区位具有了丰富的内涵和意义，人们根据区位的特征可以识别、确认自己和他人的身份差异。同时，区位具体的边界和位置变得更加模糊，国家与国家之间、城市与乡村之间、城市中心与边缘地区之间、"我们"和"他们"之间的区位差异日益模糊。传统的城市区位不再是产业和服务设施布局的唯一选择，而是根据人的行为价值和空间尊严能否得到保护而确定，因此，传统的城市区位被分解并产生多个文化景观价值中心。

（二）社会区域和谐文化景观塑造趋势

日常城市生活空间规划学者认为，城市是人们日常生活行为景观塑造的主要地点，而日常生活行为景观的塑造取决于人们对不同空间区位价值的选择，其社会空间质量的本质在于探讨城市社会生活空间结构，在此基础上准确地对社区的区位景观价值体系进行理解，并最终通过规划制定出合理的社会生活区域对策，以提高城市日常生活空间质量，构建和谐文化景观。在城市日常生活空间景观体系下，区位景观尊严是彰显地点精神的基本要素，是城市景观解构与设计研究的基础性原理。城市区位景观的作用机制表现为城市居民在城市景观环境中的生活行为价值再现。特定的生活行为与环境相结合就会产生具有特定功能和价值的区位景观，并塑造城市形象（王兴中，2009）。总之，城市景观规划与设计诸学科的研究趋向于解构空间（区域、城市、社区）的区位景观价值。

二 后现代景观规划的价值取向

（一） 形象认知的区位景观价值取向

在后现代空间规划的研究趋势下，应用区位景观尊严价值解构原理，探究符合人本认知的城市形象设计，是后现代区域城市规划研究的前沿方向。城市社会学家拉尔夫曾提出并探讨"地点性"概念在景观规划和设计研究中的应用，已经使地点的区位价值构成研究成为西方城市空间规划最基本的设计理论和设计目标。为此形成了重视从空间认知构成上去塑造地点区位景观形象的学科观。地点区位景观形象学派认为，城市中各类建筑地点作为区域形象的媒介，其外观设计的风格与其所在的区位是城市文化内涵的象征，蕴含着历史积淀下来的文明印记，成为后现代人们判断区位价值的标准，那些具有标志性建筑物的区位，代表着时间与空间的遗留，彰显了城市性格，不仅对应着城市文化，也指代了城市本身。

（二） 空间营造的人本区位景观价值取向

在西方，后现代城市与区域规划遵循后现代主义的理念，强调空间的多样性，注重满足城市中人的多样性需求。因此，后现代城市景观具有复杂性、矛盾性和不确定性，这完全是人的多元化需求的结果，本质上是人们对空间区位景观价值的选择结果。人对区位景观尊严的价值判断是以人的宜居为导向的，而在现代工业化的城市中，人的区位尊严和价值往往让位于工业经济利益最大化，对城市区位价值的判断以城市经济发展为前提，自我、个人价值在现代都市中被忽略不计，那些边缘的弱势群体（农民、妇女、残障人群等）的区位价值得不到充分的尊重，往往成为诱发社会危机的导火线。今天在中国的城市化进程中同样存在一系列社会问题，本质大多在于对城乡中不同阶层和群体的区位尊严缺乏关注。后现代城市与区域规划要求人的精神和欲望能够在城市区位价值尊严中得到彰显，区位尊严是各类人群精神价值的空间依附，成为空间生产和消费的象征。城市与区域规划应从城市区位景观尊严价值体系中找寻设计的理念，寻求用复兴区位景观尊严的方法来为空间规划提供素材。因此，区位景观尊严规划应成为重新思考城市与区域规划的理论来源。

第四节　城市区位文化景观尊严规划

一　区位文化景观价值和空间尊严构成

（一）区位文化景观价值

区位文化景观是相对于具象区位景观而言的，区位文化景观是在不同历史阶段，人类在地表行为活动下的产物，是具象区位景观（自然风光、田野等）与建筑、村落、公园、城市、交通工具、人物、服饰、民俗等所构成的行为文化现象的复合体，具有浓郁的地域文化特色和极大的行为文化价值。美国地理学家卡尔·索尔早在 1925 年发表的专著《地理景观的形态》（*The Morphology of Landscape*）中就曾主张通过实际观察地面景色的方法来研究地理特征，尤其是通过文化行为景观来研究社会文化地理[①]。一些文化资源所在的区位或地点往往具有一种可以被感觉到而难以表达出来的"气氛"或"情感"，除跟物质景观的属性特征有关联外，还跟人的宗教观、社会观、政治观等因素有关，是一种抽象区位价值观，这种特性可以明显反映在区域景观特征上。法国地理学家戈特芒提出通过一个区域的景观来辨识区域特征，而这种景观除去有形的物质文化景观外，还应包括无形的行为、价值景观。因此，关于区位文化景观的构成上可以有两大类别：一类是文化物质景观区，像各种古代建筑景观区、各类历史文化遗迹景观区等；另一类是生活行为景观区，主要是由城市社区所构成的日常生活行为空间。这些景观区是人类日常生活的区位，如商业性地点、娱乐性地点、游憩性地点等，包含抽象的价值理念，具有无形的行为文化价值。总体上，文化物质景观区和生活行为文化景观区构成了区位文化景观资源的核心，社区生态区与地点生态区构成了区位文化景观的基本单位。

（二）区位文化景观尊严

从区位文化景观的构成来看，其包含人的日常生活行为要素，其根本

---

① 20 世纪 20 年代，美国地理学家卡尔·索尔正式提出"文化地理学"的概念，主张将文化景观纳入地理学研究的范畴，通过文化景观来研究人类活动所形塑的区域人文地理，他也因此被称为"文化地理学之父"。

在于各类行为文化（亚文化）在景观具象空间中的显示或植入，是以人的行为价值标准作为判断景观抽象价值的根本（见图6-3）。

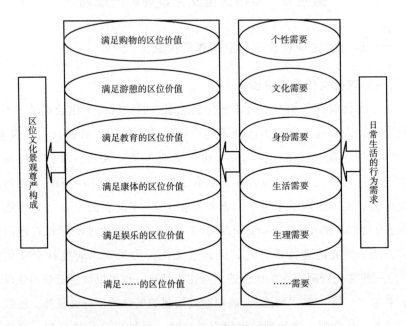

图6-3　区位文化景观尊严构成

资料来源：笔者自制。

在后现代景观学研究的进程中，景观的价值标准受到了行为多元性的影响，从而呈现多元化的景观异质区，因此，区位文化景观具有行为亚文化的特性，对人而言具有不同的尊严价值感。

二　区位文化景观尊严规划的导向

（一）环境景观营造中的区位尊严构成

拉尔夫（1976）研究认为，经验的地点是一系列行为价值构想的结果，或者是对多元文化景观的一种连续性感受，而经验的地点又是区位文化景观构成的核心元素，是一种"行为空间艺术"。凯文·林奇（1976）也在城市形态景观设计研究中提出，人们主要通过边界、区域、节点、标志物、路径五个关键景观元素来判断区位的价值，强调区位所在景观要素的连贯性、文化性和行为性，呼吁创造具有地点感的景观空间（见图6-4）。

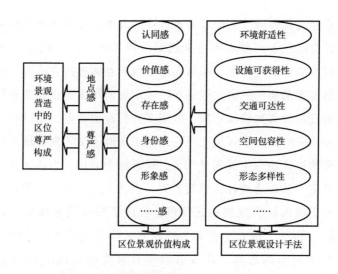

图 6 - 4　环境景观营造中的区位尊严构成

资料来源：笔者自制。

另外，简·雅各布斯在其《美国大城市的死与生》一书中，也倡导通过人性化地点的设计来减少人们对现代城市景观的困惑与担忧，其主要思想在于现代城市景观的设计要考虑景观文化价值的植入[①]。另外，建筑设计师摩尔在《身体、记忆和建筑》一书中也认为，建筑师的基本任务在于不断地创造具有不同行为文化价值的地点，从而帮助人们找到自我身份认同感、存在感。景观设计可以结合人的历史文化经验和其他类型的空间设计手法实现区位价值和尊严的彰显。

（二）社区人本主义生活空间营造中的区位尊严构成

20 世纪 60 年代以来，西方发达国家的城市空间研究经历了从物质形态景观向行为文化景观转变的过程，现代城市功能主义的规划思想遭到了社会学家的批判和质疑。现代功能主义视角下的居住社区隔离了人群之间

---

① 简·雅各布斯还认为，城市是由若干具有具体形状和活动空间的地点所构成的。我们在理解城市的行为和了解有关城市的信息时应该观察实际发生的事情，而不是进行虚无缥缈的遐想。在城市中，多样性产生更多的生机，而沉寂和单调则让生机远离。一个城市的街道越是成功地融合了日常生活的多样性和各种各样的使用者，就越能得到人们随时随地的包括经济上的支持，促使其更加成功，得到了支持和获得了活力的公园因此能够以幽雅的环境和舒适的氛围而不是贫乏的内容回报街区的人们。参见（刘健，2006；苏月，2014）。

的情感交流和文化沟通。人们希望通过社区人本主义空间的营造来复兴社区的价值，也出现了一些人本主义规划学者，如凯文·林奇（1976）就曾倡导在城市与社区规划中，采用居民参与问卷调查的方式搜集问题，从而作为规划方案制定的依据。规划师除考虑物质环境的设计要素外，还应该考虑人的普遍价值和特殊价值，搜集多方的价值观点，用以指导规划的编制。另外，一些社会学者也把矛头指向了功能主义的现代城市规划，认为功能主义的社区缺少生活邻里气息，缺乏社会公正，生活居住区的空间剥夺现象严重，从而造成社区感的消失，人与人之间也变得异常冷漠。现代主义视角下城市社区规划缺乏特色，社区景观同质化现象严重，类似"机器模式"。因此，以人本主义为特色的区位文化景观设计理念可以为社区规划提供崭新的思维，代表着参与日常生活实践的行为景观概念（见图6–5）。

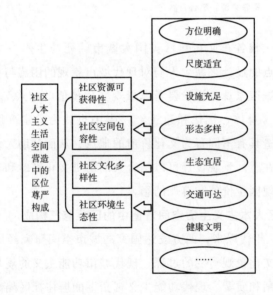

图6–5　社区人本主义生活空间营造中的区位尊严构成

资料来源：笔者自制。

（三）历史文化景观保护中的区位景观尊严构成

在城市社区—地点构成体系中，加强对具有历史文化意义的景观资源的整理和保存具有延续历史记忆、揭示历史文化脉络的行为文化意义，有利于稀缺价值资源的保存。20世纪60年代的美国，历史保护运动蓬勃兴起，该运动主要倡导对城市中具有重要意义的建筑物和地点的保护和管理，并进行价值普查登记，恢复城市社区与地点中的文化脉络和行为肌理。在英国，关于历史文化景观资源活化的理论和实践研究也比较流行，如《大伦敦发展战略规划》（2008～2020）中就特别提出要通过对历史文化遗产的保护和对旅游文化价值的开发来复兴伦敦中心城区，从而成为城市更新发展的一种重要途径。通过历史文化景观的活化不仅可以振兴城市经济，同时也是一个城市生活行为文化生态保护的重要措施。城市区位文化景观具有多样性和亚文化的特征，能够反映一个城市不同阶层人群的心理文化特征和行为价值需求，其所对应的城市社区和地点则构成了行为价值尊严认同的空间领域。因此，对历史文化景观区位价值的保护和保存规划应重点考虑如何在市场经济规律下，保持景观的异质性，避免景观资源被剥夺导致空间失衡现象的产生（见图6-6）。

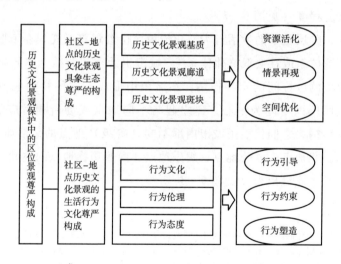

图6-6　历史文化景观保护中的区位景观尊严构成

资料来源：笔者自制。

（四）阶层化下的生活行为文化情境区位景观尊严构成

1. 社会阶层化下的生活行为文化情境区位景观的认知

城市由不同的社区及亚文化地点构成，而社区阶层化差异的根本是社会经济地位的差异性，从而导致文化情境区位景观类型和水平的差异性①。因此，不同阶层之间的社会文化距离会导致不同社区之间的空间区位景观差异，这种社区空间区位景观的差异则是彰显区位景观尊严的关键因素。那些具有相同社会区位和距离的居民就会形成一种社区景观认知，即"我认同我所在的社区景观，我认同我所在的社区行为"（Ricci，Liana，2016）。

2. 社会阶层化下的生活行为文化情境区位景观尊严规划

国内有学者认为，社会阶层化主要研究在社会阶层的生活行为扩散和变化规律下，所构建的城市日常居住社区体系和日常生活行为场所体系的时空模式，以此探讨城市社会空间结构的变化（汪丽、王兴中，2008）。阶层化下的生活行为文化情境区位景观尊严规划的关键在于对不同类型的社区—地点景观资源进行优化配置和设计，除了要对建筑文化景观、设施景观、地点景观、交通景观等的可获得性程度、类型标准、新旧状况、保护状况、规划配置等级等进行空间考虑，还应考虑不同阶层文化情境下的行为心理接受程度（见图6-7）。

因此，阶层化下的生活行为文化情境区位景观尊严规划在于形成不同等级的配置体系或社会亚文化体系②。城市生活空间的社会本质是具有不同利益效应的区位间的相互作用，在城市中形成不同的社会区位等级体系，这些区位以空间为中心，建立起与不同地点或场所相对应的（亚）文化空间结构，它们代表了城市内部不同（等级）地点的生活质量水平，并通常以游憩地点、办公地点、娱乐地点、商业购物地点的空间构成和组织布局的形式彰显出来（见图6-8）。

---

① 随着经济体制改革的深入和城市化进程的加快，我国的城市社区呈现阶层化发展趋势。社区阶层化趋势，有助于贯彻分类管理与分类指导的原则，增强社区服务的针对性，凝聚社区情感，促进社区居民的共同参与，从而提高城市社区的建设与治理水平。其不利之处在于，社区阶层化趋势可能导致社会隔离与社会隔阂，产生贫民区问题，形成孤岛经济效应。参见（吴庆华、董祥薇、王国枫，2009）。

② 生活行为是指人们在一定的社会条件制约下和价值观念的指导下所形成的满足自身生活需要的全部活动形式与行为特征。当研究的主体为阶层时，"生活行为"是受结构性条件制约的生活模式。城市社会地理学认为每个阶层的城市日常生活行为构成了生活方式的（阶层）亚文化空间结构模式。也可理解为阶层的生活方式通过城市各类行为地点释放和表现出来，即生活方式地点化、等级化，它们构建了城市日常生活方式的地点性。参见（汪丽、王兴中，2008）。

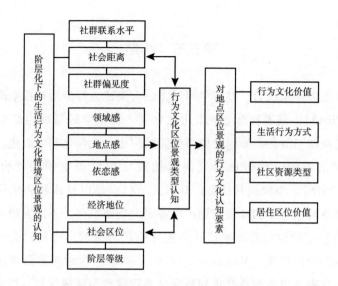

图6-7　阶层化下的生活行为文化情境区位景观的认知构成

资料来源：笔者自制。

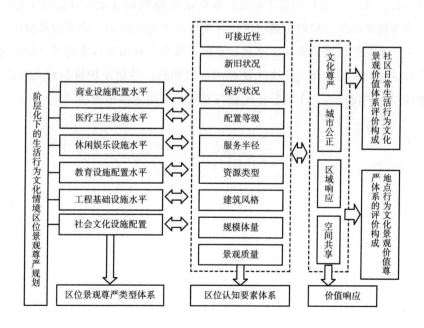

图6-8　阶层化下的生活行为文化情境区位景观尊严规划的原理构成

资料来源：笔者自制。

第五节　小结

城市地理学家认为，城市空间形态是人类社会经济活动在空间的投影（Clark，2013）。随着社会与城市化的发展，城市空间呈现内部更新与外部扩张双向动态演化，如何使城市空间结构更加人性化和生态化，一直是学科探讨的前沿。城市社会空间结构观认为城市空间是社会的产物（Weck，2015），空间就是社会，其形式与过程是由整体社会结构的动态演进所塑造的，特定的社会结构产生特定的物质空间，不同发展阶段的城市（社会）空间构成是该阶段社会主导阶层为追求自己的社会、经济目标而营造的空间结果（Martineau，1958）。本章所探索的地点理论体系下的区位文化景观价值与尊严规划研究是当代城市与区域规划、城市社会地理、城市景观学研究领域中的前沿性课题。景观公正规划与公平设计价值理念的根本在于对不同行为文化价值的区位进行判断和空间重构（Arbaci，Rae，2013）。基于城市日常生活空间质量及地点理论观下社区公正规划的视角，探讨了城市区位景观价值理论的内涵、构成以及城市区位文化景观尊严规划的核心原理。本研究认为，城市区位文化尊严规划的核心在于对不同城市情境文化景观的认知判断，并做出积极的地点响应，包括对不同设施和资源的公正配置与对文化空间的保护控制。

第七章

城市生活质量空间的地点观构成原理

> 无论环境或空间，当社会关系渗透到它们中时，都不是被动的……当阶级关系向空间推移时，它们会从社会形成的各种区域获得一些特性……区域和周围环境的各种直接和间接的内容输入到阶级关系里……从而转化为社会—空间—环境关系。空间关系是以阶级关系为基础的，阶级关系包含了空间和环境的影响。
>
> ——社会地理学者皮特（Peet，1979）

自20世纪70年代以来，西方发达国家先后进入了后工业化社会及后现代社会阶段。国际城市规划学界对城市空间问题的关注已逐步转移到城市生活空间及生活质量规划上。能否准确诊断及识别城市生活空间的质量，并通过规划制定城市生活空间的发展对策，对当代城市规划研究具有重要的指导意义和价值，其最终目的就是获得"以人为本"的城市空间，提高人居环境的生活质量。对以上问题的探索已经成为当代国际城市规划关注的热点和前沿。

第一节　城市生活空间质量观的本质内涵

一　生活空间观

生活空间（living space）是指人类为了满足生活上各种不同的需求，而进行各种活动的地点。"生活空间"源自德国著名人文地理学家弗里德里希·拉采尔（Friedrich Ratzel）的动态空间观。他认为地表是一切生命历史上的最初，也是最后的栖居空间。空间是人类经验的地点，是人类各种活动的载体和容器。不同类型的空间相互作用、相互联系，于是就有了"居住空间"（wohnraum）的概念。人类不同的群体组成不同类型的居住空间，它们之间还存在竞争关系。地理学者从城市的地理空间观出发研究城市生活质量空间，认为城市生活空间由物质空间、经济空间和社会空间三个子空间构成，每个子空间又分为若干个次子空间。从人本主义和结构主义出发研究城市生活空间的学者认为，城市生活空间由家庭生活空间、邻里交往空间、城市社区空间和城市社会空间构成（王兴中，2005）。

二 生活质量观

生活质量是人居环境科学探索的终极话题，是反映人们普世需求的"自由、民主、机会与平等"的构成特征与水平的指标。国外对生活质量的研究源于 1958 年美国经济学家加尔布雷思撰写的《富裕社会》① 一书。此后，雷蒙德·鲍尔在其所著的《社会指标》一书中将生活质量单独作为社会发展的指标内容开始进行多方面的研究。1971年，经济学家罗斯托在《政治和增长阶段》一书中，将社会经济发展划分为六个阶段（传统社会阶段、起步阶段、起飞阶段、持续发展阶段、大众性高消费阶段、追求生活质量阶段）。20 世纪 80 年代以来，公众和学术界对城市生活质量更加关注，近年来研究生活质量的角度不同于早期的社会福利（social well-being）角度，而更侧重"适居性"② （Rogerson，Robert，1999）。2003 年美国国家研究理事会发表了报告《社区与生活质量：为决策提供数据和工具》 （*Community and*

---

① 《富裕社会》由美国著名经济学家和新制度学派的领军人物加尔布雷思所撰写。二元体系论是加尔布雷思剖析现代资本主义的主要理论。他认为二元体系是导致现代资本主义这样的"丰裕社会"仍然存在贫困、资源配置失调、生活质量不高等各种矛盾和社会冲突的根源。他认为，在社会中，私有资源通常干净、有效率、维护得很好，而且质量不断提高，而公共空间则肮脏、过度拥挤，而且不安全。参见（加尔布雷思著，赵勇、周定瑛等译，2009）。

② 适居性（livability）是对现代城市的一个定义。一个适宜居住的城市要有充分的就业机会、舒适的居住环境，要以人为本，并可持续发展。宜居城市应是经济持续繁荣、社会和谐稳定、文化丰富厚重、生活舒适便捷、景观优美怡人的适宜人们居住、生活、就业的城市。转自（徐欣，2007）。

Quality of Life：Data and Tools for Informed Decision-making），指出由于社区和地方政府越来越关心生活质量问题，社区指标成为广泛使用的衡量生活质量的一种工具（Dameri，2016）。20 世纪 80 年代世界范围内推行的社区指标体系运动（Community Indicators Movement）提出以下四个主要指标体系：生活质量指标体系（quality-of-life indicators）、可持续发展指标体系（sustainability indicators）、健康社区指标体系（healthy-community indicators）、基准指标体系（benchmarking indicators）（Saitluanga，2014）。

第二节　地点理论导向下的城市生活空间质量观解构

一　地点理论与城市生活空间质量观的耦合性分析

地点理论中的地点感和地点性思想强调的是人与地点、人与环境之间的和谐发展，其目的体现在人们的生活空间质量上。生活空间质量不仅涉及整个城市，而且还涉及人类生活的大大小小的地点，即"我们生活的地点"。这种地点由地点感和地点性所建构，对应的城市空间焦点则是城市的"社区—地点"体系。

二　城市生活空间质量的地点理论观解构

地点理论创造了城市空间解构的新理念，即地点理论透视着城市人本性的最小空间单元，是解剖城市的基本方法和维度。

（一）城市社会空间结构的地点理论观解构

城市社会空间结构为城市生活空间结构的基本空间类型之一，人类的生活环境离不开社会群体。地点理论将人（社会要素）与空间单位耦合在一起，即不同社会阶层对应着不同的行为空间特征，并代表着不同的城市生活质量水平（见图 7-1）。

（二）城市文化空间结构的地点理论观解构

生活空间类型差异的最直接体现是文化景观（行为文化）的差异，不同社会群体的行为文化差异则直接透视着地点性的结构变化特征，即不同的社会亚文化群体都应有与其相适应的空间单元。地点理论解构城市文

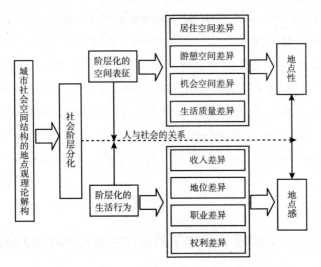

图7-1　城市社会空间结构的地点理论观解构

资料来源：笔者自制。

化空间结构的真实目的应是构建人本行为（文化）的空间设施及地点，从而塑造不同类型的城市文化景观体系，彰显城市的地点性（见图7-2）。

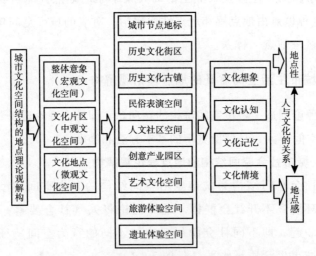

图7-2　城市文化空间结构的地点理论观解构

资料来源：笔者自制。

（三）城市空间公正结构的地点理论观解构

人文地理学者王兴中（2005）认为，城市空间公正是影响城市生活质量的关键。围绕地点固有文化的依附特征，以地点的社会文化构成为维度，将社区意识原理应用于社区体系建造，营造草根式的、民主的、公正的社区空间，构建亚文化行为地点布局结构（见图7-3）。以上三个方面反映出地点理论解构城市生活空间质量的基本理念，折射出机会公平①、文化尊严②、公正价值的空间发展理念，对当代城市发展与规划理念将产生革命性突破，将会影响规划师的价值观以及社会对规划的价值诉求和判断。

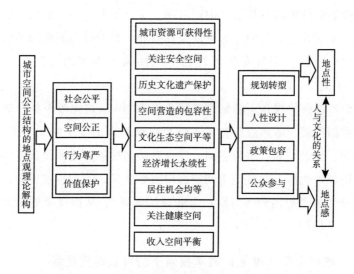

图7-3　城市空间公正结构的地点理论观解构

资料来源：笔者自制。

---

① 美国著名学者罗尔斯从如何实现社会正义的角度来分析社会公平和自由问题，在其1971年出版的《正义论》中，他论证了两条"正义原则"："第一，确保每个人具有与别人同样的自由相容的平等的自由。第二，即使认可社会经济方面的不平等，也必须以机会平等、最差境遇的人的状况在这一格局中比在其他可选择格局中为好作为前提。"罗尔斯强调第一原则优先于第二原则，因为如果第一条原则所保护的基本平等与自由受到损害，是无法用更大的社会和经济利益来辩护或者补偿的。参见（童世骏，2005）。罗尔斯的"正义原则"所包含的对社会公平的理解就强调了机会公平，尤其是社会弱势群体享有机会公平的重要性。参见（张艳，2006）。

② 文化尊严就是文化所应有的纯洁性、独立性、独特性、严肃性、多元性、先锋性等特质在一定的社会条件下所应享有的地位，应当受到的肯定、尊重与保护。文化尊严说到底就是民族尊严、人类尊严、历史尊严。民族文化有尊严，整个文化才有尊严，民族才有尊严，维护文化尊严就是维护人类尊严。人类尊严包含人格、道德、经济与政治尊严等。参见（朱昌平，2010）。

第三节 地点理论导向下城市生活空间质量
规划体系的构建

一 社会阶层分化视角下的城市空间公平规划

关于社会阶层划分的成果丰富，目前比较流行的是五阶层划分法，即将社会阶层划分为精英阶层、中产阶层、普通工薪阶层、底层阶层和第三大群体。不同社会阶层的行为特征存在差异，对城市空间资源的情感偏好和价值取向不同，在日常生活行为空间决策上表现出阶层化耦合规律（汪丽、王兴中，2008）。

社会阶层分化视角下的城市空间公平规划[①]应首先考虑如何满足不同阶层人群的需要，城市应给各类人群提供最基本的安全空间、居住空间、收入空间、交通空间、游憩空间，确保各类居民能够进入所属空间，并过上基本的城市生活，而避免空间资源向有钱阶层、有权阶层倾斜。城市规划要充分考虑"规划到底为谁？为谁而做规划"，从而保障城市空间发展的基本公平权利。

二 城市资源（设施）共享视角下的可获得性规划

城市生活空间质量的本质在于营造不同类型的城市设施（资源），通过资源的配置达到构建完整城市生活空间结构体系的目的。通过不同类型地点的营造，使各类人群有机会获得体验的权利，在空间距离上具有可接近性，在社会距离上具有可获得性，从而使各类人群获得对城市生活空间的可进入性。这种资源的可获得性是城市空间公正发展的基本保障和权利。由于社会阶层化的空间分异特征和空间资源分布具有耦合的关联性，因此，在城市规划中，可以使用城市物质环境条件和设施资源的有效配置来进行规划，从而保障城市生活空间的质量。提高城市生活空间质量，可

---

① 城市规划作为调整和分配城市空间利益的公共规则，其本质是协调城市空间利益的公平合理分配。在合作博弈条件下，城市规划引导分配空间资源应遵循边际综合效益极大化原理，维护社会公平，保障公共安全和公众利益，构建和谐城市空间。参见（宗跃光，2008）。

从提高城市资源的可获得性①入手。通过城市公共服务与设施的空间布局（至少通过补偿性布局）的方法可以改变机会结构，从而提高居民对城市资源的可获得性，以达到提升城市生活空间质量的目的。具体可以通过控制日常生活行为地点的等级、类型结构与水平等指标，达到基本的生活质量诉求，体现出与不同社会阶层耦合的多层次目标体系（Macintyre，1993）。通过改变城市空间的不平等模式，减小社会不平等性，才能体现社会公正性（见图7-4）。

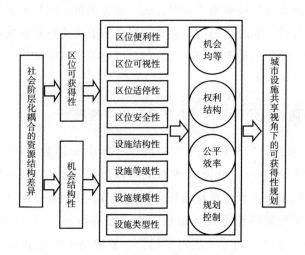

图 7 - 4　城市资源（设施）共享视角下的可获得性规划

资料来源：笔者自制。

三　地点遗产价值保护视角下的城市文化尊严规划

历史文化遗产价值是彰显城市文化内涵及城市地点性的本质要素。缺少对地点历史文化遗产价值的保护会让城市的记忆感流失，也就很难让人们再产生地点感。一个缺乏历史地点感的城市很难让居民

① 可获得性说亦称存在性理论，是美国经济学家克拉维斯（J. B. Kravis）于1956年提出的。克拉维斯认为，各国对某种商品的获得可能性不同，即可获得与不可获得的差别，亦即供给弹性的差异，是国际贸易产生的一个重要原因，对某种商品拥有可获得性的国家将出口这种商品到不可获得这种商品的国家。从城市资源角度来说，可获得性是指服务需求者可获得他所需要的服务，或某种福利服务是否具备需求者可以获得的性质和程度。参见（韦克难，2013）。

或游客产生情感依恋，进而会影响到人们对这个城市的态度和观点，这关乎空间的区位价值和尊严。城市文化景观一般包含城市社区文化景观区和地点文化景观区，这些文化景观区源自当地的地点性差异，揭示了城市的历史脉络和风貌特征，彰显了对地点文化价值的保护和尊严感。

因此，历史文化遗产保护视角下的城市文化尊严规划应首先考虑的是如何营造城市的历史地点感，从而形塑城市记忆。针对历史遗迹和遗址区，应通过历史文化展示和活化的方法，结合城市不同社区亚文化生活行为的空间组成单元和时空记忆，再现空间的历史文化符号和景观要素，通过遗址公园、文化旅游产业园、文化创意园等不同空间载体，强化人们对城市历史文化的敬重感。

四　不同利益价值诉求视角下的城市沟通规划

城市社会经济发展的阶层化趋向在空间上的耦合产生了居住空间的社会分异现象。由于缺乏有效的空间沟通规划建设①，当代中国城市社会信任危机加剧，经济增长与社会发展脱节。在居住空间分异上，各大城市居住空间分异现象刚开始出现，但是已有继续分化的趋势。因此，城市规划必须正视空间分异加剧的趋势，要避免由空间分异所产生的社会隔离和分裂问题进一步加剧，即城市规划要协调好公平和效益之间的矛盾。

除了居住空间分异外，当前还存在城市公共空间建设形式化、沟通空

---

① 20 世纪 90 年代初，Healey 提出了关于"作为一项沟通事业的规划"之十个命题：①一个互动和解释的过程，关注各种政策领域的决策和行动，但同时需要来自现实世界的知识；②互动发生于几个变化和搭接的话语团体之间，每一个团体都有自己的价值和知识体系以及推理和评价方式；③涉及话语团体之间的有思想性的对话：体谅意味着欣赏和关注彼此的观点和行动空间；④规划成果不仅包括一系列程序和政策，还包括阐明程序以及解决冲突；⑤在辩论的框架下，所有维度的知识、欣赏、理解、经验和判断都得到动员；⑥通过展示理性沟通的四个要求，沟通规划让一种反思和批判性理解得到支持；⑦互动尽可能具有包容性，让所有利益相关者都有机会参与，以使沟通规划服务于民主多元主义；⑧是一个相互学习的过程，参与者学会重新认识自己，认识与他人的关系，以及认识自己和他人的价值；⑨在共同改变物质条件和已建立的权力关系中，关注语言、隐喻、观点、想象和故事情节的权力；⑩沟通规划不像理性规划那样必须以某种方式坚持既定的目标，而更像一个有"旅行方向"的过程，该过程为参与者所接受，并能根据需要做出改变。参见（Healey, 1992）。

间缺乏有机联系、商业化沟通空间泛滥的危机（魏华、朱喜钢、周强，2005）。公共空间作为沟通的载体，在城市中存在配置不均衡的状况，如大部分公园、广场尺度较大，缺乏人情味，城市中心广场公园较少，而郊区城市广场绿地较多，一些地点的中心广场、大型公园建设忽视市民生活的便利性，区位可达性较差。另外，在社区阶层化差异机制下，高收入阶层通常占据较好的居住环境区位，而且公共设施也存在向少数富裕阶层倾斜的现象，富裕阶层和低收入阶层之间的社区空间缺乏有机的联系，加剧了城市生活空间的隔离性和不公平性。

自 20 世纪 70 年代中期，西方主要发达国家先后进入一个社会经济剧烈变革的新时期。通过对新出现的新公共行政理论、以沟通行为理论和结构—行为理论为代表的哲学社会学理论的学习，空间规划学科开始洞悉自身所面临的挑战，以及未来规划理论发展的方向（姜梅、姜涛，2008）。哈贝马斯于 20 世纪 80 年代提出"沟通（或交往）行为理论"。他通过批判近代理性哲学，重建（而非毁灭）近代的理性概念。他主张辩证地看待和继承启蒙运动的遗产，为社会批判和重建提供新的思想基础。针对空间沟通规划（communication planning），应加强对沟通空间的有效管理，制定城市空间规划调控措施。在城市管理层面，强化各种制度和社区活动的参与性建设，加强社会沟通和交流；在城市公共空间建设层面，应强化地点的人性化设计，让公共空间成为吸引人驻足停留、交流的空间，同时还应考虑到社区居民的可达性问题，尤其应加大城市公共服务设施的配置和建设，满足大部分人的公共利益诉求；在规划师的角色定位上，规划师应成为社会公众利益和沟通交流的代言人，在设计上应努力营造开放、动人的情境空间和沟通氛围。在沟通规划设计与社会规划管理上应强化对不同阶层沟通的探讨，从而在设计方案中更准确地表达民意（Healey，1992）。

第四节　城市生活空间质量公正规划的理念构成

提高地点性价值以及彰显使用者的地点感是贯彻以人为本发展观的有效方式，评价城市各类日常生活的地点（诸如娱乐地点、休闲地点、文化体验地点等）是判断城市日常生活空间质量的重要依据。因此，在地点理论导向下，有必要建立以地点性特征来衡量城市日常生活空间质量的方法，通过使用者对各类地点资源（包括交通、居住、教育、文化、休闲和旅游等）以及自身生活条件的控制情况来体现城市生活空间质量的客观状况。

传统的城市空间规划大多采用"以物为本"的发展视角分析城市问题。这种规划思维更习惯于站在政府或精英立场上，采用"自上而下"的方式看待城市中的各种现象，这虽然有助于从整体、系统、宏观战略层面把握城市发展中的现实问题，但不容易站在使用者角度或城市日常生活角度思考如何提升人居环境品质，因而这种规划不仅漠视日常生活中的各类地点特征，更容易忽视社会基层的公共意愿以及企业公平自由的市场行为（胡天新、杜澍、李壮，2013）。

城市生活空间质量规划是以提高城市日常生活空间的整体幸福感和可持续性为目的，更多根据基层生活的地点规律以及社会公众的日常生活诉求进行城市资源的公平配置与规划（见图7-5）。

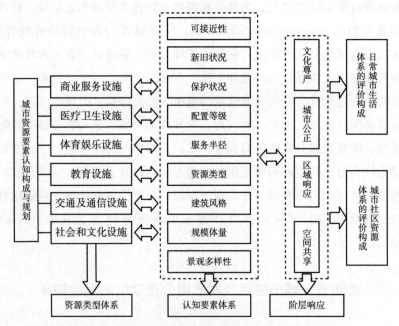

图7-5 城市生活空间质量公正规划的认知构成体系

资料来源：笔者自制。

第五节 城市公共资源公正配置规划的布局导向

一 不同等级导向下的城市公共资源公正配置规划的布局模式

在日常城市体系下，城市公共资源的公正配置是构成城市日常生活空间质量的核心要素，因此，在布局和规划时要充分考虑当地社区居民的切实利益。对各类资源的布局不仅要考虑社区的人口规模、区位优势、上位规划约束等因素，同时还应充分考虑社区居民的阶层化水平，统计不同收入阶层的比例，有针对性和个性化地安排相应的服务设施，切不可以统一的硬性指标划定。另外，城市公共资源应布局在社区内部或社区周边安全性、方便性、可达性、可视性等较好的地点，并与社区内外交通系统、绿地系统、公交系统等相互联系，从而形成更好的地域组合效能。

社区级资源是居民在日常生活中最为关注的，它直接影响居民的生活质量和幸福感，所以社区级资源一般采用"小而全"的模式，满足居民日常生活所需的基本公共服务需求。社区级资源主要包括生活服务设施（超市、美容美发店等）和公共服务设施（文化活动室、体育健身场等）。目前比较流行的公共资源配置理念有平衡社区、步行社区、安全社区和自治社区，不同的社区，其居住密度、人群特点、区位特征等不同，相应的配套资源的供给结构有所不同。对于单位型社区，其资源配置比较齐全，单位效益越好，资源控制程度越高，公共资源配置水平就越高；对于老城区的传统社区来说，由于之前的公共服务设施欠缺太多，房屋配套设施差，建筑密度大，各种用地混合严重，居住环境差；而对于新建的住宅小区，公共服务设施配置水平较高，尤其是文化体育设施备受青睐。目前，公共资源配置模式有街道周边型和社区中心型布局模式（见图7-6）。

街道周边型：将较大规模的公共资源（诸如公共空间、生活服务设施）从封闭的居住空间中抽取出来，相对集中、线形地设置于不同邻里社区之间的街道空间及公共交通车站四周，并通过方便、舒适的步行系统与各个邻里空间取得联系。

社区中心型：社区中心是一个功能和组织形式，能吸引人们自发地前往，并自动聚集，它是整个社区的焦点，是社区活动的集中地，是体现社

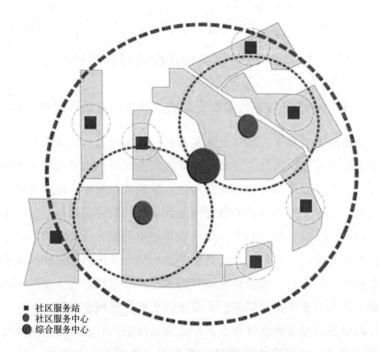

■ 社区服务站
● 社区服务中心
⬤ 综合服务中心

图 7 - 6　城市社区公共资源的地点配置模式

资料来源：笔者自制。

区风貌的中心。社区中心应着力营造集商业服务、办公、文化娱乐、社区机构等于一体的公共领域，以形成充满活力的多功能中心区。

二　不同功能分区导向下的城市公共资源公正配置模式

（一）与城市新区相适应的公共资源配置模式

与其他空间不同，新区集聚了大量的高素质人员，汇集了先进的高科技资源，是城市经济实力的孵化器，而公共资源在新区建设和发展中充当着润滑剂和推动器的角色。因此，新区对公共资源配置提出了更高的要求，新区的公共资源配置应在为园区人口提供良好的工作环境的基础上，进一步改善园区人口的生活环境，提高园区人性化设施建设水平。对于新区，应构建适合自身功能特征的新的公共资源配套体系，避免设施单一、模式老化等带来的低效益问题。同时，还应转变社区公共服务资源配置的目标和结构，引导新区从产业高地到服务高地的转变，从而提升区域品位和形象，营造优质的服务业发展环境。

首先，从公共服务设施所服务人群的特征出发，新区的人群可分为四个社会群体：本地居民（"农改居"）、外来务工人员、来自中心城市的本地就业工人、高级管理人员和企业高层。其中，本地居民属于城市化进程中的过渡人群，其职业、身份已经实现"农改居"，但仍沿用传统的生活方式，短期内不会有太大改变，他们对公共资源的需求主要表现在对基础性公共服务设施的需求上；外来务工人员占据开发区人口的大部分，在新区建设发展初期，这部分人群将成为新区发展的主力军和未来的准城市居民，这部分人群的公共资源需求将会成为新区日常生活空间质量建构的首要影响因素。

其次，根据马斯洛的需求层次理论以及城市新区发展阶段理论，可将人们对城市新区公共资源的需求层次分为低级需求层次、中级需求层次和高级需求层次。在低级需求层次阶段，满足生理需求是主要的，这一阶段公共资源的配置特点是以散点状小型设施为主，在人口密集片区集中布置体育、文化、医疗卫生、教育培训等资源，公共资源配置的总体规模偏小、层级较低。伴随城市新区的快速发展，对公共资源配置的需求到达中级需求层次，这时除了硬性的基础性设施，人们对软性供给的需求量空前，表现为外来人口子女教育、老人医疗、社会福利等公共资源配置方面。同时，高收入人群渴望社交，追求个性化、有特色、高品质的社会交往空间，城市新区单一的公共资源配置体系将向功能类型较为完善、空间服务等级较为清晰的高等级公共资源配置体系转变。到高级需求层次，则表现为对个性的尊重和自我需求的实现，这一时期公共资源配置已经成为城市新区发展的内生动力。公共资源配置的重点在于如何提升现有的居住生活环境、就业环境，根本目标在于构建功能类型分层级、空间布局分等级、辐射面大、具备可获得性的公共资源配置体系。

其中，以邻里级为主的分散化空间模式以点状分散化为主，离散特征显著，应强调空间布局的均等性，且要与服务人群日常生活空间和通勤路径紧密结合，满足就近服务原则；以社区级为主的集中化空间模式，设施类型由简单走向相对复杂，服务规模由小变大，在空间布局上由分散化走向集中化；以新城级为主的网络化空间模式包含城市级别的商业商务中心（大型办公空间）、文化娱乐场所（博物馆、影剧院等）、城市广场等公共设施，形成了功能类型和空间布局较为完善的网络化空间结构。

（二）与中心区相适应的公共资源配置模式

中心区发展速度较快，是快速城市化的地区，中心区汇集大量人流、资金、信息等资源，中心区内存在各层次、各职业、各学历的社会人群，不同人群有不同的需求和追求，在这个有限的空间中汇集了极大的财富，同时伴随着各式各样的利益冲突和矛盾。中心区内汇集了各种各样的人群，这从本质上决定了中心区公共资源配置规划的复杂性，必须满足各等级、各年龄段、各职业、各社会地位、各收入水平人群的需求。经研究发现，中低收入人群对公共交通资源的依赖程度较高，需求较大；高收入人群对较高消费层次的商业服务资源或人居环境条件等有较高的需求；老年人对医疗设施资源的需求较高；而大部分人群对重点小学等教育设施资源具有较高的需求。总的来说，中心区的公共资源配置体系应该是多层级的、多功能的、多元化的网络化体系。

（三）与老城区相适应的公共资源配置模式

随着城市发展中心的转移，老城区（旧城区）的空间功能逐渐衰退，各项公共资源规模较小，配置服务等级较低，设施质量不高，整体处于脏、乱、差的局面。一般来说，老城区人口密度较高，建筑年代较远，建筑密度较大，房屋和设施亟须维修，就业岗位较少，经济萧条，社会治安和生活环境趋于恶化。这种情况下老城中心已经变得非常脆弱，人们对公共资源公正配置的诉求进一步提高。

第六节　城市公共空间及交通布局导向

城市公共空间是社区居民情感交流的地点，也是不同阶层居民之间沟通的平台。因此，城市公共空间的规划配置要考虑社区空间的组织结构、文化结构、身份特征等要素，不断丰富城市公共空间的层次，加强室内和室外、社区内与社区外公共空间的平衡和渗透。有条件的社区还可以通过"公有"和"私有"空间的比例平衡，从而满足不同阶层居民的个性化需求。另外，城市公共空间的设计上除了要考虑整个空间的公共性质外，还应满足不同人群（老、幼、残障及带小孩的家庭）的特殊需求，物质形态上要进行无障碍空间的设计，从而提高公共空间的可获得性。

交通空间是城市居民行为活动的重要载体，人们之间的交往通过交通空间实现。城市交通道路体系设计直接影响居民接触城市资源的便利程度。交通条件越好，地区可达性越高，人流就越大，对商业设施与文化体育设施的需求就越多，就越应配置大型集中式的公共服务设施。这样既有利于降低居民使用公共服务设施的时间成本，同时可提高设施使用效率。因此，可以根据交通流量的大小以及交叉口的可达性确定可达性好的公共中心。

参考当前居住社区规划的模式，或者人车分流，或者人车共存，总之，无论采取何种方式，都要充分考虑社区居民的行动安全，并促进社区形成街道浓厚的生活气息。另外，可以采取多样化的手段，发展集公交、自行车、步行、社区巴士等多种交通方式于一体的道路结构体系。尤其是要重视社区公共交通系统、自行车道与步行廊道系统的设计和规划，让街区和邻里更适合于穿行。同时，应增加残障人士的过街横道和建立绿色街道，提高社区资源的可获得性水平。

第七节　城市居住空间混合布局

一　小聚居、大混住

"小聚居"对应的是亚文化集群居住结构，即相同阶层的人群在空间上集聚，保持了社区的同质化，能够促进居民的认同感，加强居民之间的凝聚力；"大混住"对应的是社区不同阶层人群混合居住，从社会整体和谐角度出发，保持了社区的异质，可以促使不同阶层的居民相互理解，有利于消除社会隔阂。通过中高收入群体对社区环境质量的置换影响，改变低收入群体的居住行为模式。由于高收入阶层对社区资源具有较高的满足，会通过社区过滤（为寻找更加优越的设施条件而搬迁）不断置换出较高质量等级的服务设施环境留给中低阶层居民，除了住宅质量得到改善外，整个城市邻里的生活环境质量也得到提升。

二 有效的社区资源配置

在社区资源的规划配置方面，社区可以根据低收入阶层的生活需要，设置沿街式的街坊级公共配套设施资源，其余的公共服务设施资源则集中于社区（或邻里区）中央，配套标准的公共配套设施。对于那些大杂居的均质化社会区域，在配套规划上应注重适应不同阶层的不同需求，形成丰富多样的社区资源体系，满足不同主体的需要，从而在日常城市体系层面体现出社区资源规划配置无差异的社会公正面。而对"小聚居"形式的阶层化社区，社区资源规划配置必须关注差异性，可以体现以下几个方面：一是不同类型的社区配置不同等级的社区资源；二是不同类型的社区配置不同内容的公共资源，如在底层阶层社区配置修理铺很有必要，而在精英阶层和中产阶层社区则没有必要；三是不同类型的社区配置不同规模的公共设施，购买能力的差异导致对商品的挑剔程度不同，因此不同层次的消费者对公共配套的整体规模要求不一样。

第八节 小结

新人本主义的城市日常生活空间质量观往往以社会公平、空间公正、价值尊严等为发展理念，把营建具有可获得性的资源和设施体系作为城市日常生活空间质量的判断标准。不仅关注不同社会阶层人群的需求，更关注以城市公共资源公平配置为导向的社区体系和地点体系。城市生活质量水平的高低与不同等级地点资源获取的程度有关。城市日常生活的地点（特别是各类城市公共资源所布局的地点）及其结构体系是城市生活质量空间适居性的具体体现。为避免城市日常生活的地点空间被剥夺，形成地点区位获取上的不公正现象，城市生活空间质量规划可以通过对城市公共资源的体系布局，控制日常生活行为地点及其所承载各类公共服务设施的等级、类型、结构与水平，进而实现资源的可获得性，以保障城市生活空间质量。

第八章
城市遗址公园空间的地点观构成原理

如果我们同意空间行为是我们关注的事情，那么人们所具有的关于周围空间的感知图像，可能反映了一个关于人在地球表面行动的结构、模式和过程的关键。甚至对流行观点（即人的空间行为模式可以部分地由研究感知来解释）最热衷的人也承认，探索的最终结果尚没有对理论发展做出有意义的贡献。

——哲学与人文地理学家约翰斯顿（R. J. Johnston，2000）

不同地点的历史遗址（遗产）是地点性文化的重要组成部分。这些具有典型地点特色的资源，本身拥有重要的历史文化价值，不仅穿越历史长河，经受洗礼和打磨，而且可以反映当时人们生活的地点风貌，反映当时的事件地景，反映当代遗产考古价值，也可作为现代休闲旅游产业发展的重要资源来进行挖掘和打造。因此，这些考古遗址（遗产）能够彰显地点性，能够形成与塑造地点感。在休闲旅游大发展的今天，遗址旅游的价值变得更为重要。然而，对待历史遗址资源，不应只是保护，更应该思考如何让其融入我们的生活体系，使其进行再生与活化，而不是静止地躺存在某一个角落，消耗其生命力。不管在历史上它们曾经多么重要，倘若不能让人们产生地点感，其势必会被人们所遗忘。而解决这一问题的关键就是创造既能彰显地点性，又能塑造地点感的特色环境空间。

第一节　地点理论在休闲游憩旅游中的研究概况

一　国外总体发展情况

对于休闲旅游者来说，"旅游环境是其自身与旅游空间（目的地）的交集"。对休闲旅游业来说，地点性是其最重要的地理基础。著名人文地理学家胡蒙（Hummon，1992）认为，地点感与地点性互动为一体，地点感根植于地点性，他提出了 4 种形式的地点性，即根植性（rootedness）、亲缘性（relativity）、异地性（alienation）和无地点性（place lessness），并且这 4 种地点性从程度上来分是依次递减的。游客对旅游目的地会有依恋的情感，即满意（satisfaction）、依恋（attachment）和认同（identification），我们可以把这种依恋的情感叫作地点感。拉尔夫（1976）建立了地点感因子模型，其中指标由地点（settings）、行为活动（activities）、地点意义（meanings）和地点精神（the spirit of place）或地点特色（genius loci）所构成。舒马克和泰勒（Shumaker，Taylor，1983）从人地关系视角出发，认为地点性是环境的基本特性，人对环境天生具有一种情感，人和环境相互作用，则产生了地点感。凯文·林奇提出了塑造良好城市形态的 7 个地点性因子，即活力、感受、适宜、可及性、管理、效率、公平。布瑞克和凯瑟特（Bricker，Kerstetter，2000）则在其基础上，设计了休闲游憩体验偏好量表，利用自然环境、文化环境、情感和功能 4 个因子测量地点感。威廉姆斯、帕特森、罗根巴克、沃特森等则较早提出了地点感的两个维度：地点认同（place identity）和地点依赖（place dependence）。地点认同是指一种功能性依赖，在休闲旅游学领域代表着休闲旅游者对旅游目的地功能环境（旅游产品）的一种自发的喜爱、认同、留恋的情感；地点依赖则是休闲旅游者内心深处的一种精神性依赖，它是一种根深蒂固的情感。哈米特和库尔（Hammitt，Cole，2015）认为，游客对旅游地的地点感会产生类似金字塔的结构，而且每个人的地点感的强弱程度是不同的（见图 8-1）。

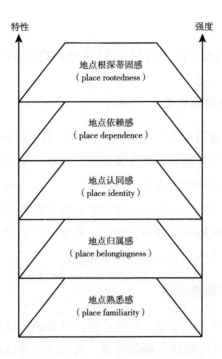

图 8 - 1 旅游地地点感金字塔结构

资料来源：参见（Hammitt，Cole，2015）。

二 国内总体发展情况

国内关于地点理论的研究起步较晚，系统研究大致始于 2008 年。唐文跃、张捷等提出了 4 个维度共 24 项指标来测量观光旅游地旅游者的地点感，这 4 个维度是自然风景、社会人文、旅游功能和情感依恋。作者以九寨沟为例，对旅游者的地点感特征进行了研究。黄向、保继刚等认为，地点依赖是一种游憩行为现象（黄向、保继刚、Wall Geoffrey，2006）。笔者对西安大都市休闲空间进行了地点理论观的建构分析，提出了地点感和地点性在城市休闲空间环境营造中的特点和作用，并从城市规划视角进行了系统的架构分析。

第二节　遗址公园的地点理论观

一　遗址公园的地点性

地点性在地点理论体系中代表一个地点区别于另外一个地点的差异，是客观环境的基本物质属性，包含物质空间形态、大小、颜色、长度、宽度、美观程度等不同特征的总和。遗址公园是一个承载着太多历史记忆和文化要素的集合。遗址公园的地点性主要表现在其休闲旅游资源的属性以及休闲旅游环境的氛围营造领域。因此，最重要的是挖掘遗址公园的地点性特征，彰显遗址公园的圣地感和地点精神。

二　遗址公园的地点感

地点感表达的是人对地点（环境）的一种情感，这种情感可以是一种认同感，也可以是对环境的一种依恋感、家园感、圣地感、尺度感、宁静感、乡土感等，总之，它是人们对空间或环境的一种情感响应。地点感的生成过程，包含对地点性的认知过程，通过人的大脑意象、心理知觉、经验集结建构成一种特殊的地点情感，是对环境地点性的心理认知反馈。地点感本质上来源于环境的差异性和特殊性，即环境的地点性，只有环境或地点的营造具有了地点性特征，人的心理知觉才能很容易地识别和诊断出环境的地点性，并将其与人们的内在感知经验联系在一起，从而产生地点感。由此可见，遗址公园使用者的地点感生成过程其实就是地点性和地点感相互作用的过程。关于遗址公园的历史文献记载以及残存的遗迹、遗物给了规划师或设计营造者对该地点的想象，正是最初对遗址的想象，诱发规划师或设计营造者的地点感，然后在最初地点感的作用下，对遗址公园进行地点性的营造（即营造出能够彰显地点性的遗址公园环境），遗址公园又把这种经过加工的地点性通过旅游产品、雕塑小品、园林、绿化等形式强加在使用者的地点意象中。随后，经过游客的心理加工和经验耦合，进一步在游客大脑图谱和心理意象中塑造不同强度的地点感。当然，遗址公园的地点感也会进一步反馈给公园规划管理者或设计师，从而不断实验和改良遗址公园的地点性（环境的再设计）来达到遗址公园可持续发展的目的（见图8-2）。

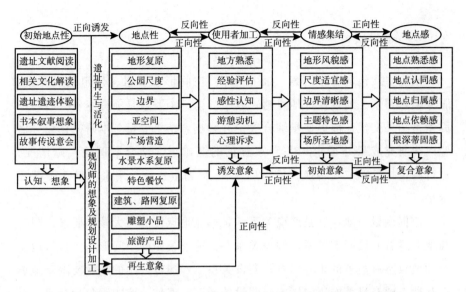

图 8 - 2　遗址公园的地点感与地点性之间的关系规律

资料来源：笔者自制。

第三节　结构模型及实证分析

一　研究方法

构建具有因果关系的结构方程模型（structural equation modeling, SEM）是常规地点感理论研究的基本方法。结构方程模型描述的是潜在变量之间的关系，研究潜在变量如何被相应的显性指标所测量或具体化阐释。潜在变量难以直接测量，观测变量是指用于反映潜在变量且能被测量的变量（Eugene, Anderson, Claes Fornell, 2000）。以往针对地点感和地点性的研究以社区、自然观光地的当地居民为主，较少以国家遗址公园为载体对游客进行研究。本研究构建具有因果关系的结构方程模型，从游客地点感与公园地点性之间的关系入手，在参照相关研究测量指标的基础上，以大明宫国家遗址公园为案例，以游客为视角，检视影响游客地点感塑造的各种物质空间形态因素之间的关系，探讨其形成的内在规律及作用机理。

二 模型构建

模型中共包含 5 个因素（潜变量）：空间形态要素、公园景观要素、服务配套要素、地点性、地点感。其中，前三个要素是前提变量，后两个因素是结果变量，前提变量综合决定并影响着结果变量。本研究在充分借鉴以往研究成果并征求相关专家意见的基础上，结合案例地实际情况，进行测量指标选取与转换，最终形成 25 个测量指标，用来测量 5 个潜在变量。

前提变量与地点性是对应关系，是彰显地点性的三大核心要素，同时与地点感有假设影响关系。假设关系一：遗址公园的空间形态要素对地点性和地点感有显著的正向影响；假设关系二：遗址公园的景观要素对地点性和地点感有显著的正向影响；假设关系三：遗址公园的服务配套要素对地点性和地点感有显著的正向影响。

地点性与地点感存在假设影响关系。假设关系四：地点性对地点感有显著的正向影响。结构模型见图 8 – 3，具体指标含义及指标来源见表 8 – 1。

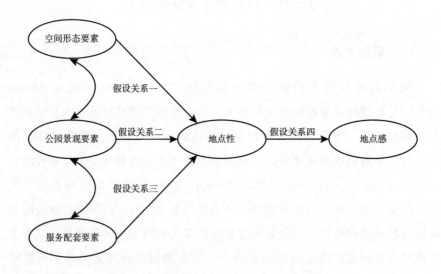

图 8 – 3 运用 Amos7.0 构建的结构模型

表 8 - 1　模型变量对应表

潜在变量	观测变量	游客关注的问题
空间形态要素	A1：历史地形	公园设计中是否有亚地形空间？地形变化跟公园景观视觉变化之间是否有某种关联，从而创造某种特色
	A2：公园尺度	公园设计是否考虑到位置及环境的不同？公园设计时是否考虑到人的适宜尺度
	A3：公园边界	公园的边界变化是否将公园和人行道划分开来，同时又不会在视觉和功能上阻碍行人对公园的接近
	A4：功能分区	公园是否有清晰的主题功能分区？各分区边界是否明显
	A5：路网格局	公园道路布局是否体现出一定的景观性？公园道路布局是否能使人们方便地到达各个景观节点？公园道路布局是否适应步行者在空间中心行走
公园景观要素	A6：雕塑小品	如果公园中有雕塑，它们是否同公园本身成比例？是否有部分雕塑是可体验的？雕塑是否体现遗址公园的主题文化内涵
	A7：广场	广场是否有适宜的尺度？广场是否提供适宜的座位？广场是否设置了艺术小品和景观雕塑以烘托文化内涵？广场是否体现历史文化主题特色
	A8：水景（水系）	是否对历史时期的水系、水景进行了充分的彰显？是否设置了休闲旅游者触手可及的水景
	A9：绿化种植	是否利用了多样化的种植方式来提高并丰富使用者对颜色、光线、地形坡度、气味、声音和质地变化的感受？草坪设计是否适宜野餐、睡觉、阅读、晒太阳、懒洋洋地躺着以及其他随意活动
	A10：建筑	主要单体建筑是否体现历史时期的风格和特色？建筑格局是否进行了完整的复原还是有所变化和创新？建筑布局和组合是否考虑一定时期的历史文化内涵
服务配套要素	A11：标识体系	公园大门及内部景观节点的主入口是否醒目？公园旅游咨询和接待处是否能够清楚地识别？是否有标识引导游客去卫生间、公交站、出租车站、餐厅、咖啡厅或附近主要街道？是否有整个公园的旅游导游图及公园与周边街区之间的清晰地图
	A12：节庆活动	公园内部的广场设计是否适宜人们在此举办各类节事活动？公园内是否包括一些功能性的舞台？广场是否有张贴活动日程和告示的地点并容易看到
	A13：旅游产品	旅游产品类型设计是否体现多样化？旅游产品设计是否体现遗址公园的主题文化特色

续表

潜在变量	观测变量	游客关注的问题
服务配套要素	A14:公共艺术	公园设计中是否包含公共艺术,是否能够给游人创造一种欢乐感、愉悦感,并促进游人之间的交流
	A15:服务设施	公园内部是否在景点之间设置一些游人步行可达的商业服务设施?是否有足够的、舒适的空间以供人们坐下来吃自带的午餐?是否设置了多样化的交通乘坐设施
地点性	B1:真实性	真实性是反映遗址地点价值的最基本要素,是游客感知的重要元素
	B2:独特性	独特性是一个地点区别于另外一个地点的根本所在
	B3:美观性	公园的基本地点性特征,在于其景观要素具有美的价值
	B4:舒适性	舒适是人居环境的基本要求
	B5:可达性	可达性不仅关乎交通的顺畅,更关乎公园的公正性
地点感	B6:地点熟悉感	对某一地点有一种熟悉的感觉
	B7:地点归属感	多次的游览之后对公园有一种归属的感觉
	B8:地点认同感	通过熟悉和归属之后,经过多次的体验对一个地点产生认同
	B9:地点依赖感	由地点认同再经过人的情感植入会对地点产生依赖
	B10:地点根深蒂固感	某一个地点是人生命中的一部分

三 问卷设计及数据收集

采用问卷调查方法获取样本基础数据,问卷主要由游客的性别、收入、年龄、职业以及表 8 - 1 中的 25 个观测变量构成,并在征求有关专家意见的基础上形成。问卷调查场地在大明宫国家遗址公园内部,对象为在公园内部游览的各类游客,调查采用随机拦访的方式,并且避免重复填写。量表采用了李克特 5 级量表,"差""一般""好""较好""非常好"分别对应 1～5 级(见表 8 - 2)。采用 SPSS13.0 统计软件处理样本数据,并结合运用 Amos7.0 进行结构方程模型验证分析。

表 8 - 2 李克特 5 级量表设计

公园空间形态要素	1 代表"差",5 代表"非常好"
A1:历史地形	1 2 3 4 5
A2:公园尺度	1 2 3 4 5
A3:公园边界	1 2 3 4 5
……	……

四 数据信度和效度检验

信度（reliability）指测量结果（数据）一致性或稳定性的程度。Cronbach 在 1951 年提出了一种新的方法即 Cronbach's Alpha 系数法，这种方法将测量工具中任一条目结果同其他所有条目做比较，成为目前较常用的检测数据信度的方法。本研究运用 SPSS13.0 提供的信度分析模块对量表数据进行可靠性分析，本研究中的 5 个潜变量的可信度系数为 0.757 ~ 0.889（见表 8 – 3），表明数据量表内部具有较好的一致性。

表 8 – 3 潜变量的信度检验

潜变量	可测变量个数	Cronbach's Alpha 系数
空间形态要素	5	0.779
公园景观要素	5	0.889
服务配套要素	5	0.862
地点性	5	0.757
地点感	5	0.823

五 测量模型的拟合度分析

根据图 8 – 3 所示因果关系结构方程模型，在 Amos7.0 中运用极大似然估计运行的部分结果见图 8 – 4。依据 Amos7.0 报表中的参数估计、拟合度、平方复相关系数等数值，对构建的结构方程模型进行假设关系的验证分析，从而判别初始假设关系是否成立。

表 8 – 4 测量模型的拟合度分析

模型	NPAR	CMIN	AIC	BCC	CAIC
缺省模型	87	1659.123	1485.123	1456.308	1423.355

注：数据越小说明拟合度越高。

从测量模型的拟合度分析结果可以看出，总体拟合程度较为理想，说明本研究模型的各个参数在 0.01 的水平下都是显著的，因此构建的结构方程模型较为理想。

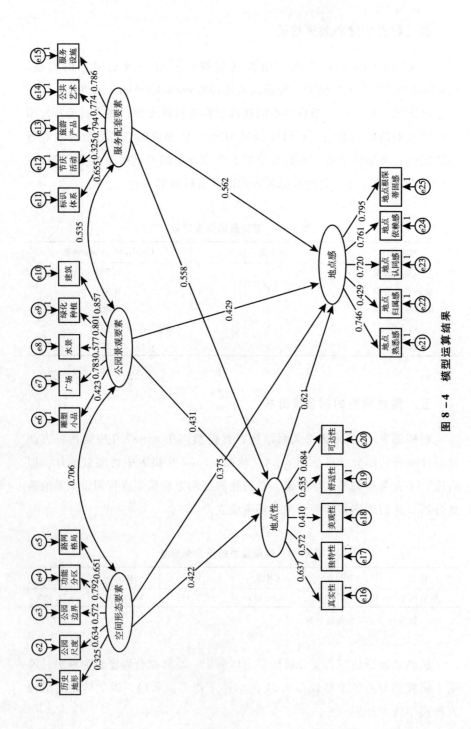

图 8 - 4 模型运算结果

六 验证性因子分析结果

表 8 - 5 显示了模型路径系数的估计，说明初始假设关系一、假设关系二、假设关系三、假设关系四成立，而且在路径系数估计中，可看到空间形态要素、公园景观要素、服务配套要素对游客的地点感也有着显著的影响。标准化路径系数的大小则显示了各潜在变量之间的关系以及各观测变量的影响程度。模型方差估计结果见表 8 - 6。

表 8 - 5 路径系数估计

	标准化路径系数估计	标准误差	T 值	显著性	结果
地点性←空间形态要素	0.422	0.256	56.076	***	正向影响结果显著
地点性←公园景观要素	0.431	0.331	40.026	***	正向影响结果显著
地点性←服务配套要素	0.558	0.212	41.860	***	正向影响结果显著
地点感←地点性	0.621	0.137	34.025	***	正向影响结果显著
地点感←空间形态要素	0.375	0.276	32.543	***	正向影响结果显著
地点感←公园景观要素	0.429	0.284	30.731	***	正向影响结果显著
地点感←服务配套要素	0.562	0.101	40.158	***	正向影响结果显著

注：*** 表示在 0.01 水平上显著。

表 8 - 6 模型方差估计

	系数估计	标准误差	T 值	显著性	标签
服务配套要素	1.266	0.133	9.487	***	par_62
e1	0.441	0.050	8.853	***	par_63
e2	0.488	0.061	7.999	***	par_64
e3	0.623	0.078	7.945	***	par_65
e4	0.941	0.119	7.920	***	par_66
e5	0.721	0.083	8.666	***	par_67
e6	0.399	0.052	7.740	***	par_68
e7	0.590	0.071	8.253	***	par_69
e8	0.339	0.044	7.668	***	par_70
e9	0.600	0.071	8.485	***	par_71
e10	0.711	0.085	8.357	***	par_72
e11	0.000	0.000	8.231	***	par_73
e12	0.439	0.046	9.487	***	par_74
e13	0.713	0.075	9.426	***	par_75
e14	0.000	0.000	9.362	***	par_76
e15	0.506	0.053	9.487	***	par_77

	系数估计	标准误差	T 值	显著性	标签
e16	0.940	0.100	9.382	***	par_78
e17	0.719	0.077	9.383	***	par_79
e18	0.622	0.068	9.164	***	par_80
e19	0.472	0.052	9.109	***	par_81
e20	0.804	0.087	9.197	***	par_82
e21	0.667	0.075	8.854	***	par_83
e22	0.612	0.067	9.149	***	par_84
e23	0.949	0.103	9.181	***	par_85
e24	0.889	0.097	9.208	***	par_86
e25	0.977	0.106	9.195	***	par_87

注：*** 表示在 0.01 水平上显著。

第四节　环境地点性与游客地点感
之间的关系机理分析

一　基于 Amos7.0 平台模型输出的解释性分析

构建地点性与地点感之间的因果关系结构方程模型的主要目的是更好地揭示遗址公园地点性和地点感之间（潜变量与可测变量之间以及可测变量与可测变量之间）的结构关系，从而强化地点理论应用于遗址公园研究的科学性和规范性。大明宫国家遗址公园各类效益分析见表 8 - 7。

表 8 - 7　基于 Amos7.0 结构模型输出的潜在变量结果

	公园景观要素	空间形态要素	服务配套要素	地点性	地点感
总效应					
地点性	0.431	0.422	0.558	0.000	0.000
地点感	0.429	0.375	0.562	0.264	0.000
直接效应					
地点性	0.431	0.422	0.558	0.000	0.000
地点感	0.288	0.264	0.471	0.264	0.000
间接效应					
地点性	0.000	0.000	0.000	0.000	0.000
地点感	0.141	0.111	0.091	0.000	0.000

（一）直接效应

直接效应指原因变量（可以是外生变量或内生变量）对结果变量（内生变量）的直接影响，用原因变量到结果变量的路径系数来衡量。比如根据表 8-5 中标准化路径系数的结果，地点性到地点感的标准化路径系数是 0.621，这说明公园具有地点性是游客产生地点感的直接基础，一个具有地点特色的地点或景区更容易让游客产生不同的地点感。另外从直接效应上看，服务配套要素和公园景观要素对地点性的贡献较为突出，服务配套要素对地点感的贡献也较为突出，说明游客地点感的塑造除了跟环境的地点性关系密切外，还与相关配套服务相关。

（二）间接效应

间接效应下指原因变量通过影响一个或多个中介变量，对结果变量所产生的间接影响。从表 8-7 中可以看出，公园景观要素、空间形态要素、服务配套要素对地点性的间接效应为 0，它们是影响地点性的基础要素。从比例构成上看，这三大要素对游客的地点感产生了较为明显的促进效应，分别为 0.141、0.111、0.091。公园景观要素的营造会对地点感的形成产生较为明显的间接效果，这也说明游客地点感的形成或生产本身是一个较为复杂的过程。

（三）总效应

总效应是直接效应与间接效应之和，也是结构方程模型显示的最终效应。

二 问卷一般特征性规律分析

（一）不同性别对地点性的认同度差异

男性游客对地点性的认同度较高，女性偏低，这与女性游客对环境的体验要求较高有着密切关系。同时表明在当前大明宫遗址公园的环境营造中，缺乏对女性的环境归属感的关注，在公共艺术、服务设施、广场尺度、旅游产品等方面，女性认同度普遍较低，有待未来进一步提升。

（二）收入水平对地点性的认同度差异

从游客的月收入水平来看，每月收入在 1000 元以下的游客对大明宫遗址公园的地点性认同度总体最高，但随着收入水平的提高，游客对地点性的认同度逐渐降低，尤其反映在广场、水景、绿化种植、雕塑小品、公共艺术、服务设施、旅游产品等地点性环境指标上。大致可以看出，收入水平较高的消费群体更加注重环境的地点性和设施的质量水平，而大部分低收入群体由于消费水平的限制，在心理上比较认同目前的环境水平，故对地点性的认同度总体较高。这说明大明宫遗址公园内一些环境的营造水平只是满足了一部分人群的诉求，其环境设施的水平有待进一步提高。

（三）年龄特征对地点性的认同度差异

从游客的年龄特征来看，年龄较小者的地点性认同度较高，而年龄越大者对地点性的认同度越低，呈现和收入水平相一致的发展规律。反映出年龄越大者对地点或环境的体验越深刻，而较年轻者更倾向于短暂的、外在的形态环境认同，对环境的内涵、价值和意义的认知程度较浅。

（四）不同学历、职业对地点性的认同度差异

总体上来看，随着游客学历的提升，其对地点性的认同度降低。反映出高学历游客对环境质量有较高要求。游客对大明宫遗址公园相关知识的掌握程度差异也会影响游客对地点性的认同度。在职业上，公务员、经理、专业知识技术人员和学生对地点性的认同度较高，而农民工、私营业主、工人对地点性的认同度较低。

三 空间形态要素的影响机理分析

从图 8-4 可知，大明宫国家遗址公园的空间形态要素对地点性和地点感有着显著的正向影响（路径系数分别为 0.422、0.375），说明假设关系一成立，同时说明空间形态要素中的历史地形、公园尺度、公园边界、功能分区、路网格局均对地点性和地点感具有不同程度的影响。其中，大明宫国家遗址公园的功能分区因子是最为重要的影响因子（0.792），其次是公园内部的路网格局（0.651）、公园尺度（0.634）、公园边界（0.572），整体显著性较为明显。分区较为合理的公园空间能让游客很容易区分不同亚空间之间的主题特征，造成整体空间功能的差异性，从而形成公园整体的独特感，因此，它是游客识别地点性和获取地点感的重要因子。

路网格局代表着公园内部各景点之间的一种可达性，可达性是游客接近景点的一种"空间机会"。目前大明宫国家遗址公园内部已经开设不同的交通游览方式，在满足游客可达性方面相对较好，所以很容易获得游客的认同。另外，遗址公园的建设还应考虑公园的位置有没有影响城市交通的发展，公园道路的布局是否体现出一定的景观性，以及对老、幼、病、残、孕等特殊人群的无障碍道路设计。在调研访谈中还发现，一些游客较为关注公园内部是否有丰富多样的游步道，并且不需要乘坐任何辅助设施就可以到达公园内的各个景点。

公园尺度的设计是否合理关乎人对空间的舒适感的评价，设计师应从人的身体功能视角去关注公园的尺度感，考虑人的适宜尺度。一般而言，较空旷的公园很难吸引游客的驻足，也很难唤起游客的地点感。公园的尺度因人而异，但是从目前关于大明宫国家遗址公园的调研结果可以看出，部分游客和使用者认为，大明宫国家遗址公园内的广场尺度偏大，而且空旷感比较明显，缺乏情境和特色，被认为是不亲切的，尤其在广场中缺乏尺度怡人的座椅、雕塑、艺术品、服务设施和林荫景观，只有空旷感而没有围合感，这是当前使用频率偏低的一个很重要的原因。

公园边界是和公园尺度和功能分区相对应的空间要素，它是创造游人领域感的重要设计法则。在调研中发现，游客比较关注公园的边界变化是否能将公园和人行道划分开来，同时又不会在视觉和功能上阻碍行人对公园的接近。公园是否至少有两面朝向的公共道路？公园与周边建筑之间在景观视觉和功能上是否有过渡？公园边界是否设计了标识体系或凸凹空间以便吸引游人进入或提供歇坐观看机会？多样性的公园边界更有利于游客对地点性的识别和地点感的生产。历史地形的路径系数为 0.325，较为显著。在调研中，游客普遍关注公园设计中是否有亚地形空间。因为地形变化更容易创造具有独特感的地景。地形变化跟公园景观视觉变化之间是否有某种关联，从而创造某种特色？有地形变化的地点是否设置了坡道以便于推婴儿车的人、残障人士、怀孕妇女等的通行？是否带有护栏或护墙以便人们倚靠？是否避免了地形景观制高点和人行道之间出现坡度的剧烈改变？这些问题都应是景观设计师在设计具体细节时优先考虑的基本问题，它们关乎环境地点性的塑造和游客地点感的生产。

四　公园景观要素的影响机理分析

从图 8-4 可知，大明宫国家遗址公园的公园景观要素对地点性和地点感有显著的正向影响（路径系数分别为 0.431、0.429），说明假设关系二成立，而且路径系数相对空间形态的路径系数较大。说明公园景观要素中的雕塑小品、广场、水景、绿化种植、建筑对地点性和地点感具有不同程度的影响。其中，建筑是最为重要的影响因子（0.857），其次是公园内部的绿化种植（0.801）、广场（0.783）、水景（0.577）、雕塑小品（0.423），整体显著性较为明显。通过结构方程模型的验证性结果可以看出，在所有可测变量中，建筑对地点性的路径系数最高，说明历史性的建筑是唤起游客地点感和彰显遗址公园地点性的最为核心的要素。通过调研发现，游客认为大明宫国家遗址公园内的建筑较好地体现了盛唐时期的风格和特色，院落单元的构成形式与组合特征具有历史特色，建筑格局进行了较为完整的复原并有所变化和创新，如大明宫国家遗址公园内部的丹凤门建筑以及缩微景观建筑都具有一定的创新性和历史文化性。

绿化种植也是影响环境地点性和游客地点感的重要因素。在调研中发现，游客针对公园绿化关注较多的有如下方面。公园是否利用了多样化的种植方式来提高并丰富游客对颜色、光线、地形坡度、气味、声音和质地变化的感受？各功能片区所种植的树木是否具有一定的差异性？在视线方面是否考虑到植物长成时的最终高度和体量？是否有足够的座位以防止游客进入草地、践踏草地？草坪设计是否适宜游客野餐、睡觉、阅读、晒太阳、懒洋洋地躺着以及进行其他随意性游憩活动？草坪是否随地形而变化，并制造许多小尺度的亲密交流空间？广场也是影响游客地点感和环境地点性的重要因素。在调研中发现，广场目前空间尺度较大，会让游客产生一种空旷感。广场提供的座位数量不足，广场的绿化种植较少，尤其是在炎热的夏天，广场的亲近性不足。另外，广场是否设置了艺术小品和景观雕塑以烘托文化内涵，以及广场是否体现了历史文化主题特色等也是游客关注的热点问题。

水景和雕塑小品作为重要的配景元素对环境的地点性也有影响，某些雕塑小品本身就是一种文化符号，所以很容易诱发游客产生地点感。在调研中发现，游客关注较多的问题主要有以下方面。是否对历史时期的水系、水景进行了充分的彰显？是否设置了休闲旅游者触手可及的水景？水景、水系的设计尺度是否同公园尺度成比例？如果公园中有雕塑，它们是否同公园本身成比例？是否有部分雕塑是可体验的，人们可以坐在它们周围，并可以改变它的造型？雕塑是否体现遗址公园的主题文化内涵？雕塑是否会妨碍公园内的人通行？

五　服务配套要素的影响机理分析

图 8 - 4 表明，大明宫国家遗址公园的服务配套要素对地点性和地点感有着显著的正向影响（路径系数分别为 0.558、0.562），说明假设关系三成立，路径系数在三大潜变量中最高。说明公园中标识体系、节庆活动、旅游产品、公共艺术、服务设施对公园地点性和游客地点感产生较为明显的影响。其中，旅游产品是最为重要的影响因子（0.794），其次是服务设施（0.786）、公共艺术（0.774）、标识体系（0.655）、节庆活动（0.325），整体显著性较为明显。

旅游产品的本质在于遗址公园提供给游客的旅游吸引物、各类项目及相关的服务。产品体系丰富则能较全面地展示遗址公园的魅力，使游客能从更多层面体验遗址公园的文化魅力，因此在游客心目中的地位较高。因此，在设计中应考虑如何提供多维的产品，从而让游客获得更强烈的地点感。针对大明宫国家遗址公园当前的休闲旅游产品大部分偏向于静态展示的特征，未来应注重开发体验、参与式的旅游产品，注重对游客的个性、需求、情感、精神和体验的彰显，注重体验文化魅力、丰富娱乐情境、挖掘体验情感，通过塑造真实的文化场景、制造独特的文化情境、设计逼真的文化主题、策划游客亲身参与环节、开展特色宫廷表演、丰富文化演出活动等方式多角度地展示大明宫国家遗址公园的地点性特征，从而强化游客的地点感。

另外，服务设施、标识体系、公共艺术、节庆活动等相关的服务性要素对环境地点性的塑造和游客地点感的生产也具有明显的作用。在调研中，针对服务设施，游客关注较多的问题有以下方面。公园内部是否在景点之间设置了游人步行可达的商业服务设施，如饮料售货厅或咖啡馆？是否有足够的、舒适的空间以供人们坐下来吃自带的午餐？是否提供免费、便利的饮水器、卫生间、垃圾箱和电话亭等设施？是否设置了无线上网系统？是否设置了多样化的交通乘坐设施（如电瓶车、自行车等）？针对标识体系，游客关注较多的有以下问题。建筑及景观节点的名称是否清楚地展现出来？晚上的照明是否足够？公园大门及内部景观节点的主入口是否醒目？公园旅游咨询和接待处是否能够清楚地识别？是否有标识引导游客去卫生间、电话亭、公交站、出租车站、餐厅、咖啡厅或附近主要街道？

是否有整个公园的导游图及公园与周边街区之间的清晰地图？针对公共艺术，游客关注较多的有以下问题。公园设计中是否包含公共艺术？是否能够给游人创造一种欢乐感、愉悦感，并体现创造性和刺激性，同时促进游人之间的交流？游人和公共艺术作品之间能否进行交流（如触摸、攀爬、玩耍）？公共艺术作品设计是否代表大部分人的心声，而不是某些精英的意志？针对节庆活动，游客关注较多的有以下问题：公园内部的广场设计是否适宜人们在此举办各类节事活动，如临时性的展览、音乐会或戏剧表演等？公园内是否包括一些功能性的舞台，在非表演时可以用于闲坐或者吃午餐等？广场是否有张贴活动日程和告示的地点，广场使用者可以很容易看到？节庆活动当天是否提供临时性的优惠餐饮？

六　地点性与地点感之间的关系机理

图 8 - 4 表明，大明宫国家遗址公园的地点性对地点感有着显著的正向影响（路径系数为 0.621），说明假设关系四成立。从地点性的前因分析来看，公园景观要素、服务配套要素、空间形态要素是前因，并且它们会对地点性产生不同的影响结果，如真实性（0.637）、独特性（0.572）、美观性（0.410）、舒适性（0.535）、可达性（0.684）。这些后果反映了地点性的不同发展方向。作为地点感的前因——地点性，又会对地点感产生不同的影响结果，如地点熟悉感（0.746）、地点归属感（0.429）、地点认同感（0.720）、地点依赖感（0.761）、地点根深蒂固感（0.795），它们是作为地点性的后果而产生的。大明宫国家遗址公园的地点性发展特征影响了游客的地点感水平，即公园的地点性发展水平直接决定了游客对环境的情感认同程度。因为社会阶层存在差异，相应地，地点性和地点感也呈现明显的社会阶层化趋向，不同的社会亚文化群体所掌握的知识背景和社会经验、阅历等都会影响到其对环境的地点感。

第五节　小结

本章基于地点理论中的地点感和地点性视角，对大明宫国家遗址公园游客的地点感和环境的地点性进行系统调查与建构分析。首先，建构游客地点感与环境地点性之间的因果关系结构方程模型，通过预设地点感因子和地点性因子量表，发放调查问卷，再运用 SPSS 建立数据库，运用 Amos7.0 软件平台构建结构方程模型，采取验证性因子分析方法，探讨环境地点性与游客地点感之间的关系规律。研究结果认为：地点性和地点感之间的因果关系结构方程模型代表地点性和地点感之间的关系机理，遗址公园的空间形态要素、景观要素、服务设施要素是彰显环境地点性的核心要素，不仅影响游客对地点性的认知，同时影响游客的地点感，它们是前因，这种影响机理又对地点感产生不同的结果向度。本研究力图实现地点感与地点性之间的耦合性分析，并为大明宫国家遗址公园的地点性营造提供参考依据。

第九章
城市形象空间的地点观构成原理

人本主义地理学要通过对人类与自然的关系、人的地理行为、人的感觉与思想的研究，并结合考虑人与地点之间的关系，达到对人类世界的充分认识和理解，尤其是要了解人对地理活动和地理现象的觉悟和反应。

——美国华裔人文地理学家段义孚

沙里宁曾经说过"让我看看你所在的城市，我就能说出这个城市的居民在文化上追求的是什么"，这指的其实就是城市的形象。在快速城市化的背景下，城市形象正经历着一场趋同化的危机，城乡之间的边界变得愈加模糊，分不清城市和乡村的形象。正如《北京宪章》所概述的："技术和生产方式的全球化带来了人与传统地域空间的分离，地域文化的多样性和特色性逐渐衰微、消失，城市和建筑物的标准化和商品化致使建筑特色正逐渐隐退。建筑文化和城市文化出现趋同现象和特色危机。"长此下去，这将是一场人文领域的城市灾难，也是一种人文和精神意义上的生态危机。面对这种危机，必须进一步强化对地点性的关注，力图塑造和强化人们的地点感，只有这样，城市的形象才可能是独特的，人们才可能对城市产生持久的依恋感和归属感，才可能让规划设计师产生人文主义式的设计思想和理念，更好地生产我们所需要的城市环境与空间。今天的时代是全球化时代，但是地点性和全球化之间的矛盾并不是不可调和的，走向全球化并不是要放弃地点化，相反，在全球化背景下更要植根于地点性，扎根在自己的土壤中，从而推进城市历史文明的延续和再生。

第一节　城市形象设计的地点理论观解构分析

一　城市形象的概念及内涵

早在《辞海》中就有关于"形象"概念的论述，认为形象是形状、相貌之意，有具体、可感、生动、能唤起人们感情的属性。《现代汉语词典》中关于"形象"的解释有两条：一是指能引起人的思想或感情活动的具体形状或姿态；二是指文艺作品所创造的生动具体的、能激发人们思想感情的生活图典，通常指人物的神情面貌和性格特征等（王海帆，2016）。可见，形象包含客观物质形态结构和人对客观物质结构的整体感受、认知和情感。形象既有抽象的物质空间属性，又包含人的价值和情感因素，是某个事物外在和内在的具体展现。由此可以推演出，城市形象是城市的客观存在，是城市物质与文化的统一体，是市民行为与城市环境的统一体。既包含有城市本地市民对城市环境的主观意象（情感价值与情感认同），也包含外来游客的整体城市感知。著名城市设计学者凯文·林奇（2001）认为："城市形象是一座城市内在的历史底蕴和外在特征的综合表现，是城市总体的特征和风格，是由城市的历史传统、城市标志物、经济支柱、文化积淀、市民行为规范、生态环境等要素塑造而成的，可以感受到的表象和能够领会到的意象。"他还指出："意象是观察者与所处环境双向作用的结果，观察者借助强大的适应能力，对所见城市事物进行选择、组织并赋予意义，城市意象由此产生。"因此，城市形象是城市客观内涵和人的抽象逻辑共同作用的结果，包含客观和主观因素。

二　城市形象要素的构成

（一）城市形态要素

城市的形态要素主要指城市的地貌、道路、河流、路网格局、街区、城市公共中心、CBD、城市公园、绿地、广场、购物中心、城市建筑、雕塑、地形、天际线、风景区、公共服务设施等物质环境形态要素。这些要素是城市物质空间的载体，是构成城市空间特征的基本要素。城市形态形象的构成是一种物质的表现特征，但在一定程度上反映了城市的地点性特色，以及城市规划设计师和管理者对城市的理解和追求，反映出一定时间阶段内的城市风貌和文化内涵。

（二）城市文化要素

从物质形态要素来看，城市中的历史文物、园林绿化、建筑群落、市民广场、商店街区等都反映了城市的实用功能，但同时也渗透着城市的文化内涵，融入了人的情感价值。因此，如果对城市的每一个角落细细品读，都会发现一些可阐释和可解读的文本，潜藏着故事和文化的品质。通过物质形态要素，城市的日常生活行为文化被影射了出来，城市人在工作、消费、交往、游憩的过程中，展示了不同的文化形象与特征，如职业文化、饮食文化、民俗文化、服饰文化、游憩文化等。城市文化要素包含在城市形态要素之内，彰显了城市的历史文化脉络、意识形态、经济水平、精神风貌等形象特质，是保持城市地点性的最持久的识别特质。

（三）人的主观意象

无论城市的形态要素还是城市的文化要素，都是一种客观存在的表现形式，这种物质的表现形式必须耦合于人类的思想之后，才能彰显出价值。也就是说，人必须对客观的物质形态要素和历史文化要素发生情感链接（情感和精神的认同），才能最终转化成所谓的城市形象。这种情感链接（意象的生成）可能是距离感、亲地感、宗教神秘感、力量感、历史感、沧桑感、震撼感、自然感等综合作用的结果，也是主观的个人情感和客观环境相互作用后在主观者脑海中所建构的一种意象。

三 城市形象构成的地点观解构

（一）城市形态、功能和文化要素叠加建构城市的地点性

城市要素之间相互作用、相互关联，从而强化人们对城市空间的感知。同时，这些元素也有可能相互破坏，干扰人们对城市空间的感知。如果说城市的形态要素所要表达的是城市浅显易读的地点性信息，那么城市的文化结构则是深藏着历史积淀和文化精神的地点性，表达的是城市的灵魂。因此，城市形态结构和文化结构叠加在一起构成了城市的地点性。

在城市的地点性构成上，基本上可以把各种城市的要素归纳到凯文·林奇所提出的五元素中，这五元素往往是城市独特的景观和标志物。例如，西安的大雁塔、钟楼就是一种标志物或景观节点，西安的大唐芙蓉

园、大明宫国家遗址公园、西安唐皇城、西安的兵马俑等都是一种面状的区域，西安的"八水绕长安"是一种线状的区域或边界，西安的秦岭和渭河则给人一种很强烈的边界感，这些要素都能够勾起人们对这座城市的无限遐想，由于它们历史久远，无论是真实生活还是艺术世界，这些地点性要素都能够让人们聆听到动人的故事，使人们对这个城市的认知变得更加清晰。除了形态结构上的独特地点性之外，更重要的是在这些形态要素之中还隐含着深刻的功能内涵和文化内涵，功能内涵包括城市交通的疏导、商业系统和管理系统的完善等，而文化内涵则隐含着历史遗存、日常生活行为、居住工作系统、休闲游憩系统的彰显等，这些要素都是城市地点性得以强化的主要特征。

（二）人的主观能动作用推动地点感知

如果把城市的地点性比作城市的基本形象构成基础，那么如何进行感知，并且把这些基本象素转化为人的大脑图谱中的意象，则是地点感知的基本过程。地点感知过程就是使用者将城市的基本形态结构、功能结构、文化结构转化为认知、心智和意识的建构过程。地点感知又是塑造地点感意象的基础。地点感知过程可以划分为形态的地点感知、功能的地点感知与文化的地点感知三部分。

1. 形态的地点感知过程

形态的地点感知相对较为简单，表达的是一种"望眼欲穿"的效果。人在与城市的互动交流中容易对眼前的各种路径、节点、区域、边界等进行定位和描述，有时一个角落、一个标志性建筑、一栋楼房、一个公园、一个街区等都可以马上让游人产生一种瞬时的感性认知，进而对这个城市产生一种距离感、方向感、恋地感、熟悉感等。在一些城市规划案例中，人文主义的城市设计师会针对人的这种地点感知意识，在城市的某些局部空间形态中营造出一些节点或景致，让使用者产生视觉上的愉悦感和情感上的认同感，进而获得对空间的共鸣。

2. 功能的地点感知过程

功能的地点感知过程是指使用者参与、体会、再参与的循环往复的过程，这个过程不像形态的地点感知过程那么简单，而是缓慢和动态的参与过程，也就是使用者必须参与到城市中各种功能的运转体系中，受制于各种城市的规则和规章制度，目的就是保障生活更加有序、商业更加繁荣、管理更加高效的城市可持续发展目标的实现，所传达的是文明有序的城市空间层次，是使用者对城市整体运作的一种感知。例如，某些城市修建地铁代表着这个城市已经进入地铁时代，这或许是一种现代化的符号。当我们在某个城市碰到了沃尔玛超市，而在其他城市没有碰到沃尔玛超市，那么会获得一种商业服务设施网点是否健全的一种认识，在这种建构和认识的过程中，城市形象也随之朝高效和现代化方向发展。

3. 文化的地点感知过程

文化的地点感知过程往往不需要亲临其境，例如，在没有去过西安之前，可能我们会通过书籍、网络、电视对西安的历史文化特征有所了解，如西安是十三朝历史文化古都，西安有大雁塔、小雁塔、秦始皇兵马俑等，这些历史文化积淀是整个人类的共同财富，足以让每一个人产生一种向往和文化体验上的认同。因此，文化的地点感知过程就是一种"品味"的过程，也就是说如果没有融入西安的历史文化心境，即使你在大雁塔周边徜徉，眼前的景观也可能跟其他塔式景区没有任何差异，所以不同人文历史背景的人群，对文化景观的地点感知差异是非常明显的。

（三）城市地点感意象的塑造及城市形象的生成

地点感意象是依据客观存在的终极城市形象，经过一系列的心理过程（格式塔心理建构作用），通过对客观形态地点性、功能地点性、文化地点性的感知、评价和加工而最终形成的。地点感意象的形成过程可简单概括为，使用者通过日常生活行为活动，多渠道地接受城市的地点性信息，通过对地点性信息的加工和整理，使用者的地点感意象则形成。由于不同使用者的性别、文化教育背景及所在城市的环境制度等多因素的制约和影响，使用者的地点感意象有正确和扭曲（变形）之分，但无论正确的还是扭曲的，都是对城市形象表达的一种结果。如图9-1所示，城市形象的建构不仅在于城市形态结构、功能结构、文化结构的地点性表达，更在于使用者对地点性表达的认同差异，包含产生的经验和记忆，以及由此衍伸出的对城市的感觉（生命力感、安全感、价值感、公平感、尊严感、耻辱感、阶层差异感、归属感、根深蒂固感等）。这种感觉又会反向作用于我们的城市，即通过城市规划与设计推动城市向可持续的方向发展。只有地点感和城市设计进行有效的互动，城市的形象才有可能朝着清晰、特色、人文、个性的方向发展。

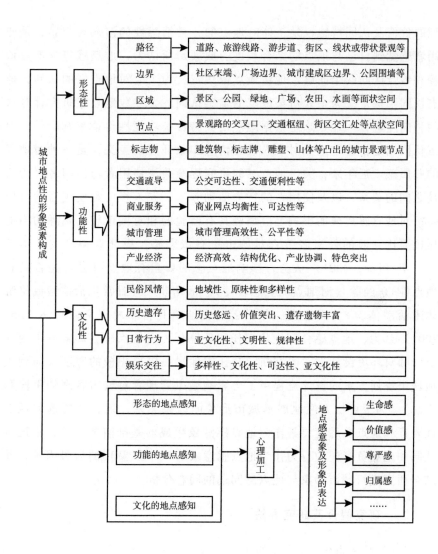

图9-1 城市地点性的形象要素构成

资料来源：笔者自制。

第二节 地点感与地点性之间的因果关系模式

一 地点感的因果向度

在地点理论中，地点感通常被认为是一个人对一个特定地点所感受到的价值及认同情感，是个体对地点的一种情感性的涉入与归属，是使用者感觉到自己与地点的结合程度。威廉姆斯认为，地点感包含地点依赖和地点认同两个向度。他将地点依赖定义为个人对地点性的认知，地点认同则被定义为个人对某地点的情感认同。大多数地点感研究针对这两种向度进行。地点感是根据地点的独特性、功能性价值来判断的，地点认同则是指特定地点对个人具有情感和象征性的意义，是一种对地点的归属感。近年来，关于地点感的研究逐渐关注使用者与使用者行为活动之间的关系，以及使用者的行为活动频率、涉入程度和使用者的身份特征对地点感形成的影响上。那些具有经验的和对城市较为熟悉的当地居民要比一般的外来旅游者对城市更有依恋感，更能获得真实的地点感。李（Lee，2001）认为，影响地点感的要素有地点引力（是否具有地点性）、经验（对地点的熟悉程度）、活动涉入（日常生活体验或旅游休闲活动体验）、满意度、年龄等。瓦斯喀和科布林（Vaske，Kobrin，2001）认为，地点感会产生负责任的环境行为（地点感会影响城市规划设计师对环境设计方案的判断，会让本地居民以更积极的态度参与到当地城市规划方案的设计流程中，会影响城市管理者对城市管理的手段和方法）。为了更加方便地展示城市形象的因果关系，笔者主要选取地点性要素和地点熟悉度要素作为地点感意象生成的基础前置因子，把地点认同和地点负责任的行为作为地点感意象（城市形象）的后果因子，并结合西安进行城市形象与地点感问题的问卷分析。

二 研究假设及研究方法

（一）研究假设

本研究试图探析地点感与城市形象认同之间的关系，具体表现在对城市形象的忠诚度（意图忠诚度、行为忠诚度等）以及对城市负责任的环境行为上（如城市地点感意象是如何影响城市规划师的行为或如何影响环境改造管理者行为的）。研究假设见图 9 - 2。

B1：城市的地点性会正向显著地影响城市形象（地点感意象）。

B2：对城市的熟悉程度会正向显著地影响城市形象（地点感意象）。

B3：城市形象（地点感意象）会正向显著地影响使用者对城市的认同度（意图、态度、行为的忠诚度）。

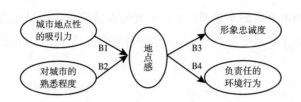

图 9 - 2　因果假设模型的构建

资料来源：笔者自制。

B4：城市形象（地点感意象）会正向显著地影响负责任的环境行为
的产生。

（二）研究方法

本研究采用结构调查问卷和验证假设的方法来获取所需要的资料。问
卷采用李克特量表法进行赋分，就受访者的同意程度给 1～5 分，分别代
表"非常不同意"至"非常同意"。在具体指标设计上，以地点认同和地
点依赖作为地点感的向度，地点忠诚度以态度、行为、意图等作为指标因
子，城市地点性的吸引力主要包含形态吸引力、功能吸引力和人文吸引力
三个向度，城市熟悉度主要包含经验熟悉度和信息熟悉度两个向度，对每
个向度赋分，进行模型建构。

三　结果分析

通过整体适配度的分析可以看出，形象忠诚度、环境行为度、城市熟
悉度、地点性吸引度均和地点感意象之间具有密切的关联，城市熟悉度和
地点性吸引力均与地点感意象正向相关，影响城市形象忠诚度和环境行为
度。在前因分析中，形态吸引力和人文吸引力对城市地点感意象的形成具
有重要的导向作用，经验熟悉度也有较高的表现程度，说明一个城市的地
点性特征对城市地点感意象的构建具有关键性的作用，营造好的城市形态
环境和人文环境有助于地点感的塑造以及良好城市形象的打造。经验熟悉
度代表使用者对地点行为活动的涉入程度，对城市越熟悉，使用者就越容
易产生高质量的地点感。在后果评价分析中，地点感意象可以导致一个人对
城市品牌形象的忠诚度产生差异，尤其是地点依赖感的产生将会让使用者对
地点的忠诚度变得更为明显。而地点感意象也会有助于负责任的环境行为的
产生，尤其会对规划设计师的方案构思产生正向影响，一个好的规划方案往

往更能促进城市地点感意象的产生。而且地点感意象还会强化公众参与城市规划建设的意识，从而反馈于城市人居环境建设。具体的分析结果见表9-1和图9-3。

表9-1　整体因果结构模式分析

项目	平均值	因子负荷	T-value	CR	AVE
		> 0.5	> 2.43	> 0.5	> 0.5
一、地点感意象				0.81	0.65
（1）地点认同感 λ_{a1}	3.75	0.86	—		
（2）地点依赖感 λ_{a2}	3.82	0.83	23.75**		
二、形象忠诚度				0.88	0.72
（1）意图忠诚度 λ_{a3}	4.22	0.87	—		
（2）态度忠诚度 λ_{a4}	3.89	0.95	26.34**		
（3）行为忠诚度 λ_{a5}	2.85	0.65	16.23**		
三、环境行为度				0.81	0.71
（1）规划设计行为 λ_{a6}	4.01	0.92			
（2）公共参与行为 λ_{a7}	3.45	0.79	24.21**		
（3）管理协作行为 λ_{a8}	2.98	0.69	22.13**		
四、城市熟悉度				0.73	0.63
（1）经验熟悉度 λ_{b1}	3.51	0.70	16.21**		
（2）信息熟悉度 λ_{b2}	2.56	0.59	15.10**		
五、地点性吸引力				0.91	0.73
（1）形态吸引力 λ_{b3}	4.23	0.82	27.34**		
（2）功能吸引力 λ_{b4}	3.15	0.77	25.30**		
（3）人文吸引力 λ_{b5}	4.01	0.66	26.23**		

注：**表示在 a = 0.01 时，达到统计的显著水平；λ_{a1} 至 λ_{a8} 为因变量指标；λ_{b1} 至 λ_{b5} 为自变量指标。

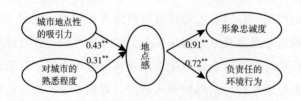

图9-3　城市地点感意象的因果假设模型

注：**表示在 a = 0.01 时，达到统计的显著水平，代表潜在自变量对因变量的系数。

资料来源：笔者自制。

第三节　基于地点理论的城市形象设计策略

一　地点性视角下的城市形象策略

地点性是城市生存和生长的土壤，不同的地点存在深层次的个性差异，在全球化时代，城市既要有意识地吸收世界先进的科学文化，又要注重地点性条件的挖掘，探索科学的地点性发展道路，应由地点意识走向地点自觉，并对城市地点特色加以保护、继承和创新，从而形成具有地点精神特质的城市形象。

（一）城市历史形象的地点性

城市是历史的产物，因此城市中会保留下诸多的历史建筑、风景园林、历史街区以及一些非物质文化遗产资源，这些都构成了城市独特的地点要素，是城市地点性特色的宝贵资源和具体形象体现。在城市形象构建上，不但要研究城市的风貌特色、建筑格局、文物遗迹等能给人带来的直观意象，更要通过梳理城市历史文脉的方式来研究城市的地点性，进而彰显城市的地点精神，将历史文脉与人文精神紧密地融合。

城市具有历史动态特征，随着城市的变迁，人们对城市生活的态度和情感也会发生变化，进而形成多元的地点感意象。城市作为地点感意象的对象必然要适应多种发展变化的需求，而正是在这种地点脉络的变迁中，鲜明的城市形象被塑造出来。如果加以正确引导，城市的地点性将以一种动态的美丽而存在，并可以在未来的发展中逐步完善，从而丰富城市发展的历史文化内涵，塑造独特的地点感。

（二）城市空间形象的地点性

城市空间中蕴含着丰富的地点性构成要素，展现出极其深刻的文化内涵和精神特质，如建筑、河流、山脊线、绿带、街巷等动态延展有序，砖墙色调淡雅朴素，雕刻、装饰精美绝伦等，这些都来自居民对美好城市形象的追求和向往，他们把各自的生活经验和情感纳入空间的发展逻辑中，不断创造城市空间的艺术形象，创造不同的地点感意境，从不同维度展示了城市地点性的丰富文化内涵。因此，城市处于设计建造的动态变化之中，而人作为其中最为活跃的因子，给城市地点感的塑造增加了人性化的性格，这种人性化的性格就是城市的地点性。

城市空间演变的轨迹与形态特征蕴含着丰富的文化特征、艺术逻辑、技术规则，是一种精美的城市设计创造，在世界城市文明史上占有光辉的篇章。城市是一种时间的逻辑艺术，需要用更长的时间和过程去感知和抽象。良好的城市空间形态在于其既有的内在有机秩序以及特殊的地点精神。通过城市形象设计可以在更广泛的尺度上和更漫长的时间过程中，凝练各种地点要素，形成整体的形态空间艺术。需要对城市中不同的地点性要素进行合理的组合，并能够在不同的地点、不同的时间、不同的主题中进行相互作用，从而形成整体协调的形象特性。

（三）城市文化形象的地点性

城市形象是城市文化的内在表现，每一个城市形象都有一系列城市文化的组合序列，都必然有自己的文化传统和形象流派。例如，一提到北京，人们就会想到它是中国的首都以及北京这个城市中的故宫和京剧；一提到西安，人们就会想到西安的兵马俑和唐文化；一提到悉尼，人们就会想到歌剧院；一提到巴黎，人们就会想到它是一个浪漫之都。美好的城市形象总是闪烁着特色的地点之美。因此，城市的地点性不仅要体现出这个城市的独特文化内涵，还要能够给人以新的启发。西安是十三朝历史文化古都，城市形态空间布局上的"八水绕长安""九宫格局""棋盘路网"等都是城市文化形象的深厚积淀。城市在发展过程中形成了特色鲜明的地点性文化，地点性文化又成为城市形象的重要组成部分，充分体现了当代城市的精神文化内涵。在地点性文化的组合类型方面，文化特质凝结着不同地域的文化精华，如建筑文化、景观文化、形态文化、民俗文化、民族文化、语言文化等。在城市的地点空间类型上，有西安古城的厚重、有明清北京的大气、有江南苏州的灵秀、有徽州聚落的厚朴，等等，这些都渗透着城镇的文化气息，体现出了人地和谐的魅力。这一切都是城市地点性文化的表现特征，同时城市在发展演变过程中也在不断创造和生产着这种地点性文化。

（四）城市景观形象的地点性

景观是事物的外在表征，城市景观是城市地点性和地点感的综合集成与表达。我国城市各具特色的景观内涵及其所表现的地点性，在城市形象建构过程中形成了具有独特文化审美意境的城市空间。这些城市景观序列无论是在城市人居环境建设中还是在城市的地点性生产中，都讲究人地和谐、天人合一的理念，遵循着传统城市空间景观的组织逻辑，集中展示了人如何诗意栖居在大地上的发展理念。诸如"八水绕长安"的西安景观、"四面荷花三面柳，一城山色半城湖"的济南城市景观、"片叶沉浮巴子图，两江襟带浮图关"的重庆城市景观、"群峰倒影山浮水，无山无水不入神"的桂林城市景观和"借得西湖水一圆，更移阳朔七堆山"的肇庆城市景观等，都是很好的例证。

另外，城市景观的地点性也代表着人文和自然的融合性。城市外围宏观的山水景观与城市内在的公园、绿地、居住区、道路、园林、古迹等融为一体，塑造出"城景共荣"的地点性之美，并融入城市人居环境单元的构建之中，形成"不出城廓而获山水之怡，身居闹市而有林泉之致"的地点意象。"仁者乐山，智者乐水"，人们通过体味景观地点性之乐趣，享受景观地点性所彰显的悦神、悦智、悦心的地点感，调剂着自己的生活，并取得人格理想上的平衡。同时，从大量褒赞城市景观的地点性诗文来看，作为一个优美的、适宜人居的城市，除了要拥有良好的自然景观地点性之外，还需要人文景观地点性的衬托，两者缺一不可，即真实的景观应是客观地点性和人的地点感组合的结果。

二　地点性视角下的城市形象设计途径

(一) 定位形象的地点性表达

定位形象是城市地点性和地点感价值的综合表述，是人对城市的感知意象或者对城市整体景观与局部景观特性的综合感知。好的城市形象定位必须从城市的地点性中去提炼主题，通过对城市自身各项地点性因子的准确把握和利用，培植城市的地点感意象，进而根据意象的综合组成特性进行城市形象定位的塑造和表达。总结城市形象构建的过程，一般要体现出以下几个特点。

1. 地点的意象性

城市形象的定位要凸显地点的可意象性，设计要素要能够被观察者准确判断和识别。不同类型的地点性因子要能够被观察者以心理性的感知规律有机地组合起来，形成一个富有特色的地点意象。在具体设计形象定位时，要能够从整体上把握各种地点性因子和地点感要素，从而找准地点的差异性规律和机制，总结地点的可意象特征，凝练出城市形象的亮点（见表9-2）。

表9-2 游客对西安城市地点感意象的认知

选项	数量（人）	比例（%）
历史厚重	167	46.52
旅游城市	205	57.10
节奏缓慢	113	31.48
环境干净	138	38.44
社会包容	109	30.36
宜居城市	142	39.55
美丽浪漫	84	23.40
沧桑久远	39	10.86
浪漫温馨	68	18.94
市民素质低	30	8.36
市民热情助人	98	27.30
城市卫生较差	62	17.27
交通状况混乱	71	19.78
经济欠发达	46	12.81
城市规划布局不合理	40	11.14

注：本题有效填写人数为359。
资料来源：笔者自制。

2. 地点的内涵性

城市形象设计要有特色和内涵，特色和内涵是城市个性和特征的表现。《马丘比丘宪章》对此有精辟的阐述："城市的个性和特征往往取决于城市的体形结构和社会特征，每个特定城市与区域应当制定适合的标准和开发方针，以防'照搬照抄'来自不同条件和文化的解决方案。"同时，个性和内涵的彰显在于城市形象要有独特的、唯一的地点特性。例如，西安被誉为"最具有东方神韵的历史文化古都、地上博物馆之城、国际一流的旅游目的地城市"，主要是因为西安拥有众多的历史文化遗址资源，大自然恩赐给西安的是一个集秦岭山地、渭河水景、聚落、遗址等为一体的独特历史文化古都形象。

3. 地点的叙事性

城市要会讲故事，要能叙事，一个能叙事的城市才具有阅读性和可识别性，才能被人们所感知和欣赏。因此，形象的设计要求不同类型的城市地点性要素是多维的、立体的，那些平面的、缺乏地点精神的城市则没有叙事性，也不可能拥有一个好的城市形象。因此，针对城市特色，应该保护好那些历史文化遗址，并通过不同形态设计手法（考古遗址公园叙事、建筑叙事、景观叙事、艺术小品叙事等）让这些历史来讲故事，从而建构一个可以叙事的多维城市主题。游客对西安整体形象及定位的认知见表 9 - 3 和表 9 - 4。

表 9 - 3　游客对西安大城市整体形象的认知

选项	数量（人）	比例（%）
非常差	4	1.11
差	14	3.90
一般	131	36.49
好	192	53.48
非常好	18	5.01

注：本题有效填写人数为 359。
资料来源：笔者自制。

表 9 - 4　游客对西安大城市整体形象定位的认知

选项	数量（人）	比例（%）
山水城市	56	15.60
国际一流的旅游目的地城市	103	28.69
最具有东方神韵的历史文化名城	120	33.43
西北最具竞争力的城市	32	8.91
地上博物馆	48	13.37

注：本题有效填写人数为 359。
资料来源：笔者自制。

（二）空间肌理的地点性表达

最能凸显城市形象内涵的往往在于直观的城市肌理。因此，挖掘某一城市的特色，应力图把城市特有的空间肌理完整表达出来。例如，西安在历史上以钟楼为中心，以城墙为围合空间，东西南北四条大街呈棋盘式路网格局，外围"八水绕长安"，这样的空间肌理给人以可意象性和可识别性，这也是西安这座城市所蕴含的独特性。游客对最能代表西安城市形象的地点认知见表 9 - 5。

表 9 - 5　游客对最能代表西安城市形象的地点认知

选项	平均综合得分（满分 10 分）
大雁塔	8.62
钟鼓楼	8.11
秦始皇兵马俑	6.36
曲江遗址公园	5.99
大明宫遗址公园	4.49
环城墙遗址公园	4.45
众多高校	3.92
秦岭终南山	3.81
浐灞湿地生态公园	3.35
大唐不夜城	3.01
回民街	2.77
东西大街	2.14
西安高新区	1.94

资料来源：笔者自制。

在未来的城市形象设计中，应围绕这些核心的肌理要素进行开发和建设，保护好历史肌理，充分彰显城市的整体形象。在具体形象设计上，要注重对西安城市内部的广场、公园、道路、建筑等要素进行协调性设计，并从不同视角展示西安城市空间的历史结构和风貌。在道路或街区两边设置雕塑小品和景观，力图营造整体的历史文化氛围，再以典型的历史文化遗址资源的活化以及城市周围的秦岭山地、渭河水系等来展示西安的城市肌理，最终形成"内部九宫格局、八水绕长安"的肌理特性（见图 9 - 4）。

（三）生态景观的地点性表达

城市生态景观的绿化建设是大城市生态化的重要组成部分，也是城市景观地点性的重要表现形式。环顾全球，世界上生态景观绿化好的城市往往是市民居住环境非常舒适的城市，也是最容易产生地点感的城市。因此，城市生态景观形象的设计应努力挖掘典型的生态环境景观要素，加快城市环城游憩带和城区绿地公园体系和水环境体系建设，从而形成集多种景观生态要素为一体的城市生态网络，进而提高使用者对城市生态景观形象的地点性认知水平。以西安为例，城市景观生态形象设计需考虑的地点性因素见表 9 - 6。

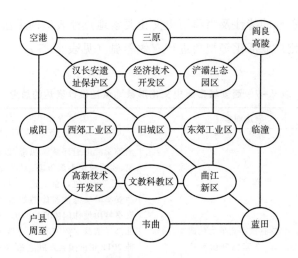

图 9 – 4　西安大都市空间肌理的"九宫格局"

资料来源：笔者自制。

表 9 – 6　西安城市景观生态形象设计需考虑的地点性因素

景观生态要素构成	地点性设计表达
5 条生态引水	灞（浐）河引水、荆峪沟引水、大峪水库引水、皂河引水、沣河引水
7 片湿地	灞河城市段湿地、灞渭河口湿地、泾渭交汇湿地、沣渭河口湿地、黑渭河口湿地、涝渭河口湿地、引汉济渭黑河口湿地
10 条水系	长安八水（浐河、灞河、泾河、渭河、沣河、涝河、潏河、滈河）、黑河水系、引汉济渭水系
28 座湖池	建成湖池：(13 座)：汉城湖、护城河、未央湖、丰庆湖、雁鸣湖、广运潭、曲江南湖、芙蓉湖、兴庆湖、大明宫太液池、美陂湖（户县涝河西北方向）、渭水湖（渭河城市段景观带）、阿房湖（阿房宫遗址） 规划湖池：(15 座)：昆明池、汉护城河（汉长安城遗址）、仪祉湖（沣惠渠渠首）、三星湖（三星项目潏河段）、沧池（汉长安城遗址内）、航天湖（航天基地）、天桥湖（涝河西南方向）、太平湖（户县太平湖环山路附近）、鲸鱼湖（荆峪沟）、常宁湖、樊川湖、杜陵湖（杜陵国家遗址公园）、高新湖（高新软件园）、幸福河、南三环河

资料来源：笔者自制。

（四）历史文化的地点性表达

　　丰富与悠久的历史文化往往是城市最具有价值的地点性因素，是人们获得城市地点感的关键影响因素，也是城市形象价值的集中体现。针对西安历史文化资源的特性及当前历史文化要素地点性表达的手法，可以从休闲旅游及文化产业活化等视角进行有效彰显（见表 9 - 7）。

表 9 - 7　西安城市历史文化形象地点性设计表达的思考

地点性表达	表达理念		具体设计手法
休闲旅游化表达	打造具有核心竞争力的旅游品牌，全面提升旅游产业素质；打造彰显华夏文明的历史文化基地和世界一流的文化中心；打造中华民族的"根文化"、全球第八大奇迹、中国道教文化祖庭等文化品牌	两带	南部秦岭山地环城游憩带：以重点景区为对象，实施板块集聚策略，对秦岭北坡"散、乱、小、低"景区进行全面整合，精准策划与开发西安秦岭生态体验旅游产品，在全国打响西安秦岭山地休闲体验旅游牌
			北部泾渭滨水游憩带：借势城市扩展，扩展延伸 2011 年世园会发展主题，对渭河水系及渭北进行空间拓展，并重点整治渭河周边环境，精心设计水体景观和游憩项目，形成渭水生态游憩体验区，并对渭北景观生态及文化进行拓展开发
		八区	唐皇城复兴旅游集聚区、曲江文化产业集聚区、临潼秦唐文化与度假集聚区、浐灞国际会展与生态度假旅游集聚区、终南山世界地质公园集聚区、秦岭国家中央公园核心集聚区（曲江生态城）、楼观台中国道文化展示旅游集聚区、焦汤国家温泉休闲度假集聚区
地点性文化产业活化	通过创意、生产、流通等环节，优先培育和发展具有一定基础和发展潜力的创意主体和产业门类，逐步形成高端、高效、高辐射力的创意产业集群和具有明显特色的创意产业聚集区	文化新区	重点发展广播影视、文化艺术、新闻出版、数字动漫、网络游戏、信息网络、文化用品及相关文化产品的生产与销售等重点文化产业，如曲江遗址公园、大明宫国家遗址公园、阿房宫遗址公园、大唐芙蓉园、大唐不夜城、西安回民街、西安电子一条街等

资料来源：参考《西安市旅游业"十二五"发展规划》文本总结。

（五）视觉符号的地点性表达

从视觉传达设计的角度来分析，设计城市形象符号系统必须选取城市形象元素中最具有表现力和感染力的元素加以创作，并通过视觉符号化的手法进行表达，这样可以提高城市形象的知名度和营销度。以西安为例，具体表现手法见表 9 - 8。

表9-8　西安城市视觉符号形象的地点性表达设计

视觉符号要素	地点性表达设计	具体表达图案
历史符号系统	以悠远的历史文化为代表：以线来概括，提取出彩陶上简单的点、线，抽象成为几何形，然后和外形加以组合	
生态符号系统	社会生态（城市布局、建筑风貌）	
民俗符号系统	餐饮小吃（肉夹馍、凉皮、羊肉泡馍等）	凉皮　　羊肉串　　肉夹馍 羊肉泡馍　　哨子面　　肉丸胡辣汤
民俗符号系统	当地习俗（秦腔、陕西八大怪）	·有凳子不坐蹲起来　·老碗小盆分不开　面条像裤带　辣椒一道菜 秦腔吼起来　帕帕头上戴　锅盔像锅盖　姑娘不对外

资料来源：笔者自制。

第四节　小结

城市形象是彰显地点性和地点感的重要表现元素。人对城市地点性的认知和地点感意象的表达程度透视着城市形象的优劣。因此，创造好的城市形象应立足于城市的地点性和地点感两大要素，分析城市形象设计中存

在的问题和不足，并为未来的城市形象设计提供方法和对策。在快速城市
化的背景下，城市形象日益趋同，城市特色和个性日益缺乏。本章从地点
理论导向下的城市形象设计视角出发，对城市形象设计的地点观进行解构
分析，力图探讨地点性的作用机制和地点感的影响机制，并结合西安案
例，探析城市形象设计的地点性表达途径和方法，从而有助于丰富城市形
象设计的理论体系，为城市可持续发展提供方法与对策。

第十章

城市文化产业空间的地方化构成原理

当代城市体制已经由"自上而下"的管理主义转向"自下而上"的企业主义,"城市营销"（city marketing）和"地点营销"（place marketing）已成为许多地方促进生产、消费和提高管理竞争力的主要策略。

——城市学家戴维·哈维（David Harvey）

第一节　文化产业地方化的背景

20 世纪末以来,国外产业发展的地方化问题研究主要集中在地方文化产业领域,并已经成为地点理论研究的一个重要流派。文化产业（culture industry）起源于福特主义时期,西方发达国家开始倡导规模化大生产及规模化消费（mass production & mass consumption）的经济发展方针。伴随全球经济一体化的蔓延、全球信息技术的传播、大众消费文化价值观的盛行以及后现代主义消费地理学所倡导的"文化商品性"① 理念的盛行,文化产业日益成为城市再生与活化的潮流,文化产业的相关政策及开发模式开始在全世界快速传播,并且迅速成为城市第三

---

① 文化商品性（culture commodity）的概念由丹尼尔（Daniel）于《资本主义的文化冲突》（*The Cultural Contradictions of Capitalism*）一书中提出,认为资本主义是一种经济文化复合系统。在经济上,它建立在财产私有制和商品生产的系统上;在文化上,它也遵照交换法则,使得文化商品化性渗透于整个社会。参见（Averitt, 1976）。

产业发展的"象征经济"（symbolic economy）① 。许多经济发展缓慢的地区开始把发展文化产业作为城市再生（urban regeneration）的主要策略。不仅如此，即使许多发展中国家也经常把本土的文化产业作为一种特殊的地方内生经济发展模式，从而应对全球化趋同经济模式的影响，进而建构出一种内生的城市经济策略，从而推动地方经济的快速发展，强化本土特色，提高城市发展的竞争力，塑造地点意象，提升城市的精神文化水平。

文化产业可以划分出不同的种类，一般可以依托某些地点的文化资源属性、经济内涵、社会价值以及当地居民的文化消费行为等进行划分，如"精致文化"与"大众文化"、"高文化"与"低文化"、"传统文化"与"现代文化"、"全球文化"与"地方文化"等。不同类型的文化产业蕴含着具有差异性的文化特质、结构属性、形象尺度以及经济社会效能，在地方化的经济发展中，也会形成不同的发展对策和相应的地方制度。与地方化经济相对应的地方文化产业则成为本土经济发展中的重要构成形态。地方文化产业往往受到某些特殊地点要素的影响，或者根植于某些地点传统所形成的产业，因此具有独特的"地理环境依存性"（geography dependency）。目前发展地方文化产业已成为许多欠发达国家应对全球化蔓延的一种"本土智慧"，并成为经济再生的重要方法。众多发达国家十分重视对地点经济的挖掘和再利用研究，诸如很多城市的历史文化街区，通过地点的再生与重建，成为一种地方创意产业，进而为城市中心地区经济的复兴提供动力。因此，文化产业的地方化不仅具有经济开发价值，而且已成为挖掘本土旅游文化资源，彰显地点特色和魅力的重要方式，地方文化产业甚至成为当地人赖以生存的经济基础或拥有共同生活记忆的事物。文化产业的地方化更有助于彰显某些历史文化地点的传统价值，更好地培育和塑造社区认同感，从而形成重要的社区共识。

文化产业地方化是指以特定的地点及其所附属的本土资源为基础进

---

① Zukin（1987）认为，在 20 世纪末期，随着地方制造业的衰退及政府定期出现的石油危机，文化成为城市发展的重要经济基础，文化消费（cultural consumption）（如艺术、服饰、流行产品、音乐、观光等领域的消费）的增长，带动了城市的"象征经济"，也塑造了城市的象征性及特殊空间意象。转引自（Stiles，Galbraith，2004）。

行内在自然的演化，其与地点之间存在紧密的关联。全球经济一体化进程的加快，对地方经济发展模式产生极大的冲击，因此形成了全球与地方互动的讨论（Harvey，1990）。文化产业经历了"福特主义""后福特主义""结构主义""后现代主义""全球化"等不同语境下的结构性重构。文化产业地方化的过程根植于地点，受特定地方的经济制度、资源、文化以及"自下而上"式的内生自由经济形态建构过程的影响，也受当地人对地点生存空间的感知状况（如地点感与地点认同感），以及日常消费行为模式变迁等的影响，在此基础上建构出的一种本土的文化产业发展模式。

在制度的地方化建构层面，埃米（Amin）等提出的"制度厚实"①（institutional thickness）以及库克（Cooke）提出的"地方制度"②都是用来揭示制度结构的地点属性特征的。文化产业的地方化政策已成为西方国家在 20 世纪末期振兴城市经济的重要手段，并通过政治和完整的地方制度（local institutions）的建构而完成。诸如，英国的地方文化产业政策往往根植于其本土的地方制度、地方联盟机制③（local alliance）以及市民振兴主义④（civic boosterism）等。

当前，我国正处于全球经济、政治、文化巨变的环境中，深受西方文化思潮的影响，无论是建筑景观还是城乡风貌，都或多或少地受到外来文化的影响，如不对相应问题加以诊断，盲目抄袭模仿西方的城市形态模式，很容易导致城市文化特色的沦丧以及地点感的缺失。在许多繁华城市的外围地区，本土的产业经济发展出现了萧条的迹象，已成为区域经济差

---

① Amin 和 Thrift 提出"制度厚实"理论，认为唯有厚实的地方制度，才可以提升地方经济的发展实力与竞争力。他们认为地方制度的内涵包含公司、财政、地方商业组织、训练机构、地方团体、革新中心、开发顾问公司等。参见（Amin，Thrift，1995）。

② 库克认为，地方制度为现代化的时代特色，是地方市民、地方团体在政治斗争与权力分配中所建构出的一种地方对策。参见（Cooke，1998）。

③ Cox 和 Mair 提出了"地方联盟机制"的概念，主要是为了吸引内部投资而建构的一种新的竞争体制，从而使流动资金与地方利益集团的相互关系变得更为顺畅。表明在全球化的背景下，每一个城市都应扮演相应的角色并承担相应职责，城市进入了相互竞争的区域发展体系之中。参见（Vivien Lowndes，Lawrence Pratchett，2012）。

④ Boyle 提出了"市民振兴主义"的概念，即通过培育市民的地方认同感与荣耀感，以及凝聚力与依恋性等地点感意识，从而激发地方居民的经济行为动力，并促使这种动力和产业经济相融合，从而达到振兴地方经济的目的。转引自（Peter，Larkham，Keith，2003）。

距扩大的主要原因。因此，在全球化、区域一体化的发展背景下，如何汲取地方文化、地方产业政策、地方化制度以及地点再生策略的精华，传承并活化现有的地方文化产业资源，在地方、文化、经济三重趋向下，探寻地点的主体性，开发适宜的地方文化产业，从而带动地区及城市经济的发展，并传承地域历史文化成为本章研究的主要内容。

第二节　文化产业地方化建构的内涵

一　文化产业地方化的概念

地点是一个充满丰富内涵与意义的场所。因此，文化产业的地方化特别强调文化产业区位布局与选址上的地点性与在地性，同时含有独特性、特色性、个性化的内涵。我国地域文化特色显著，不同地区自发形成了类型丰富的地方文化产业，如浙江的天堂伞业、宁夏的枸杞产业、甘肃和青海的拉面产业等，通过对产业特性的解析，可以看出其巨大的地点价值与丰富的品牌内涵。地点性的产物凝聚了地方人的生活文化特性与智慧，它可能为地方的手工产业，也可能是作坊式生产的小企业，但都具有明显的地点特色。为什么文化产业的地方化那么重要？文化产业地方化的价值在哪里？如何充分挖掘并发挥一个地方的文化资源优势？这是那么多人愿意长途跋涉去生活地方之外的地方进行观光、旅游，并购买当地文化产品的主要原因。因此，地方文化产业的价值并不局限于文化商品的经济价值，更在于它所蕴含的文化情感价值。诸如，无形的精神价值、生活归属价值、历史悠远属性等。文化产业地方化的内涵在于其独一无二的价值属性，是某一个地点所特有的，不是批量化的，而是根植于这个地方的地脉和文脉基因。如果想体验到一个地域的真实特色文化，就必须亲身体验，只有这样才能够感知到地点性文化产业的魅力（诸如体验地方宗教文化、购买地方土特产、品尝地方美食等）。所以，地方化是区域经济和文化产业发展的一种重要模式。文化产业地方化可以有以下几个方面的特色属性：①在地化的资源以及特色化、精细化、精致化的文化产品；②所创造的文化产品具有根植于本土的特质，能够彰显特殊的地点意义和想象，具有丰富的历史文化内涵、传统的地方智慧以及厚重的艺术文化积淀；③具有文化的多元性、地点资源的独特性和稀缺性以及所开发产品的丰富性；④它可以是非传统的，也可以是被重新创造的，可通过地方居民的长期智慧与创造力重新赋予其新的生命力，具有创新性的价值和内涵；⑤它是地方人文精神的所在，融入了地方人特有的观点、态度、价值和创意情感。

二　地方活化的内涵

地方活化（local revitalization）是指以本土的资金、资源、文化、设施等为基础，通过系统有效的地方发展策略、地方发展模式、地方发展路径，促进该地区的社会经济发展与复苏以及当地人居环境质量的提升，从而形成新的地方生命力，产生较强的地点经济效益，并使地方居民对此地产生一种情感上的依赖，实现人地和谐与经济可持续发展的目标。当代许多国家都曾运用过地点内生的潜能，发掘地点资源，以当地居民为核心，采用自下而上的方式，实现地方经济发展的多样性。地点能否被激活取决于这个地方是否具有某些地点特质，如深厚的文化特性、丰富的地点资源、完善的地点制度、巨大的地点潜能等，同时依赖这个地方的自主创新技术、方法和理念。另外，本地居民长期以来形成的发展智慧和传统经验（地方性知识）也是重要的组成部分。地方居民能够有效地利用地方智慧和经验来保护本地历史文化资源，并扎根当地的经济智慧去推动地方经济的发展。

第三节　文化产业地方化建构的相关文献分析

一　地方文化产业的发展背景

现代功能主义视角下的城市发展与规划更注重的是城市物质性的空间环境建设，对应的社会性日常生活空间的行为结构特征则为享乐主义①视

---

① 有学术文献指出，享乐主义（Hedonism）又叫伊壁鸠鲁主义（Epicureanism），是一个哲学思想，是指把追求一切能够引起自己各种感官快乐的刺激看作自己的人生目的的思想观念，或者是那种把享受快乐（包括感官快乐、物质的肉体的快乐）当作人生唯一目的，并以此为判断是非、善恶、美丑标准的人生观和价值观。参见（刘永海，2006）。

角下的地点建设。后现代主义视角下的城市发展观则关注空间环境的历史文化价值或地点的传统伦理价值，思考如何更好地彰显地点的尊严感，那些地方的、民族的、传统的、本土的、历史的、在地的历史文化资源将重新得到重视与利用，并成为当代城市文化消费结构中的核心价值单元，也是城市社会性日常生活空间行为结构特征的重要组成部分。与后现代主义城市尊严理念相对应的产业开发模式成为地方文化产业发展的根本诉求，并已经成为当前许多国家和地区经济再生的主要动力。那些充满本土基因、价值记忆、历史传统、文化情感的地方文化产业已成为区域经济竞争和对外形象营销的亮点。那些隐藏在某些特殊地点的智慧和经验（诸多的地方性知识）不再是空中楼阁，而已成为文化消费的主要对象，也是地方经济振兴的重要资源。

文化产业对本土资源、地方制度和地点区位有着特殊的依赖性，需要依赖合理和恰当的地点才能可持续发展。同时，受新自由主义市场经济尤其是"自下而上"的地方经济发展策略的影响，文化产业的地方化策略更强调对灵活的经营模式、独特的产业集群、本土的特色资源以及优美的人居环境的依赖。当前"特色小镇"在我国已成为一个热词。2015 年 12 月，习近平总书记对浙江特色小镇①建设做出重要批示："抓特色小镇，小城镇建设大有可为，对经济转型升级、新型城镇化建设，都具有重要意义。"2016 年 10 月 11 日，住房城乡建设部发布《关于公布第一批中国特色小镇名单的通知》（建村〔2016〕221 号），2017 年中央一号文件再次提出要"深入推进农业供给侧结构性改革，培育宜居宜业特色村镇"。国家关于特色小镇政策的持续发布，在全国各地掀起了特色小镇培育建设的浪潮。而特色小镇发展的内涵和本质正是产业地方化发展的核心目的。当

---

① 国内外一些成功的特色小镇都十分注重进行科学规划、尊重市场规律、发挥地方智慧、挖掘本土资源、融入乡愁情怀、注入创新基因、进行精准主题定位、凝聚产业集群等，进而形成产业富有特色、文化独具韵味、生态充满魅力、经济充满活力、生活更加宜居的区域创新高地。例如，美国纳帕谷是典型的"农业小镇"，瑞士达沃斯小镇是典型的"文旅小镇"，美国格林尼治小镇是典型的"基金小镇"，美国硅谷是典型的"高新技术小镇"。在国内，浙江省是我国最早开始特色小镇建设的省份，其主要着眼于培育特色小镇经济，主要经验在于政府高度重视，进行顶层设计，有序推动特色小镇建设，并充分利用区位、资源、政策、资金、技术、人才、互联网等优势，找准产业定位，打造特色产业集群，形成了诸如"云栖小镇""梦想小镇""江南药镇""渔业小镇""宠物小镇""青瓷小镇"等一大批特色品牌。

前，各个国家和区域都十分重视凸显地方经济的异质性以及地点性特色，注重通过地方文化特性来复苏及活化区域经济。因此，如何借鉴西方发达国家的地点性文化产业发展经验，并通过文化产业的地方化机制来彰显地方经济活化和魅力已经成为当前地点理论研究的重要领域，相关研究的观点总结见表 10 - 1。

表 10 - 1　对地方文化产业相关研究的观点总结

代表性学者	代表性观点
David Harvey（1990）	现代城市管理体制已经从自上而下的管理机制转向自下而上的企业内生机制，城市与区域营销越来越强化"地点营销"（place marketing）模式，运用地方的作用来进行生产、消费和提高企业竞争力； 提出文化资本策略，文化可以创造多元的财富，并强调文化本身就是一种经济动力，是一种产业资源，内涵上超越经济的价值； 从全球化和在地化视角，论述"时空压缩"（time - space compression）观点，认为文化发展越来越强化消费的全球化和娱乐化
David Harvey（2000）	论述城市再生策略中的地方文化产业策略，"绅士化运动"将中产阶级重新带到了市中心，并对城市空间的再生起到了主导性作用
Gaffikin（2010）	地方文化产业已经成为近年来欧美城市更新发展的主要动力，特别是在经济重建和政治建设上。文化多元性及其开发策略已成为城市经济社会发展的主要议题； 提出可以通过地方意象的创新政策来强化城市的象征意义和价值
Naisbitt（1995）	论述全球化和地方化之间的差异，全球化削弱了国家的地位，必须通过对地方传统的强化，诸如语言、民族文化、风土人情等，来增强国家及地方的力量
世界旅游观光协会，转引自（Visconti，Maclaran，Minowa，2014）	提出以"大趋势文化"（Megatrend Culture）为主题举行一系列研讨会，加强文化旅游产业研究。在 21 世纪全球化大趋势下，应加强对本土文化特质的保护和活化研究
Meethan（1996）	对城市空间价值进行重构研究，认为城市是一个文化消费的商品化空间，在物质环境形态和休闲游憩空间上，应不断提升城市文化景观的质量并加以维护； 通过城市意象的再生和意象营销策略，对城市历史建筑遗产、地点性的象征意义和价值以及城市空间环境的美学意义等进行再评估，并使之成为地点重要的文化资产； 维护地点所具有的"无形的质量"，并使之成为一种文化消费产品，重视地点的价值和意义

代表性学者	代表性观点
O'Connor, Wynne D (1996)	地方政府在以艺术文化为主导的地点发展政策上应强化地方人的荣耀感及认同感
K. Bassett (2002)	从"新后福特主义"和"消费主义"视角,阐述城市发展策略应走向文化型的"重塑意象"的阶段。应建立"地点市场"观念,注重对有丰富历史文化内涵的地点遗产资源的保护、重建; 强调城市形象重塑及文化产业开发同时进行,进而创造新的城市愿景

资料来源:笔者根据所查阅的文献资料总结。

二 地方文化产业结构研究的主要观点

地方经济活化要强调地点特性,地方政府、地方企业、地方人、地方各部门等建构一个共同致力于地方经济发展的共同体,形成一种社区共同感,其价值和意义在于通过共同感意识来进行自我决策,确定地点文化产业的发展导向,通过地方人的参与建构地方经济发展的生命共同体,从而为区域经济的可持续发展服务。地方共同体是一个较为复杂的社会子系统,涉及不同部门、不同层级、不同结构,并通过不同主体发挥社会凝聚力。在组织架构中,往往包含地方人、当地开发机构、当地规划组织、当地政府部门等。在这些机构中,地方人更愿意对具体经济策略发挥作用,因为他们关联着某一处地点的历史文化传统,建构着地点感。地点文化产业的发展演化过程是一个严谨的设计过程,以地点性为主题,通过当地各部门的参与和关联性运作,充分发挥地点的潜能,并形成完整的地方经济管制制度(local governance institutions)。本研究所界定的地点性结构的内涵主要分为两个方面:一是地方人情感认知层面的地点感,如地点认同感、地点依恋感、地点归属感等;二是地点应用活化层面的地方性制度等。相关文献见表 10 - 2。

表 10 - 2   地方文化产业结构研究的主要观点

代表性学者	代表性观点
Lovell, N. (1998)	认为地点感能够激起人对地点的归属感和认同感,地点感的生成在于当地人集体记忆的展现,比如地方人对乡土的记忆、眷恋等
Bennett, J. (2002)	认为地方人具有文化、心理、历史及情感认同的共通现象,地方文化产业既是社会经济中的一个项目,也是文化体系所必须具有的共通现象

续表

代表性学者	代表性观点
Goodbody, A. (2010)	认为人长期居住在某地，就会对这个地点产生一种强烈的地点依赖性（locally dependent），这种特性的根源在于人和地点之间有复杂的情感联结； 传统的社会文化脉络包含传统的家规家训、种族行为、文化态度、地点意识及宗教信仰等，这些是地点感塑造的重要资源； 传统的地方智慧和经验中包含共同合作、利益联盟、权利和义务平等等地方性知识，这些知识可以建构出强烈的地点依赖感； 提出"归属于地点"（belonging to a place）的概念，认为这种空间情感可以强化人的地点感； 提出商业发展的共同经营机制，从而建构一种社区共同感，形成一种对地方的认同感、归属感和领域感
David Harvey（1990）	认为地点、空间及社区感等已经成为城市经营和城市再生的中心议题，在地点感的塑造之下，城市市民将生成一种新的荣耀感和归属感
Chris Gibson (2010)	阐述了本土化的魅力，认为本土化的政策已经成为当代经济全球化研究的重要课题，本土化理论和政策意识能够激发地方族群和地方政府的文化自觉意识，进而强化竞争意识
John Benington (1985)	论述了地方经济创新的理念内涵，认为地方经济创新是一种积极的策略，具有再生潜力，能够发掘地方自身的传统智慧和技术，创造地方特色，地方联盟机制尤其是新的公、私部门及志愿团体的合作机制等在地方经济发展中承担相应职能； 提出自下而上的区域内生发展机制，此种机制的目的在于展示区域不均衡发展的现实背景，降低对国家和地区经济的依赖性，保持地方自治的潜能，倡导把经济权利释放到地方社区，使各社区规划自己的需求和文化体系，并运用自身所拥有的文化、资源、技术、管理手段等进行自我创新
Deem, R. (2001)	提出"地方企业主义"的观点，阐释可以运用地点潜能获得经济和投资的自由化发展
Peck (1996)	认为地点性文化产业的发展应以地方资源为基础，充分发挥地方资源在区域经济开发中的潜力，地方经济的发展过程就是地方经济综合体的形成过程。提出文化产业地方化发展的几项重要资源，如当地的土地资源、历史文化资源、人力资源、基础设施资源、市场资源等
Parkinson, Meegan, Karecha（2015）	认为地点性是欧洲城市经济创新发展的根本所在，城市管理者开始运用地点性策略来探索城市新的功能及发展，进而达到刺激地方经济发展的目的。许多充满活力的欧洲城市都开始了地点营建，有些城市的地点营建模式已经成为当前发展的典范

资料来源：笔者根据所查阅的文献资料总结。

另外，伴随着后现代消费主义思潮的兴起，那些能够彰显个性化、特色及象征性价值的产品将成为市场的主流，而文化除了本身具有内涵型的美学功能外，其在象征性价值、精神内涵以及市场经济价值等方面也具有丰富的功能，而各地所具有的地方文化产业就包含上述特征，成为后现代区域经济发展的主要开发趋向，它可以通过地点内生的力量，不断拓展内部潜能以及彰显特殊的经济价值和社会价值。

第四节　文化产业地方化建构的类型及价值结构

一　地方文化产业的特质

地方文化产业具有地域的原生性特质，具有稀缺性、个性化、特色化内涵，诸如苏州园林、西安兵马俑、威尼斯水都等，围绕这些特质以及当地原住民的生活文化和当地的特色产业，构成所谓的地方文化产业体系。地方文化产业具有地理上的依存性，能够通过地域空间环境的塑造或者内在自发的特质进行产业的活化，并形成强大的产业集聚体系，进而为当地创造文化经济价值。地方文化产业往往将地点意象、地点特色等作为产业开发的基础，从特质的类型构成上可以将地方文化产业划分为三大类型：地方传统文化产业；地方文化旅游产业；地方民俗文化活动产业（见图10－1）。

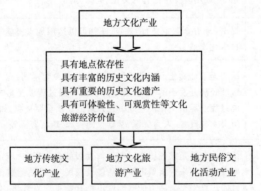

图 10 - 1　地方文化产业特质的构成

资料来源：笔者自制。

（一）地方传统文化产业

地方传统文化产业需要依托当地的传统历史文化基因，尤其是要依托某些地点，而长期形成的历史文化或者本土的地方性知识，如陕北黄土高原地区长期以来的黄土聚落景观文化就是此种类型。地点固有的文化特质能够引发地方人的情感共鸣，进而可以转化成对地点营建的历史使命感和责任感。在全球化所导致的同质化泛滥的背景下，吉登斯（Giddens，2010）认为，"产业经济的地方化已经成为发展中国家抗衡发达资本主义国家文化经济袭夺的一种重要的手段"。

（二）地方文化旅游产业

地方文化旅游产业主要指将地点特色作为地点营销的宣传亮点，各国通过地点所具有的文化旅游经济价值进行产业活化和产业空间格局的重塑。例如，有的国家和地区重新挖掘地点遗产的价值并加强保护，或进行遗址公园的建设，从而附属性地进行文化旅游开发活动。这样不仅可以彰显城市的旅游文化形象，同时可以建立健全城市文化体验消费体系。地方文化旅游产业的可持续发展必须与地点建立紧密的依存关系，通过对地方资源特色和文化潜力的挖掘，整合利用其文化旅游经济价值。

（三）地方民俗文化活动产业

地方民俗文化活动产业以当地的民俗文化活动或特色节庆活动等为主体，地方政府、地方企业、地方文化艺术团体间相互融合，形成一种整合开发的地方运营机制。其内容可分为传统和现代的文化活动，通常以常设、永久性的建筑物设施或动态性地点为演出空间。流行于各地的乡村戏曲表演、社火、赛龙舟等活动就是一种地方民俗文化活动，这些充满地方性知识的文化活动已经成为彰显区域文化魅力、塑造城市形象、振兴地方经济及提高地方生活空间质量的重要动力。

二　地方文化产业的价值构成

（一）地方文化产业的有形价值构成

地方文化产业的构成可以按照地点所承载的文化属性特征进行划分，一般可以划分为依托某地点的历史遗迹所形成的文化产业、依托某地点的文化特产所形成的文化产业、依托某地的民俗节庆所形成的文化产业、依托某地的创新文化活动所形成的文化产业、依托某地的特殊文化设施所形成的文化产业等。相对于传统的文化产业来说，地方文化产业的特殊性主要表现在该产业所蕴含的历史文化的情感记忆特质上，不同类型的地方文化产业具有不同的地点性特质，包含文化产业的地域空间组织形式、文化产品的消费组织结构等。地方文化产业依托城市中的各类地点而存在，因此，地方文化产业的发展水平与质量能够有效重构城市与区域空间结构的形式，进而引领城市与区域空间的再生与发展。正如 Winter（2009）所言，依托文化产业所建构的文化空间已经成为城市社会空间的主流，并通过具体的文化景观、文化设施、文化艺术节庆以及文化实践活动等塑造人与地点之间的情感联结关系。这些文化特质与城市社会阶层差异紧密相连，能够彰显地点价值、地点身份及地点特性。地方文化产业的有形价值类型见图 10 - 2。

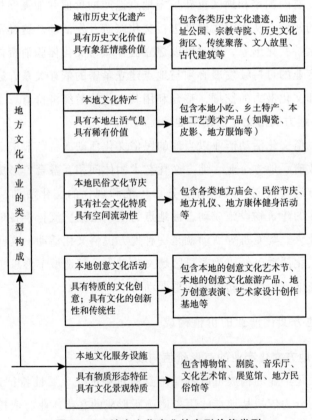

图 10 - 2 地方文化产业的有形价值类型

资料来源：笔者自制。

（二）地方文化产业的无形价值构成

地方文化产业相对于传统的文化产业来说，其本身更具有特色化的文化魅力，其所蕴含的文化体验魅力可以给人以情感的共鸣，进而使其不仅具有经济价值，更能产生来自地点的社会吸引力。城市特色地点所承载的文化物象通常由历史不同时期的能工巧匠和艺术家所创造，是人类智慧文明的结晶，能够通过物态的景观或遗产彰显各种文化价值，也是体验经济时代城市内生经济动力的主要载体。地方文化产业还蕴含着丰富的存在价值，承载着当地人在此场所中的感知、触摸、想象、建构、记忆、思考的意义和价值。许多城市地点因为承载着历史文化遗产而能够产生独特的文化魅力，从而可以吸引众多海内外的游客前来旅游、观光、体验，所以地方性的历史文化遗产具有永恒的魅力，因为存在于这些地点的历史文化遗产具有延续和传承人类文明的作用。地方文化产业的价值构成见图 10 - 3。

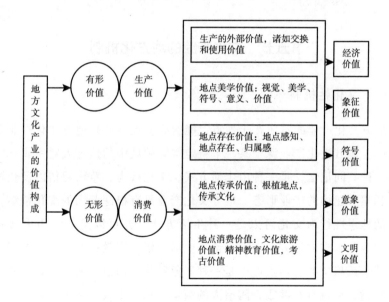

图 10 - 3　地方文化产业的价值构成

资料来源：笔者自制。

另外，在体验经济时代，城市空间具有消费文化属性，使得城市中的各类地点也具有了消费行为文化特征。在城市日常生活中，不同社会阶层的人都会寻找与自己的身份特征相适应的地点进行娱乐消费，从而使地方文化产业产生消费的外部效应。这种消费文化的外部效应进一步使城市具有了地点亚文化的空间布局规律（如大城市往往会存在社会居住空间分异现象）。以城市消费文化的角度而言，城市体验型商业消费地点俨然成为一种商品，地点也能成为一种流行。地点不仅陈设贩卖商品，也成为商品的一部分，地点所具有的象征意涵与销售的物品紧密联结，有时甚至超越了物品成为主角，使人难以辨识卖点究竟落在地点空间上还是商品上。个体身处这样的地点，除了能看见令人眩目的商品外，更能感受由象征意涵所打造出来的氛围，经历美好的体验。

综上所述，可以看出地方文化产业具有传承历史文化知识、塑造城市认同感和归属感、彰显城市整体形象以及加速城市社会空间结构重构等作用。有些地点所承载的文化产业形态还具有彰显国家及民族象征符号的价值和意义，诸如北京的故宫、西安的兵马俑、埃及的金字塔、希腊的古代神殿和剧场等，都呈现出一个国家的民族文化象征意义。

第五节　文化产业的地方化机制

一　文化性机制

地方文化产业的本质在于地点，能否彰显地点性是地方文化产业发展的根本。地方文化产业源于某一个特定空间领域中的地方人对所属空间环境的一种共同记忆，是一种由生活方式、文化行为、草根习俗以及长期的文化积累所建构的产业形态。地方文化产业具有根深蒂固的文化情结，所具有的地点性行为文化可以是一种生活方式，亦可以是一种历史文化记忆，蕴含着丰富的地方性知识，诸如生活习俗、宗教信仰、饮食习惯、劳作方式、民族庆典。地点可以是一种形象符号，通过人的感知、认知及形象的传输，促进身心健康，陶冶人的情操，从而生成一种地点认同感和地点归属感。因此，地点所蕴含的地点性和地点感两大特性维度为地方历史文化的传承及本土智慧的累积提供了基础。地方文化产业虽然是在某一个特定地点生长出来的，但是其可以被感知和活化，从而建构出独特的文化产业谱系。可以依托当地文化丰富的内涵孕育地方文化产品，并通过不同的产业形态成为地方发展的重要经济力量。

祖肯（Zukin，1987）认为，文化所建构的地点意象和地点记忆是一种重要的城市公共资源，而且这种公共资源遍布于城市的各个角落（诸如建筑、园林、雕塑等）。在城市开发运营机制中，通过对地方历史文化资源的保护与开发可以使文化成为城市经济发展的重要动力。当前城市中日益增多的地方文化产业形态（诸如城市中的地方艺术产业、地方流行音乐以及休闲旅游产业等）越来越强化了城市的象征性价值和意义。同时，在城市物质空间环境的营造上，地点性也日益扮演着重要的作用，挖掘地方特色已经成为当前各个旅游景区规划建设的重要主旨，具有地方特色的文化形象和美学价值被重新作为一种城市开发的对象。贝内特（Bennett，2002）则认为，探寻历史文化归属以及地方认同是所有民族共有的一种行为文化现象，是社会建构的一个过程，也是地方文化产业的一个重要内涵，在地居民以自己的认知和实践去推动产业发展已经成为文化自觉发展的一个象征。通过以上分析可以看出地方文化产业的文化性机制一般应具有以下几个特征。

第一，地方文化产业已成为世界各国经济发展的一种重要手段和策略，我国产业发展的地方化重组及政策机制的地方化变迁，深受世界经济与历史文化环境的影响，从而呈现全球化和地方化互动的过程。

第二，地方文化产业根植于当地的文化资源，通过地点的情感联结及历史文化的累积而孕育，并彰显地点的历史行为价值和意义。

第三，地方文化产业必须有本地居民的参与，并经历"本地领域"①（local sphere）的实践过程，不断塑造多元的产业衍生价值。

地方文化产业的地点性和特色化正是地点实践意义的所在和互动机制的展现。在地的文化产业通过"本地领域"中的集体文化创造和历史传承，建构出一种产业形态，并能够塑造多元的价值面向。地方文化产业不仅要具有历史文化的脉络性，同时还要彰显产业组织与形态的创新性。一个社区群体在长期的生活实践中，不仅要传承已有的文化成果，同时还要能够在不同的社会文化语境下创新自身的文化成果。地点性文化魅力应该是既有历史基础，又有传承和创新，还要依赖于地方实践经验。地点的历史性脉络主要指某个生活群体在很长一段时期内形成的生活经验和智慧总结。如

---

① 所谓的"本地领域"是指地方文化产业扎根于当地的土壤中，当地居民长期生活在这个特定领域中，在长期的生活积累中塑造了地点感，建构出独一无二的命运共同体。

果一个没有在此地生活过的人投入当地的地方文化产业，很有可能因为没有历史的积淀经验，而无法创新产品，只能是从当地的相关文字记载中去复制或者克隆相关文化片段，从而缺乏传统的气息，也难以真正体验到当地的文化精髓。

总而言之，地方文化产业发展的根基在于本土的生活经验空间，主要指某一特定地点中居民的共同生活经验、生产劳作智慧以及所创造的文化性产品，它需具有深厚的文化内涵，能够体现当地居民的理想、价值和意义，能够让地方人产生强烈的地点感，并形成自觉性的文化遗产保护意识，积极支持当地的文化产业发展。总结地方文化产业的文化性机制主要包含以下几个方面。

（一）文化内涵机制

文化产业的地方化过程往往扎根于某一特定的地点或区域，且是当地人长期生活、居住、工作、游憩的地点，生产出的文化产品也是地方人所熟悉的特色产品，充满地方文化价值（如当地的历史文化脉络、当地的生活痕迹、当地的风土人情等），通过长久的历史文化积累形成一种地域产业综合体。地方文化产业中的文化内涵具有在地性、独特性和稀缺性，一般在其他地点难以找到，是地方人在此地所创造的独特文化景观。

（二）文化活动的介入机制

文化产业的地方化必须经历当地的文化活动介入才能完成。经过多元的文化活动或文化经验的导入，产业就具有了地方的属性和生命力。一般来说，地方化的文化活动介入类型可以分为产业连接型文化活动介入、历史衍生型文化活动介入以及创新型文化活动介入三种，不同类型的文化涉入活动对地方文化产业的特性能产生不同的结果，进而使之形成特殊的功效和文化价值，这种演化机制可以称为触媒效应。某一地方的文化产业只有经过多元的文化活动介入才能够被激活，才能形成特色的文化产业集群。

（三）文化自主性动力机制

文化产业的地方化过程除了根植于某些特殊地点的文化价值和属性之外，还孕育着丰富多元的文化活动内涵，同时还需要当地内生性动力的融入，通过地方人自觉的经济行为去创新本土产业发展方向，从而获得一种原生的地方经济效益。地点性文化价值塑造了在地文化的象征性意义，地点的文化价值也内化于当地居民的心中，成为地方人共同遵循的信仰、理念或情感归属，这些都是地方文化产业发展的自主性力量。地方文化产业的文化性关联机制见图10-4。

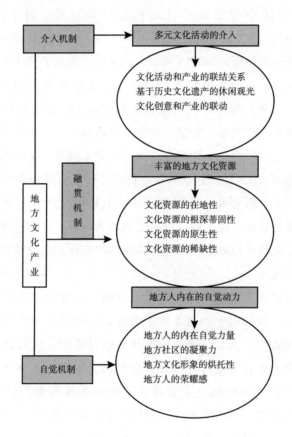

图 10 - 4　地方文化产业的文化性关联机制

资料来源：笔者自制。

二　地点性机制

地点是一个烙印着行为文化轨迹的社会空间体系。近年来无论是在建筑学、城市学还是地理学领域，地点已经成为城市社会经济空间结构重构的一个重要概念。吉登斯从经济地方化视角阐述了城市社会经济空间结构重构与在地性（地方化）之间的关联机制，也强调了其在城市日常生活空间结构中的建构作用。另外，地点还是社会行为文化地理学领域关注的热点话题。地点被人文地理学家用来建构人本主义的城市空间观，从而对抗结构主义和实证主义的地理空间论。欧美等发达国家对地点的研究较为广泛，如地理学、社会学、旅游学、建筑学、人类学等不同学科领域都有所讨论，其内涵缘起于地点性的社会建构过程。例如，卡斯特尔（Castells，1997）的"城市社会运动"（Urban Social Movement）强调人民的日常生活经验的作用；马赛（Massey，1994）提出了日常生活和工作中的地点实践作用；在经济的地点性特征上，麦尔和考克斯（Mair，Cox，1991）提出了"地点依存性"的概念，指不同生产部门和管理部门之间长期形成的相互依存关系，在某一个特定的地域中，当地的企业、政府部门和社区居民之间形成的一种社会再生产的关系网络。阿多诺和拉宾巴赫（Adorno，Rabinbach，2001）认为地点性是一种社会经验的生产和强化过程，由地方人所不断实践，特别是在社区的建构及地方文化产业的实践中，表现得更为显著。地点性在空间上表现为地方人日常生活和工作的地点，它包含空间领域的概念，相对于传统的城市化和全球化而言，是一种空间在地化的过程。

地点性是社会空间结构发展的动力基础，包含内生动力和外部动力两大维度。地点性的内生动力着重于当地居民的社会基本权利以及居民地点感的具体表现。在文化产业地方化酝酿过程中，可以运用地方人的地点感介入模式来彰显地方经济的内生作用。地点性的外部动力指那些关系到地方经济发展的每一个管理企业的相关政府部门的权利分配关系。近年来国外发达国家所倡导的社区营造机制就是以当地社区为基础，通过地方化的社区运作模式去激发社区的发展潜能，发挥社区在当地经济发展中的创造力，形成本土性的生产动力，并重塑地方经济发展的生命力。欧美发达国家所倡导的地方企业主义也已经成为众多地方进行经济再生的重要策略（Owen，2002）。另外，从地点依存性角度来看，一个地方的原住民社区本身具有强烈的地点感，有助于当地人凝聚力量进行地点性建设。

（一）地点性动力

地点性动力是一个地方社会经济发展的核心动力源泉及行为动力。地点性动力需要在社会内在驱动力量和当地本土资源相互影响的基础上形成，这种形成演变的过程建构了地点认同感，促进了地方行动力量的建构，这种作用力量进而被投射到地方化的社会经济发展中。

1. 社会内在驱动力

人类社会中会存在某些较为精细的文化行为模式，这些文化行为模式的作用机制，会使得整个社会结构产生内在的驱动力量。这些驱动力量与社会经济发展的结构以及当地文化资源之间的关系较为紧密，有些是人类自身发展的需求，有些是人类情感价值的反映，比如个人获得成功的动机、个人的伦理道德观念、个人的宗教信仰价值等，这些内在的地方化动力因子是社会结构变化的驱动力量，能够促使人与人之间进行合作与交流，并转化为内在的行为动力。因此，我们可以把文化特质、道德伦理观、成功动机、尊严观、荣耀感、认同感等看成影响社会结构发展转变的重要因子，或称之为"文化驱动因子"。

伴随文化的传播和发展，人们会把个人的经验和应对环境危机的各种知识与技能与其他人进行分享，从而传承文化，不断地进行生活经验和环境智慧的创新和累积，这就形成了地点性的文化建构机制。地点性的文化建构包含共有的文化根基和共有的情感归属等基础，这些都是彰显地方文化驱动力量的重要条件。打造地方文化产业的根源在于地点性，包含当地居民共有的文化内涵和情感联结关系，能够塑造出共同的氛围，即共同的历史文化基因、传统知识和技能以及历史文化遗产等。最重要的是能够激活当地居民共有的文化情感，从而促进当地社会经济结构的不断演化。

2. 地点认同感与公共参与的动力

地点认同感的概念内涵较为丰富。从中国大百科全书上的定义来看，它指的是"个体对群体的一种归属感"。也就是当地居民认为自己是这个地点的一分子，自己属于这个地点。帕森思等认为，认同感是一种不断学习的过程，是指为接受某一观念而建构的一套理论模型，并将这一理论模型内化为个人心中的一种过程（Parsons, Stephens, Lebrasseur, 1969）。从心理程度来看，地点认同感具有不同的强度。第一，在认知（cognitive）层面，个人觉得自己属于某一个地域，并能够识别这个地点的特性。第二，在情感（affective）层面，个人对地点的社会结构和领域空间有归属感，而且对它们产生了感情；第三，在知觉

（perceptual）层面，个人除了对地点有认知和情感上的态度外，还能够产生较为明显的偏好，或者特别喜欢这个地点；第四，在行为（behavioral）层面，个人能够表现出归属于这个地点的行为特征。公共参与机制则着重于探讨地方人对地方社会公共事务的参与意愿和态度，尤其是对地方文化产业的参与态度，因此公共参与机制也是地方文化产业发展的重要动力机制。

总体来看，地点认同感包含地点的空间内涵，融入领域的特质，即所谓的特殊的空间领域，就如同我们赖以生活的城市空间、乡村空间，或者某一个固定的社区空间范围。地点认同感就是地方人对某一个特定领域的空间认同和情感认同。地点认同感包含对物质空间的认同和对社会意识形态空间的认同。对物质空间的认同主要指对特定空间领域中的物质基础条件的满意程度，包含基础设施建设水平、物质经济收入水平以及文化服务设施的建设水平等；对社会意识形态空间的认同则包含地方人对某一特定空间领域的归属和认同感，属于心理层面的认同。当然，社会意识形态领域的认同感的生成过程离不开公共参与机制的配合。

3. 文化产业地方化的驱动机制

社会驱动力量将意识形态架构于地点的领域空间中，成为地方化动力的基础，也是地方人对地点领域空间的社会互动力量进行重构的结果。正如法国社会学家涂尔干所言，"由简单的社会转变为复杂社会体系时，那么复杂的社会分工就会引起有机的'相互依赖'，进而导致集体意识或集体代表的产生"。这种相互依赖的机制是塑造和建构地点性意识的基础。在地点空间中，居民们因居住在同一个地点空间领域，对领域中的公共问题拥有共同的关注点，可激发共有的情感或情绪，这种共有的感觉可使参与者紧密团结在一起，进而去更加积极地关心他们赖以生存的空间和环境，从而形成强烈的地方共识。在文化产业的地方化过程中，地点成为城市与区域空间结构的基本单元，城市与区域的文化价值体系成为文化产业地方化建构的社会驱动力量。这种驱动力也是培育地点感和彰显地点性特色的基础，尤其是地方人塑造共有情感的基础，通过社会公众的讨论和决策，则很容易形成地方产业集群。文化产业地方化的驱动力分析见图 10 – 5。

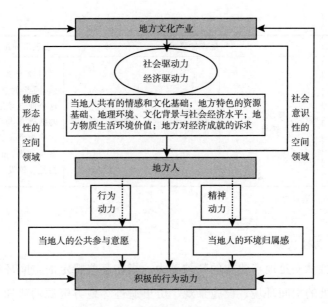

图 10 - 5　文化产业地方化的驱动力分析

资料来源：笔者自制。

（二）地点性强度

笔者认为地点性具有强弱之分，地点性的强度可以划分为下列三种类型（见表 10 - 3）。

表 10 - 3　地点性强度的表现

地点性动力	地点性强度		表现出的地点性特征
精神动力	地点性认知	对地点历史遗产的认知 对地点物质空间景观的认知 对地点文化景观的认知	对地点空间环境的认知，即人感觉属于这个地点，能够有效识别这个地点，了解这个地点的相关特性
	地点性认同	物质景观层面：对物质空间环境的认同 对社会经济生活空间的认同 对城市公共服务设施环境的认同	地方居民对此地文化产业的价值能够进行有效的认知，并主动内化为个人的一种心理认同
		思想意识层面：对地点产生的荣耀感、尊严感 对地点历史文化伦理的继承性价值认同	

续表

地点性动力	地点性强度		表现出的地点性特征
行为动力	地点性 参与	对地点活动的公共参与意愿	因对这个地点有认同感,因此就会表现出对这个地点文化产业活动的强烈参与意愿,并内化成为个人的一种行为参与动力,推动地方社会经济建设

资料来源:笔者自制。

1. 地点性认知

地点性认知是地点建构的精神动力,指在某些特定的空间环境中,居民对所身处的空间环境、设施景观、历史遗迹等地方资源的认知。这些基本要素是地点感建构的文化基础,地方人只有对其所生活的地点有一定的认知和了解后,才有可能对地点产生情愫,这种情愫会不断地重构地点的空间结构,进而产生对一个特定地点的地点性认同。

2. 地点性认同

地点性认同也属于精神层面的动力,指的是当地居民对地方特色文化产业的一种内在自觉价值的认同,包含物质景观层面的认同及思想意识层面的认同。物质景观层面的认同主要指对由地方文化产业所演化出的社会经济生活空间、物质空间环境、城市公共服务设施环境等实质性空间的认同;思想意识层面的认同主要指在文化产业地方化实践活动之后,当地人对此地产生荣耀感、尊严感,愿意永远留在此处甚至让自己的儿女也留在此处,为地方经济发展做出贡献,并传承地点精神。

3. 地点性参与

地点性参与指的是地点性的行为动力系统。在某些特定的空间领域或地点中,地方人会产生与其所居住的生活空间互动的意愿,地方人越是对所生活的地点产生强烈的依恋感或认同感,就越会积极和主动地参与地方经济建设,或者产生强烈的参与地方文化产业活动的欲望。

(三) 地方性制度

文化产业地方化的建构过程就是地方性制度的建构过程。地方性制度代表的是一个地方的空间权利结构。而在地方经济可持续发展的影响要素中，地方性的制度、政策及不同利益集团之间权利分配的合理性将会对当地的文化产业发展产生强烈的影响。每一个类型的权利空间都扮演着不同角色，都有自己的范围，只有通过这些不同利益体系的整合或合作建构，才能打造出强大的地方文化产业集群，才能不断强化地方人的地点感和认同感。伴随全球经济一体化的发展趋势，城市发展理念从早期的"城市管理主义"转向"城市企业主义"，世界各地的产业发展更强调一种新型的地方化竞争机制，尤其倡导通过挖掘本土资源形成特定的地方文化产业模式，以此吸引世界资金的进入（Harvey，2001）。

在地方化的驱使下，地方政府及相关城市管理部门越来越重视地方经济制度的改革，从而不断建构出新的地方权利结构。文化产业地方化的过程会形成一种有效的地方力量，从而推动区域经济的可持续发展。在很多地区，这种推动模式往往由当地政府、企业、社区、专家、民间组织等共同参与完成，从而形成紧密的地方经济联盟体。近年来流行于欧美国家的地方赋权政策，尤其是倡导当地社区参与地方经济建设和运营的思路得到了世界不同地区的效仿，很多地方鼓励当地社区充分发挥传统经验和智慧，去不断创新和挖掘自身所蕴含的特色经济要素，并使之有效转化为地方文化产业，从而活化地方经济，并维护社区稳定与和谐（Conger，Kanungo，1988）。

三　经济性机制

在后工业化时代，地域文化已经成为一个地区生产及消费的重要构成要素，对文化进行商品式的生产、加工已经成为当代市场经济体系下活化地方经济发展的重要力量。伴随后现代城市消费主义理念的崛起，生活行为文化的消费主义理念已经成为深层体验经济学研究的主流。生活消费的对象已经超越了单纯的日常性价值，不断延伸到非日常生活消费性价值及内涵式价值上。那些具有地点特色，能够唤起人们记忆、感知、心灵体验及怀旧情结的文化产品已经成为广大消费者新的消费趋向，并且这种趋势还以各种象征性的符号、价值和意义存在于现代经济结构中。因此，地方文化产业符合后现代城市消费主义的思潮，并对城市与区域经济发展产生强烈的影响。如何保存在地文化产业的独特性，并不断拓展它的经济发展意义已经成为当前体验经济研究的重点之一。总结体验经济时代下地方文化产业的经济机制主要集中在以下方面。

(一) 地方营销机制

地方文化产业的营销机制主要表现为国家权力逐渐下放到地方乃至地方社区，地方形成了一种自我依赖发展的经济模式。地方政府部门不断探寻地域发展创新组织模式，建构一种自上而下和自下而上相结合的经营管理模式。政府部门也由之前的管理角色逐渐转变为企业化的运营角色，从对地方资源进行控制性管理转变为引导地方企业的成长性建设，从而实现地方可持续发展。各个地方会充分挖掘自己的资源潜力及文化潜力，并不断展示自己的特色。随着后工业化时代的到来，地方营销已经成为世界众多地区进行消费经济管理和生产方式组织的重要方法。这些地方营销对策主要是通过产业的地方化重构来彰显的，从而不断提升地方的形象价值和竞争力（Strinati，1995）。地方文化产业的可持续发展也需要通过特色鲜明的地方形象促销来进行展示，即主要通过地方的形象价值、美学价值、环境价值等进行全方位的营销，从而以地方特有的文化力量来建构文化产业的象征性价值。

(二) 地方关联机制

地方文化产业通过不同的类别进行组合，并建构出不同类型的相互关联的产业链，进行产业集群的打造。一个地方也通过关联产业链之间的相互作用机制，不断衍生出共同的地方经济价值。地方文化行为促销活动会通过关联效益影响其他地方文化产业的发展，进而对地方经济发展产生实质性的促进作用。同时，地方文化行为活动的经济社会效益也不局限于一次性的活动效益，而是可以通过行为文化活动带来长久的地方形象价值。在后现代符号经济和消费经济的背景下，物质形态的产品价值需要与其社会和文化象征价值相融合，尽可能体现产品的个性与特色，而这种特性正是地方文化产业所具有的本质内涵。因此，文化产业的地方化过程不仅是经济发展的一个重要向度，还是社会、文化、生态等多元价值的重要向度。

(三) 地方生产机制

文化产业从属性特征上看应是一个开放的产业体系，通常具有文化的生产性、形态的集聚性以及企业布局的密集性等特质，但是文化产业必须和某种特定的"地方"发生关联，并和这些"地方"存在某种共生的关系机制。正如美国学者阿伦·斯科特所认为的，某些特殊的地点以及在这些地点之上的各种企业团体和文化产业往往紧密地耦合在一起。正是这样的背景关系，许多文化产业形态和产品通常不仅和某些地点联系在一起，还和那些地点中的人的消费行为习惯相关联，因此，文化产业具有强烈的地方性特征，根植于某些特殊的经济生产体系的地理环境中。文化产业的地方性特征会形成企业布局要素的集聚特性，从而推动文化产业的集群化建设，形成区域文化产业的核心竞争优势。有些地方性的文化产业依托某些小镇进行集聚，从而建构出某些特色小镇。

从全球化背景下的文化产业空间生产实践来看，文化的空间生产机制以及文化产业的地方化空间集聚机制更加符合区域一体化发展的产业更新趋势，不仅是各国振兴经济的重要手段，同时还是更新城市空间、引导城市经济结构重组以及推动休闲文化城市建设的重要手段。例如，西安市近年来通过对"唐文化"的复兴与产业形态活化等手段，开发运营了"曲江模式"，即以地方特殊的"唐文化"为推动力，以城市经营为手段，达成文化、商业、旅游的契合。"曲江模式"涵盖旅游、会展、影视、演艺、商贸、餐饮等地方性文化产业形态，共举同一文化品牌，共用统一文化符号，集群化发展，多产业互补，产生强大的地方集聚效应，进而实现"地方文化消费经济"，以获取最大效益。历史上的曲江是唐时期重要的皇家园囿，区域内拥有曲江池遗址公园、曲江寒窑遗址公园、大雁塔景区、唐城墙遗址公园、大唐芙蓉园等高品质的文化旅游资源，这些资源都是植根于西安本土的历史文化所形成的文化产品形态，曲江自然也就成为地方性文化产品功能孵化的空间。在地方性文化产业孵化的过程中，把产业的文化元素、历史文化基因以及地点所承载的地理文化属性都整合进文化生产体系中，形成文化产业演化的地方性机制，并把这种特殊的地点特性凝聚成为产品、景观、环境及其他相关的产业符号。随着附加值的进一步提升，地方性文化产业的品牌价值会成为城市最具竞争力的品牌，甚至有可能成为全球知名的文化品牌。文化产业地方化的综合作用机制见图 10-6。

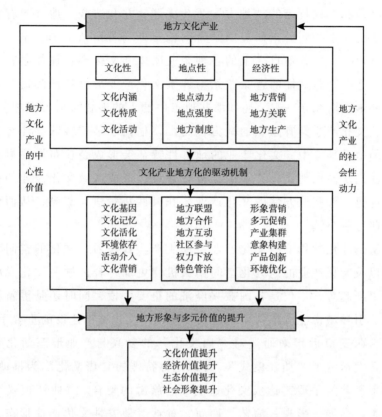

图 10 - 6 文化产业地方化的综合作用机制分析

资料来源：笔者自制。

第六节 小结

本章以文化产业的地方化建构为研究对象，系统梳理分析了城市文化产业地方化的内涵与背景。对相关主要文献进行解析，对地方文化产业的特质、类型及构成进行建构性分析，对地方文化产业的价值构成体系和地方化的动力机制进行深入探讨。研究认为，20世纪末以来，产业发展的地方化问题研究成为地点理论研究的一个重要流派。许多国家把文化产业地方化作为城市更新发展及再生的主要对策，这也是欠发达国家和地区创新地方经济发展方式、抵抗全球化背景下资本主义经济剥削的生存性战略。振兴地方文化产业不仅可以强化地方特色，传承地域发展文明，亦可活化区域经济，彰显地方文化生活的价值和意义。近年来，地方文化产业已经成为国内外城市与区域发展体验型经济的支柱性产业。在许多欧美国家，发展文化观光旅游业已经成为地方经济发展的重要战略，通过社区参与地方产业运营及建立地方成长联盟等手段，推动区域发展。地方文化产业已经成为一个地区的朝阳产业，其涵盖的范围较为广泛，诸如地方艺术及工艺品的加工生产、地方文化旅游资源的开发、地方历史文化遗产公园的建设、地方民俗活动的体验、地方文化节庆活动的展现等。地方文化产业不仅具有经济价值，更有丰富的社会文化内涵和意义，通过地方文化产业可以推动社区参与建设，可以设计与营销城市及地区的形象，可以带动其他相关产业的发展，可以吸引中产阶层重新回到城市中心进行再生建设，可以让当地居民产生荣耀感和尊严感，进而形成对地方环境保护的一种历史责任感。地方文化产业具有地方特性、艺术价值及象征性意义，以稀有性、特色性、在地性、独特性等成为一个地区的发展象征。

第十一章

城市体验型商业消费空间的
地点观构成原理

消费社会已经改变了参观者对博物馆的期待……新型的参观者开始寻找……的经验不是把他们推上了更高的等级秩序，而是推进了一个体验的世界。他们来寻找的不是具有身份流动性的参与，而是具有生存流动性的参与。参观者前来寻找的是新的体验、情感与价值。这些体验仍在变化之中，但是，它们正按照不同的文化逻辑以一种新的模式在变化着。

——经济社会学者麦克拉肯（Mccracken，1986）

第一节　城市体验型商业消费地点的行为文化特性认知

一　阶层性的地点消费

城市体验型商业消费属于地点性的阶层消费，对应的是社会阶层分化导致的行为空间关系。国外对商业零售空间的研究主要集中在体验型商业消费地点的社会行为认知层面[①]。阶层性的地点消费结构具有炫耀性和展示性的内涵，能够反映有闲有钱阶层的消费行为方式。例如，有些阶层为炫耀自己的财富，往往会通过商业性地点消费的形式来建立自己的社会声望与社会地位。哲学社会学者本雅明（Walter Benjamin）把消费

---

① 地方文化产业研究的对象是产业在某些地点进行空间集聚的现象，这种产业根植于某些地方，地方的某些基因是形成这种产业的主要因子。相对于地方文化产业研究而言，关于商业消费空间的地点理论研究集中于城市中各类购物场所、康体保健场所、娱乐场所以及商业零售场所等，研究不同消费者的行为与其对应的地点特征之间的关系。

空间理解为城市地点建构中的一个主要角色。本雅明把巴黎的拱廊桥当作具有决定意义的 19 世纪建筑，拱廊桥以它自己的方式为消费者献上了一座城市，一个使一切都易于获得的地点（Rollason，Criticism，2002）。帕特森（Paterson，2006）指出，本雅明将拱廊桥视为一个"梦幻世界"，中产阶级妇女可以从中获得消费主义的象征性体验。本雅明漫步在公共空间中，只是为了观看和被观看。曼斯维特（Mansvelt，2010）消费空间为消费者提供了一个个人和集体做梦的地点，空间景观本身及其所处的地点氛围成为被消费的对象。詹姆斯（James，2013）总结认为，19 世纪百货商场的发展一方面满足了商品零销的诉求，另一方面则解决了新兴中产阶级的身份问题。这个奢侈消费民主化的进程一直在快速地推进。

二　空间性的地点消费

体验型商业消费空间是以地理条件、交通区位以及人造的建筑设施等为构成要素的空间或场所，并按照人的各种体验性消费活动进行营建。空间具有多维的价值属性和社会文化内涵，最为常见的是将空间视为一种社会容器，包含个人与集体的社会情感、态度与价值。地点则被视为空间的基本单元，也包含着意识形态与象征性的社会意义，即地点是使用者的行为活动与其所对应的空间基础相互作用而形成的。当人在物质性的空间环境中进行各类行为活动时，其不是单纯处于此物质性的空间中，人本身所具有的各种象征意义（性别、年龄、社会阶层等）会一并纳入这个空间，两者发生相互作用，促使空间产生具有象征性的符号与价值意义，从而形成一个崭新的社会空间。

著名建筑师维多克·格伦一生设计过 44 个购物中心，这位对所设想的新型建筑形式最负责任的建筑师曾使美国的城市中心区再度焕发出活力。格伦的目标就是要把区域性的购物中心变成一个地方共同体，变成一个有活力的地点（Domhardt，2007）。对格伦而言，一个购物中心不是为了获得更大的利益而把松散的商店联络起来所形成的集合，而是充当了一个共同体中心和文化活动地点。格伦还认为，购物中心类似一个街头剧场，它不只是销售场所，而且还对应一种特殊气氛，区域性的购物中心不仅没有破坏城市，而且提供了一个社会和文化的中心，确定了一个以前从未有过的区域性次中心，是一个"再集中化的中介"，带着综合的城市功能，成为一种潜在的快乐体验的地点（Ketchum，1948）。

在资本主义时代，空间已经变成一种商品，空间不再是纯粹的几何陈列与物品的容器，而是被视为一个被消费的商品或被体验的场域。在消费体验的思维下，空间被消费的概念由此产生。消费空间的概念和内涵已不再局限于消费者与商品间主客体一对一的关系，已经超脱了传统的经济交易行为，取而代之的是精神上的寄托或体验性消费的目的。人使用某一类空间是为了体验和消费活动，并以使用者特定的价值诉求为基础，在某一特定的地点获得欲望的满足。空间消费成为人与地点互动的最直接的表现方式，与此相对应的消费地点也成为地点理论研究与探讨的重要内容（Johnston，1995）。邓肯（Duncan，1993）认为，空间除了是一个可被感知的几何领域外，还具有内、外部结构，同时具有功能性价值。此外，空间也像物品一样，具有象征性的符号价值，如气氛、意象等价值。简单地说，空间等同于气氛，当人们在空间里消费空间气氛的时候，空间已不再是传统的盛放容器，而具有了意义和价值，从而被人们消费。

三　文化性的地点消费

从消费文化的角度而言，城市体验型商业消费空间已经成为一种地点性的商品。也就是说，地点具有了商品文化的内涵和属性，并且有可能成为一种流行产品。地点不仅可以用来"盛放"不同价值的商品，也可以容纳各种身份、各种阶层的人，亦可以通过陈设环境和氛围的打造形成一种体验性的场所，从而成为商品消费的一部分内容。地点所具有的象征性意义和价值一般与所销售的商品价值具有紧密的关系。但地点所包含的意义并不仅是商品的属性价值，还包含了其他更为复杂的意义。因此，有时候我们去某一个地点消费，消费的恰恰是地点的环境和氛围，甚至超越了地点所"盛放"的商品本身的属性，使人难以辨识卖点究竟是落在地点氛围上还是商品属性上。为了吸引消费者，很多商家会在地点氛围上下功夫，舒适宜人的购物环境成为当下消费的重要趋向，消费者身处这样的地点环境，除了令人眩目的商品，更能感受到由象征性的符号所营造出来的氛围，并通过身体的触碰达到愉悦体验的目的。正是购物中心的无所不在以及我们对它在日常生活中地位的接受，使得商业消费空间成为我们日常生活中的重要地点。同时，消费空间为个体的自我表现、为戏剧性的表演提供了机会。正如建筑师格伦所言："我们计划的目的地就是要让中心的设施能给生活在广大周边地区的人们留下精神上深深的印记。中心对他们而言将不只是一个歇脚的地方——它将以具有文化丰富性和纾解功能的全部活动而与他们的精神发生联系，如剧院、电影院、户外音乐厅、展览厅。"（斯蒂尔·迈尔斯著，孙民乐译，2013）

第二节　城市体验型商业消费地点的功能与结构性认知

从城市体验型商业消费地点的外在印象和内在氛围的结构性特征可以看出，众多体验型商业消费地点（如一些大型购物商城、商业步行街、咖啡馆等）不仅具有运动、健身的实用功能，还包括休闲娱乐、放松舒缓及社交沟通等附加场所功能，从而成为具有多样特质的空间领域，除了体验型商业消费地点本身具备的物质形态特质会赋予地点特定的场景面貌，那些参与到地点空间中的消费者也会因为自身所具有的背景、文化、风俗习惯上的差异而建构着不同的地点文化景观。这些异质性的社会文化一并融入商业性的地点消费领域，为地点带来了新面貌，共同建构了商业消费地点的认知结构。

一　地点外在功能认知

城市体验型商业消费地点是功能性商业消费行为的承载空间。如图11-1所示，它能够提供商业消费、康体健身、休闲娱乐以及其他各种时尚行为的活动场地，亦可作为行为艺术的展示舞台，或作为联系感情进行交流的秘密场所，也可作为使用者个人或社会性群体进行休闲娱乐或刺激性消费的场所。商业消费地点可以通过特定的场所氛围、舒适便利的商业性服务设施实现特定的体验性消费目的，从而给消费者带来微观地点体验上的愉悦性，塑造轻松舒适的消费环境。这种微观的地点功效亦可以活化城市部分地段的人气，实现小尺度的经济增长。因此，体验型商业消费空间是一个被设计出来的支配性空间，它自觉地保持与自我的社会空间的相似性。正如特纳（Turner，1999）针对英国格林海斯（Greenhithe）的蓝湖购物中心（Bluewater Mall）的研究认为："难怪我们爱上蓝湖购物中心，因为它是一个安全、洁净的地点，就像一个乌托邦式的欢乐谷——或者在某种意义上说，它简直称得上是一幅乌托邦美景，让你自己受到它的引诱。"

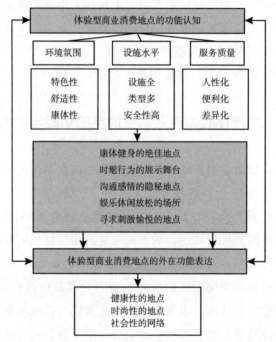

图 11 - 1　城市体验型商业消费地点的外在功能认知

资料来源：笔者自制。

二　地点内涵结构认知

布西亚（Baudrillard，1998）认为，在追求消费与体验性价值的后现代社会中，人们进行商业消费时，实际消费的是产品的象征性符号、意义与价值。使用者所消费的不再是产品的物质性或实用性功能，而是其被赋予象征意义和符号后所产生的产品衍生功能与意义。部分体验型商业消费地点以高质量的形象示人，同时提供各式各样的康体设备与服务，成功地将单一功能的消费地点转变成为集时尚与康体休闲为一体的多功能场所，也使传统的商场变成社会结构性融合的场域，隐含着日常生活的质量水平与社会亚群体的社会性消费行为倾向。因此，城市体验型商业消费地点内含不同群体的社会性价值和意义。商业购物地点具备的不单是商品销售功能，还包括其他附加价值与内涵（见图 11 - 2）。

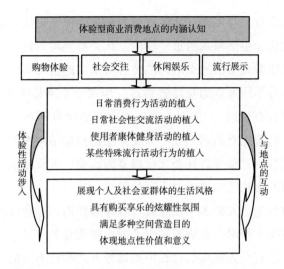

图 11－2　城市体验型商业消费空间的地点内涵认知

资料来源：笔者自制。

　　城市体验型商业消费地点除了具有购买商品的使用功能外，还包含环境气氛的意象与象征性价值，这成为许多使用者前往消费地点购物消费的主要动机。在这个特殊地点氛围的引导下，被消费的不只是商品本身，环境与意象更是体验消费的重点。消费者对该地点的空间、设施以及整个环境氛围都进行体验与感知。因此，当人们来到这些地点消费的时候，实际上消费的是这些地点所被赋予的象征价值和意义。通过购物活动，可以诠释出个人独特的生活方式与生活美学。通过消费和参与，个体进一步建构自我。换言之，在后现代的消费行为社会中，个体通过购物消费的行为活动，表达的是一种符号性、象征性、文化性与社会性的诉求与需要。地点的结构彰显了社会性的消费行为结构。使用者通过在城市体验型商业消费地点中的消费与亲身参与，不仅彰显出个人获得社会认同的欲望，展示了个人生活风格的独特性，而且确立了个人在社会网络中所占的位置。

第三节　城市体验型商业消费空间的地点观建构原理

一　地点性的生产机制

　　城市体验型商业消费空间是城市居民日常生活行为对应的空间之一，

是人们塑造城市意象与展现日常生活行为和集体情感记忆的地方，同时也是展现城市文化和生活模式的重要领域。该类型空间的使用者与地点空间的互动正是城市微观生活地点结构的整合与重构的空间实践过程。不同社会亚文化群体与不同地点的互动将会进一步赋予地点特殊的意义和价值，形成特殊的"存在空间"，体现人对地点空间的价值诉求。当地居民对城市体验型商业消费地点的感知并不只受到地点物质结构性因素的影响，还受到体验活动参与过程背后社会文化因素的影响。也就是说，不同文化的人将会以不同的方式感知其赖以生存的世界。

在感知过程中，人的主体性经验一直在起作用，这种经验与个人的性格、学历、情感、情绪、价值观和创造能力密切相关。另外，对人的感知起作用的因素还有个人在成长过程中的思考方式和行为习惯，因此，环境知觉具有社会文化结构的属性特征。理解体验型商业消费地点的意义与内涵，需要从地点感的视角介入，在赋予地点差异性的社会文化背景下，深入理解地点的含义，通过地点使用者的味觉、触觉、嗅觉、听觉、视觉等多种感官机制作用，形成人对地点的复杂情感。

二　地点性的差异机制

（一）社会文化空间差异属性

随着城市社会的不断发展，城市内部出现了不同的生活方式，并创造了相互接近但互不渗透的小尺度镶嵌排列的不同类型的城市社会区域文化，不同类型的城市体验型商业消费地点分布于整个城市的社会空间区域，是地点性消费文化属性在空间中的展现。根据以上分析可以得出城市体验型商业消费空间具有如下社会文化空间属性。

1. 地点体验性

城市体验型商业消费对于大多数人来说是一种体验型消费，而这种体验，无论是从消费者追求的核心利益角度，还是从营业性服务空间所提供的吸引物或所实现的功能角度，都必须结合地点体验性这一空间特点进行设计。

2. 地点象征性

城市体验型商业消费所承载的体验活动具有空间消费的特质，活动的涉入和对气氛的感知产生了一般物质消费所不具有的空间属性，由此构建了地点使用者的具有象征性的意义空间。

3. 地点感知性

不同的体验型商业消费空间会促使消费者产生不同的环境认知，如奢侈品购买地点、高档娱乐消费地点等。大众商业消费地点提供的娱乐消费会对居民的认知内容产生不同的影响。

4. 地点阶层性

城市体验型商业消费空间的布局与人们的消费行为及消费地点选择是不可分离的。不同阶层消费者本身消费行为也是城市消费空间再生产中的一个重要影响因素。

5. 地点亚文化性

亚文化地点规律是拥有不同生活方式的人群在商业消费空间上所表现出来的一种地点感，具有对应亚文化行为的象征功能。消费本身成为消费者本人与其他社会群体开展仪式性活动的场域，体验性消费成为一个积极有效的过程，人们的社会范畴包括社会关系在消费过程中被重新建构。

（二）文化性的地点差异效应

体验型商业消费的社会与文化意义建构了现在与未来、世界与区域、宏观与微观的空间链接关系，即体验型商业消费地点重构了城市的日常生活空间与社会经济空间。社会是多层的，文化是多元的，这意味着构成体验型商业消费空间的各类地点不是同步与同构的，其会随着社会的发展而变化。不同的城市发展背景与发展历程形塑了各个消费地点的"象征性"形式和意义，同时连接着使用者对地点的意象。那些具备时代性的消费地点遂成为各地最主要的地点文化资源（诸如大型的购物中心、迪士尼似的主题公园、商业步行街区等）。消费地点也是振兴与活化城市经济的触媒，此触媒随着地点性异同而有不同的氛围呈现。尽管城市形态各异，但具有地点性特色的各类城市体验型商业消费空间依旧是形成城市活力的重要支撑。日常生活中的地点是由社会行为文化长期作用于自然地理空间而形成的，因此，机械化、魔幻化的商业空间不是最终的营造目的，相反，只有日常生活的地点，才是体验型商业消费空间营建的焦点与意义的核心。将地点的这种差异性植入城市体验型商业消费的空间属性，既提供给消费者一个可以感知的、可以体验和记忆的意义空间，同时导致使用者地点感获得上的差异性规律（见图 11－3）。

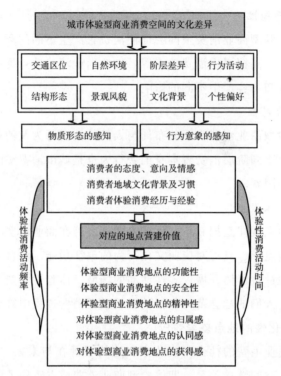

图 11 - 3　城市体验型商业消费空间的文化差异

资料来源：笔者自制。

第四节　城市体验型商业消费空间的地点认同

一　地点认同感

地点认同感的本质就是要认识空间中的自己、理解空间中的别人，不仅要了解自己是谁、从何处来，还要寻找外在情感的依附，了解自己究竟属于什么地点、将往何处？具有阶层消费和空间消费特质的城市体验型商业消费空间蕴含了地点使用者的象征性价值和意义，即地点（空间）成为一种销售商品、凸显使用者社会阶层身份、满足使用者价值诉求的地方，而不仅仅是购物场所。人们对地点的认同感来自对特殊建筑物、对发生在这个地点的事件，以及对个人生命活动、生活经历的回忆。对不同文化背景的人而言，生活在不同的真实世界，其所建构的生活空间是多元文化价值观的展现，每个人都会有个人生活体验的沉淀并表现出对应的地点特征。在地点的领域空间中，经过周围社会文化环境的熏陶，通过调整与修正各自的认知，人们对地点的认同感会发生不同程度的转变。总体而言，环境、活动、意识构成了地点认同的三个基本要素，地点是人类栖居的具体表达，对地点的认同感来自对地点的情感。由于地点认同是人与地点之间不断相互作用而产生的，所以外界也是构建地点特色的一部分。地点认同并不是单一的、统一的认同，反而是充满多元属性的，是一个相互作用的过程。要重建地点，就必须了解地点所附着的文化，并让外来文化与本地文化进行不断的互动，在当地生活空间中落地生根。当一群人的地点感紧密扣连在一起时，一种关于地点的集体意识即地点认同感就被建构出来（见图11-4）。

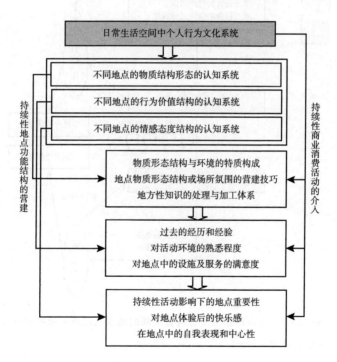

图 11-4　城市体验型商业消费空间的地点认同规律

资料来源：笔者自制。

二　地点认同感的建构过程

当消费者的主体认同及归属感紧密扣连在一起时，一种关于地点的集体意识就被建构出来。地点认同是由联结在一起的特定地点所具有的某种关系所构成的事实,而不是长远的内在化的历史,并且具有多重属性。地点感应被容许是外向的,某个部分来自其与外界的联结。因此,构建地点并保有地点的特性是在地生活的建构与积极的空间实践,更需要加入时间的向度来检视地点性与我们生活需求的真实关系。地点认同感是一种能令各种使用者产生认同感与归属感的空间特质,其影响因素包含环境属性、空间含义以及地点的物质环境资源特色。

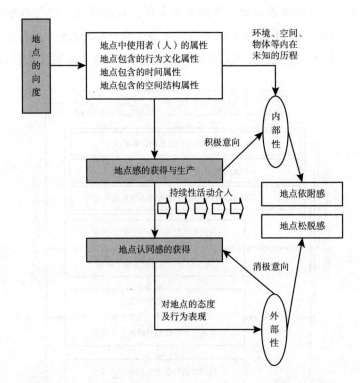

图 11 - 5　城市体验型商业消费空间的地点认同感的建构过程

资料来源:笔者自制。

　　人类对地点有依恋性,当某物出现于特定场合时,其引发了对地点的情感联系,将会在空间领域中形成特殊的情感氛围,并形成一种复杂的地点性建构规律(见图 11 - 5)。地点认同感是与人类发展相关的动态概念,可以理解为各人或各群体对其继承的地点文化的倾向性共识与认可,这种共识、认可是人类对自然认可的升华,并形成支配人类行为的思维准则与价值取向。由于人类存在于不同的文化体系中，地点认同感成为表现地点意义的文化属性。

第五节　体验型商业消费的地点感营造过程

一　体验型商业消费空间的地点行为认知

威廉姆斯和帕特森等（Daniel，Williams，Michael，Patterson，Joseph，1992）从行为心理学角度，将人们感应认知下的商业消费意义分为以下四种类型：内在的审美性（inherent aesthetic）、辅助的目标导向性（instrumental goal directed）、文化的象征性（cultural symbolic）、个人的自我表达性（individual expressive）。麦卡威（Mcavoy，2001）以这四种地点意义感知类型为基础，从社会文化角度研究了不同种族的人对城市体验型商业消费空间意义感知顺序的差异性。

人的内在动机是体验型商业消费行为产生的关键因素，即自我决策、能力以及依赖性。体验型商业消费行为是亚文化环境的特殊形式与意义。体验型商业消费行为取决于经济条件、角色定义、宗教取向、文化历史及其他类似因素，同时根植于时间、空间的文化内涵中。作为行动，体验型商业消费行为是一种空间上的存在主义行为，是自我创造的行为；作为日常生活空间的空间，体验型商业消费的行为空间是使创造性活动成为可能的社会空间。不同消费者在以上方面的行为差异性主要源于不同价值观作用下的态度、意见、兴趣等的影响。价值观包括归属感、开心、享受生活、保持友好关系、自我实现、受人尊敬、成就感、安全和自尊等内涵。体验型商业消费的行为类型则由使用者所属的社会阶层、生活方式、个性特征等决定。在体验型消费社会中，商业消费承载着许多象征性的符号和意义，在地点认同与外在宣传营销机制的影响下，消费地点所提供的不仅是购物的功能性和实用价值，更隐含着一种消费的愉悦性和符号象征性意义，并成为个人展现生活风格与品位的重要载体。

二　体验型商业消费空间的地点感认知

城市体验型商业消费空间对使用者而言是具有意义和价值的，地点因人的行为和情感活动的介入而变得更具有独特性和情感性，即地点的独特性可以使人们对地点产生情感上的依附。当人们置身于地点当中，从认识地点开始，到产生地点认同，最后发展到地点依恋，形成了系统的地点感建构过程（见图 11 - 6）。

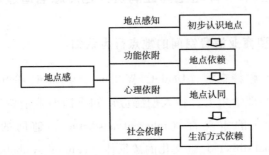

图 11 - 6　体验型商业消费空间的地点感认知构成

资料来源：笔者自制。

三　体验型商业消费空间的地点感生成规律

体验型商业消费是人们进行日常生活体验的重要组成部分。摩尔和格雷夫认为，除了消费场所的物质形态环境与消费者行为心理层面的影响因素之外，消费者本身的社会经济文化特征以及购物体验的行为规律的相关变化等都会造成消费者对商业消费空间的参与使用频率的差异，进而影响地点感的生成。国外学者对城市体验型商业消费地点感生成规律的相关研究可以归纳为三大类：消费者的个人社会背景、体验型商业消费活动的行为规律以及购物消费体验的时间频率。消费者的个人社会背景和生活经历会影响其对体验型消费地点的评价，进一而影响其在该商业消费地点的停留时间、活动类型以及个性偏好。在城市体验型商业消费行为活动特征与消费者地点感的强烈程度之间的关联性研究上，诸多学者关注的是消费者的行为活动偏好、消费体验的目的、行为活动场所的选择以及光顾的频率和活动时间等，对地点中环境设施的使用程度、情感认同的方式以及消费水平的强弱等向度也是研究的重点。因为上述这些因素的差异性使消费者的地点感强烈程度呈现非常大的差异，有些顾客会经常光顾，而有些顾客却很少再去光顾。归根结底，这与消费者的地点感强烈程度有着密切的关系。因此，可以总结出在体验型商业消费空间中，使用者地点感的产生与消费者个人的社会身份背景、参与消费体验的行为活动类型、消费体验地点的物质结构和环境氛围、参与体验消费活动的时间和频率等要素有关，是一个复杂的社会性建构过程（见图 11 – 7）。

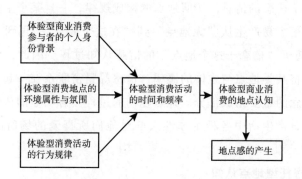

图 11 – 7　体验型商业消费空间的地点感生成

资料来源：笔者自制。

四　体验型商业消费地点的文化认知类型

城市体验型商业消费空间是使用者的情感、心境、气质、价值观及行为表现的承载地和舞台，同时可以作为人们的兴趣对象与施加影响的对象，是体验者的关注点、注意力的集中点。根据不同消费地点的环境氛围差异以及不同使用者的行为背景差异，对体验型消费地点的文化感知会表现出结构性的差异类型，如逃避、依恋、寄托、消遣、宣泄、刺激、猎奇、炫耀、展示等不同的文化认知类型。

（一）逃避型地点认知

通过商业体验活动的植入，消费者将商业消费地点作为情绪和情感的承载空间。消费者部分或全部忘记自己在日常生活中的各种琐事（甚至或多或少强制性地或有意地去安排自己的娱乐休闲活动），以减轻生活上的焦躁不安和恐慌。选择放松的地点往往具有较好的空间隔绝性、私密性或半私密性，能够形成独立的空间氛围，可以满足使用者的特殊心情需要。因此，这样的地点就成为使用者脱离自我和防护隔离的场所，并形成日常生活空间中一种重要的逃避型认知地点。

(二) 依恋型地点认知

对于消费者来说,体验型商业消费地点已经成为其日常生活中不可或缺的一部分,甚至已经成为其重要的情感依托。由于消费者进行体验型消费行为活动的频次较高,或者较长时间地关注、使用某个地点,从而对这个地点产生了迷恋的情感。按照地点的构成规律,一旦某个主体涉入某个场所,就会很容易产生从"无地点"到"在这个地点",再到"归属于这个地点",甚至"依恋于这个地点"的情感认知过程。因此,地点性的建构过程就是将某类地点与主体的愿望、情感等紧密联系在一起,并成为地点性这个概念的重要组成部分。地点建构的过程具有明显的认知阶段性特征,体现了日常生活中各种主体性人群对他们所喜爱的场所的情感归属程度。

(三) 寄托型地点认知

有些人会把某个特殊的体验型商业消费地点作为拥抱人生未来理想和希望的地方,此地点所具有的场所气氛能够让使用者获得一种力量感,进而萌发对未来生活的希望。这种情况在日常生活中非常多见。例如,某些青年男女为了达到进一步交往的愿望,往往会精心选择一些特殊的消费地点 (特色餐厅、咖啡馆或电影院等) 进行约会,从而希望实现某些愿望。

(四) 消遣型地点认知

加拿大学者斯特宾斯 (Stebbins,2012) 提出了"消遣性休闲"的概念,并将它定义为一种即时的、本质上可获得的心理筹赏,或相对短期的娱乐性活动,此种娱乐活动不需要特别的技巧就可以享受。消遣性是体验型商业消费地点的主要功能性特质之一,通过消遣性活动的持续涉入,消费者在商家特意营造的地点中,通过灯光、音乐、场景和氛围,缓解生活上的压力,满足更多心理上、生理上的需求,继而获得愉悦感和轻松感。

(五) 宣泄型地点认知

体验型商业消费地点能够提供缓解工作上的单调、压抑和生活上的烦恼、惆怅的空间机会。当消费者在现实社会中的心理压力无法释放时,某些特殊体验型地点就成为宣泄型活动的重要场所。这种地点有利于主体释放内心感受、想法及情绪，在不妨碍别人的前提下，用其可以接受的肢体活动来表达自己紧张焦虑的心情，从而舒缓身心，重趋平和，恢复到正常状态。

（六）刺激型地点认知

城市体验型商业消费主体将活跃、奔放的心理特征带入地点中，和地点的活动相融合，消除焦虑和紧张的消极情绪，并且由此产生对地点的特殊认知。

（七）猎奇型地点认知

环境和文化的多样性造就了体验型商业消费地点截然不同的物质环境氛围以及意义各不相同的功能性行为文化活动。体验型商业消费地点承载了具有强烈吸引力的不同空间氛围以及历史文化特性，通过感受这种具有差异性和神秘性的场所氛围和空间特性，地点消费者获得了增长知识、陶冶情操、探寻未知的机会，满足了猎奇的空间诉求。

（八）炫耀型地点认知

城市体验型商业消费行为具有明显的阶层化特征。使用者在某些特殊的地点中进行消费是为了彰显自身的身份和地位，将地点视为自己区别于他人的空间依托地。通过个人和相关群体的活动性涉入以及炫耀性行为的展示，凸显自身的文化品位，表达自我的阶级意识。某些阶层的群体为了维系其社会声望，也会通过某些特殊的地点来彰显其特定的生活方式或娱乐行为，进而显示与其他阶层的差别。地点演化为主体性象征的意义空间（Goodale，Godbey，1989）。

（九）展示型地点认知

萨缪尔斯（Samuels）认为，一个人身份的确立、对自我的肯定，均与周围的环境有关。因此，体验型商业消费行为有助于将某些特殊地点作为一种"精神性的福利"来展现，其可以成为某些顾客信任的生活场所，亦可以成为自身追求一种高水准信仰的体验之地。

第六节　城市体验型商业消费地点的塑造规律

从体验型商业消费地点使用者的个人偏好角度出发，分析人对地点的影响作用，与传统的三分法相吻合，按照个人的偏好类型，可以把人分为三种具有特定"属性"的人，分别是"物属性"的人（things people），"人属性"的人（people people）以及"地点属性"的人（place people）。"物属性"的人对他们所从事的工作和活动非常感兴趣，他们的满足感来源于他们在工作上所取得的成功。而"人属性"的人最关注和谁在一起工作，他们之间的关系最为重要，只要他们之间保持着惬意的关系，他们就很少关注其他方面。"地点属性"的人关注他们本身和周围地点环境的联系方式，他们会通过探索、旅行或重新改造周围环境的方式来保持与空间环境之间的亲密关系。对他们来说，行为的发生之地比行为本身或与谁合作更能引起他们的兴趣，即更关注日常生活中的各类地点的区位布局特征。地点的区位布局规律往往与"地点属性"的人在日常生活中寻求能够代表其行为文化方式或提升其生活质量的消费行为相联系。他们会对一个具有意义与价值的地理空间进行方位、交通、设施、环境及生活便利性等方面的认知与评价，并将个人及社会性的行为文化特征通过地点营建的方式融入地点的构造中，以此来塑造地点，并彰显其想法、价值、符号、意义与感受。

第七节 小结

本章从人文主义视角对体验型商业消费地点进行解构，首先，从城市体验型商业消费的主体性感知差异入手，透视地点使用者是如何与地点互动，并产生差异性的行为文化认知效应的。其次，对城市体验型商业消费地点的认同感和认知要素进行解析，从体验型商业消费地点的认知构成层面分析其外在功能和结构特性。对体验型商业消费空间的地点观建构原理、认同机制及地点感的营造过程进行了系统分析。

使用者与地点空间的互动正是地点性的构建与地点感的空间积累实践。人的主体经验在体验型消费地点建构中起着重要的作用。地点的特性与使用者的经验、性格、情感、价值观与创造性密切相关。不同的主体性及不同文化群体的积极参与和关注对地点感的塑造具有重要的引导作用。

城市体验型商业消费空间是城市空间中商业化的次文化地点，它已经超出了传统商业消费空间的本质，成为一种展示消费者自我、寻求地方认同的场所。体验型商业消费地点代表着不同的阶层文化特性、物质环境氛围特性以及使用者的行为文化特性，进而塑造了文化性的地点差异效应。

城市体验型商业消费空间是使用者的情感、心境、气质、价值观及行为表现的承载地和舞台。根据不同消费地点的环境氛围差异以及不同使用者的行为背景差异，对体验型消费地点的文化感知会表现出结构性的差异类型，如逃避、依恋、寄托、消遣、宣泄、刺激、猎奇、炫耀、展示等不同的文化认知类型。

因此，城市体验型商业消费空间的地点观建构规律有助于丰富地点理论，也能够为城市日常生活空间的行为文化感知、城市体验型商业经济发展规律的探索、体验型商业娱乐场所的微观区位布局选择等提供研究基础。

第十二章

传统乡村聚落景观的
地方性知识构成原理

面临席卷而来的"强势文化",处于"弱势"的地域文化如果缺乏内在活力,没有明确发展方向和自强意识,不自觉地保护与发展,就会显得被动,有可能丧失自我的创造力和竞争力,淹没在世界"文化趋同"的大潮中。

——吴良镛

传统乡村聚落景观是物质空间形态层面的行为文化的产物,地点性的乡土聚落反映的是该地区人居行为文化体系中的基本单元构成,表达的是一个地方区别于其他地方居住行为文化的根本差异。传统乡村聚落景观能够揭示传统人居环境营建文化在地域空间上的表达形态。地方性知识作为地点理论体系中的一个重要部分,近年来广受人类生态学家的重视。国外已较早借用人类生态学领域的地方性知识去解构人居环境聚落的演化构成,并将其用于对聚落形态单元所衍生出来的聚落景观的文化形态构成分析上。

第一节　传统乡村聚落景观地方性知识研究的背景

一　从文化景观的演进来看

中国人素有本土文化情结,"乡愁""栖居""家园"等词语表达的就是人居环境要根植于地方。传统乡村的人居环境往往与当地的地理环境、人物事件、生活行为、土地景观、理想价值等有着密切的关系,并成为乡愁的最好物质载体。历史上先贤们在规划、设计、建造传统聚落的时候，就已经把承载山川人物、贯通古今往事、展现吾土吾民等地点性的文化基因熔铸到了人居环境建设当中，形成一种与生俱来的"本土营造"技巧，并成为当地最重要的历史文化遗产和记忆，也是人居环境传统规划设计的灵魂。早在 1925 年著名人文地理学者卡尔·索尔就提出了"文化景观"的概念，强调地表现象的自然与文化耦合的地域性特征。此后，地理学者惠特尔西（Whittlesey）提出了"景观阶段序列"的叠加性理念；哥德曼（Gottmann）与刘易斯（Lewis）提出了关于景观的地方性知识；1992 年，联合国世界遗产委员会提出了"文化景观"的遗产单列项；1995 年詹姆斯总结出（遗产性）文化景观的四种模型。至此，国际学术界终于将"地方性知识"的理念引入并拓展到对传统乡村聚落景观的构成分析上（王兴中、李胜超、李亮，2014）。此后，建筑学、人居环境聚落学、人文地理学、文化景观学、景观生态学、景观建筑学等学科领域均引入了地方性知识的相关概念，但各个学科又都从各自的研究方法上进行了延展性的分析（刘沛林、刘春腊、邓运员，2011）。

二　从知识概念的演进来看

自 20 世纪 60 年代以来，人类的知识观念处于悄悄变革之中，知识的地方性问题正是这一变革的产物之一。人类学家吉尔兹所倡导的地方性知识作为一种新型的知识理念，成为近年来国内外关注的学术热点。"什么是知识"这个问题经常被称为"泰阿泰德问题"[①]，是一个有着 2000 多年历史的老问题。上千年以来，不同的思想家给出了众多的知识定义，并形成了当代知识论中不同的观点和学派。诸如波普尔认为，知识由有机体的意向构成，没有什么知识不是通过感官获得的，全部科学和全部哲学都是文明的常识，包括观察在内的所有知识都渗透了理论（卡尔·波普尔，舒炜光，2003）。从 20 世纪中叶开始，科学技术与社会之间的关系日益密切，人们运用知识的力度不断加大，知识生产的方式发生了重大转变，知

---

① "泰阿泰德问题"源自《柏拉图全集》中的《泰阿泰德篇》。苏格拉底问泰阿泰德："知识是什么？"泰阿泰德回答说："我想，说某人知道某事就是觉察他知道的事情，因此，就我现在的理解来看，知识无非就是感觉。"

识定义的多元化现象也日益突出（蒙本曼，2016）。福柯认为知识是一种话语实践活动，知识实践是社会整体实践的有机组成部分。在现代社会，知识和权力形成了一种相互联结的关系。知识是权力化、力量化的知识，权力是一种知识化、技术化的权力，二者相互融合（刘大椿，2009）。福柯还主张用"谱系学"一词来表达知识与地方性之间的结合，认为谱系学真正的任务是关注地方性的、不连续的、非常规的知识，并以此来抗衡那种单一的理论体系（约瑟夫·劳斯著，盛晓明、邱慧、孟强译，2004）。

伴随各学科对知识定义的突破性研究，人类越来越意识到知识的生产与其所根植的地理环境之间存在密切的关联。地理环境所建构的地方性规律对地表各类知识事象的生成和演进起着重要的作用。同时，各类景观所蕴含的知识也正在经历由表及里、由浅入深、由简单到复杂、由局部到整体、由静止到动态的演进过程。借鉴地方性知识，对各类景观的重要物质属性结构的生成特征进行分析，可以有助于阐释其他地表各类事象的生成、演化规律。尽管各个学科之间存在研究背景和知识领域的差异性，但是在各学科之间建立"仿生式"的研究方法对学科之间的创新性思考与理论探索具有典型的借鉴和启发意义。

本研究借鉴人类生态学领域地方性知识原理中的知识组织演化规律，以寻找传统乡村聚落景观中的典型地方性知识为基础，探寻传统乡土聚落演化的地方性机制及其对应的知识生成规律，从而为科学有效地保护传统历史文化遗产做出努力。

三　从人类聚居学的演进来看

在人居环境营建领域（建筑学、城乡规划学、风景园林学等事关人居环境科学的相关学科），以现代主义人居环境营建为代表的实践已经在世界各地占有主导地位，现代化的功能主义营建模式已经成为当代人居环境营建的主要手段，其结果是一方面极大地满足了人们对物质环境景观的需要，另一方面由于对人居环境营建传统的忽视而造成了历史人文精神层面的慌乱和茫然。诸如，"乡愁""城愁"何处寻？奇奇怪怪的建筑充斥我们的城市，乡村和城市景观日益趋同，诸多城市千篇一律，"城非城，乡非乡"的现象日益严重，导致许多城市和乡村丧失了民族性，缺乏地方性特色，也失去了人居环境文化的重要精神依据。吴良镛先生在《论中国建筑文化的研究与创造》一文中谈道："面临席卷而来的'强势'文化，处于'弱势'的地域文化如果缺乏内在活力，没有明确发展方向和自强意识，不自觉地保护与发展，就会显得被动，就有可能丧失自我的创造力和竞争力，淹没在世界'文化趋同'的大潮中。"（吴良镛，2003）因此，漠视中国人居环境的文化传统，放弃对中国传统聚居文化内涵及其所对应的地方性知识的探索，照搬照抄国外人居环境营建的方法和模式显然是错误的。为了自觉地把中国人居环境景观文化研究推向更高的境界，更要注意追溯原型，根植地方，探讨传统乡村聚落景观的地方性知识特征及演化规律与范式。在现实中，传统的聚落文化景观保护性规划设计研究也常总结过去，找出根植于某些特殊地方的知识，探寻出地方性知识的组织关系和演进机制。探寻聚落生成演化的地方性规律，为现代人居环境营建提供地域性法则，并将研究成果应用到具体的规划设计创作中，形成具有本土文化特色的新型人居文化。

四 从传统乡村聚落景观的特征来看

传统乡村聚落景观有其独特的地方性，蕴含着丰富的地方性知识。伴随时代的演进，无论是徽州的西递宏村还是陕西韩城的党家村，都曾经历面临破坏再到传承保护的过程。对于每一种乡土聚落类型，传统意义上的繁衍和发展都已经不复存在。在农村，传统乡村聚落景观在近 20 年的时间里经历着巨大的变化，从传统中迅速转身，并逐渐转向"统一"与"简洁"，聚落景观空间出现了简单的堆砌，人居环境质量较低，地方性知识正逐步消失或者被遗忘。很多新建的乡村违背了传统自然观念，忽视地方性知识。地方性知识的遗失让乡村建设问题重重，新建的乡村很难让当地居民产生地点感，"乡愁何处觅"的问题时常出现。

第二节 传统乡村聚落景观地方性知识的概念与内涵

一 景观知识性的内涵与特征

在欧洲，"景观"一词最早出现在希伯来文的《圣经》旧约全书中，景观的含义同汉语的"风景""景致""景色"相一致，等同于英语的"scenery"，都是视觉美学意义上的概念（俞孔坚，2002）。地理学家把景观作为一个科学名词，将其定义为地表景象、综合自然地理区，或是一种类型单位的通称，如城市景观、森林景观等；艺术家把景观作为表现与再现的对象，等同于风景；生态学家把景观定义为生态系统；旅游学家把景观当作资源；建筑师把景观作为建筑物的配景或背景。因此，从广义的知识内涵来看，景观就是不同地方知识的反映及表达，对景观知识性内涵的理解一般有以下几个方面的特征（俞孔坚，1998）。

第一，具有区域知识特征：可以是某一综合区域，包括自然、经济、人文诸方面；抑或是个体区域单位，相当于综合自然区划等级系统中最小一级的自然区，是形态结构同一的区域。

第二，具有综合自然地理知识特征：是指地理各要素相互联系、相互制约、有规律结合而成的具有内部一致性的整体，大如地图（即景观圈）、小如生物地理群落（单一地段），它们均可分为不同等级的区域或类型单位。

第三，具有知识类型的特征：用于任何区域分类单位，指相互隔离的地段按其外部特征的相似性归为同一类型的单位，如草原景观、森林景观等。这一概念认为区域单位不等同于景观，而是景观的有规律组合。

从景观的知识性内涵和特征来看，广义的景观就是一种文化知识空间现象，其在传承与延续过程中，往往具有知识的传播功效。一方面，凭借着自身的优势因子进行传播，从而保持其原有的性状；另一方面，在知识的传承当中，为了更好地适应周围环境的变化，很容易产生一定程度上的变异（或者叫作地方性表达与适应），从而形成更好的景观表达形式。传统乡村聚落景观就是这种现象的典型代表，一定区域内的聚落景观之所以如此相同，就是因为聚落作为文化的载体之一，在文化传承与传播过程中总是保持其地方性知识的特征。当然，聚落景观在时空演变过程中，其与周围环境所建构的地方性知识也会发生一定程度的变异，从而满足不同时期人们的居住生活需要。因此，人类学中的地方性知识理论对于文化景观研究具有借鉴的意义，运用地方性知识谱系的分析方法可以窥视文化景观传承与传播过程中的内外因子规律，虽然两者属性不同，但在知识的传递、变化等规律上具有类似的生成原理。

二　地方性知识的内涵及对传统乡村聚落景观研究的启示

（一）地方性知识的内涵

地方性知识是 20 世纪 60 年代兴起的概念，是知识地方性问题的重要表现形式和组成部分。这个概念起源于人类学研究，由美国文化人类学家吉尔兹提出（杨念群，2004）。第二次世界大战之后，面对全球化与地方性的冲突，以及后现代性语境中社会批判主义意识的兴起，地方性知识的概念日渐兴起，它是基于人类学家对土著居民的田野考察而得出的一种知识划分模式。目前地方性知识在乡村生态建设、历史文化遗产保护等领域受到了学界越来越多的关注。

"地方性知识"从英文"local knowledge"翻译而来，英文的"local"，具有"本土的""老土的""某国的""某地的""民族的""传统的""家乡的""当地人"等内涵（柳倩月，2011）。也有学者认为，在哲学意义上，地方性知识与全球性知识相对，地方性知识与公民知识或精英知识相对（吴彤，2008）。吴彤经过研究认为，20 世纪 70 年代以前，地方性知识广泛被认为是"本土知识"，70 年代中期地方性知识被当作"另类"的知识，需要借助比较性分析才有意义。进入 20 世纪 80 年代以来，地方性知识的内涵变得更加丰富（吴彤，2005）。在人类学领域，相对于其他知识对象，地方性知识还具有"乡土知识""土著知识""乡土遗产""历史文化遗产""民族科学"等内涵（朱雪忠，2004）。

通过以上分析可以看出，地方性知识通常指的是那些具有文化特征的某一地区、某一地方或某一地点的知识，包含：①地方的、当地的、本地的及某一地点的知识；②乡土的、民族的、局部的知识。它是以此地为空间限制对象所形成的特定文化景观，在知识的生成与演化过程中所形成的某些特定的情境，包含由特定的自然地理条件和历史条件所形成的亚文化，或者由亚文化群体所共同建构的价值观。用朴素的话来说，地方性知识就是"老百姓的土办法"，对于传统乡村聚落来说就是"乡土营建的传统方法与技术"。

（二）地方性知识原理对传统乡村聚落景观研究的启示

知识作为一种特殊的信息，它具备了更多的附加特征，也就是说，某一种信息越增加这种特征的烙印，就越接近知识（张兵，2014）。采用知识原理研究传统乡村聚落景观的内在本质、外在表达及其保护性规划设计对策是对人类生态学关于地方性知识理论的进一步探索。各地的传统聚落景观之所以具有不同的特征，其根本原因在于影响聚落生成的各类知识的差异性上，尤其是传统的风水堪舆知识、民俗文化知识、宗教信仰知识等对聚落景观形态形成的影响上。我国不同地区传统乡土聚落对不同地区气候、地形、资源以及社会文化背景下的形态表征的差异性正说明了其地方性知识的内涵。只有从根本上掌握这些传统乡村聚落景观的地方性知识特征，才能构建出科学的知识谱系，进而指导当地的城镇规划与设计。例如，我国传统乡土聚落数量众多，这些聚落蕴含着丰富的地方性知识，是乡土文化研究的"活化石"。在掌握聚落景观要素基本构成的基础上，建立传统乡土聚落的地方性知识谱系，有助于推动民族传统聚落的保护性发展。另外，从地方性知识与传统乡村聚落景观的相互影响来看，不同地方的乡土聚落都离不开自然环境要素以及历史人文要素的影响。这些特殊的地方性知识经过相互作用影响着传统聚落景观的生成与发展。综上可以看出，聚落景观所具有的"类知识体系"的特性，对于寻找传统乡土聚落生成生长的内在机制具有重要价值和意义。

1. 地方性知识的生命特征

知识有产生和失效的过程，有生命长短之分，不是永久有效的。从聚落的规划、建造、使用及废弃情况来看，聚落的发展也会呈现出类似知识的产生、生长、衰退的过程。

2. 地方性知识的隐性特征

知识具备较强的隐蔽性，需要进行归纳、总结、提炼。传统的乡村聚落景观总是与特定的自然和人文环境紧密关联，总是依托特定的情境而存在，历史上不同时期的城镇聚落大多是当时社会经济文化的产物，同时不同聚落景观的地方性知识还体现在景观的各个结构与功能组织中，诸如聚落的大小、区位、交通、设施、社会行为文化与制度等要素，这些要素都具有一些隐性特征，在规划设计建造的时候，需要对这些因素进行归纳总结分析，并提炼出我国村镇规划设计的传统。

3. 地方性知识的动态特征

知识具有不断更新和修正的功能。聚落与环境的相互作用总是由环境

的变化引起的，从而使聚落本体的形态结构、产业结构、人文社会结构等
做出相应的调整和变化，通常是由低级到高级、由简单到复杂的发展过
程，使得聚落景观的地方性知识不断地更新和修正。因此，知识的动态性
是科学进步的原动力。

　　4. 地方性知识的可复制、可转移特征

　　知识可以被复制和转移，也可以重复利用。另外，知识在传递的
过程中还会产生倍增效益，知识在应用、交流的过程中，被不断丰富
和拓展。同样，对于聚落景观而言，地方性知识也具有可复制和可转
移的地方性知识特性，传统的乡土聚落营建技术一旦获得了好的使用
效果，就可以进行复制和转移。在被复制或转移到其他地方时，技术
又会与当地的环境发生相互作用，形成新的建造模式，从而推进聚落
的有机生长。

　　聚落景观特征与地方性知识特征的比较见表 12 - 1。

表 12 - 1　聚落景观特征与地方性知识特征的比较

知识的显性特征	聚落景观地方性知识的表达机制	不同地区、地方、地点的聚落形态多样，但地方性知识是表达聚落生成生长的内在规律
知识的隐性特征	地方性知识与地方聚落景观形态	地方性知识承载着对地方环境的认识与文化信息，通过聚落营建技术的植入实现特色的地方聚落形态艺术（景观）
知识与环境	聚落景观的地方性知识与地方环境	地方性知识的形成与所处的当地环境有着密切的关联，它们之间相互影响，塑造出聚落景观的地方性知识特征，具体反映在聚落的规模、尺度、建筑形态等要素上
知识的情境特征	一种地方性知识与一种环境因素应对	一种地方性知识决定了地方营建体系对一种环境因子的主观应对，人们将这种知识作为营建模式，并依据环境的差异性建构聚落景观的形态
知识群与知识谱系	聚落景观的地方性知识群与地方性知识谱系	地方性知识群是地方聚落对环境因子应对的集合，具有特定的功能结构特征；地方性知识谱系则是整合各种地方性因子所形成的关于一个地区系统、完整的知识构成体系
知识的识别与判断	聚落景观地方性知识的识别与判断	从聚落景观的整体布局特征、民居特征、文化特征、公共建筑、环境因子、聚落形态、基础设施、建筑造型等多层面挖掘和提炼地方性知识

续表

知识的复制、转移、生长与变异	聚落景观地方性知识的优化	外来经济、社会、文化、技术等因素均会对当地的聚落营建体系发展产生影响，这种影响又会进一步使原有的地方性知识体系发生优化或者变异
知识重构与整合	聚落景观地方性知识的重构与整合	建立科学的聚落景观地方性知识图谱，并寻找适宜的地方营建技术或者规划设计方法，使现代科学知识与地方性知识更好地融贯到聚落景观的营建上，使传统乡土聚落获得保护、再生与可持续发展

资料来源：笔者自制。

第三节　传统乡村聚落景观地方性知识的构成体系

一　传统乡村聚落景观地方性知识的确认原则

聚落景观的地方性知识是指那些能够保留、继承的地方性因子。它们是构成聚落景观特征的基本单位，即某种代代传承的区别于其他地方的地方性因子，它们对某种聚落景观的形成具有决定性的作用，反过来，它们也是识别与诊断聚落景观地方性知识的决定因子。对地方性知识的研究对于识别聚落景观的地方性文化特征与规律具有至关重要的作用。对聚落景观地方性知识除了要了解景观构成知识的外在显性特征之外，还应了解其隐藏的内在因子，诸如聚落形成的历史文化背景、自然环境条件以及社会经济制度等因素。

传统乡村聚落景观的地方性知识应具有如下特性。第一，唯一性。表现为该聚落景观在整体地方性知识构成上与其他聚落不同，无论在聚落景观的外在形态上，还是在内在社会人文景观特质上，都具有唯一性和排他性。或者说，该聚落景观在某些局部结构上、某些设施上、某些场所上或某些遗产上具有重要的价值和意义，也是其他地区聚落所没有的。第二，优势性。虽然其他聚落景观含有类似的地方性知识，但是该聚落在某些地方性知识构成上具有明显的优势，所形成的知识效能比较突出，总体优势较为明显。第三，传统性。代表一种传统价值和意义，包含本土景观、乡土景观、土著景观、无形文化遗产景观等内涵。第四，传承性（传播性）：知识的地方性并不仅仅针对地域、时间、阶级与各种问题而言，并且还与情境有关（蒙本曼，2016）。从广义角度而言，地方性知识应是一种开放性的知识，地方性并不等于封闭性，相反，这种知识要能够超越与发展，能够用于活化或指导社会经济建设。反映在聚落景观的地方性知识中，意指该知识能够活化成一种"本土的营建技术"，可以用于指导当代村镇规划设计建设或历史文化村镇的保护性规划建设等。

二　传统乡村聚落景观地方性知识的分类

学术界对知识的分类方法具有多样性，总结当前的知识分类结果以及聚落景观的分类原则，根据不同标准，可以将聚落景观的地方性知识划分为两种类别体系：按照地方性知识在聚落景观中的重要性和成分来说，可以划分为主体性知识、依附性知识、混合性知识、变异性知识；按照知识的内在和外在特征来说，可以将聚落景观的地方性知识划分为显性知识和隐性知识（见表 12 - 2）。

表 12 - 2　聚落景观地方性知识的分类

聚落景观地方性知识类型的确定	按照地方性知识对聚落景观特征形成的重要性来划分	主体性知识	该地方性知识控制着聚落的主要景观特征
		依附性知识	依附聚落景观的主体性特征而存在,对聚落景观的主体性特征起到强化或点缀的作用
		混合性知识	指聚落景观特征较为复杂,形式较为多样
		变异性知识	由于社会历史及自然环境的限制与影响,在原有地方性知识的基础上所形成的新的知识体系
	按照知识表达的功能特性进行分类	显性知识	主要包含聚落的外在景观特征,如聚落的大小、聚落的形态构成、聚落的设施构成等
		隐性知识	主要包括聚落景观所蕴含的社会历史人文价值,尤其是一些非物质文化遗产,如民俗节庆、图腾信仰、建筑的营建法式等

资料来源：笔者自制。

三　传统乡村聚落景观地方性知识的作用与规律

聚落景观的地方性知识是对地方环境各因素的系统集合，地方性知识中的各亚类因素是一个相互影响和制约的"地域综合体"①。每一个地方性因子都是这个地域综合体不可分割的一部分，而且地方性知识对聚落生成生长过程的调控作用具有一定的特征和规律。

（一）地方性知识的综合作用

传统乡村聚落景观中地方性知识的各组成因子不是孤立的，而是彼此相互作用、相互耦合的，任何一个单独的地方性知识因子的变化，必然会引起其他因子不同程度的变化和作用。地方性知识所建构的功能或功效虽然有直接和间接的影响、主要和次要的影响、重要与不重要的影响之分，但是它们在一定的地域综合条件下又可以相互转化，因此地方性知识对聚落景观系统的作用不是单一的而是综合的。例如，可以通过乡村适应性规划设计方法调整乡土聚落现代化的居住条件。

（二）地方性知识的主导作用

在众多地方性知识体系中，某些地方性知识会对聚落景观的主要特性起到决定性作用，成为主体性的地方性知识。主体性的地方性知识一旦发生变化，则势必引起其他聚落景观特性的变化。

（三）地方性知识的动态作用

传统聚落景观在生成、生长的不同阶段，对地方性知识的需求不同，而且各因子的组合也会因时间的推移而发生动态变化。因此，地方性知识对聚落景观体系的作用也会有动态性的特征，而且这种动态性是因环境的变化而形成的。

（四）地方性知识的不可替代性和补偿作用

传统聚落景观体系中各种地方性知识对景观特性的作用尽管各不相同，但都具有重要性，尤其是如果缺少作为主体的地方性知识，则会影响聚落景观生成的运转条件，甚至偏离聚落景观演进的目标。从总体上来看，地方性知识是不能替代和补偿的，但是在特定的条件下，某些附属的地方性知识是能补偿的。比如，在一定条件下，在多种地方性知识的综合作用过程中，由于某一个附属的地方性知识在量上存在不足，可以通过其

---

① 地域综合体是一个地理学概念，强调在一定地域内的各自然地理要素和人文社会地理要素的耦合及其功能的体现，或指占据一定地理空间的各个地理要素相互作用所形成的具有一定状态和功能的整体。

他附属的地方性知识来补偿，同样可以获得相似的景观效应。但地方性知识的补偿作用只能在一定范围内有效，一种地方性知识不能完全替代另一种地方性知识。

四 地方性知识的诊断与识别

传统乡村聚落作为人们对景观环境各要素感知与建构的综合集成，能流传至今的模式都是一些能够揭示地方居民智慧、本土营造技能，最适应当地地理环境特征，最能充分表现民族与地方特色，最直接反映不同历史时期民族社会文化意识和精神面貌的经验。任何聚落景观形态的形成都必然是地方性知识调控作用机制的结果，是各类知识综合作用的产物。在可持续发展原则的指导下，对比传统乡村聚落景观模式和当地自然地理环境要素之间的关联关系，挖掘聚落的地方性知识因子，是探究传统乡村聚落可持续发展的第一步。下一步则需要对不同地域的传统乡村聚落进行关于地方性知识的科学诊断与识别。

我国学者刘沛林（2014）针对传统聚落景观的基因进行了系统的研究，总结出建筑物的形态造型、聚落的空间结构特征、聚落的空间意象特征等是识别景观基因的重要路径，并凝练出二维表现、三维表现、视觉表现、结构表现等几种方法。笔者认为，基因是景观体系的基层划分单元，但基因的本质其实就是一个聚落的地方性因子，基因的表达形式就是聚落的地方性知识，受此启发，结合近年来国家出台的关于《传统村落的评价认定指标体系》等规范，总结凝练本书所建构的传统乡村聚落景观地方性知识的识别维度与体系。方案由 9 个大类、15 个小类指标组成，分别涉及村落的历史影响、古迹建筑、街巷景观、空间格局、文化民俗以及生活延续等方面（见表 12 - 3）。

表 12 - 3 聚落景观地方性知识识别的初步方案

中类	中类说明	小类	小类说明
历史久远度	历史久远度反映聚落历史的久远程度，具体因子由现存传统建筑、文物古迹最早修建年代来确定	现存传统建筑、文物古迹最早修建年代	位于聚落范围之内，且目前尚存的历史传统建筑、文物古迹遗址的最早修建年代。本项指标反映聚落的历史久远度

中类	中类说明	小类	小类说明
文物价值（稀缺性）	反映聚落所拥有文物古迹的历史文化和科学艺术价值以及稀缺程度，具体评价由所拥有的文物保护单位的最高级别来确定	拥有文物保护单位的最高级别	位于聚落建成区范围之内，拥有文物保护单位的最高级别，分为全国重点文物保护单位、省级文物保护单位、市县级文物保护单位三个层次
历史事件或名人影响度	反映聚落历史上所发生的重大事件或名人居住生活的影响程度，是聚落历史价值或革命纪念意义的重要体现，由历史事件和名人建筑保存情况和影响等级两方面具体确定	重大历史事件发生地或名人生活居住地原有建筑保存情况	重大历史事件发生地或名人生活居住地原有建筑保存情况，按照原有历史传统建筑群、建筑物及其建筑细部乃至周边环境的保存状况分为三级
		历史事件等级名称或名人等级、内容	聚落历史上所发生的重大事件或名人在此居住生活所具有的价值影响以及对社会经济、文化发展起到的重要作用，按照影响范围分为三个层次
历史建筑规模	反映聚落内历史传统规模总量，由现存历史传统建筑总面积具体确定	现存历史传统建筑总面积	位于聚落建成区范围之内，现存历史传统建筑的建筑总面积，反映聚落内历史传统建筑的规模总量，数值应大于或等于核心保护区历史建筑面积
历史传统建筑（群落）典型性	反映聚落拥有具有地点性特色的历史传统建筑的数量规模和工艺水平，由所拥有的集中反映地方建筑特色的宅院府第、祠堂、驿站、书院的数量，所拥有的体现聚落特色、具有典型特征的古迹的数量，传统建造工艺水平3项指标具体确定	拥有集中反映地方建筑特色的宅院府第、祠堂、驿站、书院的数量	位于聚落建成区范围之内，目前仍处于居住或使用状态的历史建筑保存状况和数量，宅院府第、祠堂、驿站、书院等建筑都是古聚落内部的精品建筑，它们能够代表一定地域内历史传统建筑的典型特色和建造水平
		传统建造工艺水平	聚落在营造方式、建造技艺或民族特色传统建造技术方面的基本状况。按照建造工艺独特、细部装饰精美以及建造工艺、细部装饰水平一般分为两类
		拥有体现聚落特色、具有典型特征古迹的数量	能体现聚落特色、具有典型特征、一般不直接用于人们居住生活的历史建筑物数量

续表

中类	中类说明	小类	小类说明
核心区风貌完整性、空间格局特色及功能	反映了历史聚落空间形态保存状况以及规划布局特色及功能,具体由聚落与自然环境和谐度、空间格局及功能特色、核心区面积规模来确定	聚落与自然环境和谐度	反映聚落与周围自然环境的和谐程度,分为3个等级
		空间格局及功能特色	反映聚落空间格局保存的完整程度以及在传统布局方面的功能和特色。指标包涵空间格局完整情况、空间布局的特殊功能、空间格局的特色三方面。 一类是街巷格局基本完整,传统功能尚在,即聚落的街巷格局基本保持完整,且历史街巷、河流仍旧担负着供居民出行交通和日常生活的传统功能;另一类是空间格局保持十分完整,具有明显特殊功能或反映特色规划布局理论,即聚落的街巷格局仍旧保持着完整的原貌,且聚落空间布局还具有诸如消防、给排水、防盗、防御等特殊功能,或者是空间布局能体现我国传统的选址和规划布局经典理论
		核心区面积规模	反映聚落传统风貌,集中体现区域的规模大小。核心保护区保持一定的占地面积规模,以达到该区域内视野所及范围的传统风貌基本一致
核心区历史真实性	反映聚落历史传统风貌,集中体现区域保存状况,由核心区现存历史建筑及环境的占地面积占核心区全部用地面积的比例来具体确定	核心区现存历史建筑及环境的占地面积占核心区全部用地面积的比例	历史建筑及环境占地面积包括历史建筑基底面积、院落面积,以及被历史建筑所围合的水域、绿化带、街巷等面积; 核心区全部用地面积,包括历史建筑及环境的占地面积、新建建筑及环境的占地面积,以及核心区内道路、基础设施、山水等用地面积的总和
核心区生活延续性	反映聚落作为社会的一个有机体,其社会生活结构体系的相对完整和真实程度,具体由核心保护区内常住人口中原住居民比例来确定	核心保护区中常住人口中原住居民比例	原住居民是指三代以上在此居住的家族居民,全部常住人口则包括原住居民、三代以下在此居住的居民,以及每年有半年以上在此居住生活、疗养学习、务工经商人员的总和

续表

中类	中类说明	小类	小类说明
非物质文化遗产	主要反映聚落在文化民俗方面的保存和传承状况,具体由拥有地方特色的传统节日、传统手工艺和传统风俗的数量,以及源于本地并广为流传的诗词、传说、戏曲、歌赋的范围等级来确定	拥有地方特色的传统节日、传统手工艺和传统风俗的数量	反映聚落特色传统民俗文化的保有程度和多样性。不具有地方特色或不能有别于其他地域和民族的,不在此评价之列(如春节、中秋节等)
		源于本地并广为流传的诗词、传说、戏曲、歌赋的范围等级	在聚落本地发源,并以口头表达为特征的非物质文化遗产流传的范围及留存情况。一些非本地起源,虽然在本地被接受和广为流传的口头遗产不在此评价之列

资料来源:笔者自制。

五 传统乡村聚落景观地方性知识的生成要素解析

传统聚落景观地方性知识生成的过程是一个多因素作用、动态历史演进的过程,是在地方经济、社会、自然、技术与社会文化等多因素共同作用下所形成的结果。通过聚落营建,从而形成了最佳的聚落布局选址、最自然的材料选择、最适宜的技术手段和营建模式、最具有地方特色的社会经济和文化内涵等。

自然生态要素是传统乡村聚落赖以存在的背景,与人们的日常生活息息相关。自古以来,聚落布局都十分讲究与自然地理环境要素的结合,诸如适应当地的地理环境限制,根植于当地的地形条件,应对不同的气候场所,就地取材于当地的自然资源等,这已经成为世界各地建筑聚落所遵从的基本原则(魏秦,2013)。经济与技术因素是推动聚落景观变化的动力因素之一,经济和技术的发展推动着聚落营建水平的提升,同时也促进聚落景观地方性知识的不断演化。社会文化因素反映了地区居民的日常生活行为,是地方人的思维深层次结构,是传统乡村聚落景观形成的主导因素。诸如美国著名建筑理论家拉普卜特认为,房屋是变动的价值、意象观念和生活行为文化的直接体现(拉普卜特著,张玫玫译,1997)。聚落景观地方性知识的生成要素见表12-4。

表 12-4　聚落景观地方性知识的生成要素分析

自然生态要素的构成	地方性知识的生成效应	地方性知识的生成特征
气候	传统聚落的布局会对日照的选择方式做出调适	不同气候区的聚落区位选择、布局以及街巷的方位和大小都是出于对太阳辐射的吸纳和遮蔽的考虑
	传统聚落的布局会对温度的选择方式做出调适	建筑的外表形态和建构方式会对外界气温的变化做出调适,从而达到保温、隔热的目的
	传统聚落的形态、选址与建筑微气候的调节	中国传统风水理论中选址所遵循的"枕山、面屏、环水"原则指的就是背山以抵挡北向寒风,向阳以获取良好日照,环水可以利用日夜的水陆风效应,缓坡建造利于排水避灾
	传统聚落形态布局与室内环境的调节	传统乡村聚落景观形态布局、朝向、屋顶形式、墙体与门窗洞口形式都取决于不同气候区的冬季保温与夏季散热两个关键因素
地形地貌	节约用地的行为知识	传统乡村聚落不仅选取地基稳定、环境优美、日照通风良好、供水充足的地貌环境进行建造,而且还为了保留可耕种的农田,通常会尽量选择原始地貌中的沟、坡、坎、台等微观地形,随高就低营建聚落,形成灵活多样的聚落布局形态
	保护生态环境的行为知识	传统乡村聚落营建尽量维持地貌山行、河流水系,避免对自然生态造成破坏,无论是对自然的崇拜,还是对民俗的禁忌,目的就是保护好生存环境
	减灾与防灾的行为知识	利用聚落选址和组织有序的排水系统防避洪水灾害,利用干栏式架空的建筑防避南方气候环境的湿热灾害等
自然资源	就地取材的行为知识	对于经济落后、运输不便地区,地方材料经过简单处理就应用在建筑构件上,并逐步形成一套与地方材料特性相适应的地方营建技术,诸如黄土高原的窑洞、闽西的客家土楼等
	辅助调节气候与生态环境的效能	诸如,黄土高原地区的窑洞,利用黄土较大的热容量可以保持温度并蓄热,从而调节气候变化;福建、浙江沿海一带传统乡村聚落建筑多用蚌壳烧制灰浆,可防止海风的酸性腐蚀
经济与技术因素	采集渔猎的行为文化知识	以采集渔猎为主的较为原始的生计方式,通过依靠自然环境过着居无定所的日子,其居住形态往往较为简单
	畜牧经济文化知识	逐水草而居的游牧生活行为,聚落形态具有易于拆卸和携带的特征,如蒙古包和毡房
	农耕经济文化知识	我国传统乡村地区的主要模式,居住方式较为固定,受地理环境的影响,呈现出多姿多样的聚落景观形态

续表

自然生态要素的构成	地方性知识的生成效应	地方性知识的生成特征
经济与技术因素	地域性生态营建技术的总结与集成	以最少的经济投入解决聚落营建问题；运用较少的地方材料，以尽可能少的加工，最大限度地发挥材料的物理性能和热工优势，按一定的科学与美学规律加以结构整合，形成朴素的、不断积累与修正的适应性聚落营建技术
社会文化因素	民俗文化的规范性行为知识	具体反映在民俗可以对聚落的营建行为产生规范性，诸如云南少数民族村寨自古就有崇拜树神的习俗，当地村民就会节制砍伐森林或在适合建寨的地方修建风水林
	民俗文化的物化知识	民俗所建构的行为规范和习惯，会在聚落的布局、建筑分配、建筑形式、院落祭祀等细节上反映出来，如丽江民居以宽大的厦廊为主，陕北黄土高原地区有"窑宽一丈"的说法
	家庭结构与社会制度	建筑的形态布局和空间尺寸反映着家庭结构与人们的生活行为，诸如北京四合院的空间平面位序关系
	价值观和审美观	传统乡村聚落在营建中都非常重视"天人合一""负阴抱阳""背山面水"等传统价值观和审美观，具体反映在聚落的选址、建筑院落的大小、屋顶构件、建筑色彩等要素的设计上。诸如伊斯兰建筑讲究立面拱券、凹凸的小窗；荒漠建筑讲究白色、绿色的色调；南方山地讲究聚落的错落有致；平原地区讲究庭院深深；江南水乡讲究小桥流水等

资料来源：笔者自制。

六 陕西传统乡村聚落景观地方性知识的总体特征分析

传统乡村聚落是我国优秀传统历史文化的结晶，其所承载的传统社会体制文化、宗教信仰、聚落营建机制、建筑环境肌理、艺术审美元素、传统乡土经济系统等是聚落可持续发展的根本和关键。作为根植于一方水土的聚落营建成果，传统乡村聚落是古人顺应自然地理环境而营建的"天人合一"的景观群落，是"天、地、人、神"的统一体。陕西传统乡村聚落历史悠久、文化内涵丰富，是我国农耕文明和原始文化的重要代表景观。

陕西省从地理景观单元划分上可以分为关中平原地区、陕南秦巴山区、陕北黄土高原地区三个地理单元。其中关中地区以平原型地貌景观为主，西起宝鸡，东至潼关，具有沃土千里的特征，是一个典型的农业农耕地区。关中平原南部对接大秦岭山脉，北接陕北黄土高原地区。从整体地理环境的地方性特征来看，具有风水最佳、汇聚山水灵气、融贯龙脉之特征。因此，关中平原上的西安是"十三朝古都"，关中也成为汇集山川灵气的地方。

陕北地区在大地景观格局上则属于黄土和沙漠地貌景观单元。陕北地区气候较为干旱，缺水、风沙大，相对于关中地区而言，人地环境问题较为突出，人居环境条件较差。环境条件的特殊性决定其乡土聚落的分布具有较为明显的分散性，并受地貌格局影响较为突出。陕北黄土高原地区因处于黄河中上游部分，是中华始祖文化（炎黄文化）的发源地，具有历史最古老的文化基因，境内分布众多的古老窑洞则是这片土地传统乡村聚落景观的最主要特征。

陕南与陕北和关中地区比较，在自然地理环境基因上具有明显的差异性，陕南整体上为典型的山区自然地貌景观，地质构造上属于扬子准地台部分，北边隆起区域在北、东、西三个方向与秦岭南坡横向褶皱相邻，区域自然地理环境格局具有"两山夹一川"的山川地貌特征。为适应人居环境营建的需要，地区内的传统乡村聚落景观在空间布局选址上具有分散性，聚落选址常分布于山头或坡地地段。在文化景观的地方性知识构成上，受川、渝、鄂等地方性文化基因的影响而呈现出景观文化内涵多元化的特征。

七 陕西关中地区传统乡村聚落景观地方性知识的构成分析

关中地区传统乡村聚落景观的空间结构中蕴含着丰富的地方性知识，如农田、民居、祠堂、寺庙、道路、牌坊、墓地、作坊等元素，这些地方性知识构成元素的完善程度标志着传统乡村聚落景观发育的成熟程度。作为地方性知识主要表现的建筑在传统乡村聚落景观的结构形态中具有重要的位置，代表着时空格局中的"地点"，又彰显着许多非物质性的行为文化基因。与此同时，传统乡村聚落的景观布局也受这种非物质性的行为文化基因的影响。地方性的营建技术使得这些地方性知识成为传统乡村聚落景观构成的隐性动力。关中地区传统乡村聚落景观的地方性知识构成见表12－5。

表 12 - 5　陕西关中地区传统乡村聚落景观的地方性知识构成

地方性知识的构成	地方性知识的构成特征
顺应气候的智慧	属于北方冬季寒冷、夏季炎热的气候,在乡村聚落景观构成上呈现出窄院、厚重墙体、槐院、高墙、单坡屋顶等特征
顺应地理的智慧	地理环境以平原为主导,兼具台塬、丘陵、河谷、山川等,这些特殊的地理条件为传统乡村的选址提供了支撑。在具体空间结构形态上,有些村落密集如棋盘,或因河水、川道限定呈现曲线形式
顺应风水的智慧	风水是关中传统乡村聚落景观营建的基本法则,形成"背山依水、负阴抱阳"的大体系,其中房屋的位置和朝向、路门关系、主次建筑布局等都与风水有着密切的关系
崇尚礼制的智慧	伦理等级限定了传统乡村聚落营建的行为与规范。关中地区具有儒家文化等多元文化基因,注重伦理纲常、厚重务实、安分知足与守土恋家等特征。因此,传统乡村往往以宗祠为中心形成内部向心式的空间结构规制
整体空间结构形态的地方性知识	关中地区整体空间结构往往以"十"字形和"井"字形为主
耕地位置的地方性知识	一般耕地距离村子5公里之内,乡村规模较为符合所属耕地的耕种半径
居住位置的地方性知识	往往以宗族祠堂为中心形成向心型布局,村与村之间还会受到比宗族体系更高一层次的社会管理体系文化的限制和规定,并结成"社"
祠堂位置的地方性知识	祠堂为祖灵之"貌",是先祖化身所在与后人祭祀宗祖的地点。在传统乡村聚落景观营建中,祠堂是各家建筑选址布局的核心和参考系,同一祖人总是围绕着自己的祠堂而建
墓地位置的地方性知识	遵循风水标准。关中东部地区大宗族建有专门的墓地,多数选址位于坡岗上、崖坡边或田地边缘;普通人多选择在自家田地中
院场位置的地方性知识	通常将麦场置于村中或村边;陕北与陕南通常置于各家门口,或置于田边
院落景观的地方性知识	关中地区风调雨顺,土地较为肥沃,地势较为平坦,故民居通常沿街布置,户户毗连,加大进深,缩短街道,形成以内院为中心的生活空间和以街巷为中心的交往空间。庭院中正房、门房、厦房皆向内庭院开门窗
空间组织的地方性知识	传统乡村民居平面布局通常以厅房为主,以门房为宾,以两厦为次,父上子下,哥东弟西。整体上布局严谨、规整、对称、纵轴贯通、庭院狭窄、空间紧凑
乡村民居中装饰艺术的地方性知识	建筑屋脊装饰主要为烧制的细泥陶塑饰件,具有美化屋脊、丰富乡村聚落景观天际线的功效;门窗、挂落、窗帘罩和檐下斗拱则以木雕构件为主;门枕石、柱础、拴马桩、影壁等则以石雕为主

资料来源:笔者自制。

八　地方性知识理论对传统乡村聚落景观规划设计的启示

（一）挖掘乡村聚落地方性知识中的特质信息

任何一个乡土聚落都有其独特的知识构成特征来吸引人，使人产生对历史文化内涵和人居情感价值的认同。因此，当前进行美丽乡村规划时，应深入挖掘乡土聚落景观中所蕴含的地方性知识，通过对乡土文化知识的挖掘和整理，找到那些影响传统乡村聚落景观变化的基本特征和规律。民族的就是地方的，地方的就是世界的。在运用地方性知识理论进行传统乡村聚落景观规划设计时，需要充分挖掘当地不同于其他地方的地方性知识，围绕地点感的塑造主题，充分提炼传统乡村聚落景观规划中的传统文化知识和规划设计手法等信息，构建地方性知识的谱系和数据库，从而为当前搞好美丽乡村规划及推进新型城镇化建设提供基础支撑。

（二）深入解析传统乡村聚落景观的内在本质

对传统乡村聚落景观地方性知识进行挖掘与提炼的最根本目的在于对传统乡村聚落景观内在的地点建构规律与知识文化的本质进行把握。任何一个地方都有其独特的地域文化脉络，这种内在文化本质就像知识的构成特性一样，有它独特的显性与隐性内涵，这种知识的表达形式和成果则是传统乡村聚落景观的地方性知识体系构成的内在本质。诸如，安徽黟县的西递宏村就是按照中国传统乡村聚落景观选址原则与布局模式进行建设的典范。历史文化村落保护性规划设计工作应该重视根植于特定地点的地方性知识，这是进行传统乡村聚落规划的关键所在。

（三）恢复乡村聚落景观的地点感

对传统乡村聚落景观的地方性知识进行挖掘、梳理之后，还必须运用相应的地方营建技术进行表达与呈现，以恢复和彰显传统乡村聚落景观的地点感。这些地点感就像大地景观上的地层、文化考古学中的文化景观构成一样，有助于人们厘清传统乡村聚落景观中的文化意象关系，复原当地历史文化景观的连续断面，让居住于此的人对传统乡村聚落景观产生历史记忆，形成认同感，而不是对陌生的新环境格局产生厌恶与恐慌，甚至是失落。只有依照传统乡村聚落景观的地方性知识进行地方营建，才能为当代乡村聚落景观的规划设计定位及其科学发展提供基础。

（四） 为传统乡村聚落景观的形象设计提供依据

在传统乡村聚落景观的规划设计实践中，聚落景观的总体设计定位常常成为困扰规划师的核心问题。总体形象设计不准，将会直接影响到传统乡村聚落景观形象的推广和当地文化产业的发展方向。传统乡村聚落景观中所蕴含的地方性知识体系之间存在着高度的关联性，已成为规划师定位传统乡村聚落景观的重要依据。因此，在当代城乡规划设计中，规划师必须从乡土聚落景观的地方性知识出发，认真筛选本土的历史文化内涵，系统凝练本土的地方性知识，正确把握乡村发展的基本规律，科学确认景观的地方性知识，合理组织并传承传统乡村聚落景观的空间形态肌理，针对关键的地方性知识因子进行重点把握与设计，从而保护传统文化基因，弘扬优秀历史文化传统。

第四节　小结

本章借助人类生态学领域中的地方性知识理论，较为系统地阐释传统乡村聚落景观地方性知识的构成体系，并以陕西的传统乡村聚落景观为例，分析其地方性知识的生成环境、类别以及地点性知识图谱的表达形式等。研究结果表明，受地域性环境条件的影响，陕西传统乡村聚落景观的地方性知识呈现出差异性，体现在传统乡村聚落景观物质形态空间与非物质文化景观的"知识"差异性当中。对传统乡村聚落景观进行地方性知识分析研究可以为传统乡土聚落的保护规划提供知识图谱，并可作为传承与保护乡土聚落文化遗产的重要理论和技术支撑。

第三部分

多维空间的地点营建实证

第十三章

国内外地点营建的发展历程分析

> 每一个典型的空间都是被典型的社会关系所创造出来的，它表现于这个空间之中却并未打断意识的介入，意识所忽略了的一切，通常被忽视的一切，都参与了此类空间的建构。空间的结构是社会的梦想。只要有任何这类空间结构的形意符号被解码破译，就会有社会真相的基础被揭示出来。
>
> ——社会学者克拉考尔（Kracauer）

第一节 国外地点营建历程分析

一 古代城市的地点营建特征

（一）古埃及城市

西方古代城市建造中更多体现的是一种朴素的地点营建思想。例如，受宗教的影响，金字塔的建设常位于远离尼罗河泛滥区的西岸高地，城市位于尼罗河的东岸，作为神圣的庙宇与城市分离。在聚落选址的区位上，古埃及人更注重对地点性的分析，注意因地制宜。村、镇、庙宇等的建设往往选择靠近尼罗河畔、地势较高的地点上；在整体格局上，最早运用功能分区的原则，体现不同的地点特色（沈玉麟，2012）；较早应用棋盘式的路网以及对称、序列、对比等手法进行地点营建。

（二）古希腊城市

古希腊时期的城市建设中，地点营建的主要特征是注重空间规整和划一，严格按照几何和数的规则进行地点营建，将广场建设在城市中心，广场周围有商店、杂耍场、议事厅等，以此强化地点精神，营造地点感（沈玉麟，2012）。诸如，古希腊时期的普南城，市中心广场位于城市显要的位置，体现出古代城市建设中的朴素地点感。

（三）古罗马城市

古罗马时期，由于国家统一、领土扩张、财富集中，城市建设发展很迅速。地点营建首先考虑的是军事运输所需要的道路、桥梁、城墙等边界性元素。其次考虑的是享乐性元素，如城市中充满剧场、斗兽场、浴室、广场等享乐地点（沈玉麟，2012）。另外，为宣扬帝功，营建了诸如凯旋门、记功柱等纪念性场所。古罗马时期，所有城市都建有极其众多的公共活动性地点。

二 中世纪城市的地点营建特征

西方中世纪城市的地点营建艺术已经上升到一个较高的水平，诸如意大利的佛罗伦萨、威尼斯等城市。中世纪城市拥有教堂、修道院等神性化的地点，并且在这些地点周边拥有广场等城镇生活休闲场所。中世纪城市一般选址于水源丰富、粮食充足、易守难攻的地点。城市中商业性的地点行为活动经常聚集在交通要道、河流渡口、山川关隘等位置。城市中有些街区的地点性特色也很明显，诸如出现了铁匠街、布艺街、木匠街等。中世纪城市中建筑群落营造的地点感特征非常显著，一般教堂占据城市核心的地点位置，呈现出统领整个城市格局的地点精神。围绕教堂的广场是广大市民公共集会与娱乐休闲的地点，广场规模很大，平面呈不规则形，纪念物布置与广场、道路铺面等构成一个特色鲜明、富有人情味的地点。中世纪城市拥有舒适宜人的环境景观，各类地点的组织与布局充分考虑到地形的制高点、周围的河湖水面及优美的自然景观，讲究因地制宜的地点性设计。在地点感营造上追求以人为本的地点亲切感，建成环境中弯曲的街道、狭长的街景，不仅能够营造出丰富多变的景观效果，还可以吸引人驻足，体现出亲切宜人的地点性特征。中世纪城市拥有生动的自我特色，建筑景观格局拥有丰富性、连续性、活泼性等内在精神特征，能够让人产生一种持续、朴素的地点感。

三　近代城市发展中的地点营建特征

近代城市中的地点营建始于早期的"空想社会主义"[①] 实验，如"空想社会主义城市"、"田园城市"（garden city）、"工业城市"等理论。但能够体现出地点营建特征的仅有"田园城市"理论。田园城市理论是英国社会活动家霍华德（Ebenezer Howard）最早于 1898 年在《明天——一条引向改革的和平道路》一书中提出，在 1902 年再版时，改为《明日的田园城市》（陈柳钦，2011）。霍华德提出，乡村是一个美好的事物和财富的源泉，也是智慧的源泉，那里有明媚的阳光、新鲜的空气，也有自然的美景，是艺术、诗歌、音乐的灵感之地。可以看出在霍德华的观点中，乡村人居环境的地点性特征非常显著，能够让人产生地点感。因此霍华德认为，可以构建一个兼有城与乡两者优点的"城乡融合磁体"（town country magnet），使之具有便利的城市服务设施，又具有乡村优美人居环境的属性，让城市的日常生活地点与乡村的日常生活地点有机结合，相互吸引。这样的城乡融合体就称为"田园城市"，它是一种崭新的、充满浓郁地方特色的城乡融合体，既具有较大的活力和效能，又具有环境优美、舒适宜人、风景如画的乡村魅力，能够给人以希望感、理想感与特色感。

由于近代工业革命所带来的城市问题日益严重，在美国还开展了基于尊重自然属性、建设公园绿地系统的地点营建活动。例如，美国人马尔什（G. P. March）认真研究与观察了人与地方之间的相互依存关系，主张重视地点的自然属性，正确理解地点的自然规律。弗雷德里克·劳·奥姆斯特德（Frederick Law Olmsted）[②] 受此理念影响，在美国很多城市开展了

---

① "空想社会主义"这种学说最早见于 16 世纪托马斯·莫尔的《乌托邦》一书，是先贤柏拉图的理想国与欧洲不公现实的冲撞产物。在文艺复兴思潮的人文主义氛围影响下，与托马斯·莫尔同时代有一批人探索过这种思想，但一般认为莫尔为空想社会主义第一奠基人。参见（周春生，2009）。空想社会主义者提出了"实行公有制""人人劳动、按需分配"等社会主义基本原则，但对社会主义的设想还只是一个粗糙而简单的轮廓而已。参见（于艳艳，2012）。

② 弗雷德里克·劳·奥姆斯特德（1822～1903 年）是景观设计师、作家、自然资源保护论者、美国景观设计之父。他主张人性化的地点营建思想，追求地点的品质和时尚，并融入人的心理感知和体验；强调因地制宜，尊重场地现状，加强对地方性自然景观资源的保护，有的甚至采取加以恢复的手法；在地点感的创建上，尽可能避免规则式的设计，而采取有机灵活的设计，把公园中的道路规划设计成流畅的弯曲线，塑造出具有多样性的地点。

绿地与公园系统的地点营建活动，于 1859 年获"纽约中央公园设计竞赛奖"（见表 13-1），以后又设计了波士顿、芝加哥、底特律等多个城市的公园，并在 1870 年撰写的《公园与城市扩建》一书中提出，城市要有足够的呼吸场地，公园建设要体现人的感受，城市要不断满足市民的服务需求。受他的影响，美国的很多城市都做出了城市公共绿地的规划与营建，充分体现绿色地点营建的思想。

表 13-1　纽约中央公园的地点营建特色

地点营建背景	纽约等美国大城市正经历着前所未有的城市化。大量人口涌入城市，城市公共空间缺失及传染病流行等城市问题日益凸显，创造一个充满新鲜空气、阳光的公共活动空间成为地方政府的当务之急
地点营建特色	营建园林艺术之美；考虑公众身心健康；尊重自然资源，兼及人文资源保护；按照自然风景式园林布局；公园周边为大片的森林带，以乡土树种为主调，引进世界各国优良树种，形成独特的植物景观
地点环境特色分析	中央公园南接卡内基，北依哈林区，东邻古根汉姆博物馆，西靠美国自然博物馆和林肯表演艺术中心。纽约大学、康奈尔大学、哥伦比亚大学、帝国大厦、联合国总部、华尔街、自由女神像将公园包围
地点联系通道营建	根据地形高差，采用立交方式构筑了四条不属于公园内部的东西向穿园公路，既隐蔽又方便。同时不妨碍园内游人的活动。公园内有一条长 10 公里的环园大道，深受跑步者、自行车骑行者以及滚轴溜冰者喜爱
地点行为活动营建	公园内拥有中央公园动物园（Center Parcs Zoo）、戴拉寇特剧院（Delacorte Theater）、毕士达喷泉（Bethesda Fountain）、绵羊草原（Sheep Meadow）、草莓园（Strawberry Fields）、保护水域（Conservatory Water）、杰奎琳水库（Jacqueline Kennedy Onassis Reservoir）、眺望台城堡（Belvedere Castle）、拉斯科溜冰场（Lasker Rink）、网球场（Tennis Courts）等特色景点，满足不同人的游憩诉求； 奥姆斯特德倡导城市景观并非少数人赏玩的奢侈品，而是公共和开放的，是普通公众能够放松身心、获得地点感的空间； 突出了开放、明快、简洁、轻松的环境氛围，是周边自然环境与人工景观有机结合的范例

资料来源：参见（Witold Rybczynski，陈伟新，Michael Gallagher，2004）。

四　现代城市发展中的地点营建特征

（一）北美的地点营建

二战之后北美地区受功能主义地点营建思潮的影响，形成功能结构单

一、建筑开发低密度及以汽车为导向的现代主义地点营建模式，城市呈现蔓延式的扩散。无论是专家还是广大民众都对这种粗放式的发展模式进行深刻反思和批评，积极探索可持续的城市发展模式并形成共识，认为可以通过地点性挖掘与营建来支撑城市公共空间的建设，可以创造更加宜人的生活环境，塑造真正的日常生活空间，重构社区感和邻里感，从而摆脱对汽车的依赖。这一时期流行的"新城市主义"模式就是地点营建的重要模式之一。"新城市主义"倡导对无地点性的区域进行恢复与重构，形成地点营建艺术，并借鉴二战后美国众多小城镇地点营建的传统，塑造宜人舒适的日常生活空间，营建紧凑、便利、可达性强的社区，从而取代现代功能主义主导下的无序蔓延发展模式（戴晓晖，2000）。自20世纪60年代以来，简·雅各布斯（Jane Jacobs）和怀特（William H. Whyte）等就对城市无序蔓延的发展模式提出过反对，认为现代功能主义的发展模式导致城市中各类地点的发展过于机械、单调、乏味，缺少人情味和安全感，地点精神消弭，城市日常生活的氛围面临枯竭，从而破坏人与地点之间的情感联系，城市中的无地点现象日益严重。许多学者针对城市公共空间的地点营建模式进行了一系列卓有成效的思考，并从不同视角进行了理论的提取，如简·雅各布斯所著的《美国大城市的死与生》《伟大的街道》等作品中所反映的地点精神，对美国的地点营建思潮产生了深远的影响。

简·雅各布斯在《美国大城市的死与生》一书中认为，可持续的城市应该是整合各种物质与非物质的地点元素，进行功能上的混合开发，塑造高密度的邻里社区，并让使用者参与到地点的营建中，从而塑造充满人情味和亲切感的城市环境（简·雅各布斯，2010）。刘易斯·芒福德在1961年出版的《城市发展史》一书中认为，"城市空间发展应关注地点感的塑造，应以人为中心，使城市中的各类地点满足人的各种诉求（生理的、社会的、精神的），地点营建应当符合人的尺度"（刘易斯·芒福德著，宋俊岭、倪文彦译，2005）。凯文·林奇认为，"可读性"和"地点感"是城市空间营建的关键元素，并表明美好的城市应是市民能达成共识的城市（凯文·林奇，方益萍、何晓军译，2001）。新城市主义的代表人物之一彼得·卡尔索普（Peter Calthorpe）认为，"地点的创造是新城市主义的关键原理"。为了彰显地点性，新城市主义倡导复兴美国的传统城镇社区，提出了《新城市主义宪章》①，并从传统城镇规划设计中挖掘地方智慧和灵感，通过强调地域历史文化脉络、社区感、地点感等表达城市生命活力，重新整合城市日常生活的各种元素，建构一个具有地点感与地点性特质的城市空间。

20 世纪 80 年代以来，美国城市房地产业、商业、娱乐休闲业等也开始以地点感为营销主题的地点营建活动。这些产业空间通常提供舒适宜人的步行街区空间、丰富多彩的娱乐休闲设施以进行地点复合营建，并提出打造"生活中心（lifestyle centers）"、"新型主街（new main streets）"、"城市娱乐中心（urban entertainment centers）"、"城市村落（urban villages）"的目标（程世丹，2007）。因此，地点营建被当作改变由城市蔓延造成的无地点感和地点特色消弭的现象的重要理论方法，通过这种方法可以创造一种具有特色主题、形象魅力、宜人环境和社区感的地点。这种方法不仅是吸引不同人群、企业集聚的重要动力，也是促进城市更新发展、提高城市竞争力的重要手段。某些商业地产在开发运营中，以地点营建为主题，采取培育地点感的手段进行环境设计，如采取人性化的地点设计、表达地方风格、创建公共参与空间，结合周边环境进行特色化的主题营建，从而创造一种独特的地点感，让消费者流连忘返并成为忠实的客户。

（二）欧洲的地点营建

20 世纪 60 年代之后，欧洲很多国家也面临城市更新发展的问题。1966 年，意大利建筑师阿尔多·罗西（Aldo Rossi）出版了《城市建筑》一书。他认为地点营建应充分考虑地点所蕴含的历史文化发展规律和形式，强调地点的价值和意义，尤其在城市公共空间的营造中，建筑和地点之间存在相互作用的关系，城市可以被看作集体记忆的场所。卢森堡建筑师克里尔（Leon Krier）兄弟试图以类型学的视角对地点营建进行思考，注重从地点的历史文化规律中挖掘地方智慧，并用以营建传统城市公共空

---

① 《新城市主义宪章》的主要内容如下：新城市主义大会认为城市中心区的衰落、没有地点感的城市的无序蔓延、收入差距的不断增长、环境的日益恶化、农田和野生生态的丧失以及对社会业已形成的传统的侵蚀成为社区建设面临的挑战。在此背景下提出应对措施，分为都市区和城市、社区和邻里、街道和建筑三个层次。宪章内容简短精练，蕴含着丰富的地点营建思想。参见（何可人，2003）。《新城市主义宪章》的完整内容详见本书附录。

间（张冀，2002）。克里尔主张恢复地点的活力和精神，强调重构城市的历史文化脉络，建构一种联系紧密的空间网络关系。20 世纪 70 年代以后，许多欧洲国家面临城市旧城区环境拥挤、公共开放空间缺乏、步行者安全无保障、城市中心区吸引力下降等现实问题，为此，很多国家开始倡导营建"人性化的步行街"，以这种方式重建城市中心区，各国掀起了建设步行街的高潮。例如，1980 年巴塞罗那就曾着手进行城市中心区的更新改造，通过商业地点、娱乐地点、游憩地点、文化体验地点的功能叠加和整合，创造出一种"后工业"的地点营建格局，特别是通过滨水地带休闲文化旅游地点和商业步行休闲地点的营建，形成一个崭新的、充满活力的城市。

欧洲许多城市以公共空间中各类地点的营建为基本手段，整合地点的历史与文化元素，使城市公共空间中的地点感得到了强化，进而延续了城市文脉，提升了城市经济的活力。例如，法国巴黎的马赖街区（Marais Quarter）、英国伦敦的泰晤士街区、意大利博洛尼亚的中心区等历史文化地点均通过居住、休闲、娱乐、商业等功能的叠加注入而实现了活化与再生。旧工业区、灰色的空地包括传统的码头也成为地点营建的重点对象，如伦敦的金雀码头（Canary Wharf）、荷兰鹿特丹的科普凡泽伊德（Kop van Zuid）码头等都成功地转变成城市中新的休闲娱乐地点。这样的成功案例目前在欧洲随处可见，它彰显了地点营建艺术的复兴。

20 世纪 90 年代以来，人本化的地点营建思想逐渐成为欧洲很多国家城市规划与设计的核心理论思想。例如，英国政府在对城市设计内涵的界定上开始使用"地点营建"及"为人营造地点的艺术"等说法，并指出现代城市设计的目标主要包含：创造地点的独特性、维护地点的连续性和封闭感、创建具有吸引力的公共场所、保障地点的可达性、使地点具有可识别性并能适应地方的环境变化，同时还要尽量提供多重选择让地点具有丰富的类型。

第二节　国内地点营建历程分析

一　中国传统城市的地点营建特征

（一）顺应传统伦理道德的地点营建思想

中国传统城市地点营建思想内涵丰富，具有鲜明的历史文化传统色彩。《周礼·考工记》中记载"匠人营国，方九里，旁三门。国中九经九纬，经涂九轨，左祖右社，前朝后市，市朝一夫"，这是传统历史城市理想地点营建的模型。西周时期，陕西岐山周代建筑群体所处的地点就已经采用对称式的模式进行布局。春秋战国时期，一些城址的大型建筑遗址所处的土台也是按照中轴线对称的格局进行设计。曹魏邺城的建筑物的地点选择也是采用中轴线对称的方式。隋唐长安城在地点营建中将中轴线对称发挥到更加完善的程度。宋东京也正对宫城正门开辟宽广的御道（董鉴泓，2004）。元大都城市的地点营建艺术又达到了新的高峰，在南北和东西轴线的交叉地点选择建设全程重要的几何中心——中心阁，更强调城市地点组织的秩序感。明清北京城整体地点营建艺术吸取了历代都城的地点营建经验，在轴线上串联不同的地点功能，并采用不同方法表达地点的景观效果，通过多重城门、千步廊、广场、宫殿建筑屋顶、宫后景山和钟鼓楼等塑造中轴线的地点感，从而形成一套严谨而又富有变化的地点营建组织体系。这种轴线对称式的地点营建模型充分彰显了传统中国城市建设中的伦理道德观念和丰富的历史文化价值观。

顺应传统伦理道德的地点营建思想的产生跟中国传统的封建等级制度有着密切的关联，同时符合地点的特性（即地点是反映人类社会的空间地理单元）。传统城市营建中的建筑色彩、建筑尺度、建筑形制等都充分彰显了这种顺应伦理纲常的思想，也使城市中不同的地点功能呈现出等级及封建礼制特征。另外，传统地点营建艺术跟儒家哲学思想也有关联。儒家所倡导的"居中不偏、不正不威"的思想直接产生"宫城居中"的地点区位选择模式。儒家思想中的伦理纲常、大小尊卑秩序使传统城市地点组织布局趋向严谨、方正、有序的格局。

（二）天人合一的地点营建思想

中国古代天人合一的自然观对城市地点格局组织的影响也是非常明显的。明代北京城建造了天坛、日坛、地坛、月坛。古代还有一些地点营建思想跟阴阳、风水观念相关联。例如，开封城在宫城东北位置选择建造艮岳，因为艮方补土，皇帝可以早生贵子，艮土则为八卦五行中的概念。另外，中国传统城市在建筑物布局朝向上也充分考虑风水意涵，其主要朝向是朝南或朝东（董鉴泓，2004）。中国两千多年前的《管子·乘马》就科学地洞察到："凡立国都，非于大山之下，必于广川之上，高毋近阜而水用足，下毋近水而沟防省。因天材，就地利。故城郭不必中规矩，道路不必中准绳。"即地点区位选择要因地制宜，地势要高低适度，水源要满足生活和城壕用水，同时不能有洪涝之患（陶世龙，2005）。

南方水网地区的城市在地点营建艺术上，往往表达的是有着旖旎的水乡风光、河道如网、桥梁横跨、拱桥点缀，而且河流及桥形变化多样，桥头这样的地点往往成为城市日常生活空间中的重要组成部分，各种景观也围绕桥头、河道等中心地点进行组织或构图，从而建构优美的地方景观，能够让人产生天人合一的地点感（董鉴泓，2004）。传统城市在地点营建中还有意将河流引入景观格局的组织中，除了便利的水运交通之外，更考虑如何将其作为一种地点性因子参与地点景观的营建，丰富城市园林景观。例如，苏州城拥有"人家尽枕河"的地方特性，呈双棋盘城市形态格局；南京城则"襟江抱湖、虎踞龙盘"，依托秦淮河水系修建南京历史古城；桂林自古就有"山、水、城"交融的格局。另外，在一些地形起伏的地区，城市地点的营建还考虑到建筑如何能够顺应地形、地貌条件，强调顺山势进行地点区位选择，并巧妙安排不同体量的建筑进行点景，从而形成一种错落有致、变化有序的地点格局。

二　近现代中国城市的地点营建特征

（一）近代中国城市的地点营建特征

近代中国城市受封建社会遗留以及殖民与半殖民地社会影响较大。首先，在工业区位的地点选择上呈现出两种情况：一是在新的地点布局工业，如有的地方因为发现了新矿山而形成新的市镇（像河北唐山、河南焦作、山东枣庄等地）；二是在旧城内或近郊的地点选择建设工厂，有的形成了工厂较为集中的工业区（如沈阳的铁西工业区），有的分散在市内进行建设，有的在旧城城郊分散设厂。其次，城市围绕铁路、港口、机场等交通设施所在的地点进行营建。例如，有的是先修建铁路后出现城市（像蚌埠、哈尔滨等城市）；有的则是铁路插入旧城区引起的地点营建；有的则是铁路在城市郊区通过，从而使得新站场和旧城区之间形成了新的地点营建模式，尤其是靠近站场的地点很容易率先发展起来。最后，在地点营建的景观风貌格局上，受封建社会遗留的影响，很多城市在不同地点都保留很多传统的建筑，如较大的官府、庙宇，密集的建筑街区、形式古老的建筑或者形式简单的居住院落等，从而在一定程度上体现出明显的地方性特色。同时，部分城市在地点营建上出现了其他国家的建筑形式，如上海被称为"万国建筑博览会"，在商埠、租界、使馆区、教会区等地点的建筑景观风貌以外国形式为主，而城市其他大部分地点则依然采取中国传统的建筑风格。

（二）现代以来中国城市的地点营建特征

首先，地点营建思想受"苏联模式"的影响。在 1953～1957 年这一时期，中国的城市规划建设更多受到"苏联模式"① 的影响。由于全面学习苏联，中国现代城市的地点营建形式具有较为浓厚的计划经济色彩，在地点营建艺术上呈现出"古典形式主义"的味道。例如，在地点空间的组织上强调地点格局的平面构成、立体轮廓效果，讲究地点轴线对称关系，有的则讲究地点与地点之间的对景连接关系，有的街道则营造成双周边街坊式的街景格局，充满浓浓的古典主义色彩。

其次，地点营建思想受现代城市设计思想的影响。20 世纪 80 年代以来，国外的城市设计理论通过学术刊物被介绍到国内，如日本学者芦原义信的《外部空间设计》《街道的美学》，凯文·林奇的《城市意象》，培根的《城市设计》等使人们对绿地空间、街道、广场等地点形态维度的建设有了更加理性的认识。挪威学者诺伯格·舒尔兹的《存在·空间·建筑》使中国业内人士对地点性、地点感的概念有了初步认识。这些国外城市设计理念的引介使中国的城市地点建设开始关注日常生活空间的维度。90 年代以来国内学者开始了系统的城市地点营建问题研究，并着手进行了一系列地点营建实践探索。例如，1995 年，上海改造整治了南京路，建成了南京路商业步行街；1997 年，哈尔滨完成中央大街环境整治和圣·索菲亚教堂文化广场的改造工程，以小规模的地点更新方式，延续了城市的历史文脉，重振了城市中心的地点活力；1997 年，张锦秋先生主持设计的西安钟鼓楼广场的地点营建实践则已考虑如何将地方遗迹保护、地点感氛围的创造以及城市旧城更新发展有机融合起来。20 世纪 90

---

① "苏联模式"指城市规划是国民经济计划的具体化和延续，即所谓三段式：国民经济计划——区域规划——城市规划。实际上苏联当时的城市规划原理就是把社会主义城市特征归结为生产性，其职能是工业生产，城市从属于工业，认为社会主义的城市及其规划的最主要的优越性为生产的计划性和土地国有化。参见（董鉴泓，2004）。

年代以来，无论是学术界还是实践建设领域都已认识到地点营建对于改善城市人居环境品质、提升城市整体形象的意义与功能作用，表明地点营建工作在我国已经进入了一个新的阶段。进入 21 世纪以来，中国的地点营建已经进入一个多领域、多模式的发展阶段，不仅关注城市与乡村日常生活的地点营建，更关注不同地点的经济开发模式，如商业综合体的地点开发模式、旅游综合体的地点开发模式、文化休闲综合体的地点开发模式。具体案例有上海新天地模式，北京"798"模式、西安曲江模式、浙江特色小镇模式、陕西咸阳袁家村模式等（见表 13 -2）。

表 13 - 2　类型丰富的现代地点营建模式

上海新天地模式	为了强调地点感，设计师将每一个地点按照 21 世纪现代都市人的生活方式、生活节奏、情感世界量身定做，使该地区成为国际画廊、时装店、主题餐馆、咖啡吧、酒吧等集聚之地，如今的新天地已经成为上海的新地标
北京"798"模式	改造空置厂房，逐渐发展成为画廊、艺术中心、艺术家工作室、设计公司、餐饮酒吧等各种空间的聚合，形成了具有国际化色彩的 SOHO 式艺术聚落和 LOFT 生活方式
西安曲江模式	以文化为推动力，以地点经营为手段，实现文化、商业、旅游的契合；涵盖旅游、会展、影视、演艺、商贸、餐饮等十余门类，集群发展、多元互补，产生强大的地点集聚效应
浙江特色小镇模式	特色小镇通过"小"与"特"的完美结合尽情展示其独特魅力。"小"凸显的是一种空间限制，是不受原有行政区划局限的"小"地方。"特"主要是产业、历史、环境等诸多因素融合而成的地方独特之处，形成某种文化特质，呈现出某种价值追求，从而成为地方产业集中、相应就业者云集的"特色"地点
陕西咸阳袁家村模式	全国休闲乡村建设的"样板村"。袁家村将陕西关中地区本土特有的民俗小吃、茶馆、技艺、游乐等地方性民俗传统文化与现代旅游、现代文化创意以及休闲体验生活方式进行融合，实现了地点的活化与创新

资料来源：笔者根据网络资料总结。

第三节　小结

地点营造要注重城市规划、城市设计以及建筑设计之间的科学合理结合。地点营建过程中要充分考虑地点性特色环境的营建，完善服务功能，配置布局合理的功能区。注重地点营建与整体环境协调、与历史文化原貌结合、与现代休闲生活共生。

地点营建模式是当代人居环境空间有效发展的重要模式。地点不仅是城市日常生活空间的基本单元，而且是城市经济社会发展的有效空间，也极有可能成为大都市区文化振兴、城市复兴、经济增长的节点，具有重要的文化意义、社会意义、经济意义。

和谐地点氛围的营造不仅仅在于对各类地点的实体建设，更在于支撑各类地点发展的相关配套服务设施的完善，完善的服务设施是"以人为本"的地点营建的直接体现，制约着空间的可持续发展。

采用历史文献分析方法从国内外城市发展历史中去寻找、认识、剥离地点营建的历史，再结合城市发展的历史资料进一步解释地点营建的历史演变轨迹，具体包括不同历史时期地点营建的类型、所承载的地点行为活动、地点本身的基本形态及组织结构规律等，从而为当代地点营建研究提供经验和启示。

第十四章

可持续发展的地点营建图景

> 我们所生活的空间，在我们之外的空间，恰好在其中对我们的生命、时间和历史进行腐蚀的空间，腐蚀我们和使我们生出皱纹的空间，其本身也是一个异质的空间。换句话说，我们不是生活在一种在其内部人们有可能确定一些个人和一些事物的位置的真空中。我们不是生活在流光溢彩的真空内部，我们生活在一个关系集合的内部，这些关系确定了一些相互间不能缩减并且绝对不能迭合的位置。
>
> ——法国哲学家、社会思想家米歇尔·福柯

"地点营建"一词已经越来越成为当代城市研究学者（诸如城市规划师、人文地理学者、建筑师、城市经济学家等）经常使用的专业术语。地点营建模式的产生跟全球化背景下人与地点之间不断加深的危机有着密切的关联。近 40 年来，世界各国对城市空间的"无地点性"问题日益重视，一些城市及地区的景观同质化现象日益严重，引发人们对全球空间塑造的关注。全球化带来的地点标准化建设模式对地点意义的塑造产生了强烈的冲击。现当代城市景观风貌建设领域对城市地点感塑造和地点性建构的关注较少，进而造成"千城一面"的现象，城市的归属感和认同感难以再寻觅。正是这些"无地点性"现象唤起了人们对地点营建的思考。建筑设计师克里格（Alex Krieger）认为，"创造不寻常的地点一直是城市规划专业的核心问题。以前，我们根本没有称呼自己为'地点营建者'，或者如此有意识地强调这个主题。但是由于城市出现众多的低质量的景观，或者复制的景观，无论是旧的还是新的，我们都很难再去寻找城市的地点性"（Jacka，2005）。综观世界各地，很多城市都出现过所谓的"无

地点性"现象，不同学科针对城市地点性缺失的现状也进行过一系列的批判，其主要意图都在于唤起人们对城市地点营建的思考，恢复人与其赖以生存的地点之间的和谐关系。

地点营建就是关于地点的一种规划、设计、营造行为，也可以称之为一种广义上的城市空间营造，可以扩张到城市经济建设、城市社会建设、城市基础设施建设、城市公共服务设施建设等相关领域。在全球城市景观日益同质化的现实背景下，更需要对城市中的各种"无地点性"的景观进行审视，恢复及再生城市中各种潜在的、具有地点精神的场所和空间。

第一节　地点营建的概念性认知

在现实中，要想对"地点营建"做出一个准确的界定是相对困难的，但是可以从相关文献综述中去发掘地点营建的意涵，诸如以"新城市主义运动"为代表的北美城市化地区的空间营建模式，以"城市更新运动""城市绅士化运动"为代表的欧洲城市内部空间结构的营造经验等，它们在城市空间的改造与规划设计中，都有过对地点营建的相关思考，并且产生许多重要的学术性观点。

大不列颠百科全书中将地点营建阐释为"创造一个富有人情味场所的方法"，创造出的地点蕴含着"迷人的魅力""动人的故事"，能够让生活在其中的人产生愉悦感、兴趣感，能够给使用者提供相互交往的机会。在地点营建中，空间中各类人的行为活动规律以及共同的空间感知意象将成为规划设计师关注的核心。在显著的地点营建空间的类型特征上主要是针对城市中的各类广场、公园、步行街区、滨水区等进行营建探索（Gunila，Peter，2003）。

维基百科认为，"地点营建起始于 20 世纪 70 年代，经常被城市规划师和建筑设计师等用来进行各类城市空间环境的营造，诸如城市广场空间的营造、城市滨水空间、街道空间营造等，在空间营建中主要强调所设计与构建的地点要能够吸引人，并能让人产生'地点感'"（Lang，1994）。

景观学者琳达·史尼克拉斯、罗伯特·希伯利（Lynda H. Schneekloth，Robert G. Shibley）认为，地点营建的目的不仅在于创造一个有特色的地方，还在于创造人与地方之间的关系，是人们在日常生活空间中创造出的一种行为价值和意义，其不仅根植于人生活的世界中，也是一种营造特色空间的艺术与规划建设实践。相对其他学派的学者，景观设计学者们主张运用一种有情感价值和社区归属感的方式来进行营建我们赖以生存的地方（Ooi，2004）。

景观研究学者弗莱明（Ronald Fleming）认为，地点营建是对城市公共空间赋予情感和价值标记，从而让使用者能够深切体验到该地点与空间、时间之间的联系或该地点与历史文化之间的联系，进而对该地点产生一种心理上的认同。地点营建的主要目的在于创造人与地点或人与空间之间的一种伦理关系，让人产生地点感（Alexander，1987）。

美国城市土地协会（Urban Land Institute）的托马斯·L. 李（Thomas L. Lee）认为，地点营建可以为社区建设提供路径，因为地点营建的目的在于塑造社区空间的形态艺术以及让使用者很容易识别该地方的景观特质。地点营建鼓励社区居民参与，进而创造一种具有多元价值特质的城市公共空间（Beach，2016）。

英国首相办公室制定的《可持续社区规划（Sustainable Communities Plan）》将地点营建阐释为，"营建一个能够面向未来同时又能够传承历史的，人们又乐于在其中生活娱乐的地点"（Oliver，1996）。

世界知名设计公司 Herman Miller 在一项研究报告中指出，地点营建是一个崭新的设计研究领域，城市规划师及相关设计师都对这一研究领域做出了贡献，并将其定位为：创造一个充满价值、情感、幸福、舒适、愉悦，富有意义的空间行为，地点营建关系到人与所处地点之间的密切关系，以及地点对人的日常生活行为表达，地点营建是一个跨学科研究的主题（Martins，2014）。

在苏格兰政府网站上，"地点营建"被界定为创造一个可持续性发展的地方的建设行为，这个地点能够让人产生依恋感，能够彰显城市的某种形象或价值，地点营建是增强地方居民自豪感和自信心的行为（Tridib Banerjee，2001）。

澳大利亚学者艾希礼·弗罗斯特（Ashley Frost）认为，地点营建是对城市公共空间进行建造的一套成熟方法，涉及城市空间的形态设计、社会经济的考量以及人的情感和心理行为等因素，目的在于营造人与地点或人与空间之间的和谐关系，通过各种规划设计方法来营建特定的空间，进而创造出地点性，形成一个可持续发展、具有独特识别性的地方（Rushton，2014）。

澳大利亚学者塔玛拉·维尼克夫（Tamara Winikoff）认为，地点营建的内涵在于创造一种改善人与地点之间关系的新方法，目的在于创造一个对使用者具有意义和价值的地点，从而丰富城市的体验价值，促进使用者之间的行为交往，彰显行为价值的多样性和意义性。地点营建的目的在于创造地点感，并常被用来重构城市空间的存在意义和价值，在《地点而非空间》（Place Not Space）一书中，地点营建被认为是创造使用者地点感的一种重要手段（Laniado，2005）。

通过以上分析可以看出，地点营建的概念内涵应该包含以下几个方面：①地点营建能够为使用者营造一种可以被感知、能够彰显地点认同感和地点归属感的空间或地方；②地点营建就是创造一种充满人情味的空间；③通过地点营建所创造的空间一般能够彰显地方人与此地之间的亲密关系；④地点营建是一个跨学科研究的话题，涉及城市规划、城市经济、城市社会学、城市地理学、城市景观学、行为心理学等，也需要多领域进行参与性合作研究，这样才能创造一个真实的、具有情感和价值意义的空间；⑤地点营建不是一蹴而就的，而是一个不断演化的过程。

总体而言，地点营建强调从人本主义视角出发，从人的心理感知和行为认知层面去设计我们赖以生活的空间。在具体营建上，首先要满足人的基本需求，通过地点感和地点性的塑造彰显使用者的情感价值和存在感（空间现象学理论所要表达的核心主旨），地方人通过地点营建来实现对生活世界的"栖居"。创造地点感是地点营造的核心灵魂。虽然地点感的塑造与地方人的行为心理及日常生活行为体验有着密切的关联，但是地点营建往往还是要通过物质空间形态（景观）的塑造来展开，再植入地方人的日常生活行为活动，进而使人与地方之间产生互动关联，形成完整的地点营建过程。其次，在不同学科领域，地点营建的方式和途径也有所差异，诸如建筑与城市规划学派更多强调通过城市物质空间的形态（景观）塑造来彰显地方人的精神诉求、价值诉求、美学欣赏及诗意栖居的诉求，使地点成为一个具有特殊魅力和形态鲜明的场所。其他学科研究领域，诸如社会与人文地理学研究领域更强调通过社区共同感的塑造来实现城市有效地点空间的营造，从而加强人与地点之间的紧密联系，增强地点感。因此，地点营建是一个跨学科的研究领域，需要公众参与。

第二节　地点营建的使命

现代意义上的地点营建方法往往是通过城市规划与设计的手段来表达的。20世纪60年代哈佛大学就开设了城市设计课程，力图通过城市设计来进行城市地点空间的营造。I. 阿拉沃特（Iris Aravot）认为，现代功能主义的城市设计策略导致城市出现"无地点性"问题，城市发展的本质目的应该是进行地点营建，城市设计应强调在城市公共空间中重构地点的质量（Merriman，1991）。创造地点感是地点营建的理想价值诉求，而且地点感也是人与地点之间和谐相处的结果。正如G. 卡伦（Gorden Cullen）所称的"我们身处此地的感觉"。C. 亚历山大（Christopher Alexander）认为，人的地点感的生成可以通过建筑的永恒之道来进行塑造。城市规划评论家简·雅各布斯（Jane Jacobs）认为，街道是一个充满生机与活力的空间，人们在赖以生活的街道空间中很容易体验到"地点感"的存在。凯文·林奇认为，地点感是城市空间形态建构中的一部分。在欧洲城市地区新理想主义学派开始关注城市地点营建的历史文化内涵层面，从而解决现代功能主义城市的"无地点感"问题。同样，在美国，新城市主义理论开始从地点感营建方面考虑城市社区的可持续性问题，试图通过地点感的塑造来提升城市公共空间的品质。

迈克尔·索斯沃斯（Michael Southworth）认为，地点营建模式似乎成为美国城市发展的一种潮流趋向。其曾对1972～1989年美国的70个城市空间设计项目进行研究，调查发现超过75%的方案设计都考虑过要在城市发展研究中充分考虑如何创造地点感和塑造城市地点特色（Francis，2008）。21世纪以来，美国的诸多城市依然遭受着"无地点感"的危机。正如罗伯特·戴维斯（Robet Davis）所宣称的，现在美国的大部分地方都是"无地点性"和"无地点感"的（Glaeser，Gottlieb，2008）。因此，地点营建虽然经常在城市发展实践中被认同，但仍然是一个未被完成的任务，这从世界各国城市发展的困境中都可以清楚地看到。奥乐斯·克里格（Alex Krieger）认为，当前美国许多城市规划设计公司虽然标榜自己为

"地点营建者"，但实际上，许多项目都没有真正考虑到"地点感"营造。之所以当前地点营建广受关注，主要是因为现代功能主义的城市开发导致全球城市景观的同质化现象越来越严重（Marsden，Farioli，2015）。

近年来，地点营建成为很多城市进行更新发展、遗产保护、旅游开发、地方文化产业开发的重要策略。面对中国的城镇化背景，也应该意识到，保护并不是创造城市地点感的唯一方式，还应该通过不断创造新的、具有特色的地点来彰显城市形象。欧美城市内城的更新改造运动也曾主张过对那些废弃的空间或地点进行恢复，进而营造出城市新的地点感，并且获得了极大的成功。新城市主义也主张通过城市地点空间的合理尺度设计、历史肌理延续、功能混合使用、多阶层的共同参与等手段进行地点营建。这表明，城市发展及规划要想获得特色和取得成功，理应把地点营建作为城市空间发展的核心理念。

第三节 地点营建的系统构成

一 地点营建的范围

地点是一个价值和意义的中心，对于使用者而言，地点应该是其内心价值所归属的空间，地点的形成应建立在地点空间形态可识别性的基础之上。从地点的概念内涵来看，地点营建关乎人的亲密空间的营造。C. 亚历山大在《建筑模式语言》一书中论述到，地点营建是探寻建筑魅力的永恒之道，其关乎地点空间形态的尺度，地点空间可以从小到居所空间到社区再到整个城市，乃至整个区域，也就是说地点营建是一个多尺度空间发展的话题。但不管在什么样的尺度下，地点营建所关注的地点空间中所承载的是不同行为人的日常生活行为规律，即都关注地点中的人，人是地点营建流程中的核心因素。地点营建关注个人和社会性群体，每个人都是社会性群体中的一部分，地点营建就是一种探寻人与地点之间关系规律的一种方法，从而实现地点感的生成。

D. 海登（Dolores Hayden）在《地点的力量》一书中提到，城市公共领域有助于培育人的地点感，并使人获得尊重和价值，公共领域空间就是个人和集体记忆和感知的空间（Oliver，1996）。托马斯·L. 李认为，城市地点空间有不同的类型，从传统的市场、街道到社区、公园、绿地、遗址公园、旅游景区，再到城市核心区、城市郊区等。创造一个具有人情味的地点空间并不是一项崭新的技艺。当前欧洲的城市广场、街道及各种类型的公园（诸如纽约的中央公园、波士顿的公园绿地系统、旧金山的公园和林荫大道等）都与地点营建的方法和技术有着密切的关联，即创造一个人与地点和谐的城市景观（Ann Forsyth，2009）。因此，通过培育城市公共开放空间来进行地点感的营造通常是地点营建的重要途径和方法。城市公共开放空间可以更好地将地点的价值和关系包含在内，而且是不同类型使用者进行社会关系互换的场域。从城市发展的角度而言，地点营建就是以城市公共开放空间为主要研究对象的，其尺度可大可小。从广义上来说，城市公共开放空间包含所有可以被市民使用和可接近的空间（见表 14 – 1）。

表 14 – 1　城市公共开放空间的类型

外部公共空间	城市中向公众开放的各种室外活动空间，是所有人都可以自由出入的空间，包括公共广场、街道、公园、滨水地带、自然风景等
内部公共空间	城市中所有人都可以使用的公共建筑，如博物馆、图书馆、市政厅，以及公共交通设施（火车站、汽车站、飞机场等），属公共财产
其他类型空间	非公共用地中有限度的公共空间，这些空间的所有者和管理者有制定进入和使用规则的权力。例如，归属企业的小型广场、庭院或公共通道，通常是定期或不定期向公众开放；还有一些小的商业场所，如书店、咖啡厅、酒吧等

资料来源：参见（程世丹，2007）。

通过以上分析可以看出，地点营建更关注那些具有公共文化特质以及能够彰显日常生活空间意义的各类城市空间。凯瑟琳·夏依弗瑞德（Katherine Schonfield）对城市公共开放空间进行了定义，即每天从离开的地点到想要去的地点（诸如工作、休闲、娱乐、旅游的场所）途中所接触的所有事物（空间或景观）（Rushton，2014）。这个观点表明城市公共开放空间不仅是我们居住的地点、工作的地点、通行的地点（诸如公园、绿地、广场、街道、公交车站、地铁站等），还包含我们可能会接触到的其他地点（诸如酒吧、商店、健身会所等）。

二 地点营建的类型

城市空间的地点营造可以划分为不同类型，但不论是哪一种类型，都有其最基本的特质，那就是每一种类型的城市空间所营造的都是具有地点感和地点性特征的空间，赋予地点空间以情感、价值和可识别性，最为显著的就是能够吸引各种人前来进行日常性或仪式性的行为活动。根据当前城市公共开放空间的类型属性，可以把地点营建划分为三种类型：开发型、保护型和社区型。

（一）开发型地点营建

主要针对城市中较大尺度的空间类型进行建造，诸如城市中心区再开发、城市 CBD 建设、城市新区开发以及较大尺度的街区和商业综合体的开发等。开发型地点营建是城市开发建设中最为常见的形式，有新建型和更新开发型之分，而且这两种类型在当前中国城市建设中是最为常见的两种模式（唐子来，1991）。新建型地点营建是城市化快速推进过程中的主要形式，往往以规模扩张的形式向外延展；更新开发型地点营建往往以城市建成区的功能空间再变更或整合为基础，注重内涵质量的提升。在城市化加速推进的过程中，如果不对新建类型的地点空间进行有效监督和管制，很容易造成对传统城市肌理的破坏，导致城市无序蔓延，从而形成许多平淡无奇的景观，出现诸多"无地点性"的空间（景观），甚至导致"地点死亡"的现象。因此，开发型地点营建必须强调地点感的塑造，开发的地点要能够延续城市历史文化脉络，彰显地方人的价值和精神归属，将人与空间、地点、建筑、设施等组织成为一个相互关联的有机整体，形成富有人情味、具有亲密性尺度的空间。开发型地点营建除了满足地方人追求的地点性价值外，还应满足城市经济发展的诉求，并能够在多方利益诉求中达到一种利益的平衡，使地点空间能够在城市建设中具有更为突出的价值和意义，从而创造一个富有地方特色、能够彰显使用者地点感的特色空间。

（二）保护型地点营建

保护型地点营建通常以历史文化遗址资源地区或城市历史文化地段为对象，通过地点再生手法，复兴那些已经衰败或已经受到侵蚀的空间（场所），从而使其得到再生的能力，并进一步刺激地区经济发展。因此，保护型地点营建除了将具有历史文化价值的地点看作历史文化形象地标外，还将其作为一种历史文化资源来保护，并且注重将历史文化性的建筑和地点作为一种物质形态功能，使之转化为社会、经济与文化效益，并成为使用者的一种日常生活体验空间。正如《威尼斯宪章》所体现的"为社会公益使用文物建筑，有利于它的保护"的思想（陈志华，1986）。20世纪80年代以后，西方欧美发达国家在城市发展进入后工业化阶段着手进行大量城市保护性的再开发项目建设，也出台了相关政策和措施。重新审视遗留下来的传统历史文化资源（遗产、遗址），通过保护性的开发手段，使其为本土社会经济建设服务。受此思潮的影响，城市许多历史性的建筑或遗产得到了新的生命力，各类遗址型地点得到复兴，一些废弃的地点经过修复或植入新的艺术形态后转化成为艺术家的创作基地、创意工作室、商业综合体、旅游景点、酒吧、餐厅或者其他日常性的生活空间，从"无地点性"走向"地点再生"。

（三）社区型地点营建

社区型地点营建主要以日渐衰败的地方社区为对象，受大量商业性社区开发以及现代工业化和标准化建设的影响，很多地方社区面临地点特性的消失。现代化、快速化的城市生活节奏也使得众多的地方社区人的压力日渐增加，社区中人与人之间的交流呈现出更多的异质性，人与人之间变得互不关心，对所处社区的事务缺乏参与的热情，社区感日渐消失，社区认同感面临危机。另外，近年来的社区标准化建设也使很多社区在绿地建设、游憩场地设计、休闲娱乐服务设施配置上存在一些雷同，社区资源配置没有充分考虑到不同使用者的价值诉求，这些地点异化问题使得城市社区问题日渐增多。为应对上述社区危机，在欧美发达国家，一些城市出现了各种社区自治团体，通过地方人的共同参与以及社区共同行动等方式监督社区管理和社区建设，并对弱势群体的社区邻里环境建设氛围等提出建设性建议和措施。因此，社区型地点营建是一种自下而上的地方营造运动，虽然容易被主流阶层所忽视，但是它的影响是深远的。

城市研究学者杰佛瑞·侯（Jeffrey Hou，2005）认为，美国一些城市的可持续发展背后与地方草根的社区营建力量有着密切的关系，社区自下而上的地点营建力量重构了城市地区的公共开放空间，并不断推进地方自治。台湾地区的社区型地点营建活动较为典型，取得了一些成功经验。在具体营建行动中，不同人承担不同的任务，有些地方人从事的是地方社区历史文化资料的整理，有的从事地方历史遗址、古迹和历史建筑的保护性研究工作，有的对地方社区的生态环境建设进行保护和监督，有的对社区资源的配置和服务水平进行监督和管理，以地方社区为焦点，力图恢复社区的地点文化价值，重构社区的公共精神，进而得到了不同社会阶层的支持（田野、毕向阳，2006）。在社区型地点营建模式中，地点社会文化价值和精神内涵被重构在各种市民参与的话题中，并演化成为对抗全球化的一种地方力量。

三 地点营建的模式

根据功能属性，典型的城市地点营建模式可以划分为休闲旅游导向型、商业导向型、文化导向型、居住导向型。

（一）休闲旅游导向型地点营建

休闲旅游强调休闲放松、精神慰藉、美景陶冶、自娱自乐以及满足个人精神价值的追求。个人在休闲旅游活动中能够塑造个人与地点环境、个人与他人之间的关系，进而建构出游客对休闲旅游场域的地点依恋感。在城市日常生活空间结构体系中，众多户外的公共空间都可以作为休闲旅游导向型地点营建的对象，通过休闲旅游地的地点资源活化、地点价值挖掘及再造等手段营造具有美的游憩空间，具有历史文化内涵的场景或者能够吸引人参与的休闲旅游活动，让使用者不仅能够感受到该地点具有享受景观美的魅力，还能够学习了解当地的地方性知识、品尝地方美食、体验地方特色、观赏地方美景、购买地方商品等，进而使自己成为地方的一分子，通过实体化、符号化、体验化、情境化等创造出城市体验空间的高地。在现代社会中，休闲旅游导向的地点营建也会涉及一些高端的 UED（Urban Entertainment Destination）项目，被称为"城市游憩目的地"项目，通常一些城市鼓励对这种项目进行重点开发，作为城市地点再生的一种重要的文化产业策略。城市游憩目的地通常以营造各种具有地方性特征的休闲旅游景观和设施为基础，以地方性的历史文化内涵为展示主题，建构一种内聚性的娱乐综合体，将休闲旅游、娱乐餐饮、住宿体验、日常游玩、商业销售等行为活动组织在一起，建构一个能够吸纳人游玩，而又相对具有个性特色的区域，能够给人带来一种令人难忘的地点感，诸如方特主题游乐园、上海迪士尼乐园、西安乐华城等项目就是此种开发类型。

（二）商业导向型地点营建

进行商业开发及建设是城市经济活力的源泉，商业地点能够集聚人流，而且其影响力远大于其他类型的地点。商业导向型地点营建往往以商业地点和商业设施为平台，以商业公共活动空间为载体，塑造可感知的、多元的地点，不仅提高城市地点经济的活力，也可以强化城市人的社会交往活力。商业性的地点行为活动可以和其他类型的社会行为活动重构在一起（诸如商业活动和节庆活动、商业活动和康体健身活动、商业活动和亲子娱乐活动等），从而加强商业地点空间中人与人之间的行为交流，并塑造出对地点的特殊认知情感。商业性的地点空间不仅承载着商业交易的空间功能，而且还被转化成为一种高效的、与地方联系紧密的场所，其功能是为广大使用者创造一种暂时的地点归属感、地点愉悦感、地点购物休闲感、地点价值感和地点身份感等。在商业导向型地点营建模式中，地点价值和商业游憩活动紧密结合、互动发展，形成城市典型的中心区或中央商务区，并与城市的街区和历史肌理很好地融合在一起，创造出城市中很容易被识别和感知的区域。从城市经济结构建构、城市日常生活结构建构、城市行为空间结构建构等方面给城市带来了诸多新的活力，集聚不同社会阶层的人在此交流与互动。因此，在现代城市转型发展中，商业导向型地点营建被当作一种重要的发展手段。

（三）文化导向型地点营建

文化是地点建构的灵魂，西方欧美国家早在过去 20 多年里就着手进行文化导向型地点空间的建构研究，诸多城市也开始致力于发掘地方的文化经济魅力，通过对地方艺术、地方体育、地方民俗、地方遗址、地方旅游资源、地方创意产品等多元文化形态的挖掘，塑造不同类型的地方性文化产业体系，从而振兴地方经济，促进城市可持续发展。在欧美国家，很多城市通过地点文化资源的挖掘来振兴地方经济，并推动城市衰败地区的复兴。在一些城市中地方文化资源和设施较为密切，通过地点性文化的活化，能够形成较为系统的地方文化产业体系。文化导向型地点营建的对象主要包括城市中各类图书馆、博物馆、遗址公园、美术厅、音乐厅、艺术展览馆等特色文化设施以及城市休闲公园、城市历史文化景区等公共开放空间。地点空间营建的本质在于追求地点性和地点感，推动经济发展和社会繁荣，地点文化与地方经济的结合使地点空间具有了地方性和多元价值，能够使城市经济彰显地方特色和文化魅力，并为使用者提供多元化的都市文化生活体验空间。城市形象在地方文化的引导下更加凸显，让使用者能够产生一种城市归属感和文化认同感，产生城市空间营造的地点动力。另外，文化导向型地点营建模式也使得城市社区共同感、历史文化情境感和地点感紧密结合在一起，并与经济结构、政治要求和社会诉求融为一体，通过营建文化型地点，吸纳不同社会身份的人来此地点进行沟通和交流，可以刺激与之相关的文化消费和投资活动。伦敦就是文化导向型地点营建的一个典范，伦敦的相关城市规划中都提出了要打造"文化伦敦"，通过挖掘地点性的文化资源，以及通过文化创意地点的营造手段展示伦敦城市文化的魅力，并在伦敦不同地方创造了多样化的吸引点，营建了诸如博物馆、文化展览馆、文化景点、教堂、历史街区、艺术馆和剧场等大量的文化产品，并塑造了一大批优秀的文化开放空间，表现出伦敦城市文化脉络的多样性特质，并能够为伦敦市民及外来游客进行多样化的文化感知提供可能，从而建构出城市的记忆空间，彰显城市的地点精神。

（四）居住导向型地点营建

城市发展的核心除了经济效益、社会效益之外还要满足人类栖居的需要，一个成功的城市，除了在工作地点、游憩地点、商业地点、文化地点营造高质量的氛围之外，还应该满足基本的居住生活需要。居住功能的地点性营建有助于建构一个"宜居的、多元的、充满活力的城市"。在现代城市人居环境营建中，过度的城市功能分区使传统的城市居住空间单元逐步被隔离化、块状化，诸多城市的社区邻里氛围被破坏，城市日常生活空间的结构体系被破碎化，不少城市日常性的生活空间变得毫无生气，进而导致城市社区居住空间体系的衰落。在城市活力体系构建中，西方欧美城市倡导恢复"24 小时的日常生活结构体系"，在城市居住人口较为密集的地点，采用休闲娱乐行为方式以刺激地点活力，进而创造出城市可持续性发展的可能性。因此，居住导向型的地点营建模式被许多城市用作城市更新和复兴的战略，着重支持社区及邻里区的地方性自治，注重社区的公众参与，并以社区为核心加强周边的商业氛围、休闲氛围和文化氛围建设，从而提高邻里区的社会经济活力。为了提高社区资源的可达性，一些城市在社区周边区域加强公共交通设施的建设，这样不仅缓解了城市中心区的交通压力，还有助于提升城市公共开放空间的环境氛围。居住导向型地点营建模式是以人为本的人居社区环境的营造策略，在于通过地方性社区的建设，来促进整个城市的可持续发展，同时有助于城市不同社会阶层的融合，进而创造和谐的社会空间，塑造社区共同感。在美国最为代表性的就是以新城市主义为核心的运动，其目的就是试图创造一个步行友好的、利于公共交往的、高密度、紧凑的社区环境。

四 地点营建的要素

（一）地点形式营建

地点形式营建主要指各类空间中的地点的物质形态结构。总体来看，地点的空间构成形式包含地点的物质空间环境、交通组织结构、景观形态风貌、地点范围尺度以及地点所属的空间边界等。这是地点构成的物质形式基本要素，也是地点感营建的最基本要素。无论是城市还是乡村，其是否具有特色、是否具有魅力的关键是能否创造出具有良好景观风貌形态的地点，让到访者能够深刻感受和理解地点的形态、功能与精神价值，带来更加惬意的地点体验和愉悦的景观感受，并享受高品质的服务和信息，增强其对空间的地点感，切实感受地点的精神文化内涵。

1. 地点环境的宜人性

人居环境的品质是地点营建的基本元素之一。良好的人居环境能够吸引各类使用者（当地居民、企业家、外来游客等）驻足体验，能够让使用者获得愉悦感，这是地点营建中的重要功能价值。地点的人居环境不仅包含地点及地点周边的各种自然环境，也包含周边的人工环境，诸如建筑环境、风景园林环境、商业空间环境、道路与街区环境等。地点营建中的每一个空间要素都不是独立存在的，而是相互关联、相互影响的，只有这样才能够塑造出良好的地点性。

2. 地点边界的完整性

城乡各类地点的边界对于其使用者来说是一个感知、体验、构想的空间范畴。使用者对其所感知的各类地点都会产生一种心理认知上的边界范围。城乡之中的各类地点具有绝对和相对的特性，地点的区位、尺度、物质形态边界的大小以及形状特征是由地点营建的水平和其自身所对应的结构形式与功能元素所决定的，日常生活中的各类地点如果离开了各种服务，就不能被感知到，就会走向抽象的几何空间单元。因此，一个合理有序并且完整有形的地点边界有助于使用者地点感的产生，并能够深刻表达出地点的特性及精神内涵。

3. 地点区位的可达性

城乡各类地点景观之所以能够吸引使用者停留与体验，与其区位的可达性有着紧密的关系。如果一个重要的地点缺乏交通的可达性，则即使其具有很大的景观魅力，也很难聚集人气，从而导致地点的使用价值大打折扣。总之，对于地点营建来说，地点价值往往与其区位的交通组织结构（无论是机动车可达还是步行可达）有着密切的关联。

4. 地点形态的清晰性

城乡各类地点的形态主要是指各类地点构成中的建筑、构筑物及其周边的园林、绿化、设施等所共同建构的地点轮廓和界面。一个清晰可辨的地点结构形态能够强化使用者对地点景观的感知，进而产生辨识感，体验到空间环境的独特性。具体来说，可以通过地点中各种建筑文脉、肌理的地域传承、公共空间的灵活性布局等进行地点形态的组织建构。良好的地点形态总会令人产生新奇感、愉悦感和节奏感，地点组织的私密与半私密空间变化与各地点之间联系路径的多样性共同建构了丰富的地点特性，给地点使用者带来了丰富的情感体验。

5. 地点尺度的适宜性

尺度是表述地点特性以及地点营建的核心话题，主要是因为地点的尺度大小会影响地点使用者的感知规律，也会涉及如何进行人性化的地点营建问题。地点营建归根结底在于创造人性化的空间，那些舒适宜人、大小得体的地点尺度可以给地点使用者带来更为丰富的地点体验，增强地点的亲和力，从而强化地点的精神内涵。适宜的地点尺度就是根据地点的不同功能结构、资源属性、文化内涵等创造一种与人的身心体验密切吻合的尺度规模，太大或者太小的地点都会影响使用者地点感的形成与表达。

（二）地点活动营建

美国著名城市评论家简·雅各布斯较早关注了日常生活地点中的各类活动与地点感塑造之间的关联机制。作为记者和杂志撰稿人的他，对日常生活中的各类地点有着极其敏锐的洞察力和感知力。在简·雅各布斯看来，城市就是日常生活的空间场域，很多社会性行为活动都存在于城市中。由于行为活动多样性使城市成为"异质性"的综合体，城市不仅是物质景观的组合体，还是各种社会文化景观构成的单元。同时，不同的亚文化活动规律也使得城市中各类地点的特性变得更为多样，从而吸引使用者参与到地点认知与体验当中，获得地点内在的精神价值。另外，也有相关研究认为，地点的特性可以通过地点中各类服务设施的使用程度、人流的多少以及使用者的行为活动特征等进行测度。从以上分析中可以看出，地点感的塑造与地点中的行为活动有着密切的关系。在地点理论中地点性更强调的是地点的物质形态要素，而地点中所承载的行为活动则强调的是"使用者"的要素，也是地点感形成的基本要素。一个可持续的、充满活力的地点营建不仅要具有合理空间尺度、宜人的空间环境、丰富的景观风貌特征，还要能吸引不同需求的各类使用者，并能够增加使用者使用该地点的活动时间，从而延长地点的使用价值。

著名建筑设计师汉斯·霍莱茵（Hans Hollein）设计的门兴格拉德巴赫市立博物馆就是一个典型例子，说明强大的室外空间能在概念上统一新旧建筑，并创造出一种独特的地点感。霍莱茵相信城市中的建筑应当在不同层面被理解，从"小商店和咖啡馆"到"充满幻想和现实的整个城市"。简言之，一个地点的营造既要考虑街上的每个人，也要为那些希望洞察其深刻意义的人服务（Souza，2013）。这一博物馆一反传统的概念，不是一栋单一整体的建筑，而是多个不同的富有变化的建筑群。富有变化的造型和空间环境的塑造与城市环境有机结合在一起。因而，它不仅是一个博物馆，它还是一个可从中获得丰富体验的城市空间，被誉为"现代的雅典卫城"。

唐纳德·阿普尔亚德在《宜居街道项目》（*Liveable Streets Project*）一书中认为，街道空间具有物质和社会的复杂性，并通过街道生活的生态学体系评价交通对室内生活和家庭中活动联系的冲击。他进一步记录了人们怎样改变环境来抵制交通以及他们控制交通的努力。他还认为，"城市早已经成为一个充满惊喜的地点，那里就是一个剧院，人们既可以在舞台上展现自己，也能被别人所欣赏"（Allan Jacobs，Donald Appleyard，1987）。阿普尔亚德的研究对于我们理解街道这种地点空间很关键，街道不仅可以提供混合功能，同时，作为日常生活中地点，临街空间巧妙衬托了地点空间中的公共和私人生活的交融性。荷兰建筑师赫兹伯格认为，要提供更多机会用各自的特色给环境留下印记，使它能够被每个人作为亲切的地点来使用，用这种方式，地点与使用者之间相互理解和适应，并在一个互动的过程中彼此强化（罗杰·特兰西克著，朱子瑜、张播等译，2008）。

（三）地点意象营建

地点不仅具有其自身内在的地点性特征，更具有塑造地点感知意象的内涵，强调的是地点的文化内涵和形象价值。地点所具有的这种精神层面的内涵往往是地点与人的行为感知紧密联系后所形成的一种特质。因此，地点感在某种层面上来说就是使用者对各类城市空间的意象，也是不同的使用者对城市空间环境感知后所形成的一种意向反馈。正是地点所具有的这种"可意象性"，使得城乡空间环境中每一个地点具有了独特地点性魅力。总结可持续性的地点营建规律，地点意象营建是一个重要的环节，而且在营建过程中，往往要求地点意象具有如下特征：地点的意象要能够充分体现不同地域的文化特色，要能够让使用者切实感受到"此地、此情、此景"的特性，要能凸显此地的特色、气质与氛围，要能够紧跟当下城市人居环境建设的步伐，体现时代的价值取向。美国著名城市设计学者凯文·林奇认为，地点设计的主要原则来自于：①易读性，即使用者在街道上漫步时，头脑中形成的城市感知地图；②结构和特性，即可识别的和统一的城市街区、建筑和空间类型；③意象性，即使用者在移动时的感知以及人们怎样体验地点。凯文·林奇还认为，成功的城市空间必须满足这些营建要求，才能塑造出美的城市形态。

（四）地点认同营建

地点认同是地点感塑造的目标要素。诺伯格·舒尔兹（2010）曾提出，地点精神就是地点的使用者通过对地点的感知与体验，产生对于地点的归属感和认同感。对地点认同的营建，应主要考虑身体感知上的认同和内心归属的认同。

1. 身体感知上的认同

美国著名景观设计大师西蒙兹认为，"人们规划的不是地点，不是空间，也不是内容，而是对地点的体验"（西蒙兹，程里尧，1990）。当我们处于不同类型的地点氛围中，首先获得的是我们的身体对地点环境的感知，当身心对地点环境感觉到愉悦，就会产生初步的地点认同。这种对地点的身体感知可以通过多种手段，诸如可以通过嗅觉、视觉、听觉、触觉等不同的感知手段。而且多种感知途径的营建更有助于地点认同的产生。目前很多景区、公园或博物馆等为了吸引游客，让游客产生对景点的认同感，有时候会采取声、光、电等多种手法营造一种特殊的地点氛围，从而让参与者对地点产生共鸣，获得认同感。

2. 内心归属的认同

无论是在城市还是在乡村空间中，使用者除了在身体层面获得一种初步的地点认同感，还会进一步产生内心的认同。这是由使用者的内在心理情感和价值感应所产生的感知体验，最后会使使用者在内心认知层面对地点产生诉求和共鸣。身体感知上的认同到内心归属的认同，这种演变历程反映出人和地方之间的情感交流与互动。而地点感也在使用者与地点的互动中获得了更全面的阐释和凝练。对于现代城市设计师来说，为了营造地点感，可以通过创造不同的地点景观来实现以人为本的城市建设目标，可以从大尺度的城市设计转向关注日常生活空间的地点设计层面，各类日常生活的地点在营建时可以提供更加人性化的设计，让公共空间富有吸引力。正如杨盖尔先生所说的，"人性化的地点营建首先能提供舒适和安静的环境，能提供人安全感和思考的空间。这时，设计要强调尺度和规模的适宜。要避免太大、不实用的尺度给人带来疏远感、渺小感和挫败感。一些人性化的地点设计可尝试在同一空间组合多种不同类型的活动，并且制造多样的边缘空间。给小部分人提供可呆的公共场所其实比什么都没有的要好"（杨·盖尔、拉尔斯·吉姆松，2003）。

第四节　地点营建的城市图景

一　人本城市

西方近代思想史经历过三次变革。第一次是 14～16 世纪的文艺复兴运动思潮，把人性从封建礼仪和宗教压迫当中解放了出来，主张把人性作为世界的核心，将人作为世界建构的首要目标。在文艺复兴时期，世界崇尚人的理性，注重个人价值的彰显，尤其是个人主义盛行。第二次发展思潮是 18 世纪的欧洲启蒙运动，启蒙思想者高举理性主义旗帜，不断推进西方社会近代化的进程。此后，伴随资本主义的萌芽，理想主义变成机械的工具理性，人文理性被埋没，崇尚个性和人文自由的思想遭到了监管，在不断的演化中，人变成理性和技术社会的工具和囚徒，个人的自由被封闭在理性主义的枷锁之中。第三次思潮的转变是 20 世纪 60 年代以后，西方工具理性发展到了极致，城市社会问题日益凸显，这个时候人本主义和文化自由主义开始再次兴起，并开始对现代工具理性进行强烈的批判，这一时期的文化特征是否定之否定、批判之批判的格局，目的是要实现人性自由的解放，把人的个性从工业社会理性的工具枷锁中解放出来。再加之城市社会问题的凸显，这一时期地点营建运动开始诞生。

不同学派针对现代功能理性主义视角下的城市矛盾和问题进行了猛烈的批判，诸如现代功能主义造成了城市地脉的分离、景观的同质化、人性尺度的缺失、环境污染的加剧、城市空间的无序蔓延、城市社区邻里氛围的破坏等。地点营建运动的目的在于回顾以人为本的城市空间建设，强化人的中心价值，在城市空间建设上应以人的日常生活行为方式和基本的价值诉求为基础，力图创建人性化尺度的地点。因此，人本主义城市必须了解地方人的日常生活经验，并从人的基本城市感知规律出发，探究城市地点空间中人的行为心理规律、认知经验以及人和地方之间的关系。人本主义取向的地点营建思想最早应用在建筑学领域，20 世纪 50 年代年轻有为的现代建筑"第十小组"受人本主义思潮的影响，提出要遵循人与自然和社会的规律，以人类生活空间的多样性作为城市建构的思想，重建城市的地点感。这种思想对后来的城市日常生活空间结构规划和社区规划体系的建设产生了真正的影响，对现代功能主义城市设计理念产生了强烈的冲击。此后，简·雅各布斯、凯文·林奇等对人本主义城市地点观又进行了创新性的研究。简·雅各布斯认为，判断城市建造的好与坏应从城市居民的日常生活体验出发，城市的复杂性决定了城市各类地点的建设应该进行功能的混合利用，而不是单一机械的复制。城市发展的首要目标应该是创建多功能的混合空间，并提供足够的领域，进而创建城市的多样性。凯文·林奇则从人的感知角度进行城市意象再生的研究，通过构建城市的"感知地图"进行城市社会认知的调查，并从人的感知心理和地点的关系规律角度解构城市景观意象产生的基础，认为城市意象的本质不仅在于客观物质空间形态的表达，还在于受众的感知体验以及人对客观城市物质空间形态的情感认同。

人本主义城市地点营建思想主要体现在以下两个方面。第一，人本主义地点营建注重城市多样化的公共开放空间的建设。批判了单一功能主义城市建设的弊端，否定了现代城市主义所追求的功能主义空间，注重人的心理认知和情感空间的价值诉求，强调要将城市的消极空间转变为能够让人喜欢的、多样性的公共开放空间。正如简·雅各布斯所认为的，创造多样性的生活空间是城市的本质属性，那些有历史的街区和建筑都是城市活力价值的主要体现。罗伯特·文丘里也曾在《建筑的复杂性与矛盾性》一书中指出，城市生活空间的多样性和复杂性决定了传统单一的功能主义城市规划思想很难满足城市发展的需要，城市应努力发展多样化的公共开放空间项目，要让人们认识到城市中的各类地点应是有生活氛围的空间，具有邻里生活气息，又能够便于人们步行、游憩，还能够进行面对面的交流。

第二，人本主义地点营建应注重城市建设的公众参与。20世纪70~80年代以来，人本主义地点营建更加注重城市建设的公众参与机制，尤其是自下而上的社区参与营建程序，强调地点营建者不一定由单一的城市规划设计师或城市专家决定，城市建设应充分考虑地方人的使用意图和行为使用规律。地点营建者应通过社区公共参与的形式，将多元的价值诉求融贯到城市空间的规划和设计建设中。建造者应通过不同的沟通环节，充分了解地方人的共同价值诉求，并提出有效的建设依据。20世纪60年代城市规划学者大卫·多夫（Paul Davidoff）所提出的"倡导性规划"就是基于这种公众参与理念建构的。在人本主义地点营建过程中，规划设计师不应被视为简单的技术性角色，还应该是城市地点营建的组织者、咨询者和协调者。

二　特色城市

塑造地点的基础在于地方特色，因此地点营造的基础动力在于对空间特色的追求。现代主义和全球化的推进使世界许多城市出现了景观的同质化现象，城市空间特质日益趋同，不同地点的特色逐步丧失，从而导致城市多样性的内涵消失，处处充斥着"无地点性"的环境。城市问题研究学者阿斯帕·葛斯珀蒂尼（Aspa Gospodini, 2004）认为，地点特性是城市空间发展中的一种特殊性，越来越多的研究者更喜欢从城市的空间形态、社会文化特征、经济产业结构等方面去研究地点特性的作用规律，地点特性被当作城市内在发展的一种动力，在经济全球化背景下这种力量可以用来抗衡不同城市之间的竞争。因此，我们可以认为地点特性就是指区域与区域之间、城市与城市之间等进行彼此区分的差异性，即一个地方和另外一个地方的差别，这种差异性机制能够激发人类对一个地点的认同感和归属感，甚至把自己作为这个地点的价值中心。地点特性是可感知的、可意象的，亦可以是生动的、有活力的、舒适的，但在所有的特性中，特色性是它的主要内涵本质。

地点特性是当代城市发展的主要目标，也是城市可持续发展的基本特质。迈克尔·索斯沃斯曾对美国 70 个城市建设项目进行跟踪研究，发现大多建设项目的共同目的就是控制性发展，进而有效区分城市新旧地区，保护城市的个性，一些被认为对地方特色和可持续发展具有潜在威胁的项目被禁止建设，因此很多项目的建设规划蓝图中都体现了对城市个性地点的保护思路（Geor，金广君，2000），而且大多以满足地方人的基本日常生活需求为目标，城市资源要有可获得性，城市绿地开放空间要具有可识别性，并且能够提供便利、舒适的步行环境，能够为不同阶层的人提供可休息、可交流的空间。在地点环境建设上，提及较多的问题大多涉及城市空间的形态结构、城市景观的可识别性以及城市场所的特色和人性化尺度等。在所有问题中，大约 70% 的问题会谈及地点感、地点品质、地点风格、地点特色保护等。保持城市特色的根本在于创建地点感和维护地点特性，即城市特色就是城市各类地点能够让人产生地点认同感，这是全球化时代下广大城市关注的核心问题（凯文·林奇著，林庆怡等译，2002）。地点相对于传统的空间概念而言，其包含人的情感价值在内，因此，诊断城市中的各类地点是否具有独特性往往带有很大的主观性，但无论哪一类型的地点，它们成功的相同之处都在于能够使人产生地点归属感和认同感，也意味着这个地方具有特色。从城市及地点的发展特性来看，具有地点感的城市往往能够吸引很多游客前来观光旅游，或能使当地居民产生认同感，或能创造一种独特的城市形象让不同的人很容易识别出这种意象。

为了彰显城市的特色，通过对城市各类地点属性的强化，保护及传承城市的历史文化脉络成为较为现实的发展途径。欧美许多城市在规划工作中都非常注重对城市建成环境进行再评价，充分评估现有建筑是否具有特色空间，并能够创造出地点感。欧洲各国很多地方政府一直倡导对城市历史文化遗址资源进行保护，并提供专项发展基金来支持这些保护性项目的研究。这些特色型地点营建模式都试图通过对城市历史文化脉络的挖掘，更好地激发人们对城市特色发展的向往。阿斯帕·葛斯珀蒂尼认为，目前许多欧洲城市在营造城市地点特色上存在一些问题，诸如运用各国常用的保护城市历史文化遗产的方法进行地点塑造，很容易制造"假古董"，并使地点营建变得"无地点性"。为此，他建议通过创新性地点营建方案来激活城市的多元文化诉求，通过创新地点特性来发掘地点潜力，从而建构新的"地方"。还有一些前卫的建筑设计师往往通过实验性的设计手段创建一些城市新地标，一方面吸纳不同社会阶层的人的意见，另一方面植入创新的建筑功能，从而增强了城市的地点特性，并使之成为城市发展的新地标，还成为城市的旅游吸引物，促进城市旅游及文化产业的发展。因此，崭新的城市地点空间设计也会像悠久的历史文化遗产地一样成为城市创新发展的形象窗口。

在城市竞争日益激烈的背景下，诸多城市为了追求城市特色，在城市不同地点激进地建造了众多"地标性"建筑物，貌似有特色的建筑恰恰是城市非理性发展的表现，由于缺乏对城市肌理的传承和延续，建筑与建筑、建筑与城市之间变得毫无关联，从而使城市变得更为丑陋和怪异，诞生了诸多奇奇怪怪的建筑。城市的地方性遭到了破坏，混乱的秩序和模糊的边界也很难塑造出城市的地点感。因此，在城市特色地点空间营建中，应当充分考虑城市地点的整体性、连续性和关联性，并作为可识别的要素对城市的地点特征进行强化，同时，城市地点物质形态建构完成后，还应该加入人类的日常生活经验，只有有经验的生活地点才能创造出地点感，才能真正营建出具有魅力和活力，又能受到居民喜爱的城市地标。

三 经验城市

经验城市也可以称为"面向日常生活形态的城市"，它是真实生活体验后的城市。经验性是地点营建中较为关键的作用机制之一。地方的特性应该来自其所具有的历史文化内涵及物质形态品质，每一个城市空间都包含独特的地点特性。历史文化遗产、民俗艺术产品、休闲旅游资源、城市地标及景观等都能够蕴含丰富的地点特性。从经验性的价值属性来看，其代表着一种源于历史的自然产物，或是现今城市发展格局的反映。经验性的地点营建模式来自对地方特色资源和历史意义的传承，诸如地方志、地方历史文化、地方性的气候、地方的建筑材料等。人文地理学者爱德华·拉尔夫（1976）认为，地点感正是由于某些地点存在着也许是"经验的""纯正的"，也许是"非经验的"、"创造的"和"人工的"等特殊事物而被建构出的。为了传承城市发展的历史文化脉络，必须以一种融合的方式或技巧来处理城市现代与历史之间的关系，通过对地方历史文化资源或个性符号的彰显，来传承地方的特质，而且这已经成为当代城市真实性发展的一种重要策略。但是在对地点特性的传承建设上，我们很容易陷入一种被动式的模仿当中，正如许多批评家所认为的，机械的复制和模仿其他地点的特性进行城市建设开发会产生一种"虚假"的景观，通过模仿而建造的地点是"无地点性"的，也是"非经验性"的。后现代主义曾在20世纪70~80年代形成一股强大的建筑思潮，但其弊端也受到了批判，诸如后现代主义过分注重对地点历史文化风格的表现，忽略生活在其中的地方人的真实生活经验，缺乏从人的真实生活感受这个角度去营建场所，从而导致地点空间建设的表面化和非真实化，以至于在20世纪80年代末期后现代建筑思潮逐渐走向衰落。后现代主义式的地点空间营建被认为是浮躁的、表面的，缺乏对真实性生活经验空间的认同，从而导致对地点价值和意义的破坏，简单的仿制难以体现出地点的真实特性，相反，那些能够真实承载记忆的地点却遭到了埋没和破坏。因此，在城市空间建设中，如果过多地沉溺于对物质空间形态和符号的表象化处理，而忽视地点的非物质性日常生活经验，那么地点就将变成为抽象的空间，难以塑造出具有真实性的、可感知的、有价值和意义的中心。建筑设计师摩尔所设计的新奥尔良意大利广场就是一个典型的失败案例，这个广场由于过度渲染形态和符号在落成之前广受政府及地方的热捧，但是后来这个广场从来就没有形成一个真实的生活体验场所，缺乏生气和活力是这个广场的致命弱点（Aravot，2002）。真实的日常生活经验的体现问题在城市历史性场所的更新改造中是一个广受争议的话题。克里斯汀·波耶尔（Christine Boyer）认为，机械的仿制历史场所的特性和"复辟式的重建"只是做给"没脑子的观众"看的一种表象符号（Holt，2014）。城市社会学者南·艾琳

（Nan Ellin）也认为，虚假仿制的历史文化建筑只是表面上"保护"了，而真实的经验性特质很难被模仿和创造。但是这种假古董式的仿制很受保护主义和"绅士化运动"的喜欢，因为我们期望的那些场所和景观被更新、修复和建造了起来，这符合过去我们所希望的理想图景，迎合了城市开发运营者的需要和品位（Nan Ellin 著，张冠增译，2007）。因此，地点营建必须充分考虑在地景象的真实性和经验性，只有真实经验过后的城市地点才能够彰显地点特性，才能让人产生地点感。虚假和不真实的模仿只是表象化的空间抽象符号，缺乏日常生活的真实情感和价值，自然很难维持其生命力和活力。

四　创建地点性

地点营建的一个最为关键的方面就是各类景观的建造应与当地的环境相联系，也就是各类景观营建应体现出地点性，即营建一个与人类生活、工作所在地独特的自然环境和历史文化背景相一致的人居环境。当人们对他们所生活的地点的风俗习惯和自然环境越来越熟悉，并越来越融贯到这个环境之中的时候，他们就会对这个地点的风景越来越迷恋，就会觉得越来越难离开这个地点。"地点性"一词暗示着一旦人与当地文化、环境和建筑风格的联系变得更为紧密，我们生活的地点就会成为一个有生命活力的空间，我们自身的存在价值也会因这个地点而得到证实。坚持地点性原则营建的建筑和景观会增强我们对此地点的社会责任感和奉献感。

优秀的地点营建是通过文化环境和生态环境以一种独特的地域背景达到和谐与融洽。而这种生态环境和文化环境的完美融合彰显了人与地点以及人与自然之间相互适应所凝练出的一种"在地""本土"智慧。成功的地点营建能够反映出人类在自然环境和社会环境的压力下所做出的回应，是人类对环境变化做出的反应。当地点营建中的地点性特征和要素得以充分表达时，此地的历史文化环境和自然环境也会有所改善，甚至因为融合而变得更为丰富和活跃。当前的研究普遍认为，地点性的营建规律一般要遵循以下几种法则。

（一）顺应自然生态环境的地点营建

在优秀的地点营建中，城市与乡村的景观往往要与其所在地点的生态要素、地理要素或流域要素等和谐共存。但要实现人居环境的和谐共存，需要许多地理学的本土知识，并对这些本土地理知识进行反馈。相关的地理学要素有水文、土壤、地貌、地质、动物、植物、大气和生态系统等。创建地点性需要结合自然，需要了解此地的自然特性，还需要进一步对建筑物及景观的生态背景做充足的知识准备，尤其要从城市、乡村历史信息中挖掘本土知识与信息。

成功的地点营建也应该思考地点景观的文化特质和历史特征。经典文学作品中出现的地点往往具有深厚的历史文化底蕴或者跟某些特殊的事件相关联。对一个地点进行营建时，通过考虑当地的历史文化因素，地点的特性就会增强。诸如一些重要的、反复出现的事件，可以预见的行为与习惯，和谐社区的社区感和共享感，地点荣誉感和骄傲感等。景观历史学家约翰·布林克霍夫（John Brinckerhoff）认为，优秀的地点营建应使此地点彰显强大的生命力，犹如仪式般再现，同时还能够在此地点中表现出共享体验的伙伴感。地点性正是由所谓的事件再现而增强的场境特性（转自 Schein，2015）。地点丰富的历史文化特性可以让使用者对他生活过的地方产生情感上的依恋和心理上的依托。一些具备地点感的建筑和景观都可以让使用者对此地产生依恋感，并能够增强使用者对地点性的识别能力。地点所属的历史文化资源、自然生态条件等都极为重要地影响着地点的特性。通过地点营建可以实现地点性和地点感的表达。地点性往往通过本土独特的建筑或景观形式来表达，诸如我国黄土高原地区的窑洞、西北干旱地区的毛坯房建筑、西南山地的干栏式建筑等。这些独特的建筑景观成为地点性的重要标识，也是当地居民相互紧密联系的灵魂。

适应于地点性的建筑和景观设计会引起人类的共鸣，所承载的地点则是人类的情感空间，虽然制造建筑和景观的材料是由木头、石头、玻璃、砖块等非生命的材料组成的，但是一旦具有精神文化内涵，这些非生命的建筑与景观就会呈现出蓬勃的生命力，带有本土独特的地点个性，并能够成为一个区域的重要地标。正如建筑师汤姆·本德所说，"一栋建筑就好像是一个人，有自己的心灵，也可能成为一个社会生命的一部分。它可以深深根植于当地的历史文化传统之中，并能够表达出此地的文化属性；还可以帮助我们对周围的环境再次产生神圣的敬畏之心和荣耀感；同时，一栋建筑可以表达出一种维系人类一生的情感世界，使人类的精神得到充实"（Bender，1998）。

（二）融入社会文化传统的地点营建

通过地点营建来强化地点性，不是通过运用文化特征或生态环境特征就可以达到的，还需要将社会文化特征和自然生态环境有机融合在一起。在以人为主导的自然生态系统中，地点性的创建取决于历史文化与自然的融合程度。自然生态环境和人类历史文化因素集中建构了一个独特的地方传统。因此，地点营建过程是一种自然发生的过程，人类对地点的认同和营建是在不断学习和延续的作用下有机生成的结果。然而，为了让社会文化传统和自然生态环境能够较为自由地融合，人类必须生活在一个较为熟悉的地点环境中，并且该地点要能够产生安全感。成功的地点营建要能够使社会文化特征和自然生态环境的相互融合变得更为自由和流畅。但是，伴随全球化的泛滥，很多城市都面临地点同质化的危机。地点感与地点性的消弭常常与大尺度的开发、短时间的营建过程，以及大量改变城乡景观风貌的现代技术所导致的对本地独特形态和个性规律的忽视有着密切关系。建筑设计和景观风貌设计忽略了对本土历史文化传统的考虑，也忽略了对社会文化传统和自然生态系统有机融合的考虑，从而导致了区域自然和社会经济发展不协调，办公大楼、商场以及住宅区的设计变得极为抽象化，千篇一律，景观变得毫无个性。那些同质化的地点建筑只能称得上是一般建筑，而不能称为当代建筑，失去地点性的营建都是形式化的、孤立的。设计师只阐述了自己的偏好和兴趣，但没有实事求是地考虑使用者的偏好，也没有关注地点中应该保留的历史文化传统和自然生态规律。因此，可持续性的地点营建要能够反映人类对知识的深层次需求以及对此地历史文化传统和自然生态环境的尊重，是一种朴素的空间设计营造理念。总之，地点感和地点性是一个地方可持续发展的奠基石。

五　培育地点感

美国著名景观设计学者斯蒂芬·R.凯勒特认为，人类连续的自然体验将会增强人类自身的健康，这种现象与人类对其工作和生活的各种地点产生安全感和满意感相互关联的。当人类生活在一个熟悉、可达以及充满便利的公共服务设施的地方时，他们更有可能对这种自然或文化环境产生满意感或安全感，这种感觉就是地点感（斯蒂芬·R.凯勒特著，朱强等译，2008）。景观设计师弗雷德里克·劳·奥姆斯特德（Frederick Law Olmsted）

和诺贝尔奖获得者、生物学家雷内·迪博（Rene Dubos）认为，当人类与他们生活的地方产生联系时，他们会将一个单调的地点转变成一个更有生命力的景观综合体，而这也将给人以归属感。人类需要去体验和感受，需要获得情感上的满足，而这些只能从一种亲密的相互影响中获取，只能通过对他们生活的地点的认可而获得，这种相互影响和认可就形成了地点感（Dubos，1980）。

景观历史学家约翰·布林克霍夫·杰克逊（John Brinckerhoff Jackson）对地点感的重要特征进行了归类。认为地点感包含一种熟悉的地点意识，一种在共同体验的基础上形成的强烈的伙伴关系，以及增强的习俗、生境和仪式的反复出现，这些所有特征都反映了以人为中心或者文化尺度的地点感，这揭示了人类怎样与它们紧密相连，随着时间的推移，形成一种与他们的文化环境相关联的地点精神（Jackson，1995）。进一步仔细调查发现，那些受人喜爱的地点不仅是社会和文化设施受到保护，自然环境和生态环境也受到了极大的保护，而这些赋予了此地点独特的个性特质。同时，使得这个地点形成了独特的文化环境和自然环境，并长久保持着独特的地点精神。因此，地点感的重要性可以总结如下：一个地点的文化和自然之间的和谐、和睦相处的联系；一个地点的生物物质景观和历史文化的成功耦合，并且是两者相互影响的结果；地点能够彰显一个特定的生物文化环境中独特的自然和社会特质。

一个城市或者一个乡村、一个景区、一个社区如果能够提供多种经济、教育、娱乐等方面的机会，那么这里的使用者就会形成共同伙伴关系，从而此处的地点感就会得到强化。而地点感则建构了对邻里关系和区域的一种认同感。就像哲学家马克·萨哥夫所讲的那样，"地点感导致了周围环境的和谐、友情和亲密感"（Mark Sagoff，1992）。在当代社会，大多数人当他回到一个有安全感、安心的地方时，他们就会感到很欣慰，他们把这个地点称为"家"。与某个特定地方保持长久联系，日夜思念某个地方，这就是我们常说的"根"。相反，如果一个地点如果失去地点感和凝聚力，人们不再或者很少对他们生活的地方的文化或生态环境承担长久保护的责任，那么这里的人们也就会失去这种地点感所延伸出的责任感。正如作家温德尔·贝里（Wendell Berry）所描述的："对一个地点不再怀有复杂的情感，而且在缺少相应的感情的基础上，对一个地点也不再怀有信仰，那么不可避免地就是该地点将不会再被仔细、认真地对待，甚至会遭受被破坏的命运。"因此，对于地点营建来说，创造一个富有意义和价值的地点感比那些所有的、无生命力的物质形态要素来说还要重要。当一个地点是健康的、熟悉的，并能够相互联结时，这个地点就成为我们生活中的一部分，也是城市或乡村空间发展的一种标志，更是一种"乡愁"或"城愁"。著名生态学家奥尔多·利奥波德（Aldo Leopold）认为，"地点感就像一个健康的生态系统一样，提升了生活质量和品质，保证了生活和生活环境的可持续性，这种思维被认为是一种'金字塔思维'"（见图 14 – 1）。

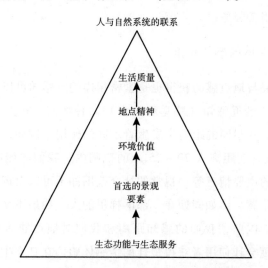

图 14 – 1　"金字塔思维"：连接了生态系统结构和功能、
环境体验和生活质量

资料来源：参见（斯蒂芬·R. 凯勒特著，朱强等译，2008）。

第五节　地点感生产的可能性路径

为了更好地理解地点营建的目标内涵，强调地点感生产的重要性，有必要针对怎样生产可能的地点感，进行指标性的梳理分析研究。

一　构建多样化的地点

地点感的获得在于营建类型丰富的日常生活地点，诸如散步、短时间驻足、更长时间逗留的地点，购物、交谈、聚会、锻炼、娱乐休闲、街头贸易、儿童玩耍、乞讨和街头娱乐的地点。日常生活中的地点行为活动不仅包含必要的，也包含选择性的。必要性活动发生的地点主要是工作地点、上学地点等。而选择性活动多跟户外空间的品质有着密切的关联，良好的气候环境以及优质的人居环境往往是多样化日常生活行为活动发生的前提条件，也是创造可能地点感的条件。另外，日常生活行为活动与地点所处位置的环境品质也有着密切的关联。要想提供更多可能的休闲娱乐活动，就应针对不同地点进行环境品质的提升工作。诸如可以在步行街的合适位置摆放喝茶的座椅，或者预留驻足停留的空间，从而可以提供更多可能的空间为使用者服务。

二　适宜人体的感知尺度

感知的发展与地点感的获得也是紧密相连的。感知可以分为距离感知（看、听、闻）、亲近感知（感觉和品尝）两种类型。在人与地点之间的关系上，感知会在不同的距离中发生着不同的作用。例如，我们只能看到100米开外的人；在距离人 20 ~ 25 米的范围内，我们才能准确读取人的面部表情及人的主要情感等。视觉的社交范围亦不可以太近，太近也会让人产生一种紧张感。诸如同处在一部电梯里的人，如果不是很熟悉，往往很少会去交谈。因此，我们的感知距离和我们对地点的体验情感密切相关，合理的尺度会让使用者获得最佳的情感体验。在日常生活的感知体验中，有时候我们更喜欢那种小尺度的地点体验。人与人之间的温暖的接触往往会发生在小尺度的范围内。小型地点或较近距离的地点更容易表达出一种温暖的地点感。在狭窄的步行街道，使用者更能看清楚近距离范围内的各种建筑和景观。相反，在非人性化的地点，虽然建筑物高大、布局规整，但是单一的景观很难让人对此地产生强烈的地点感。因此，太高、太大的景观更容易毁掉尺度，亦可能毁掉我们的地点感。

三　充满活力的地点

充满活力是地点营建的出发点，是塑造地点感的核心目的。充满活力的地点往往彰显着友好与欢迎的信息。当然，活力也是一个相对的概念，例如走在乡间小路上的人亦很容易获得一种兴奋的心情。因此，活力与感知体验也有着密切的关联。地点活力往往拥有自我强化的动力，那些受人欢迎的地点通常是不断精心营造自己的空间以支撑和强化地点的内在的活力。使用者会自发地受到他人在此处的活动的影响而积极参与到该地点的行为活动中来。合适的密度与优质的环境也是产生地点活力的决定性条件，那些有活力的城市往往在空间建设上表现出"紧凑的空间结构""合适的人口密度""可达性好的交通方式"以及"优质的地点环境"等内涵。日常生活空间质量的高低与那些充满活力的地点数量的多少有着密切的关系。诸如哥本哈根被公认为是一个有活力、宜居的城市，主要在于哥本哈根的城市空间环境中处处充满着有活力的地点。在街边拥有座椅、可供驻足停留的咖啡馆等设施。地点活力跟慢速的交通也有着紧密的联系，所以城市要尽可能创造更多可以步行或骑车的地点，其目的就是让地点活力带来更多的生活体验，带来更多的地点感。公共开放空间的边界亦跟地点的活力有着密切的相关性，那些充满柔性、可以交流、可以逗留、带有韵律感的街道边界更容易让步行者驻足欣赏，只有这样才能够更为亲近和深入仔细地体验出街道的魅力（见表14-2）。相反，毁坏活力（无地点感）的街道边界往往是功能单调的、尺度不合时宜的、消极被动的、统一乏味的、韵律不足的。

表 14-2　街道边界的地点活力构成

街道边界的地点活力构成	主要特征
尺度与韵律	适宜步行速度的尺度，有着紧凑感，充满各种活力元素，有许多临街的商店或休闲娱乐地点
透明性	能够从街道上看到商店橱窗内部的商品或活动，从而增加行人驻足的可能性
感知体验	有特色的建筑风格或者有趣的街道小品，更容易唤起行人的感知兴趣
文脉与细节	街道空间具有丰富的历史文化内涵，在建筑格局上能够提供好的肌理性，并且有好的建筑材料和丰富的细节设计
功能混合	街道的功能不是单一的，而是混合的，许多临街的门面是按照功能的合理组织而发生有序变化的，从而给使用者营造出一种类型化的体验
竖向外观	街道建筑高度具有重要的外观韵律性和艺术性，能够让使用者感受到街道建筑在竖向尺度上的合理性和形式上的艺术体验

资料来源：笔者自制。

四 充满安全感的地点

在空间环境中感觉到安全是至关重要的。如果我们希望使用者产生地点感，那么安全感是一个极其重要的指标。安全感的获得首先来源于我们赖以生存的日常生活空间，尤其是类似街道这种公共开放空间。国际上一些主流的城市规划思想大多受交通事故的启发，往往采取"共享空间"的模式来降低交通事故率，尤其是在自然混合型交通导向下，更强调步行在混合交通中的优先权。实效、灵活且体贴的交通规划方法更有助于营造出一个安全的场所。能否创造一个适合人类步行的空间则是地点安全性营建的重要条件。安全的体验和感知对于使用者地点感的获得至关重要。例如，当夜幕降临时，沿城市街道两侧的建筑和路灯所投射出的灯光，对安全感的产生具有重要的作用。如果一个地点是友好的、柔性的、充满细节关怀的、拥有清晰边界结构的、有着良好地点格局的，能够使我们很容易找到回家的路，那么这个地点将是广受人欢迎的，就会被人性化的活动所包围，也更容易让使用者产生安全感。当夜间步行于某一处地点的时候，如果这个地点拥有标志、方向指示牌以及良好的照明条件，则很容易创造出一个安全的地点氛围。当步行和骑车成为日常生活方式的一部分时，对人的生活品质以及地点的安全性都具有重要的派生作用，甚至会对健康社产生更大的益处。正如丹麦著名城市设计大师杨·盖尔先生所认为的，"城市规划的最佳出发点应关注日常生活中的人的行走、站立、坐下、观看、倾听与交谈，并努力从小尺度的地点营建层面去提供这种可能"（杨·盖尔著，欧阳文、徐哲人译，2010）。因此，可持续的地点营建应充分考虑如何营造出一个适合步行、停留、交流、娱乐、休闲和锻炼的健康环境。

第六节 小结

中国当代城市化正处于加快发展的阶段，城乡建设的规模日益变大，城乡各类地点建设将变得更为迅猛，一系列较为典型的建设问题随之出现，诸如景观建设的日益同质化问题、历史文化脉络断裂的问题、空间发展无序的问题、公共开放空间不足的问题、邻里环境氛围日益恶化的问题、空间资源的社会公正和公平缺失问题等，其结果是上千年以来不断累积形成的传统历史文化基因链遭到断裂或破坏，地点精神日益消弭，形象日益模糊，空间发展面临前所未有的特色危机。这种危机的本质就在于地点性和地点感的缺失，能够彰显归属感和认同感的地点变得越来越少，空间变成了机械的、抽象的、表象化的空间，难以让人产生情感和价值上的认同，也无法塑造和生产地点感。因此，在这些背景下，如何重构和营建具有情感价值和意义的地点是维护城市特色发展的关键手段，也是提升城市生活空间品质的重要途径，更是当代城市可持续发展的一项基本目标和宏伟图景。基于此，本章重在提出地点营建的理论框架，从地点特性角度入手，建立地点营建的概念性认知体系。梳理地点营建的发展历程，解析地点营建的范围、模式、要素以及发展指标等内容。成功的地点营建途径和模式往往是将一个没有意义、没有特征的抽象空间，变成一个充满意义、价值、情感与经验的具体空间。

第十五章

城市空间总体发展的地点营建实证

——西安城市个案研究

　　有根的感觉在人类心灵深处占有最重要的地位，也是最少有人问津的地方，大多数人没有意识到"根"对心灵的作用。当然，根也是最不容易进行定义和界定的，一个人由于在他的一生中真实地接触自然、参与自然才能获得"根"的感觉，这保证了生活方式的外在表现，特别是保护对未来的期望。这种参与感是一种自然而然的过程，让人感觉到出生、职业以及社会环境都是自然而然发生的。每个人需要多种"根"，对一个人而言，从环境中形成道德、智慧、精神几乎都是必要的，这样，人也正好成为环境中的一个组成部分。

——作家西蒙·威尔（Simone Weil）

第一节　地点营建的价值导引

一　空间公正

（一）"没有义务就没有权利"的地点营建机理

　　"没有义务就没有权利"是指投资者、当地社区与政府等利益群体都有对地点营建应履行的义务与获取利益的权利。其机理在于：①各方应全面评估地点营建对社区可持续发展的作用；②建立社区参与地点营建的互动合作机制；③识别确认主要利益群体、利益相关度及分配范围之间的关系；④构建"风险共担，利益共享"的社会经济政治关系，确保在地点营建中生态、社会及经济目标的和谐一致性。

（二）"由上至下"的主导保障机制及"由下至上"的管治保障机制

"由上至下"的主导保障机制：①建立多方利益相关者的良性互动机制；②建立地点营建的参与互动合作体系；③在地点营建中，政府应制定各项相关政策法规以体现社会公正，构建政府、专家主导的公正性机制，这将是实现空间利益均衡的重要保障，也是居民积极有效参与地点营建的平台。

"由下至上"的管治保障机制是指，提高使用者的参与意识，提升知识水平，强化发展观念，开展跟地点营建有关的教育培训。成立组织机构，构建社区居民参与地点营建过程的保障体系，将居民被动式的参与转化为主动的自发式参与。将涉及居民切身利益的问题直接陈述到地点营建互动机制中予以解决，从总体上提高参与的有效性和监督的公共性，同时保证地点营建的有序实施。

二　倡导人本

大城市整体的地点营建应该根据居民特定的生活模式来确定，地点不应该是纯粹的经济空间。从普遍意义上来看，这主要涉及 4 个方面：①具有空间控制感的日常生活空间的地点营建，主要是保护个人的隐私权、领域感、地点感，从而促进和提升居民对地点营建的参与感、归宿感和责任感，以维护和保持城市各类地点的可持续性；②城市公共开放空间的地点营建，主要是指城市中各类地点的布局和设施配置应满足步行可达的要求，这也是居民日常生活空间的重要基础，从而提高本地居民对各类地点光顾的频率；③现代城市生活方式在各种开放的地点尺度中能够保持秩序而不失控；④不同的社会阶层、特殊群体特别是中老年人、儿童、孕妇等能够在自身所感知的领域范围内找到所需要的功能性地点。

三　尊重生态

大城市空间结构中的物质形态要素与自然生态环境密切关联，良好的自然生态环境是城市各类地点可持续发展的基础，因此，要注重生态效益在地点营建中的基底作用，甚至在合适的地点，可以选择"反规划"的理念，运用大型的生态绿道、蓝道来控制整个城市空间的无序蔓延，而且这些廊道本身是一种特色的地点综合体，对维护整个城市空间的风貌具有重要的意义。因此，生态化和形态的可持续性是未来人、自然、城市融为有机整体的基本原则（见表 15 - 1）。

表 15 - 1　可持续性的地点营建

尊重历史和文化资源	保存当地的地标、建筑物、街道、考古遗产、游憩用地、文化和传统,使地点在景观风貌上具有特色
以人为本的邻里	设计新的居民区和投资旧的街区,以促进混合商业地点和居住地点的融合,促进居民和地点环境相互促进
社区参与地点营建	参与地点营建的社会志愿服务,建立公民和政府之间的联系
减少贫困和使机会更加平等	结合地点公平分配资源,创造地点的经济活力,减少贫困和经济社会的不平等
强有力的当地企业	为地方经济,特别是小规模和小面积的企业。
保护自然资源	有效地利用自然资源,保护资源和使用可持续性能源,保护城市生态系统
丰富的游憩娱乐地点	包括街道、城市公园、社区花园、街头绿地、广场、自行车和休闲步道、线性滨河公园、树木以及其他各类城市的游憩娱乐地点
更好的交通系统	改善公共交通系统,建设自行车和行人友好街道,改善道路上的各种景观和服务设施,丰富城市步行空间
城市有机更新	通过地点营建抑制城市蔓延;经过精心的地点建设,提升地点活力,促进城市中心的增长;确保城市中有不同类型的地点被打造成为商业中心、文化中心、娱乐中心等
安全的地点	让人们觉得,他们存在的地点是安全的

资料来源：笔者自制。

四　彰显个性

一座城市区别另一座城市的主要特征就是其个性，城市生命力基本特征也是城市个性，而且城市个性化的景观资源是地点营建的核心目的。未来构建西安大城市的地点营建体系需要挖掘城市中不同地点的个性，地点个性的凸显不仅需要考虑地点所处的自然环境、区位条件，还要考虑地域悠久的历史文化传统，最终还要植入现代人的各种行为价值观念（如休闲旅游的行为价值、康体健身的行为价值、购物休闲的行为价值等）。凯文·林奇认为，"个性的城市其实就是有特色的城市，而获得这种特色的关键就是城市'地点感'的营造"（凯文·林奇著，林庆怡译，2001）。城市特色就是由具有不同功能的各种地点以及地点特色所建构的，能够唤起人们对一个地方的感知和记忆，具有生动性、独特性。地点感包含地点认同和地点依恋，因此地点感被凯文·林奇认为是构建城市形态的基本指标之一，而获得良好地点感的空间形态一般都具有特色。

五　景观美化

西方国家城市美化运动最初的目的是希望通过物质空间秩序的调整和形象的改善，来改良过度工业化所导致的恶劣生活环境，力图建立一种具有视觉美的和谐空间。虽然名噪一时的城市美化运动受到多人的批判，但是它并非一无是处，从当时的城市发展来看，城市美化运动大批量营造城市绿化环境、营造各类公共休闲地点，在一定程度上解决了当时工业城市环境恶劣的问题，为城市居民提供了一扇呼吸新鲜空气的窗口，让人们开始注重城市环境美和地点营建艺术，地点营建也开始考虑多维规划目标，这种追求使人们对城市的美好理想和城市的地点营建紧密结合在一起，形成了宜人的城市环境。

六　资源平等

地点属于城市中的公共资源。因此，地点营建应该是社会各个阶层、不同群体都能够融入其中的，无论是商业性地点还是公益性地点，都应该考虑民主的地点配置标准，带给人们一种博爱的精神（凯文·林奇著，方益萍、何晓军译，2001）。因此，城市地点营建应该努力让每一位社会成员感受到和谐的地点气氛，充分表达地点营建中的人性关爱。

（一）设施均衡化

具有不同功能的各类城市地点应当被看作一种特殊的社会公共资源，应秉持一种平等的资源分配观，对不同市民来说，其有平等利用这些资源的权利。在西方国家，为了平衡空间利益，往往采用空间均衡方法。首先，在城市空间规划及地点区位选择和配置过程中，尽量在高强度开发的城市地段多建一些开放性休闲娱乐地点。其次，按照需求导向原则，通过对使用者的需求进行调查，来配置各类地点和设施，使整个城市的地点营建格局趋于均衡。

（二）空间无障碍

地点营建要充分考虑地点的可接近（可获得性），从而保证更多的人可以共享此地点上的各种资源和设施。虽然我国制定了一些资源配置标准，但是仍有不足，缺少对带小孩的家庭、残障人士、老年人等特殊人群的关爱。在城市地点营建中，应该更多地关注设计细节，以使更多人能更容易地使用这个地点。老年人、残障人士、孕妇等特殊群体应该被统一纳入设计准则中加以考虑，建立一种无障碍的地点环境，更好地服务所有人。

第二节　地点形象建构

地点形象是城市空间发展的品牌特征和灵魂。伴随体验经济时代的到来，目前众多城市都提出了自己的体验经济形象口号，如"时尚之都巴黎""动感之都香港""好客山东""七彩云南""成都田园城市"等，从而展现自己的独特魅力。因此，地点形象定位对西安构建国际化大都市具有重要的旗帜引领作用，对外能够塑造市场发展的品牌价值，对内可以提升居民的幸福感和自豪感，进而增强体验型地点消费的信心。地点形象设计首先应该体现出西安大都市不同于其他城市空间的独特本质，从而提炼出具有排他性的核心形象要素（见表 15－2、表 15－3）。

表 15－2　西安大都市整体地点形象设计理念

识别体系	维度	功能导向
核心识别	地点氛围	具有强烈历史文化感的地点氛围
	地点特性	遗产文化价值在地点营造中的彰显
	地点主题	对历史和华夏文明感兴趣的人 对山水自然生态感兴趣的人
延伸识别	地点类型	遗产体验型地点、文化体验型地点、休闲美食型体验地点、自然生态体验型地点、城市公园体验型地点、绿地、广场、商娱地点、风景名胜区等
	体验价值	辉煌的盛世文明遗产、中国传统文化、具有浓厚历史传奇色彩的温泉、不凡的唐娱乐体验、博大精深的饮食文化等
	地点个性	渊博、大气、深刻，具有皇家气质但又平易近人
价值体现	功能利益	颇为值得的旅行，历史文化底蕴极其丰富的休闲体验之地
	地点情感利益	历史和辉煌文明的骄傲感，民族自豪感，体验休闲魅力，享受快乐生活的空间
关系链接	人与地点之间的关系	使用者受到欢迎和尊重，为每个使用者提供其想要的体验地点

资料来源：笔者自制。

表 15 - 3　西安大都市整体地点形象设计框架

设计流程	主要要素	基本要素	建设措施
理念识别	地脉文脉	自然地理	主要包含一个城市的气候、水文、地质、地貌、生物、土壤等,以及它们之间相互作用所构成的各类自然生态地点,如终南山国家森林公园、陕西翠华山国家地质公园、渭河湿地等,它们是大都市自然生态形象的本底
		历史文化	主要包含古代历史遗迹、各种物质遗产和非物质文化遗产、历史大事件等,这些因素是城市形象的灵魂,能够彰显城市的传统价值和城市个性,是地点形象建设的重要元素
		经济地理	主要包括一个城市的经济发展史、城市产业结构、城市经济总量、人均收入水平、业态的地点分布规律等。这些要素的构成能够引导不同功能性地点的分布,从而构成城市整体的形象定位
		民风民俗	地点营建的重要资源,能够彰显地点特色,是城市富有地域文化特色的景观元素
		社会地理	主要包括一个城市的社会行为文化特征,如地点消费水平、地点消费偏好、人口素质、收入水平、社会和谐程度、地点资源开发与管理水平、地点所表达的社会阶层差异等
		地点肌理	主要是指城市街道空间、开放公共空间与建筑空间之间相互关联,包括建筑风貌、色彩、休闲小品、雕塑等的相互匹配,而且历史遗留风格和现代城市风貌之间能够很好匹配。在城市地点营建中保留并继承西安传统的城市肌理,并用系统的地点氛围进行演绎,才能激起人们的认同感和归属感
视觉识别	景观形象	地点形态的完整性	主要指城市多种地点组合所建构的形态和功能上的完整性,如地点形态的几何特征、节点、轴线、领域等;功能完整性体现在地点功能的系统性和完整性,包括地点布局、设施布局、产品等级、景观有序化等
		地点轮廓性	主要指各类城市建筑整体上所形成的城市天际线,城市天际线不仅是一种城市风貌、城市建筑群体的综合艺术、城市自然空间和人工空间之间的融合品,而且是一种重要产品,能够彰显城市发展轨迹和历史文化价值
		地点界面	主要包括界面的连续性和协调性。连续性指地点环境的现状、尺度、建筑围和空间等形态视觉的连续,能够让人们快速产生形象感知;协调性主要是指形式、色彩和风格等的协调,包括城市立面和平面上的统一、建筑材料和色彩的搭配、高度的控制等空间意象,能够展现出地点感
		建筑风格	主要包括不同类型地点上的建筑单体造型以及建筑群体的形态、功能、色彩等

续表

设计流程	主要要素	基本要素	建设措施
视觉识别	景观形象	比例尺度	比例和尺度是指人与地点以及地点中的建筑物等实体要素之间的距离远近。适宜的尺度让人获得一种身体上和感情上的认知统一
		风格特色	山水格局、生物群落、建筑群体、开放空间等都应该具有一定的地域特色和风格,如西安的大唐芙蓉园、大雁塔广场、大明宫国家遗址公园等。这样地点才能够表现出吸引力
		视线通畅	在地点营建中要保持景观视觉和风貌特征上的集聚特征,尽量不被其他非景观要素干扰,让使用者能够感受到一个城市独特的、清晰的地点景观格局
	符号形象	形象名称	名称是地点要素形象的集中体现,因此,好的名称能够为城市打造产生好的轰动效应。好的形象名称不仅能够提高城市的美誉度,还能产生强烈的吸引力
		形象标志	标志是某些地点形象的标志,可根据当地的地脉和文脉进行标志设计,以满足受众需求
		城市家具	主要包含道路标志、导游地图、电话亭、邮箱、垃圾箱、饮水器、公厕、安全设施、坐具、桌子、游乐器械、售货亭、巴士站点、车棚、雕塑、喷泉、艺术小品等
		形象商品	主要是指当地的特色商品,要体现当地文化特色,地方特色强的商品的形象号召力大
		交通行为	良好的交通行为规范,有利于改善外来游客对城市整体环境的印象
		环保行为	生态环境是可持续发展的根本,应加强对各主要旅游景区、各类开放空间的地点环境卫生管理和监督
		道德行为	要求市民诚实待人、热情待客,杜绝坑蒙拐骗行为、黑心导游行为等,给使用者留下一个美好意象
		节庆节事	在地点营建中,可以适当设计各种富有地方特色的节庆、节事活动,使之成为某些特殊地点形象和精神的象征,如丝绸之路国际艺术节、亚欧论坛等
		会议展览	会展活动通常结合具体的地点,通过实物展览促销方式展示城市形象,如世界园艺博览会等
形象定位	寻根西安、时尚古都	文化氛围	围绕历史文化气氛浓厚的地点展开创意文化产业、时尚体验型产业的营建活动,打造"时尚古都"品牌,凸显华夏文化魅力
	品味西安、了解中国	品位提升	品位是地点特性的最高层次,也是改善西安国际化大都市形象的重要支撑
	最具东方神韵世界休闲古都	品牌示范	依托西安是世界四大文明古都的品牌,大力发展休闲旅游产业,做精休闲旅游的地点氛围,抢占先机,面向世界推出"休闲古都"品牌

续表

设计流程	主要要素	基本要素	建设措施
塑造策略	环境提升	公共空间	公共开放地点的规划与设计,休闲绿地、城市公园的建设等
	遗产保护	遗产资源	各类遗址公园的保护性开发和展现,如唐都长安 T 字形轴线格局再现和解说、长安古乐申报世界非物质文化遗产等
	文化建设	文化活化	如制作唐影视剧、创造历史题材小说、设计历史题材电子游戏、开展乡土教育、设计市民出行手册、建设重要历史文化街坊等
形象推广	品牌人格化	地点认同	人格化是地点形象的象征,它能代表不同使用者的想法、追求和精神,能获得使用者的共鸣,产生地点认同感,满足使用者的情感需求
	品牌细节主义	价值彰显	主要要求在品牌推广和管理的各个环节不折不扣地满足品牌价值诉求,向使用者展示西安的最大魅力
	大品牌、大事件	事件催化	运用大事件的广泛曝光度和影响力,使大事件成为撬动地点营建的杠杆

资料来源:笔者自制。

第三节　地点功能整合

一　丰富地点类型

人们的空间体验需求日益增长,传统的城市空间已经无法满足人们的体验需求。从国外发展经验来看,伴随休闲经济时代的到来,人们的各种体验型地点需求会非常旺盛,尤其是城市中各种休闲地点、娱乐地点的建设越来越普遍,城市中的体验型地点越丰富,越能够彰显城市人性化的一面,这些体验型地点的营建还能够有效控制城市的无序蔓延(见表15-4)。

二　延续地点脉络

对城市历史文化内涵积淀进行深入研究,挖掘地点所蕴含的历史内涵,进行系统分析和建构,从而发现灵感,创新产品,优化地点景观。西安大都市的山水文化、历史文化都有许多值得挖掘的地方,也有很多地点承载这种优势。西安还有极具竞争力的山水生态资源,这些资源极具

表 15 – 4　城市体验型消费空间积极拓展的战略思路

增加体验型 地点的空间尺度	地点营建措施
大都市边缘地带	(1)大都市郊区及城乡接合部等边缘地带是控制城市无序蔓延的重点地区,也是体验型地点营建的地区,这类地区是大都市生态景观优良的地区;(2)通过休闲地点、旅游地点、文化创意地点的开发,能够提升城市用地的价值,还能有序控制城市的蔓延,如西安灞桥区东南部城乡接合部的洪庆森林公园、白鹿原景区等
城市传统中心区	(1)主要是指城市中心区中人口较为密集的建成区,大都市在成长扩展的同时,也会导致中心城区人口的剧增,再加上传统的居住空间单元、空间布局结构以及原先城市建设标准较低等因素的影响,会让城市传统中心区的各种体验型地点产生拥挤状况,人均绿地、公园等开放体验型地点较少;(2)有条件的地点可以选择进行体验型产业的开发,如体验型商业地点营建、休闲娱乐地点营建,通过类型丰富的地点营建可以提升城市传统中心区的环境空间价值,提高土地的收益率
风景名胜区周边	(1)风景名胜区内及其周边一般生态条件优越,借助风景名胜区对周边区域进行整合,一方面可以提升周边地点的环境体验文化氛围,另一方面可以减少因休闲旅游的开发而对周边地点环境的影响或者周边的城市建设对体验型地点的破坏
利用其他城市功能进行地点营建的依附和叠加	(1)主要指利用现有的城市功能建筑或地点进行衍生性的创意地点营建,如利用一些废弃的工厂厂房开发创意休闲产品,打造创意休闲地点,西安灞桥纺织城艺术园区就是一个很好的例子;(2)利用城市中心区的商业建筑、居住建筑的底层、道路用地等资源开发附属衍生性的文化体验地点。另外,一些有条件的社区也可以开放社区内部的休闲体验地点,提高资源的共享水平

资料来源:参考(王珏,2009),有修改。

东方文化神韵,也是西安大都市地点营建区别国内外其他城市的精神所在,因此,在传统和自然空间底蕴的基础上,地点营建应是集彰显地格、延续文脉,创新空间为一体,从而使城市的地点性独具特色。

三　建构地点网络

要实现整体地点营建的系统性、生态性、永续性,必须建立在城市自然生态系统的完整性基础上。从国外的发展经验看,大型的区域性生态廊道包含绿色生态景观廊道、绿心节点、蓝色廊道(大型滨河水域景观)等,它们是维护大都市景观生态性格局的基本条件。笔者认为,地点营建网络将大都市的各类服务节点、景区节点、休闲场所、商业节点等各类地

点要素与各类线性支撑（交通）要素串联起来，形成了最具精华的地点
网络体系，其建设的本身就是一种城市文明进步的象征。

第四节　地点路径策动

一　地点资源强化

世界上任何一个成功的体验型城市都有其独特的资源，这些资源是城
市地点性与地点感的魅力基础，正如历史文化名城往往凸显的是历史文化
休闲地点氛围的营建、山水园林城市凸显的是城市山水自然地点特色的营
建。营造有特色的地点，首要任务是抓住城市独有的，甚至有时是比较微
妙的资源特质。只有充分挖掘城市的资源，通过多维资源的叠加，才能更
好地彰显城市地点营建的潜力及活力。西安大城市地点营建的强化模式就
是要在战略层面上去诊断、识别那些承载独特资源特性的潜力地点，制定
专门的规划设计策略，提供系统的体验型开发的总体框架，依托文脉，展
现地点活力（见图 15 - 1、表 15 - 5）。

表 15 - 5　地点资源强化的实施措施

实施路径	优化内容
彰显历史	地点能够彰显城市历史的延续性，每个时代都在城市的地点营建中创造和留下光辉的历史文化，成为当代城市空间发展的基础。因此，将历史文化遗存资源在现代地点营建中进行彰显变得更加重要
明晰特色	针对城市中某些具有特色及特殊品质的地点，制定有针对性的地点营造策略，并以法规的形式加以保障，强化和保护其特色
多维叠加	遗址资源重拾——依托丰富的遗址资源进行地点开发 民俗文化彰显——将地方文化活化成地点景观 山水资源维护——依托地方自然资源营造自然休闲地点 历史街区修复——依托城市文化地点开发文化体验活动 人工环境优化——依托城市建筑环境营造特色景观 景区资源活化——依托旅游景区资源进行体验型地点营建 社区资源平衡——依托社区中的地点资源进行地点营建 家庭资源补充——依托各类社区进行和谐氛围打造 区域资源联合——依托区域各资源节点进行"串点成线"，形成品牌网络

资料来源：笔者自制。

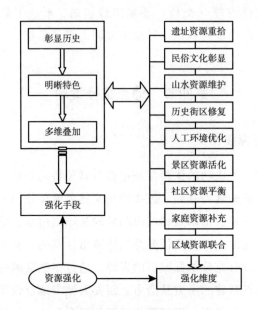

图 15 – 1 地点资源强化模式

资料来源：笔者自制。

二 地点触媒催化

触媒（catalyst）原本是化学中的概念，主要指一种与反应物相关、通常以小剂量使用的物质，它的作用是改变和加快反应速度，而自身在反应过程中不被消耗。美国学者 W. 奥图（Wayne Attoe）和 D. 洛根（Donn Logan）在《美国都市建筑》一书中提出了城市触媒（urban catalyst）的概念。触媒被看作城市中的一个元素，在城市环境中（其实验室环境）形成，反过来又塑造着城市环境。目的是对城市空间结构进行永续、渐进的更新，更为重要的是，触媒不仅是一个独立的最终产物，而且是推动和指导后续发展的催化剂。因此，笔者试图把触媒的研究应用到地点营建体系中去，即地点触媒可能是一个大型娱乐休闲购物中心，或是一个博物馆，或是一家戏院，或是一个景区，或是一个新建的遗址公园，或是一个大型的节事等，将新的体验型地点作为触媒，来促进更大范围城市空间的积极变化，以形成一个系统的地点营建效应（见图 15 – 2、表 15 – 6）。

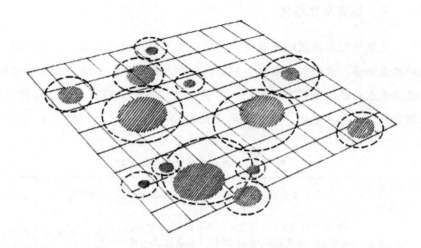

图 15 - 2　大城市空间中的地点触媒催化模式

资料来源：参见（韦恩·奥图、唐·洛干著，王劭方译，1994）。

表 15 - 6　西安大城市地点触媒催化的实施策略

实施路径	优化内容
城市针灸	激活公共空间:城市针灸意在选择合适的地点,营造功能多样的公益性体验地点,提升环境品质,并将其影响力向周边扩散,带动整体都市环境的变革。例如,西安对大明宫国家遗址公园进行改造,不断完善功能,使之成为一个典型的地点触媒元素
事件触媒	地标项目催化:地标项目在城市形态上具有支配性,是市民引以为豪的城市符号,可以引起一系列连锁反应,具有极强的吸引力,是体验性活动的生发器。博物馆、美术馆、水族馆、音乐厅、歌剧院、主题公园、体育场等都是地标项目的候选对象 节事活动催化:大型节事活动的引入有利于城市各类地点资源的优化整合,凝聚城市人气,已成为城市迅速发展的"地点引擎"。随着时间的流逝,标志性节事活动将与地点环境氛围的营造融为一体
交通组织	通过分解汽车交通的压力,将公共交通换乘站作为触媒,营造一个吸引人的地点。在当代城市中,公共交通换乘点在城市复兴中扮演着重要的触媒角色,公交站和地铁站是两种常用的地点触媒介质 公交站引导的地点触媒:主要采用 TOD 模式,利用公共交通车站连接区域内各类功能性节点; 地铁站催生新型休闲空间:地铁站成为大量人流的集散地,客观上带来了无限的商机,形成商业磁场

资料来源：笔者自制。

三 地点文化造化

文化是地点营建的灵魂。文化可以用来造化地点气氛、开展活动、演绎地点情感、吸引人群集聚、刺激体验型经济发展。因此，文化造化也是推动地点营建的重要实施策略。常见的文化造化策略有四种：综合造化、创意造化、艺术造化、事件造化（见表15-7）。

表15-7 地点文化造化实施策略

文化造化策略	文化媒介	空间载体	参与群体	案例区域
综合造化	通过构建综合文化区打造文化休闲综合体,集聚音乐、表演、博览、戏剧等元素	音乐厅、电影院、歌剧院、美术馆、博物馆等	政府、开发商、艺术部门	西安大唐不夜城
创意造化	通过创意集聚复兴旧城区,引导特色地点体验。主要涵盖媒体、音乐、摄影、工业设计、出版、时尚、建筑等	历史建筑与街区、画廊、LOFT等	政府、艺术家、文化从业者	西安灞桥纺织城艺术街区
艺术造化	公共艺术:引导市民以不同的观察和思考方式接触艺术、亲近艺术,进而关怀艺术。这种艺术与市民的交流互动,将有助于建构地点环境	公共空间	艺术家、景观设计师、表演家	西安文艺路演绎基地
事件造化	节日、庆典、运动会、博览会等	公共空间、文化建筑	政府部门、私人部门	西安浐灞世园会会址区

资料来源：笔者自制。

四 地点再生活化

再生活化针对的是城市历史地段的复兴，把历史文化遗存作为一种资源加以保护性开发，使之作为再现地点发展轨迹的最佳展示场所，推动城市发展。有条件的地点可以转型，以产生新的吸引力，如将休闲、旅游、商业、就业等融为一体，提供完善的服务设施。城市历史地段可以通过功能重组、肌理缝合、文脉传承等策略进行再生活化（见表15-8）。

表 15 - 8　地点再生活化实施策略

实施路径	优化内容
功能重组	居住类历史地段的转型：一方面，提升历史地段的环境质量和居住标准，使之与现代生活要求相符合，需要适度地外迁居民，降低居住密度；另一方面，发展休闲旅游业与商业，带动就业，通过开辟步行休闲街区、限制机动车通行等措施，可以创造良好的地点氛围，留住原住民，吸引游客。例如，上海新天地通过修复历史建筑的外表、改造内部结构，成为上海市的一个时尚、休闲文化娱乐中心 产业类历史地段的更新：将各类衰退的工业区转变成办公和休闲娱乐性地点，如转变成博物馆区、景观公园、购物旅游区等
肌理缝合	修复失落的街道和广场空间，对街区肌理进行缝合，采取弥补碎片和修复失去的建筑等方式，从而形成一个整体性的地点网络。采取渐进和插建的开发方式进行再开发，保护现有地点环境的连续性
文脉传承	通过地点营建将历史与现代有机整合，在街区、街坊、街巷、广场、景观大街、拱廊和柱廊等特殊地点进行整体性建构。通过文脉传承使地点具有功能上的混合性和多样性，并为使用者的休闲、生活、工作等提供场所，从而延续活力，彰显历史文化内涵

资料来源：笔者自制。

第五节　地点设施配套

　　地点中各种体验型设施的布局不仅需要考虑人们的行为需求，还要结合大城市中社会、文化、经济等因素，在综合分析的基础上进行科学合理的配置。从地点可达性角度来说，日常生活空间中的一些休闲娱乐设施如图书馆、康体健身场所、商业性娱乐场所等会呈现随距离递增而衰减的趋势，而有些休闲设施如博物馆、休闲景区、公园等，距离因素并不是关键因素，其休闲产品的知名度、品牌才是影响其辐射范围的因素，其辐射服务范围跟它们自身的特色密切关联。因此，大城市各类地点设施的布局和配置，不仅要考虑地点空间分布上的均衡性，还要考虑设施自身特色及其可能达到的有效辐射范围。通过科学分析，采取分散和集中、规模化和分级、新建和改善相结合的地点布局方式达到设施配置合理化的目标（见表 15 - 9）。

表15-9 不同层次体验型地点设施的配置差异

分级体系	服务对象	地点特性	典型地点类型
区域级	外来游客 本地居民	特色品牌产品突出 市场知名度高 规模大 形象特色鲜明 管理服务完善 开放性强，人流量大	大型主题公园、A级旅游景区、大型国际会议会址、展览中心、特色商业街区、历史文化街区、大型主题公园等
城市级	本地居民 外来游客	布局相对集中 城市文化、娱乐中心或商业中心 具有一定的市场影响力 开放可达性较强 城市人流集聚度高	省图书馆、西安秦岭野生动物园、革命公园、人民剧院、西安体育场、钟楼RBD、曲江大雁塔RBD、特色酒吧街、特色购物街、植物园、旅游景点、度假村、农家乐等
区县级	区县居民	与区、县域人口规模匹配 以本地居民为主要服务对象 本地旅游景点（区） 本地休闲、娱乐、康体设施	县体育场、文化馆、公园、娱乐地点、各种商场、康体保健地点、区县所在的景区（点）
社区级	社区居民	本地社区居民或邻里区居民 沿社区周边布置布置 步行可达范围 日常活动设施或地点 规模按照社区人口控制 充分结合文化背景和阶层差异 按照城市居住社区标准配置	社区服务中心、社区周边的休闲娱乐地点、社区小游园、社区健身中心、社区绿地等

资料来源：笔者自制。

第六节　地点服务优化

服务也会影响到地点环境氛围的打造，甚至服务本身就是一种有特色的体验性产品。服务是一种地点氛围的外在形象，人们对体验性活动内容的选择在很大程度上是取决于相关服务的提供。因此，地点服务是产品，是影响人在地点中体验性活动质量的关键元素。提高服务的质量，能够在一定程度上弥补地点特性的不足。一般的地点服务要素包括交通、娱乐、餐饮、住宿、解说、信息等方面，需要在发展中进行系统规划和考虑。另外，地点服务的提供必须满足人们的多元化选择需求，提供丰富及时的服务信息，不仅要在旅游景区、景点中提供必要的导游信息服务，而且要在一些公益性的开放地点中提供必要的服务和管理信息，打造地点服务信息全覆盖的服务平台。地点服务平台建设和质量水平将被作为衡量城市文明程度的重要标准之一，也是现代城市功能的一种体现。

第七节　地点格局优化

一　主题性地点集聚板块的营建

根据西安现有城市地点格局与主题发展的现状，未来应着力打造以下七大主题性的地点集聚板块。

（一）唐皇城古城历史风貌地点集聚板块

该类型的地点营建主要依托西安传统的老城区进行，老城区位于西安市中心，与之毗邻的是唐大明宫、兴庆宫遗址，大体还保持着唐皇城的形制。古城面积大约为 13 平方公里，该板块是目前中国保存最完整、规模最大、历史最悠久的古城墙和古城区。主要休闲资源有城墙、钟鼓楼、回民街、东西南北四大街、湘子庙等，已基本形成具有特色历史文化风貌的休闲集聚板块。未来的重点整合方向是建设具有集散功能、组织功能、休闲购物功能、观光娱乐功能的地点综合体，成为西安城市空间最佳形象展示区。

（二）曲江文化产业地点集聚板块

该类型的地点营建主要是依托文化资源打造休闲文化产业高地。整合区内大雁塔、唐长安城遗址、秦上林苑宜春宫遗址、曲江池遗址、唐城墙遗址、大雁塔文化休闲景区、大唐芙蓉园、曲江海洋世界公园等主题性的文化地点，以文化体验、参与游乐为核心，建成集唐文化展示、文化创意、主题乐园、城市游憩等为一体的地方文化产业创新高地，并使之成为城市更新发展的重要手段。

（三）临潼秦唐文化体验型地点集聚板块

该板块位于西安市东北，临潼区西南。目前该区域已经形成了比较成熟的以秦唐文化特色休闲为主题的地点集聚板块，也是国际顶级的休闲旅游集聚板块。整体资源数量大、种类丰富、稀缺性强，极具特色和吸引力。未来需要整合现有的秦文化景点，打造以国际休闲度假地、运动公园、国际会议中心、星级度假酒店、温泉洗浴中心等为特色的世界级休闲旅游集聚板块。

（四）灞桥浐灞生态休闲地点集聚板块

依托灞桥区内优良的生态资源环境，未来重点打造集商务会展、滨水休闲游憩、生态旅游体验、主题度假、都市农业观光休闲、民俗体验为一体的都市现代田园休闲体验之地。

（五）周秦汉国家遗址公园地点集聚板块

周秦汉国家遗址公园集聚区主要位于沣渭新区。沣渭新区是西安国际化大都市的重点拓展区域，其中体验型地点营建将会推动该板块的先行发展，因此，其发展空间潜力巨大。主要资源有周沣京、镐京遗址，秦阿房宫遗址，汉长安城遗址，昆明池遗址等著名遗址资源，未来应重点打造遗址公园体验集聚板块。

（六）秦岭山地生态地点集聚板块

主要依托秦岭境内丰富的自然资源和人文资源，打造以自然和人文景观为依托的自然生态型地点集聚板块。

（七）泾渭现代城市游憩地点集聚板块

主要依托咸阳主城区、泾渭新城、泾渭秦汉历史文化休闲区、渭河生态休闲景观走廊、秦咸阳宫等历史文化资源和自然生态资源，构建集文化体验、休闲度假、都市游憩等于一体的休闲旅游产业地点集聚板块。

二 主题性地点集聚综合体的营建

从广义上来说，主题性的地点集聚综合体所包括的内容比较广泛，如各类景区、景点、街头绿地、广场、商业购物中心、休闲街区、城市地标、遗址公园、创意产业园、主题公园、旅游服务集散中心等都可以称为集聚综合体。对于大都市空间结构体系来说，功能等级较高的地点集聚综合体对区域空间格局的重构将会产生重要的影响。西安应依托城市特色、城市文化、城市氛围等多角度元素，形成以钟鼓楼、大雁塔、大明宫国家遗址公园、大唐西市、世界园艺博览园（浐灞）等为特色的地点集聚综合体，通过这些综合体的联动支撑西安城市体验型地点的营建（见表15－10）。

表 15－10　西安大都市主题体验型地点集聚综合体的优化整合思路

典型的地点集聚综合体	整合方案
钟鼓楼	提升和完善已有项目,重点增加钟鼓楼的游憩功能,将其打造成以特色街区为支撑的,以特色购物、特色餐饮、商务展示为重点的传统特色主题体验型地点集聚综合体
大雁塔	主要依托大雁塔南北广场和大唐不夜城,突出其夜间游憩功能,将其打造成集特色观光、特色休闲、特色娱乐为一体的主题体验型地点集聚综合体
大明宫国家遗址公园	依托大明宫的景观建设,重点突出其文化特色,强调文化休闲和文化体验,建成集城市文化观光、城市文化休闲、特色购物餐饮、特色旅游娱乐为一体的主题体验型地点集聚综合体
大唐西市	继续推进大唐西安修建工程,充分发挥其商业贸易交流的作用,将其打造成以商贸交流、特色购物、特色体验为重点的特色主题体验型地点集聚综合体
世界园艺博览园	以世界园艺博览园为中心,结合欧亚论坛会址和浐灞新区建设,集聚商业、金融、展览会议、人文、旅游、娱乐、专业服务等各类服务项目,将其打造成集休闲区、商务区和现代商务购物旅游区为一体的主题体验型地点集聚综合体

资料来源：笔者自制。

第八节　西安市长安区总体城市设计中的地点营建实践

长安区地处西安市南部，关中平原腹地，南依秦岭，北眺渭河，山、水、川、原皆俱，历史与生态资源极为丰富。近年来长安区城市发展迅速，是西安大都市南向发展的重点区域，但是受传统格局的影响，长安区的发展必须进行环境品质的提升改造，从而提升西安的整体城市形象，增强城市活力。地点理论导向下的西安市长安区总体城市设计主要从城市格局的地域性、城市交通的可达性、开放空间的人本性、城市形象的意象性、重点区域的主题性、行为环境的文化性等视角进行。

一 基于地点性建构和地点感生产的总体城市设计框架

从人的感知规律出发，运用地点理论体系中的地点性建构和地点感生产原理系统梳理影响长安总体城市设计的关键因素，根据要素的综合性特征进行判断，从而为长安区的总体城市发展制定相关目标（见表 15－11）。

表 15－11　地点理论导向下西安市长安区总体城市设计框架建构

地点感生产因子	地点性建构因子	
	主影响因子	次影响因子
地域性	城市格局	山系:秦岭、终南山、翠华山 水系:浐河、沣河、潏河、滈河 塬文化:神禾塬、樊川、少陵塬 峪:自西向东有高冠峪、沣峪、子午峪、石砭峪、太峪、小峪、大峪、库峪 宗教文化:净土宗祖庭之一香积寺,法相宗祖庭之一兴教寺,华严宗祖庭华严寺、至相寺,律宗祖庭净业寺、丰德寺,三阶教祖庭百塔寺等
可达性	城市交通	子午大道(午大道开阔笔直,直抵终南山);西部大道(横向贯穿长安区);长安路(南北纵向贯穿长安区,并勾连西安主城区);环山旅游公路;西安铁路南站(引镇);地铁 2 号线终点站
人本性	开放空间	山地开放空间:秦岭北麓的山、水、田格局 水域开放空间:潏河、滈河和皂河等几条水系构成的空间 大型广场空间:长安广场、樱花广场、区政府广场以及其他各类文化和购物广场
意象性	城市形象	地标:樱花广场、区政府、西安电视塔 节点:长安路、西万路、子午路、长安西路、韦郭路、西安绕城高速公路等的交叉口 边缘:秦岭北麓生态旅游线、西安绕城高速公路南段、西万路等 走廊:长安大道走廊、西部大道走廊、关中旅游线走廊、子午大道走廊 轮廓线:秦岭山麓、田园、河流、建筑等所组成的图底轮廓
主题性	重点区域	科教创新片区:依托长安韦曲大学城 生态休闲片区:依托城区内各类休闲文化娱乐场所 山水旅游片区:依托秦岭山麓丰富的旅游资源

续表

地点感生产因子	地点性建构因子	
	主影响因子	次影响因子
文化性	行为环境	标识体系:缺乏统一设计,形式较为陈旧 广告系统:缺乏形象艺术性和文化内涵 城市家具:缺乏统一设计和文化内容 雕塑小品:集中在几个大广场中,缺乏系统规划 日常休闲活动场所:主要集中在几个大的开放空间中,如樱花广场、政府广场等,但距离居住区较远,可达性不足 城市旅游观光体验场所:集中在秦岭北麓生态旅游片区内,片区内旅游资源极为丰富,特色也较为突出 城市安全环境空间:城市防灾减灾体系完善,大学较多,市民环境安全感知较好。 城市购物场所:大型购物场所较为缺乏,市民一般选择去西安中心城区购物 城市节日庆典:乞巧节、元宵节、翠华山登山节等 城市民风民俗:长安古乐演奏、民间社火表演庙会活动、旅游节

资料来源:笔者自制。

二　基于地点性建构与地点感生产的总体城市设计

(一) 地域性的城市格局设计

西安市长安区坐落在秦岭山麓,北为渭河冲积平原谷地,西为关中平原,东为河川和台塬相间,整体地势南高北低,连绵起伏,山地面积较大,由于长期的河流冲积切割,形成众多峪道和峡谷,自西向东有高冠峪、沣峪、子午峪、石砭峪、太峪、小峪、大峪、库峪。区内有著名的终南山,是整个西安的生态安全屏障,区内地质地貌奇观众多,而且历史文化内涵丰富,站在终南山顶俯瞰长安可以开阔视野。长安区水系资源也较为丰富,占有古时"八水绕长安"中的"四水",即浐河、沣河、潏河和滈河,水是塑造城市地点性的重要影响因子。另外,区内还分布众多的台塬,如神禾塬、少陵塬(鸿固塬)、炮里塬、八里塬,构成了长安区"四水四塬"的独特空间格局。这种"四水四塬"的特征是建构城市地点性的整体地域因子。

1. 地点性建构

依托突出的自然环境要素,建构山塬相依、川水相融、林田相生的总体景观形态，充分体现长安区具有自然与人文特色的城市形象。

2. 地点感生产

通过六大片区和五大轴线格局的构建，强化人们对城市整体环境空间的认知，从而形成独特的城市地点感。

（二）可达性的城市交通设计

主要围绕子午路、韦郭路、长安路、西部大道、西万路等区内重要的主干道路进行景观系统的优化，强化其与相关片区之间的功能联系，并依托西安未来轨道交通的发展趋势，提高交通的可达性。在提高便利性的基础上，还应充分体现车行尺度下的景观效果，凸显具有时代性的景观形象，以穿插其间的各类绿地、广场等开放空间为衬景，营造具有鲜明地点特色、疏密有致的交通网络结构。与此同时，还必须加强对道路周边的高层建筑在空间分布、高度、色彩等方面的控制与引导，以确保整体交通景观效果的形成，塑造具有人文生活特色的城市交通网络组织。

（三）人本性的开放空间设计

开放空间的设计应重点考虑居民日常生活的需要。开放空间的等级、规模、功能等都会影响城市地点感的生产，而且配置等级和居民地点感之间还存在一种正相关关系，配置等级较高的开放空间因提供更多的参与性机会和减少设施性障碍，常常会受到更多人的认同，提高公众性参与的频率，因此促进地点感的生成。另外，居住区和邻里区内部或周边的开放空间也容易让人们产生地点感。按照这种认知规律，神禾塬沿子午路潏河两岸打造的长安休闲游乐中心、樊川塬塬体、潏河湿地公园、政府广场、长安广场、樱花广场等规模较大，且配置等级较高，可提高不同人群对城市开放空间的参与水平，加快城市地点感的生产。针对本地社区居民的诉求，应在各单位及生活区内部布置一些附属的小规模、分散式且为部分人群服务的绿化开放空间，从而系统构建具有人本性特征的城市开放空间体系。

（四）意象性的城市形象设计

城市形象是城市地点性的集中体现，感知一座城市的形象往往就感知到了一座城市的特征。因此，城市的城市性可以通过城市形象来进行彰显，再通过城市的意象性设计来生产不同的地点感。正如凯文·林奇所认为的，"一个城市就是一个地点，人们往往通过城市意象来建构城市的地点感"。各种类型的地点意象营建见表 15－12 至表 15－15。

表 15－12 节点性地点意象营建

地点性建构	对集合的各类空间的景观特色进行深入挖掘。确定空间的功能布局和空间形态结构。对空间的景观设计、尺度控制、界面处理、流线组织及环境设计等方面提出控制要求
地点感生产	地点建设必须考虑到观察者的可进入性；地点营建不是景观的设计艺术，而应是一个日常城市生活往来的必经之地。地点区位的选择最好布局在道路交叉口或方向转换处，便于人们进入和感知。节点营造必须让人能够清楚地感觉节点本身与周围环境的特征
建构案例	樱花广场：标志小品体现生活气息，注重功能性设施的可用性、适用度，如可采用不同尺度的座椅设施以满足居民休憩、娱乐等需求。设置饮用水台等设施。标志小品以当地木材为主材

资料来源：笔者自制。

表 15－13 地标性地点意象营建

地点性建构	地标设计要突出某地点具有独特地理特色的建筑物或自然物，游客或其他一般人可以很容易看到并认出自己身在何方，有"北斗星"的作用，如摩天大楼、教堂、寺庙、雕像、灯塔、桥梁等。地标的地点性设计要考虑到建筑本身的高度和规模的适宜性，要与周边环境对比鲜明，这样才能产生地点性
地点感生产	要成为地标，更重要的是要看它所具有的"场"效益，也就是地点感。一个项目能否具有地点感，要看它是否具备以下三方面的功能： ①应是人们进行各种活动首先想到的聚集地点、活动中心； ②能够满足人们商务、聚会、娱乐等各种活动需求，而不是一个与大众相割裂，仅有漂亮外观的高层建筑； ③地标性项目与一般项目的区别应该首先表现在精神层面，符合时代发展潮流，是一种社会发展方向的代表
建构案例	电视塔：西安电视塔不仅要成为西安城区的地标，还应该成为长安区的地标，在功能上凸显与西安城区之间的功能过渡关系。在目前现状的基础上，可以对电视塔的功能进一步强化，凸显城市观光、旅游、市民游憩等功能，从而塑造出一个市民喜爱的地点

资料来源：笔者自制。

表 15 – 14　走廊性地点意象营建

地点性建构	走廊的设计往往依托主要道路进行。应强化景观通道、视廊的作用
地点感生产	对人们日常活动的通道进行功能强化。走廊要最大限度地串联有关城市资源，走廊两侧建筑或景观要有连续性和方向性，有助于人们对距离进行判断，进而产生清晰的认知
建构案例	长安大道：南北向生活景观大道，联系西安中心城区与长安区商业服务中心 子午大道：南北向交通景观大道，联系西安城区、长安区与秦岭旅游区 这两条道路是长安区与主城区的联系通道，应集中进行长安历史人文与自然生态景观风貌的展示

资料来源：笔者自制。

表 15 – 15　轮廓性地点意象营建

地点性建构	主要对不同的景观斑块进行范围的划定，让人能够清晰地辨认其所属的景观领域，从而获得不同的领域感，如都市田园的范围、秦岭山麓的范围、建成区的范围等
地点感生产	轮廓线的划定最好和主要的交通走廊、主要的视线走廊、主要的地标节点结合起来，依托自然景观的地域性进行界定和控制，同时在轮廓线上也可以配置不同的景观地标以进行强化，从而让人们更容易识别
建构案例	针对长安区的现状，主要对长安境内由秦岭山麓、田园、塬、河流、建城区等所组成的图底轮廓进行设计，在主要轮廓线上进行景观节点的设计，从而整体上形成一种有序、稳定的图底关系

资料来源：笔者自制。

（五）主题性的重点区域设计

主题性的重点区域设计主要是指针对长安区各功能性板块的设计，通过强化各板块的主题特征，形成差异化的地点特性，让人们更容易区分空间范围，并获得最佳的空间体验，从而生产出城市的地点感。

1. 老城区特色风貌设计

老城区应重点进行历史文化景观风貌的整治，对部分破旧的"城中村"进行改造和建设，依托一些重要的历史文化街区，不断完善基础设施。顺应当代人对传统历史文化场所记忆感知的特征，引入多元文化理念，通过商业文化、建筑文化、开放空间文化、街区文化、雕塑小品文化等进行多视角的展示，体现长安区城市生活景观风貌，赋予老城区新的功能，将其打造成为集文化、旅游、商贸、休闲、游憩、居住为一体的综合性功能片区。实现空间变化有序、生活环境怡人、充满活力与魅力的景观建设目标，通过对风貌景观的整治改建，展现长安区的历史文化风韵和空间肌理。

2. 城市新区特色风貌设计

城市新区特色风貌设计主要是指针对长安区西部的郭杜大学城板块进行设计。目前郭杜大学城已经形成一定规模，而且还在不断发展，围绕大学城已经初步建设了科技园区。因此，在总体城市设计层面，应围绕校园地点感生产的创造目标，充分展现校园景观文化、科技创新文化，形成一种独特的校园地点感。通过进一步改善大学城的服务功能、科技研发功能、创业功能等，不断提升整体环境，从而打造出具有校园文化特色的城市地点性景观，塑造出能够体现长安区崭新城市文化魅力的地点感。

（六）文化性的行为环境设计

行为环境系统设计重在从文化环境体系、标识环境体系、旅游环境体系、夜景环境体系等视角进行层次性建构。文化环境最能够体现一个地点的发展文脉，是地点精神和地点内涵的集中体现；标识环境是针对整体形态环境的一种文化点缀，能够让人们从微观环境体验视角感触城市的风情韵味、行为文化和精神内涵，因此，城市标识体系更像在一个空间容器中摆放的各类家具，家具的风格则彰显出不同的地点性和地点感；旅游环境则是城市中的一种行为文化体验空间，旅游者和旅游地之间有一种情感联系；夜景环境能够烘托温馨、幽静、井然有序、条理分明的氛围，能够让人们在夜晚产生一种独特的地点感，因此，夜晚的地点性也是一种独特的城市景观风貌（见表15－16）。

表 15 – 16　文化性行为环境的地点营建对策

	地点性建构	地点感生产
文化环境体系设计	主要依托各类广场、绿地、公园等景观节点，以城市历史文化底蕴和空间环境肌理为背景，通过地标性文化景观、文化建筑、休闲行为路径、主题雕塑、文化小品、建筑色彩等多样化的形式将长安区的历史与文化、传统与特色等加以综合展示	文化环境要素设计上要体现地点特色，同时应将文化要素与居民的日常生活行为空间结合起来，在一些关键的空间节点上进行集中展示，还应在相关的居住社区中进行展示，烘托整个城市的文化精神，强化人们的地点感
标识环境体系设计	对城内不同功能片区内的广告标识、城市家具（城市座椅、电话亭、书报亭、候车停、休憩亭、垃圾桶、邮筒和灯具等）、观赏性设施（花坛、喷泉、水池、雕塑等）、信息性设施（包括导游图和指示牌）等进行系统优化设计，凸显长安区的整体标识意象	针对城市的商业区、大学科教区、居住生活片区等功能单元进行分别设计，传统与现代、古典与人文相结合，凸显城市的历史人文特色，恢复盛唐建筑风貌，再现古代长安的感知意象，以城市家具小品、诗词典故等再现人文生活意境，从而塑造独特的城市地点感
旅游环境体系设计	主要依托各类景区（南五台、香积寺、终南山国家地质公园、秦岭野生动物园等）进行系统设计，通过旅游景区的人性化场所设计再现地点文化的内涵，建构城市的地点性特征	从居民日常生活视角，将各类景点纳入城市市民的日常生活体验空间中，不断优化旅游线路，打通景区与主城区之间的通道，重点在子午路、关中旅游环线、韦郭路、长安路等重要的景观道路周边勾连景区
夜景环境体系设计	从点、线、面认知构成视角建立城市夜景体系，从而形成具有感知结构特征的城市夜环境。点可以是不同的景观节点（如开放空间、商业中心）和地标性建筑物；线可以是各类景观廊道，如主要干道或旅游观光线路等；面就是各类城市的功能片区。通过点、线、面的组合再现城市夜景的地点性	根据人在夜晚的行为认知特征，可以通过划分不同照明区（强化照明区、一般照明区、照明控制区），来促进城市夜环境地点感的形成。在强化照明区通过较高的感光度和丰富的灯光颜色，烘托出欢快的地点感；针对一般照明区，要强化安全、便捷、温馨、幽静、井然有序、条理分明的地点感；针对照明控制区，除强化安全地点感以外，还应营造深沉悠远、浪漫幽雅的地点感

资料来源：笔者自制。

第九节　小结

　　本章以西安整体城市空间发展的地点营建为案例，系统分析，并归纳总结出西安在整体地点格局营建中应创建以空间公正、人本特色、尊重生态、彰显个性、景观美化、资源平等为基础的地点营建价值体系。认为地点的形象定位对西安建设国际化大都市具有重要的旗帜引领作用，对外能够塑造市场发展的品牌价值，对内可以培育居民的幸福感和自豪感，进而提高体验型地点消费的信心。研究认为地点整合可以通过丰富地点类型、延续地点脉络、建构地点网络来实现。在具体的地点营建路径上，可以采用资源强化、触媒催化、文化造化、再生活化策略。同时，研究还认为服务也会影响到地点环境氛围的打造，甚至服务本身就是一种特色的体验型产品。西安建设大都市必须在体验型地点的服务质量和水平上下功夫。在地点营建中的格局优化层面，本研究认为主题性的地点集聚板块和集聚综合体是西安大都市整体城市空间地点营建的重点，并结合实际提出了系统的地点营建策略。在西安城市总体空间的具体实证案例解析层面，以地点理论中的地点性建构原理和地点感生产原理为核心，以总体城市发展为应用实践领域，以西安市长安区为总体城市设计对象，探讨了地点理论在总体城市营建中的系统框架和方法，从地点性建构和地点感生产角度进行空间系统优化设计，从而实现地点理论在城市空间发展领域的应用活化，并进一步总结经验来丰富地点理论研究体系，创新理论与实践应用的结合。

第十六章
典型历史文化街区空间的地点营建实证
——西安回民街个案研究

　　启蒙运动以来，涌现出许多在生态上敏感的有关特殊地点的作品，其中一些特别优美并极富感染力，把与自然的特殊地点的忠诚关系美化成社会生活的重要组成部分。对地点特殊品质的再现成为一种工具，揭示另一种美学来替代永不停息的商品和货币之空间流的美学。这需要非常熟悉当地的动植物群、土壤品质、地质状况等等，以及复杂的人类居住历史、环境变迁、人类劳动在土地尤其是人造环境中的嵌入。

——城市学家戴维·哈维

第一节　历史文化街区概念解析

　　自 1982 年我国确立"历史文化名城"制度以来，现已基本形成以历史文化名城为主体，覆盖历史文化名镇、名村的保护体系，并建立起从历史文化名城到历史文化街区，再到历史建筑与文物保护单位的三个层次的保护框架（赵中枢、胡敏，2012）。2002 年修订的《文物保护法》正式将"历史文化街区"定义为"文物特别丰富、历史建筑集中成片、能够较完整和真实地体现传统格局和历史风貌，并具有一定规模的区域"（李晨，2011）。2008 年颁布的《历史文化名城、名镇、名村保护条例》则从法规的层面上规定了"申报历史文化名城的，在所申报的历史文化名城保护范围内还应当有 2 个以上的历史文化街区"。回顾我国历史文化街区的保护历程，可以看到取得成绩的同时也存在以下问题：①现代化对历史文化街区地点性的冲击使历史文化街区失去原有的独特魅力；②拆旧建新对历史文化街区造成了建设性破坏（陈晨谭、许伟、由宗兴，2016）；

③静态的历史文化观和对"原真性"的误解形成的保守保护方式使历史文化街区沦为城市棚户区（张兵，2011）；④居民自建行为导致街区风貌失控，并进一步加大了整治难度。

第二节　西安回民街的地点性分析

本章通过实地调研和问卷调查方式对回民街进行了调查研究，共发放问卷 500 份，回收 497 份，其中有效问卷 483 份。

一　概况

回民街位于西安市城墙内，紧邻鼓楼，与内城中心钟楼相距 100 米左右。隶属于西安市莲湖区管辖，面积约为 68 公顷，总人口约为 6 万，其中"依寺而居"的回民约为 2 万人（占西安回族人口的 60%）（刘越，2010）。街区内有包括中国现存年代最早的化觉巷清真大寺在内的 10 座清真寺和中国三大城隍庙之一的西安都城隍庙，具有多元化的文化氛围和独特的历史文化价值。狭义上的回民街是街区内多条街道的统称，包括北院门、北广济街、西羊市、大皮院等。

西安市回民街的出现最早可追溯到唐代，作为丝绸之路的起点城市，当时的长安吸引了大量来自中亚、西亚的穆斯林来华经商，并在此聚居。宋代，丝绸之路中断，滞留长安的穆斯林商人开始"依寺而居，依坊而商"，形成了"寺坊"的街区形态（潘君瑶，2015）。明代，清真寺数量大大增加，初步形成了今天西安回民街的道路系统和分坊而居的清真寺布局。随着街区的发展，街巷两侧逐渐形成了"前店后居"的居住格局，不少街巷名称多由其商业活动演化而来，如西羊市等。回民街紧邻钟楼，街区内的商业活动逐渐由零售转为特色餐饮，在近代逐渐成为旅游热点，目前已是西安市旅游资源和历史文化的重要组成部分。

二　现状分析

（一）建筑

1. 历史建筑总量较少，占比较低

历史文化街区应具有一定规模和比重的历史建筑，如此才能体现出一定的传统风貌和民族特色，街区的地点性才能得到充分的表达。回民街虽然是西安市内历史悠久的老街区，但区内的历史建筑并不多，除高家大院、西安都城隍庙和分布于街区之内的清真寺外，其他现有建筑几乎全为本地居民在 20 世纪 80 年代自建的住宅。

2. 建筑风格不协调，历史风貌不完整

街区内，居民自发建造的住宅建筑密度极高，容积率较大，采用了当时流行的建筑材料和较为粗糙的建造技术，且没有延续街区内的建筑传统，在建筑形式和建筑肌理上与本地的历史文化呈现出明显的断层，失去了由青砖、白灰构成的传统建筑的质感。即使是清真寺等历史建筑周边的建筑，也没有考虑与历史建筑在高度、色彩、形式上进行协调。从大皮院清真寺、高家大院、西安都城隍庙内皆可看到周边近代建造的民居，与所处空间的地点精神极不相称。

3. 可感知的空间类型较少

到访者在回民街内可以感知的主要空间为线性的商业街道空间。除了北院门西侧的高家大院有部分游客付费参观外，城隍庙和清真寺则分别因为地理位置和宗教习俗的原因而少有外来者到访。街区内除此之外的其他部分则是环境较差、密度较高的近现代民居，观赏游览价值极低，甚至会减弱游客对回民街原有的好感。回民街内可供感知的空间类型以线形街道空间为主，院落空间较少，空间类型丰富度较低。

4. 具有一定的伊斯兰建筑风格

回民街在历史上一直是回族人民聚居的地点，居民普遍信奉伊斯兰教，街区内分布着 10 座大小不一的清真寺。包括清真寺在内的历史建筑采用了当时的汉族建筑样式，但在建筑细部融入了伊斯兰元素。譬如，大皮院清真寺采用了和高家大院一样的斗拱、坡屋顶等传统汉族建筑样式，但在砖雕、门框形式、墙头起脚等细部则体现出明显的伊斯兰风格。

（二）地点性饮食

餐饮是回民街最明显的地点性特征之一。调查显示超过 74.5% 的到访者来回民街是为了品尝美食，在所列到访原因中位列第一。回民街的特色小吃以回族饮食为主，间有西安市和陕西省地域内的特色小吃。回民街内的餐饮烹调摊点沿街设于店外，向到访者展示了具有地点性的烹调方式，如以红柳枝为签的羊肉串、整头的羔羊、罗列整齐的馕等，构成了独特的街道景观。回民街餐饮的风味、食材、烹饪方式具有明显的西北特色，其地点性对应的地点尺度可抽象地概括为回民街、西安市和陕西省。回民街的饮食也存在卫生水平不足、包装简陋等会减弱情感认同的问题。

（三）交通

回民街紧邻钟鼓楼广场，东靠南北向地铁 2 号线，南临在建的地铁 6 号线，此外还有多条公交线路经过，并设有站点，对外交通条件十分优越，可以满足大多数游客的出行需求。然而，回民街内住有大量本地居民和外来人口，对街区内的环境建设和到访者的游览体验造成了不利影响。

（四）服务设施

回民街除鼓楼入口处附近有一处游客服务中心外，内部并无其他服务设施。回民街的到访者一般会在街区内花费 2~3 个小时，以游览、饮食消费为主，对服务设施的需求并不多。但调查中有不少游客反映街区内缺少供累时休息的空间和设施，这种功能上的缺失会降低到访者对回民街的地点依恋感。

（五）景观设计

回民街内的植物类和小品类的景观设计较为缺乏。回民街的人流量巨大，街道上可用于景观设计的空间几乎没有。植物类的景观设计只存在北院门北端、牌坊南侧，但停放在周边的车辆大大降低了其吸引力。此外，回民街内的景观小品种类和数量均较少。景观小品往往因其新颖独特而给游览者以新奇的感受，并愿意与之合影留念。此外，照片还能在以后的日子里延续到访者对本地的感情。现有的景观设计在地点感的塑造方面尚有很大的提升空间。

（六）标识系统

清晰明确的标识系统可以使到访者加深对陌生地点的了解，以减少因陌生而引起的恐惧感，同时其独特的外形设计也可以彰显本地的地点特色。对回民街的标识系统进行归类，可将其分为景点标识、方向标识、服务标识和行为引导标识等。调查发现回民街的标识系统在外形设计上尚未形成统一的风格，内容不够完整，如方向标识中缺少鸟瞰图、当前位置示意图，行为引导标识中缺少宗教禁忌引导标识等。

（七）旅游产品

回民街主要的旅游产品为具有当地民族特色的饮食，此外还有其他旅游纪念品，但与其他旅游区存在同质性。从他处舶来的旅游纪念品在回民街内的销售情况并不太好，比如和顾客满门的饮食店相比，售卖丝绸服装和艺术素描的店铺显得非常冷清。由此可见，地点性对于旅游产品来说非常重要。整体来看，回民街的旅游产品以即时性消费的饮食为主，对可供收藏、馈赠的纪念品的开发略有不足，地点性的挖掘尚有提升空间。

（八）室外空间环境

回民街的室外空间环境要素主要包括建筑立面、店铺招牌、饮食摊位、街道地面等。回民街的店铺招牌在色彩、样式方面没有形成统一的风格；电力电信线路没有入地，有碍观瞻。在人流高峰时期，街道较为拥挤，一方面形成了热闹的气氛，另一方面对部分到访者的游览体验造成不利影响。良好的步行环境是形成地点感的主要因素，然而回民街并非完全的步行街，机动车的驶入严重破坏了步行环境。此外，包括垃圾桶在内的城市家具与历史文化街区的氛围极不相称，不利于树立回民街良好的形象。整体看来，回民街的室外空间环境有待改善。

第三节　回民街地点性因子分析

一　回民街地点氛围营造要素分析

历史文化街区的文化氛围即其地点性特征，主要体现在以建筑为首的物质层面。近年来，包括本地居民生活在内的无形文化要素对历史文化街区氛围的重要性逐渐得到认可。本章对回民街历史文化氛围的构成要素进行了调查分析（见图 16 - 1）。

从分析结果中我们可以看出，受访者普遍认为建筑最能体现回民街的历史文化氛围，其次为民族、民俗活动。此外，店铺招牌也被认为较能体现历史文化氛围。分析认为，在线性的街道空间中，店铺招牌与建筑组成了街道景观的主要部分，所以较为重要。此外，有助于体现回民街氛围的

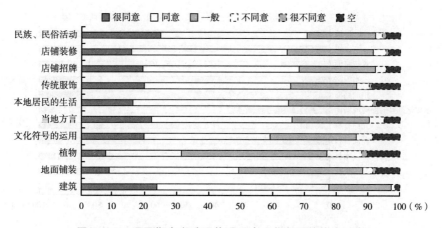

图 16 - 1　回民街中有助于体现历史文化氛围的构成要素

资料来源：笔者自制。

要素中认可度较高的还有当地方言、传统服饰、本地居民的生活、店铺装修、文化符号的运用和地面铺装。

　　对比发现，植物对回民街历史文化的影响较弱，分析认为原因是回民街是线性的街道空间，人流量较大，除了行道树外，缺少可进行植物类景观设计的空间。此外，历史文化街区与一般街道空间在植物方面的差异不如其他要素那样明显。

　　二　回民街地点性建筑材料分析

　　历史建筑与现代建筑的主要差别首先体现在样式上，其次体现在由建筑材料引起的质感上。

　　由图 16 - 2 可知，受访者对传统建材中青砖、灰瓦和木材的认可度较高，分列统计结果的第一、第三和第四位。以上三种建材是我国传统建筑中最为常用的建材，现代建筑中所用的建材与之相比在质感上存在较为明显的差异，因此，对历史文化街区的保护应注意对传统建筑材料的运用和对现代材料的遮掩、处理。

　　认可度位列第二的是有文化符号的面砖或墙面。文化符号是文化在视觉上的抽象表达，其应用可以增强地点性在视觉上的表现。在视觉、嗅觉、听觉、触觉等构成的感知系统中，视觉是最重要的一部分。地点在视觉上的独特性最能引起人对地点的认同。由此可知，产生于本地区

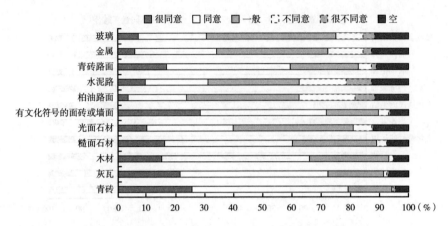

图 16-2　回民街中有助于体现历史文化氛围的建筑材料

资料来源：笔者自制。

的文化符号在本地区的运用可以彰显本地的特质，使其具有明显的地点感。

路面是空间的重要组成部分，其材质与样式对空间使用者的感受有强烈的影响，问卷用青砖路面代表传统材料，用水泥路面和柏油路面代表现代材料，对其进行分析对比。结果显示，受访者对由传统材料青砖砌筑的路面的认可度明显高于水泥路面和柏油路面。此外，玻璃与金属作为现代建材，其在凸显历史文化氛围方面的认可度同样很低。

由此可知，具有地点性的传统建筑材料和文化符号有助于构建地点的地点性与地点感，历史文化街区内的环境建设应慎用现代材料，并注意遮掩。

三　回民街地点感影响要素分析

要构建地点感，除了要关注空间带给使用者的感受外，还要关注如何增进使用者对空间的积极感情。问卷分别从正反两个方面对影响受访者对回民街感情的相关因素进行了分析。

如图 16-3 所示，受访者普遍认为在这里拍摄的照片可以增进、延续自己对回民街的感情，人们的热情可以使受访者产生被接纳和融入的感觉，有利于地点感的形成。此外，多数受访者认为，完整的历史风貌、好的旅游购物体验、与亲朋同游的经历和参与的活动都能在很大程度上增进

自己对回民街的情感认同。相较而言，在这里认识了新朋友并不是一个很
重要的因素。

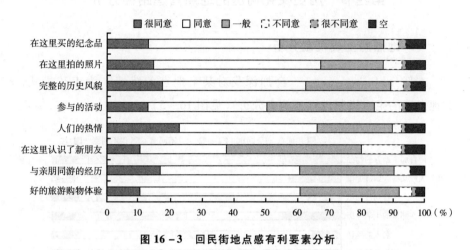

图 16 - 3　回民街地点感有利要素分析

资料来源：笔者自制。

如图 16 - 4 所示，餐饮不卫生最易使受访者产生对回民街的负面
情感，其次为人群拥挤和历史风貌特色不足。旅游项目同质化、本地
居民缺少和店铺装修风格缺失亦在一定程度上减弱了受访者对回民街
的好感。

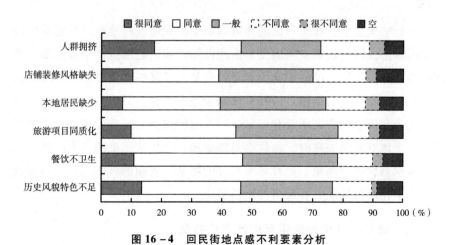

图 16 - 4　回民街地点感不利要素分析

资料来源：笔者自制。

第四节　历史文化街区的地点营建路径分析

一　地点感生成机制分析

本部分以 "＿＿＿＿＿会加深我对某个地点的感情" 为表述模式，对地点感的生成机制进行了调查分析（见图 16－5）。

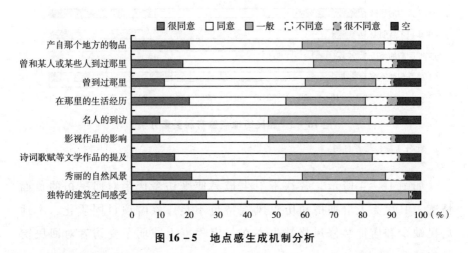

图 16－5　地点感生成机制分析

资料来源：笔者自制。

分析结果显示，在所列出的影响因素中，促使人对地点产生感情的最主要因素是独特的建筑空间感受。由此可知，建筑是地点性中最主要、最核心的部分。居第二位的影响因素是曾和某人或某些人到过那里。分析认为，人对地点产生的情感，一部分来源于地点本身，另一部分则来源于空间使用者在该空间中的活动和记忆，当空间使用者的独特经历和珍贵记忆与某一个地点发生关联时，往往会对那个地点产生情感上的依恋。排列其后的分别是曾到过那里、产自那个地方的物品、秀丽的自然风景、诗词歌赋等文学作品的提及、在那里的生活经历。

二　保留、强化传统建筑的地点性特征

历史文化街区的建筑地点性主要体现在历史建筑的样式和由传统建筑尺度构成的室外建筑空间。地理学家詹姆斯（E. James）对黑石河谷地区

建筑景观的变迁研究认为，居住景观的变迁是一种"连续性居住"的结果，一个地区居民的生活行为的变动会影响和改变环境景观（哈特向，1997）。近代以来生活方式的改变已然使回民街内的建筑景观发生了剧烈的变化。自20世纪80年代以来，自发新建的建筑并没有延续传统建筑的样式，且极大地改变了这一街区的室外建筑空间，游客们所能感知到的建筑特色主要来自街道两侧的仿古立面。整个街区的历史风貌已经极不完整，对地点感的形成构成了极大的威胁。因此，后续的改建和新建应注意从传统建筑样式和空间尺度两方面来强化本街区的地点性。

三　采用传统建筑材料和传统建造技术

旧材料因为内含流逝的时光，可以连接过去和当下两个不同的时空，使人们产生情感上的波动。如果旧材料恰恰来自到访者生活的地点或与其以往的记忆紧密相关，则其运用更容易使到访者产生对地点的依恋与认同。布鲁克研究了移植原居住地的树木到新居住地对居民地点感的影响，表明原居住环境中环境要素的移用有助于构建人们对新环境的地点依恋和地点认同（王恩涌，2000）。

另外，在对历史文化遗产的保护中，"修旧如旧"等保护手法得到了普遍认可。此外，在有关原真性的讨论中，于1994年在日本古都奈良通过的《关于原真性的奈良文件》指出："原真性本身不是遗产的价值，而对文化遗产价值的理解取决于有关信息来源是否真实有效。由于世界文化和文化遗产的多样性，将文化遗产价值和原真性的评价，置于固定的标准之中是不可能的。"因此，传统建筑材料和传统建造技术的应用是延续历史文化街区地点性特征、构建地点感的有效方法。

四　提升餐饮品质，强化旅游产品地点性

饮食是地点文化的又一主要载体，具有独特风味的饮食是形成地点感的重要因素。地点性在饮食上的表达主要体现在风味、食材、烹饪方式、进食方式、餐具样式等方面。此外，食物带给人的愉悦感受可以丰富到访者的美好记忆，是建立人地情感联系的一种方式。调研结果表明，品尝回民街的美食已然成为到访者最主要的来访原因。此外，有接近60%的受访者认为，使用或吃过产自该地点的物品可以增进他们对地点的感情，由

此可知馈赠给亲友的礼品可以在无形中建立其与回民街之间的情感联系，并左右他们未来的出游选择。但回民街的特色小吃具有即时消费性，到访者很难将本地的餐饮旅游产品作为礼品馈赠亲友。回民街内的食品和操作台多在室外，在向游客进行展示、构成街道景观的同时，也存在食品卫生问题。

因此，回民街地点感的营造应注重餐饮地点性的保留与强化，提升餐饮品质。可以通过现代食品技术，将街区内的特色餐饮做成可以远距离消费的礼品。此外，对于不是原生于本地区的旅游产品，亦可以通过地点性的植入，使其转化为具有地点感的食品，如"回民街酸奶"和"袁家村酸奶"。针对目前食物包装材料不统一、包装较为简陋等问题，可以统一定制带有回民街标识的食物、礼品包装材料，以彰显回民街的地点性。

五 本地传统文化符号的应用

人类的文化总是要借助一定的符号在视觉上加以表现。美国人类学家克罗伯和克鲁克认为，文化是通过符号获得的，并通过符号而传播。历史文化街区内包含丰富多样的符号，比如屋脊、门窗、悬鱼的样式，砖雕的花纹、文字等。文化符号在景观小品、地面铺装、建筑立面等物质环境上的应用可以形成统一的地点性特征。调研结果分析显示，在有助于体现历史文化街区氛围的要素中，对有文化符号的面砖或墙面的认可度超过了70%。此外，历史文化街区的符号还包括由店铺招牌构成的商业符号和街道名称。

六 地点性文化的保护与延续

民族历史文化街是一种独特的亚文化社区和族群社区，能体现城市的多元文化形象，因而其历史文化价值更为独特（徐红罡、万小娟，2009）。西安回民街临近钟鼓楼，内有10座大小不一的清真和数万名回民，文化底蕴深厚，民族色彩鲜明。文化的多样性构成了世界的丰富多彩，人们越来越倾向于去感受新的文化，以拓展生命体验。因此，回民街内的伊斯兰文化对人口基数庞大的汉族人民和外国友人具有相当大的吸引力，是应得到重点保护和继承的地点性文化。

七　举办民族、民俗活动

在实地调查中发现，民族、民俗活动对历史文化氛围形成的贡献仅次于历史建筑。国外学者布莱斯的研究也表明，节庆活动的举办对提高社区群体认同与地点认同具有积极的作用，也有利于地点感的生成（Bres，Davis，2001）。民族、民俗活动相较于静态的街区环境，是一种鲜活的"景观"，作为地点历史文化的另一种生动的表述方式，在人与地点之间构建了实时的互动与连接，这种即时的参与感对地点感的生成具有重要作用。

八　营造具有"记忆"的地点

与纯粹的地理空间单元不同，地点强调人的主体意义。"地点"概念中人的属性来源于两部分，一部分是地点在人心中的意象，另一部分是因地点而起或恰发生在地点之中的经历与记忆。因此，为了形成地点感，地点的物质环境建设可以从以下三个方面着手：体现出本地过去的历史意象；与感知者过往的记忆产生共鸣；关注感知者当下的体验。此外，本次调查还显示，在促进地点感产生的要素中，曾和某人或某些人到过那里的认可度高达62%。因此，针对一个具有地点感、能让使用者产生情感的地点，除了可以在发掘地点性方面努力外，还可以在空间设计方面着手，以使空间有利于人与人之的互动和有趣经历、难忘记忆的发生，如设置利于拍照留念的景观小品。

九　加强规划引导

回民街规划管理上的失控已然造成了街区建筑面积和居住人口的增多，极大地增加了后续整治的难度。为了保留、强化回民街的地点性，在建设管理上应严格执行相关规划要求，控制加建、添建等违法建设行为，并抓住机会降低建筑高度和建筑密度。此外，还可以利用城市设计对街区内的合理建设进行引导，通过统一的建筑语言，形成和谐的建筑风貌。

第五节　小结

近代社会发生的变化是人类历史上发生的最为深刻的一次巨变。在全球化的背景下，文化多样性面临挑战，城市与城市之间日渐趋同。地点理论兴于人文地理学，并在城乡规划领域得到迅速发展，成为构建具有地点特色的城乡物质环境的理论依据。本章基于对地点理论的梳理和对西安回民街的实地调研，剖析了西安历史文化街区的地点性特征，并提出了地点感的营造策略。历史文化街区是城市记忆和历史文化的载体，其最宝贵的价值体现在它带有的历史信息，其最大的魅力在于它的地点性特征。历史文化街区不是静止的文化，而是鲜活的和不断发展的。在发展中保持独特的地点感，才能实现街区的可持续发展。

第十七章

传统村落空间的地点营建实证

——陕西省礼泉县袁家村个案研究

> 地点是具有历史意义的空间，在那里事情发生了，今天仍然被记着，它们在代与代之间提供了连续性和同一性；地点是产生重要话语的空间，这些话语建立了身份、定义了天职、预想了命运；地点是这样一种空间，在其中，我们交换誓言、做出承诺并提出要求。
>
> ——经济研究学者布吕格曼（Brueggemann）

古村落在我国分布众多，其历史文化信息丰富，被称为乡土文化的"活化石"。古村落独特的历史文化与城市景观相互作用，产生了独特的现象，对于实现城市游客的地点认同感、延续地点历史文脉有积极作用。文化地理学者创立的"地方性知识"正是解释这一现象的新概念，本章以陕西省礼泉县袁家村为例，分别从环境因子、建筑因子、文化因子3个维度对袁家村的地方性知识进行提取，并通过景观的地方性知识分析游客对袁家村的地点感知。分析得出，游客对袁家村的地点认同程度高于地点依赖程度，也就是说游客对袁家村关中文化的情感性依恋要强于功能性依恋，最后提出袁家村村落地点营建的策略。

第一节　袁家村概况

袁家村位于陕西省礼泉县烟霞镇九嵕山的南面，地处西咸半小时经济圈内，交通便利，312国道、福银高速、陇海铁路近在咫尺，现有农户64户，村民300人，总面积800亩。20世纪70年代以前，袁家村是当地出名的贫困村。全村 37 户人家，不足 200 口人，"耕地无牛，点灯没油，吃粮靠救济，住房潮湿破旧"是袁家村村民真实生活的写照。20 世纪 70 年代后，袁家村大力发展集体经济，走上了共同致富的道路，由"叫花村"到"全国特色旅游名村"，发生了翻天覆地的变化。进入 21 世纪以来，袁家村开始实施农家乐项目，大力发展文化旅游产业，努力把当地经济融入大西安经济圈，已经成为最受欢迎的乡村旅游地之一。袁家村有着厚重的文化积淀、悠久的文明史和丰富的民俗文化活动，又被称为"关中民俗体验地"。

第二节　自然环境中的地方性知识

一　传统山水格局

中国古村落选址是以风水理论为指导的，注重居住地域周边山川河流等要素的相互关系，注重趋利避害，倡导自然与人和谐共处，从而达到天人合一的境界。如图 17-1 所示，人类从古至今对居住环境及陵墓的建设都讲究借助风水传统，考虑日照、风向、水源、地质和地相等综合要素，力求将基地选在背风向阳、地势较高、地质条件稳定的地段，可总结为"背有靠山，前有案山；依山面川，负阴抱阳；有利生产，方便生活"（李琰君，2011）。正如于希贤教授所阐述的："负阴抱阳、背山面水"是风水理论中选择基地的基本原则。它的实质不外是在选址方面对地质、地文、水文日照、风向、气候、景观等一系列自然地理环境因素做出评价和选择，从而达到趋吉、避凶、纳福的目的，创造适于长期居住的良好环境（张泉、梅耀林、赵庆红，2011）。袁家村与自然环境的地理关系见图 17-2。

袁家村所处的位置与自然山水紧密相连，地处秦岭北麓，西北高而东南低，呈阶梯形跌落的地势，北面依靠九嵕山，南临甘河，植被茂盛、物产丰富，显露出强大与旺盛的自然生命力。由此可见，礼泉县袁家村的选址完全符合了我国古代对人居环境的要求。

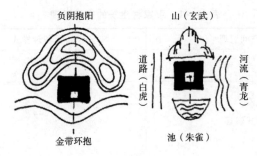

图 17 - 1　最佳选址示意图

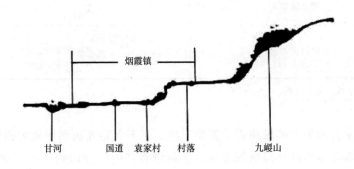

图 17 - 2　袁家村与自然环境的地理关系

资料来源：笔者自制。

二　空间环境格局

芦原信义在《外部空间设计》一书中提到，"空间基本是由一个物体同感觉它的人之间产生的相互关系所形成的"，这就是所谓的人与空间所形成的地点归属感。其旨在创造一个人性化、情感化的空间，也就是人性空间，让游客找到自身的定位。袁家村的功能较为丰富，各功能区内建筑的空间形态不尽相同，不同的建筑形态、院落组合方式，以及建筑与绿化景观之间的空间关系形成了多样化的建筑肌理，主要包括重复式肌理、阵列式肌理、自由式肌理、围合式肌理、留白式肌理几种形式，各种肌理交错组合形成了袁家村张合有度、变化丰富的空间关系（见表 17 - 1）。

表 17 - 1　袁家村建筑的空间肌理

建筑空间肌理	肌理样式
重复式肌理	
阵列式肌理	
自由式肌理	
围合式肌理	
留白式肌理	

资料来源：笔者自制。

　　袁家村的街巷蜿蜒曲折、宽窄有度，三五人走在街巷中就觉得满满当当，游客再多些就显得热闹非常，会使游客产生一种回到"家"的感觉。袁家村村落的主街道基本是水泥硬化路，关中老街街道铺设石板路，显得古色古香，能很好地展现老关中热闹的场景。

第三节　建筑空间中的地方性知识

一　传统建筑文化

　　传统建筑是乡土文化的主要载体，是视觉欣赏的焦点，是地域文化的完美写照。它是对区域内不同时期历史文化的述说与表达。一个时代逝去了，但留下了蕴含那个时代先人们心血的伟大建筑，让我们可以触摸沧桑的历史。袁家村作为西北地区传统村落的典型代表，既保持了关中传统民居的建筑风格，又糅合了民国时期的建筑风格。加之现代不断地规划建造，已经成为多种风格共存的混合型建筑群落。

二　传统民居色彩

　　从外观看，袁家村接近于传统古村落，但是其并非传统古村落的形式。袁家村的建筑设计中对色彩控制得较好，尽量采用古朴的建筑材料。房屋的主体结构，包括墙体，都采用了当今乡村普遍应用的砖混结构，如黄泥墙、白灰粉墙等。其中黄泥墙较为独特，土黄色是典型的关中地点色彩，是中国黄土文化的认知色调，是关中地区的传统民居色彩。袁家村的民居建筑大量采用了青砖、灰瓦等形式。屋顶样式一般是现浇混凝土平屋顶，后来又在平屋顶上再构建坡屋顶，在一定程度上展现了关中地区的建筑文化特色。

在建筑的细部装饰上，袁家村满足了人们对审美的需求。无论是建筑外墙，还是门窗石碑，完美的雕刻纹饰无不体现着关中人民对艺术极高的追求。关中地区独特的地理环境和区域文化因素影响着建筑的雕刻艺术和风格，袁家村的建筑雕刻形式多样，有砖雕、木雕和石雕，主要分布在建筑的屋顶、墙面、门窗、柱础、影壁等部位，建筑装饰的主要题材有人、动植物、生活场景、风景、传说等。

三　特色标识系统

标识系统作为城市文化和传统文化的载体，展现了城市历史性和地点性差异，同时塑造了城市形象（俞孔坚，2002）。充满特色的标识系统可以对游客进行正确的引导，同时，其与建筑融为一体，能够成为一道独特的文化风景。袁家村标识系统主要的固定方式有独立式、墙面固定式、墙面悬挂式、地面固定式等，在材料的选择上以木材、砖、粗布及石碾等为主，招牌统一规划。在关中印象体验区的商贸饮食步行街上，标识除招牌匾额外均以粗布幌子为辅助，统一悬挂于民居建筑的廊檐之下，不仅能烘托传统村落古色古香的街市特点，也能增加地点体验的趣味性（耿暖暖、李琰君，2012）。

第四节　民俗文化中的地方性知识

一　饮食文化

袁家村在地点特色营建上非常注重打造特色餐饮品牌。关中印象体验区最初就是以本土小吃为主，如豆面汤、辣子、野菜饼等，烹饪方式力求传统，绝大多数小吃作坊都采用黄泥做成的锅灶进行烹饪。袁家村青砖灰瓦的小吃街上，分布着五福堂、德瑞恒、五味斋、永泰和、天一阁、卢记豆腐等特色美食作坊，增加了袁家村的地点感，使其成为一个典型的"关中风情园"。

二 民俗风情

袁家村地处秦川腹地，独特的地理区位使得袁家村的地方民俗文化知识极具特色。农民群体在衣、食、住、行等各个方面无不体现出深厚的农本思想。其中最广为流传的就是"关中八大怪"——"板凳不做蹲起来，房子半边盖，姑娘不对外，手帕头上戴，面条像裤带，锅盔像锅盖，油泼辣子是道菜，秦腔不唱吼起来"，集中展现了秦人生动有趣的生活氛围。此外，袁家村还有审美价值与文化价值丰富的民间艺术，节日的花馍、台前吼唱的秦腔、色彩丰富的马勺等非物质文化基因，成为地点营建中的隐性知识元素。

第五节 袁家村的地方性知识对地点营建的影响分析

一 游客感知分析

为更好地展示袁家村独特的乡村地点性，笔者实地踏查了袁家村。在实地踏查中发现，袁家村是典型的历史文化名村，其游憩资源分为有形的和无形的两大类：有形的游憩资源主要为乡村的传统遗留物、独具特色的乡村民居建筑等，以及保留着原汁乡村韵味的古树和原住民的真实生活场景；无形的游憩资源包括乡村传统民俗风情、乡村的旅游商业文化、宗教文化等。独特的乡村游憩资源不仅可以满足游客观赏关中特色民居建筑、品尝独特关中风味小吃、体验关中民俗风情、领略原味乡村文化、购买特色乡土纪念品等多种需求，而且构成了袁家村游憩空间地点性特征的核心因素，是众多大都市旅游者将袁家村作为乡村体验之旅的目的地的重要原因。游客对袁家村游憩空间地点性的正面认知，使其产生不同程度的地点感，进而对袁家村产生一种地点依恋。笔者在深度访谈中获得了一些关于袁家村地点性的真实口述资料，如下所示。

　　我觉得袁家村的村口很有特色，那棵大树和村口的木架车很有乡村怀古味道，尤其那个木架车就是当年小时候推过的，很亲切。入口的建筑也很典型，里面有祠堂，让人联想到"地方神"的意境，给人一种归属感。

——第一位访谈者

　　我觉得袁家村的建筑很有地方特色，建筑很有关中风情，让人感觉回归到儿时的生活场景，让我联想起当年在老家居住的房子，给人一种亲切感，在大城市生活惯了，特想回顾体验下当时的意境，但是有点不满意的就是这里面的商业化设施有点多啦。

——第二位访谈者

　　我觉得这里的农家乐很有关中特色，比如红烧土鸡、蘸水老豆腐、搅团、烙面、全肘子等，都是关中的乡村饮食特色，在其他地方吃的感觉总比不上这里。另外，这里有一种乡土感，不仅可以睡在农家土炕上，而且这里的农家庭院也挺有特色的，什么辣椒啊、玉米啊都挂在墙上，看起来就是一个地道的农家小院落。

——第三位访谈者

　　我觉得这里改造得有点像丽江古城，这里有几个比较有特色的咖啡厅、酒吧，酒吧的布局很有艺术感。让人感受到这个村子既古朴又现代，既有老年人生活的情趣空间，也有年轻人玩耍的场所，很适宜不同人群的需求。

——第四位访谈者

　　整个村子街道的建设挺有特色，弯弯曲曲、有高有低、错落有致，很有步行街的氛围，从街道的入口一直到街道的末端都可以看到很多比较原始的景点，不过就是在节假日感觉有点拥挤，可能是很多人都喜爱到这里玩的缘故吧。

——第五位访谈者

我觉得这里的地方产业做得很好，很有地方特色。很多带有乡土味道的东西都在这里做了展示，比如一些农具、织布机。另外，还有一些现场制作的地方商品，像麻花、姜糖、酒酿、皮影等，还有像村子东口，有一头毛驴在现场磨豆腐，感觉很有乡土味道。小孩子们根本没有见过，他们都比较喜欢在这里体验的感觉。所以有机会的话我还会再带家人来这里旅游的。

——第六位访谈者

这里整体的旅游环境氛围其实蛮好的，村民较为友善，尤其在吃饭的时候，老板都很热情，不存在乱要价的现象，环境也相对干净，门前还有小溪，还有专门的露天舞台，基础设施建设得也不错，给人感觉是一个非常美、非常古朴的乡村。

——第七位访谈者

二　地点感的测度分析

国外对旅游地地点感的研究，是按照旅游者与旅游地相互联系的紧密程度以及身份特性的不同，形成地点感的不同认知向度。按照人与旅游地的联系强弱，地点感可以划分为地点根深蒂固感、地点依赖感、地点认同感、地点归属感、地点熟悉感。笔者在袁家村调研时，借鉴了地点感的这五大向度，并针对这五大向度进行了认知程度问卷的调查（见表17-2）。

表17-2　地点感测度的问卷设计

地点感的测度	地点感的识别	得分（满分10分）
地点熟悉感	1）我能大概说出袁家村所在的位置及区位	7
	2）我来过袁家村很多次，我很熟悉袁家村	7
	3）我对袁家村了如指掌	5
地点归属感	1）袁家村与我的关系是很亲密的	9
	2）我热爱袁家村	5
	3）没有任何一个村落可以比得上袁家村	5
	4）我觉得我就像这里的一分子	5
	5）我觉得我很适合这个地点	8

续表

地点感的测度	地点感的识别	得分（满分10分）
地点认同感	1）袁家村对我来说很特别	9
	2）我非常依恋袁家村	5
	3）袁家村对我而言意义重大	3
	4）我非常认同袁家村	6
	5）拜访这里，可让我有种归属感	7
	6）我感觉这里是我生命中的一部分	4
地点依赖感	1）这里是我进行游憩活动的最好地点	4
	2）相对其他地点而言，这里是最重要的	5
	3）没有其他的乡村游憩地点能够和袁家村相比	5
	4）比起其他乡村游憩地点，袁家村的环境氛围更让我满意	6
	5）来过这里之后，我会喜欢找和袁家村相似的地点去旅游	8
地点根深蒂固感	1）袁家村是我唯一渴望进行游憩活动的地点	4
	2）除了袁家村我几乎不想去其他地点进行观光游憩活动	4
	3）除了袁家村，我几乎不想去其他乡村游玩	5
	4）当我想去乡村旅游观光时，我只想去袁家村	6

资料来源：笔者根据调研问卷制作。

从表17-2的统计分析可以看出，游客对袁家村的地点感呈现出明显的差异性。在外来游客中，大部分游客对袁家村处于一种由地点熟悉感向地点认同感过渡的阶段。因为调查的大部分人群为外来游客，所以结果表现出来游客的地点根深蒂固感相对较弱。因此，未来需要进一步强化袁家村的各项建设，以使游客获得更加深刻的地点感，从而获得较高的重游率。

三　地点感与地方性知识之间的关联机制分析

为了更加真实地反映地点感与地方性知识之间的真实关系，笔者针对上述调查人群，又设计了一系列彰显地方性知识的关键指标因子，通过这些指标的问卷调查分析，来构建关联分析模型，进而推导出哪些关键性的地方性知识因子是直接影响游客的地点感的，从而为袁家村未来乡村环境的改造及设计研究提供参考依据（见表17-3）。

表 17 – 3　地方性知识测度的问卷调查结果

单位：%

彰显地方性知识的可能要素	是否有特色		
	高	中	低
地形地貌	50	30	20
村落文化	89	10	1
民居建筑	90	10	0
乡村街道	50	33	17
服务设施	40	45	15
村庄绿化	65	12	23
乡村形态	10	30	60
公共空间	84	10	6
住宅组群	50	15	35
风味餐饮	75	15	10
特色商品	60	25	15
景观景点	58	32	10
家庭旅馆	35	45	20
生产空间	70	20	10
手工作坊	60	35	5
雕塑小品	40	35	25
水景空间	20	18	62
村庄色彩	39	40	21
田园风貌	30	25	45
生活习惯	75	15	10

资料来源：笔者根据调研问卷制作。

通过表 17 – 2 和表 17 – 3 的比较分析可以看出，跟袁家村游客地点感密切相关的地方性知识要素主要包括村落文化、民居建筑、村庄绿化、公共空间、风味餐饮、生产空间、风味餐饮、特色商品、手工作坊、生活习惯等。因此可以看出，地点感的生成与地方性知识的表达之间具有密切的关联，要想使游客获得一种地点感，必须首先在地方性知识上下功夫，通过地方性知识的彰显，让游客获得一种地点意象，进而建构地点感。因此，找准关键的地方性知识要素，并针对它们进行优化设计，则可以提升整个乡村的游憩氛围。

第六节　袁家村地点营建的对策分析

一　挖掘本土知识，丰富体验性地点项目

民俗文化是形成地点特质或特征的重要元素。因此，在未来的地点营建体系中，应进一步挖掘独特的地方性知识，丰富旅游活动项目，将单一的自然景观转向丰富的人文景观，同时提升旅游者对袁家村社会人文环境的感知体验。调查发现，袁家村夜间人流量少，只有酒吧街和艺术长廊有部分人，缺乏夜间活动，所以在地点营建时应注重设计夜间活动和季节性活动。村民可以自行组织集体舞、打腰鼓、唱戏、民间器乐演奏、打乒乓球等夜间娱乐活动，从而丰富袁家村的夜间娱乐生活。在节庆日则可以组织社火艺术表演，关中的社火表演与陕南的"玩灯"、陕北的"秧歌"都不相同，关中社火古朴大方、丰富多彩，且日间与夜间不同。这些活动不仅可以彰显袁家村的民风民俗，也可以促进地点感的营造。

二　发扬地方特色，塑造特色地点氛围

游客来袁家村以品尝关中特色小吃为主，如自制酸奶、油泼辣子夹锅盔等，因此，游客对袁家村的认同感更多来自这种与特色饮食有关的地方性知识，即本土特有的小吃成为袁家村地点营建中重要的地方性知识。因此，在未来的地点营建中，应挑选关中本土的原料，打造原汁原味的关中特色小吃。还可以将这种传统饮食的特色与当地的自然美景联系起来，形成独特的地点性，同时形成不一样的地点氛围。例如，可以建设袁家村风味餐厅，彰显现代乡村生活氛围；可以进行以"农家乐小炕"为特色的地点营建，让游客感受袁家村的古朴特质；也可以依托袁家村的街巷进行差异化的餐饮体验地点布局，从而形成序列，增强游客的地点感。

三　完善基础设施，构建宜人的街巷空间

据调研组观察，旅游景区基础设施数量与游客体验质量之间存在着密切的关系，袁家村旅游公共服务设施不够完善在一定程度上减弱了游客对袁家村的地点依赖感，也影响到游客对传统村落的地点认同感。因此，在

未来袁家村的地点营建中，当务之急应是进一步对袁家村的停车场进行扩建，进一步增加旅游标识，完善基础服务设施，从而提高游客的地点认同度。袁家村的地点营建应进一步挖掘原有村庄的自然纹理，尽可能结合原有自然纹理、历史特征进行空间格局的营造。对地点感的研究要以人为主体，既要满足人的饮食需要，同时要彰显关中乡村聚落景观的空间感和街巷感，建造更良好的街巷空间对于袁家村游客地点感的提升是很有必要的。

四　增添创新符号，营造魅力景观元素

自从符号学渗透到建筑领域后，建筑具有了"符号"和"身份"的特性。建筑符号具有表达意义的能力，建筑以某种物质形式表达一个地方的观念和思想（建筑的地方性知识构成），现代城市也越来越倾向于借助这些建筑景观符号来展示地点的现代性和传统特征。通过建筑符号，不仅可以向使用者传递这个地域的地方性知识，同时可以塑造使用者的地点感。通过深入探究袁家村所处的关中地域特色及建筑形式，未来的地点营建应继续在原有的袁家村建筑形制上综合运用符号形式和符号结构进行体验性地点的设计，从而延续与创新袁家村的历史文化脉络。在最大限度保留原有建筑的基础上添加新鲜的材料及手法，使它形成具有关中风貌特色的景观符号，进而更大限度地来表现老建筑的知识内涵。

五　保护乡土记忆，营造诗意栖居家园

乡愁的重要情感源头是乡土记忆和地点感，保护乡土记忆和地点感的重点是保护传统聚居地的原真性和地方性知识。在袁家村古街中分布的古井、辘轳、磨面的磨盘、茶炉旁的风箱……充分表现出关中民俗文化的特色，也唤醒了游客儿时的记忆，进而对这个地点产生根深蒂固感。调查还发现，外来游客对于袁家村那些在其他景区也能购买到的手工艺品没有太大的购买欲望，对本地特有的餐饮小吃却有极强的购买欲望。归根结底是因为这些特色小吃是这个地方所独有的，有很强的地点性。因此，未来还应继续挖掘本土的文化商品，诸如体现关中民俗生活的书画，这些小小的物品远离现代城市的喧嚣，可以让我们想起孩童时快乐的时光，感受久远的纯朴年代，守护这些"老传统""老文化"有助于彰显袁家村的地点感。

第七节 小结

本章基于地点理论中的地方性知识原理对袁家村的地点营建进行了实证分析，剖析了传统村落的地点性特征和地点感营造策略。传统村落是不断发展、更新的有机整体。它的发展是建立在传统村落独有的地方性知识基础上的，因此，应继承和展现传统村落特有的地方性知识，还应高度重视游客对传统村落的地点感。在地点营建时，既要充分辨识那些影响游客地点认同和地点依赖的地方性知识要素，还应该基于地方性知识探寻传统村落地点营建的路径和方法，进而增强游客的地点认同感和地点依赖感。

第十八章
传统古镇意象空间的地点营建实证

——陕西省汉阴县漩涡文化旅游古镇个案研究

　　我们的例子表明，经济的、社会的、政治的和文化的意图必须以再现"地点精神"的形式具体化。要不然，地点将丧失其同一性……因此，我们认识到，城市必须被视为单个地点，而不是"盲目的"经济和政治力量可以在其中自由驰骋的抽象空间。维护地点精神并不意味着复制旧有模式。它意味着以一种不断更新的方式决定地点的同一性，并解释它。只有那样，我们才可以谈论活生生的传统，通过把它与本土建立的一套规范联系起来，这一传统使得变化充满意义。我们也许会再次想起怀特海的格言，"过程的艺术是在变化中保持秩序，在秩序中实现变化"。活生生的传统对生活有用，因为它符合这些话。它并不把"自由"理解为独断专行，而是将其理解为创造性参与。

——哲学与人文地理学家约翰斯顿

　　地点性是一个地点区别于另外一个地点的根本所在，正如"此处"与"他处"的差异一般，是不同地理环境、社会环境、文化环境等要素机制下所形成的一种地域差异规律，因此，地点性成为地域意象解构研究的基本理论方法。本章基于地点性原理对古镇意象进行耦合解构分析，探讨地点性视角下古镇文化意象建构的基本特征、过程及规律，从而为古镇形象设计服务。

第一节　古镇地点意象的构成原理

一　地点历史意象

古镇是历史的产物，历史建筑、风景园林、历史街区等是古镇地点特色形象的体现。古镇意象构建不仅要体现古镇风貌特色、建筑格局以及文物遗迹等给人们带来的直观意象，更要渗透历史脉络，彰显古镇的地点精神。古镇还具有历史动态特征，随着古镇的历史变迁，人对古镇的乡愁情感也会变迁，进而形成多元的地点历史意象。正是古镇地点性脉络的变迁造就了鲜明的古镇形象特征。如果加以正确引导，古镇的地点性将以一种动态的美而存在，并可以在未来的发展中逐步完善，强化古镇的历史文化内涵，塑造独特的古镇形象。地点意象建构的矩阵组合原理见图18－1。

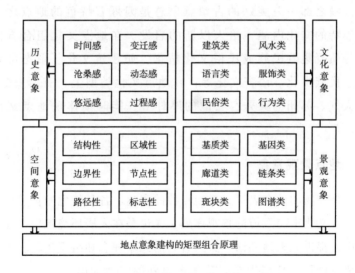

图 18－1　地点意象建构的矩阵组合原理

资料来源：笔者自制。

二　地点空间意象

古镇空间元素具有丰富的文化内涵和精神特质。建筑、河流、山脊线、绿带、街巷等动态延展有序，色调淡雅朴素，装饰精美绝伦，代表居民对古镇美好生活意象的向往，他们把各自的生活经验和情感融入古镇发展的空间逻辑中，不断创造形态的艺术性，能让人产生地点感。因此，人作为空间中最为活跃的因子，给古镇增加了内涵和性格，包括文化特征、艺术逻辑、技术规则等。同时，地点性塑造也是一种精美的古镇意象的形成过程，是时间的逻辑艺术。良好的古镇空间形态设计在于其既有内在的有机秩序，又有综合的地点精神，需要对古镇中每一个地点性要素进行合理组合，在不同时间、不同地点、不同内容的相互组织中，形成整体协调的形象特性。

三 地点文化意象

古镇意象是古镇文化的内在表现，是一系列文化元素的空间组合。提到北京人们会想到首都、故宫和京剧，提到西安人们会想到十三朝古都、兵马俑和古城墙，提到悉尼人们会想到歌剧院，提到巴黎人们会想到浪漫之都……美好的古镇意象总是闪烁着特色的地点之美，还体现出独特的文化内涵，给人以新的启发。在地点文化组合方面，地点文化特质凝集着民族或民俗文化精华，如建筑文化、形态文化、民俗文化、民族文化、语言文化等；在地点文化类型上，有西安的厚重、北京的大气、苏州的灵秀、安徽的厚朴等，能时刻体现地点文化意象的魅力。

四 地点景观意象

景观是事物的外在表征，是地点性的表达。各具特色的古镇资源形成了具有独特文化审美意境的景观序列。无论是在人居环境建设中还是在地点生产中，都讲究人地和谐、天人合一的意象理念和组织逻辑，集中展示人如何诗意栖居的环境理念。某些古镇外围宏观的山水景观与内在的公园、绿地、社区、道路、园林、古迹等融为一体，具有"城景共荣"的地点景观之美，能够建构"不出城廓而获山水之怡，身居闹市而有林泉之致"的地点景观意象。"仁者乐山，智者乐水"所表达的就是人们通过体味景观的地点性乐趣，享受景观地点性所彰显的悦神、悦智、悦心的意象，调剂自己的生活。

第二节 漩涡古镇地点意象的基本构成元素分析

一 生态环境意象构成

（一）原生环境构成——得天独厚生态城

漩涡古镇深藏于堪称我国"中央公园"的秦岭。秦岭山势险峻，主峰太白山高 3700 余米。该山系起于青藏高原东端，末于豫西山区，长 1000 余公里。秦岭是我国南北方重要的气候和流域分界线，山北为暖温带大陆性气候，山南为亚热带气候，蕴含丰富的动植物资源，被称为我国的"动植物资源物种基因库"。漩涡古镇属于北亚热带向暖湿带的过渡气候区，为大陆性亚热带季风气候，温暖湿润，雨量充沛，四季分明。年平均气温 17℃，无霜期达 238 天。漩涡古镇如一颗璀璨的明珠，镶嵌在秦岭南坡，特定的森林植被环境，使区内气候宜人、空气清新、尘埃少、噪声小，空气中氧和负离子含量高，是天然的大氧吧，可为游客提供理想的休闲避暑疗养保健场所。

（二）地文环境构成——秦岭生态宜居小镇

在陕南秦巴山区众多的古镇中，漩涡古镇是最富有特色的。从宏观地文结构看，漩涡古镇整体布局成龙形，汉江在最美地段穿境而过，漩涡集镇东、北两面环水，西、南两面山峦怀抱，景致优美，清澈优美的汉江绕镇而过，河随山流，镇沿河建，既有自然的巧合，又有人为的精心设计，从后山居高眺望，整个古镇就宛如一条山涧蛟龙。众多溪流汇聚于此，具有富水之利，为乐居之所。整个区域显示出山水林田排列有序、层次结构丰富的地文配置，形成"山秀、水曲、林莽、田美"的景观意象，梯田景观是其最美的大地地理格局。从微观地文结构看，漩涡古镇镇区地形地貌为三山对峙，汉水曲流，青山为屏，梯田为基，镇区像一叶穿越时空隧道的小舟，系泊于青山秀水美天之间。这种微地形地貌格局显示出优美的自然环境，是古人和现代人共同追求的居家繁衍宝地。

二 空间历史意象构成

（一）人地和谐楷模——风水宝地

"负阴抱阳，背山面水"，这是风水观念中宅、村、城镇基址选择的基本原则。在大地构造上，漩涡镇处于秦巴山系凤凰山平缓向斜和平坝复式的南端。其特点是褶皱宽缓，断裂发育以走向断层为主，平均海拔为1280米。有始建于清代道光年间的万亩古梯田，这里生态环境优美，梯田密集，形态原始，阡陌纵横，线条流畅，山高水长，板屋交错，是打造特色旅游景区及诗意栖居地的理想之地。

天人合一、天人感应是中国古代哲学思想，认为人与自然应取得一种和谐关系，所以追求一种优美的、赏心悦目的自然和人为环境的思想始终包含在风水理念之中。漩涡古镇以凤凰山为基址背景，山外有山，重峦叠嶂，形成多层次的立体轮廓线，增加了风景的深度感和距离感；以汉江为基址前景，以梯田形成开阔平远的视野。而隔水回望，有生动的波光水影，形成绚丽的景观画面。

在漩涡古镇还有许多作为风水地形之补充的人工风水建筑物，如村寨、民居、堡寨等是以环境的标志物、控制点、视线焦点、构图中心、观赏对象或观赏点的姿态出现，均具有易识别性和观赏性，它们与自然环境的风水格局相互耦合，给人以景观构图和谐的效果和心理的空间平衡，同时构成道家四象八卦的生生不息、绵延永续的哲学世界。

（二）历史空间解构——秦头楚尾

漩涡镇的地理位置十分险要，是出陕进川马道必经之路，自古有"秦头楚尾"之称，明清时期水运发达，商贾云集，又有"小汉口"之誉。在2000多年的历史长河中，漩涡镇因特殊的地理位置多次被秦、楚争夺，清乾隆年间大量移民至此，从而成为巴蜀文化、江南文化、荆楚文化兼容并蓄、相互辉映的汉水明珠。

（三）建筑文化解构——南北过渡

漩涡古镇以古民宅、商铺和古遗址为主要特色，现遗存明清时期民宅院落及祠堂58间，建筑面积2170平方米，建筑风格各异，工艺精湛，木、石雕刻内容丰富，牌楼、庙、庵等都蕴含巨大的历史文化价值。茨沟吴家民居（吴家花屋）位于汉阴县漩涡镇茨沟村，属清代中晚期建筑风格，该民居坐东向西，呈对称两进式院落，叠瓦压脊，合瓦覆顶，前后檐均有勾头滴水，正房为梁搭墙结构，11架檩。厅房为抬梁式梁架结构，厅房和厢房有木板回廊。整座建筑除正房外均为青砖砌墙，正房为土坯墙，对研究汉阴地区建筑选址、风格、雕刻艺术都有一定的参考价值。

三 历史文化意象构成

（一）凤堰古梯田——移民生态博物馆

凤堰古梯田移民生态博物馆是我国第一座以移民农耕文化为主题，以自然山水为背景，以古梯田为展品，以民风民俗为辅助，保护和展示原生态生产生活方式的开放式生态博物馆。凤堰古梯田位于汉阴县漩涡镇黄龙村、堰坪村、茨沟村，距县城35公里。据考证，凤堰古梯田由清代湖南长沙府善化县吴氏家族移居当地后所建，始于清朝乾隆年间，于咸同时期大规模建设，至今已有250多年的历史，它集山、水、田、屋、寨、村、庙、农为一体，融浑厚、雅致、奇趣、清新、壮美于一身，是人与自然的杰作。200多年来，凤堰古梯田至今持续使用和发展着，作为农耕文化的"活化石"、民族智慧的结晶、人与自然和谐相处的典范、山地农业技术知识体系的集成、农业生物的"基因库"和独具特色的自然与文化景观，凤堰古梯田是一类典型的、具有重要意义的农业文化遗产。

凤堰古梯田包括凤江梯田和堰坪梯田，分布在海拔500~650米的区域，连片共1.2万余亩。所有的梯田都修筑在山坡上，梯田级数均在200级左右，梯级层高0.3~1米不等，每级宽3~15米，最长处达600余米。梯田灌溉系统完备，依靠黄龙沟、茨沟、冷水沟、龙王沟4条溪水自流灌溉，潺潺流水，四季不绝。2010年，凤堰古梯田被评为"陕西省第三次全国文物普查十大新发现"之一。

（二）冯家堡子遗址——防御工事建筑

冯家堡子遗址位于汉阴县漩涡镇东河村，面积为3000平方米。系清代冯氏家族修建的居住兼防御性设施，堡子平面近正方形，原由城墙和住所两部分组成，城堡设四个门，堡内房屋百余间。堡子内建筑沿东西轴线依次展开，主体建筑为土木结构，梁搭墙及抬梁穿斗构架，悬山顶，合瓦覆顶。该寨堡为研究秦巴山地民居选址、建筑风格及民间防御工事等提供了新的资料。

（三）太平堡寨址——太平天国故事

太平堡寨址位于汉阴县漩涡镇堰坪村北的山顶之上，依山势而建，北为悬崖，崖下为龙王沟，东为寨子垭，西、南为陡坡。寨址呈不规则的圆形，内部地势平缓，南门高2.2米，宽1.5米，门洞坍塌，门框及两侧石柱刻有"太平堡"和"大清嘉庆五年岁次庚申"等字样。寨址中心立有圆首石碑一通,首宽于身,额题"太平堡",同治元年款,记重修太平堡事宜。太平堡寨址对研究清代中后期白莲教及太平天国起义在当地的活动具有非常重要价值。

(四) 茨沟吴家民居——吴家花屋

吴家民居位于汉阴县漩涡镇茨沟村,属清代中晚期建筑风格,该民居坐东向西,呈对称两进式院落,叠瓦压脊,合瓦覆顶,前后檐均有勾头滴水,正房为梁搭墙结构,11架檩。厅房为抬梁式梁架结构,厅房和厢房有木板回廊。整座建筑除正房外均为青砖砌墙,正房为土坯墙。吴家民居对研究汉阴地区建筑选址、风格、雕刻艺术都有一定的参考价值。

(五) 堰坪梯田——湖光移民文化

堰坪梯田修建于漩涡镇北约5公里的堰坪缓坡之中,西至茨沟、东临龙王沟、北靠天保山,梯田从龙王沟与茨沟交汇处由南向北逐次升高成水平梯地,大约300余层,每层高0.4~0.8米,宽5~15米。梯田引茨沟及龙王沟水从上至下自流灌溉。梯田大约修建于清代嘉庆时期,至民国历有增修。该梯田及周边的清代遗存对研究湖广移民及秦巴山地开发历史具有重要参考价值。

(六) 黄龙庙——一段神奇的传说

黄龙庙位于黄龙村六组,黄龙梯田中心位置,魔芋包的西面,距田梁路1公里,有机耕路与田梁路相连。庙宇坐西南朝东北,呈三合院式结构。其中,正殿5间,两边各有厢房3间,中居天井。正殿供有黄龙老真人塑像,真人两侧各有战将塑像1尊。

相传,很早以前,一农户在位于黄龙庙附近的农田里整理田地,突然间,天空暴雨瓢泼,农田里大水不断,波浪翻滚。农户深感不解,细细观察,才发现位于农田山坡下的河沟里有一黄、一黑两条大蛇正在打斗,眼看黄蛇只有招架之功并无还手之力,而黑蛇渐渐占了上风。于是,农户出手将犁耙向黑蛇砸去,受伤的黑蛇哪能再斗得过黄蛇,一溜烟儿逃得无影无踪。

(七) 漩涡小戏——地方艺术精华

漩涡彩龙船,又名"漩涡旱船",长期以来一直是陕南地区以及汉江沿岸影响力较大的民间舞蹈,因其独特的地方文化、特殊的表演形式、浓厚的地域风情而驰名。表演中舞"彩龙船",唱"花鼓子"和民歌小调。表演情节,主要反映汉江行船的各种动作。纤夫头领肩挎褡裢布袋,手持篾片(形似船篙),船前左右各二人背负索绳作拉船状,周边呈两行数名男女持彩灯而立。在节奏不断变化的锣鼓点的伴奏中,穿街过巷,时而表演逆水行舟,时而表演顺水而流,时而表演水流湍急,时而表演船陷浅沙,动作优美,生动活泼。漩涡彩龙船唱腔以陕南花鼓调为主。花鼓词有固定的传统内容,也有临场发挥的内容,以"耍戏腔"的方式,随编随唱,只要二、四句押韵就行。此项表演不仅反映了南方姑娘的欢乐心情,也表露出了姑娘细腻委婉、柔情爱美的性格特点,还体现出了北方人憨厚幽默、热情奔放的精神风貌,反映了几百年来在古镇形成的南北文化交融的地域特色,使人们从来源于生活的艺术精品中受到精神熏陶,又使人们从高于生活的文化遗产项目的表演中获得艺术的享受,具有浓浓的乡土气息。

漩涡彩龙船是陕南安康地区民间舞蹈的一个典型,更是民间舞蹈艺术的精髓。它因其风趣幽默的表演、精彩生动的故事情节,几百年来,年年节庆举办,代代相传,深受广大人民喜爱。漩涡彩龙船一直是陕南汉阴县及周边县市的一种影响较大的民间舞蹈,曾多次在省、市、县的表演中获奖,同时受到专家和观众朋友的一致好评。漩涡彩龙船作为地方一种原生态的传统民间舞蹈,在清朝初期诞生和发展,具有鲜明的南北文化交融的地域特色,成为地方社火表演中不可缺少的一部分,体现了重要的历史价值、文化价值和社会价值。目前会耍、会制作漩涡彩龙船的人已不多,精通制作彩龙船技术的老艺人也为数不多,均已是 60 岁左右,懂得漩涡彩龙船表演的老艺人也为数不多。漩涡彩龙船由于传承人员青黄不接,正处于濒临失传的关键时刻,对其进行抢救性保护已迫在眉睫。

四　地点空间意象解构

(一)　大地景观层次感强

漩涡古镇坐落于秦巴山区,区内山体高低有致、错落自然,背景景观线气势伟岸。平地与缓丘错落有致,山谷间河流纵横交错,水声悦耳。大地景观格局优美舒雅,景观效果适宜旅游开发。整体地形地貌自北向南为雄伟的山地、壮美的梯田、散落的古镇、蜿蜒的河流、和缓的山谷、雄伟的大山，景观层次较为分明。

（二）自然人文景观的呼应

漩涡古镇的地形地貌、山、水、田园等构成了地点意象的骨架，孕育着清新自然的田园风光、梯田风光和浓厚的乡情民俗。沟谷、旷野、梯田、乡情……为古镇整体意象的开发提供素材，具有观赏性强、趣味性浓、体验性强、休闲性佳等意象特点，能满足人们休闲、采风和回归自然等需求，具有不可抵挡的独特魅力。

（三）靠山借水的景观格局

"靠山"主要指古镇位于境内的凤凰山南麓古镇境内的凤堰万亩梯田具有乡村生态旅游开发的潜力，从古镇可以观赏奇美的梯田景观；"借水"指古镇位于汉江之畔，可为到访的游客提供古镇码头戏水娱乐项目，强调古镇游憩体验的娱乐性。整体上，古镇将形成"大山、大田、大水"的大地景观格局。

第三节　漩涡古镇地点意象强化的规划设计策略

一　古镇文化

古镇文化是指以古镇的血缘关系和家庭关系为繁衍基因而产生能够反映古镇群体人文意识的一种社会文化。古镇文化的基本特征就是地点性。针对古镇文化的设计主要强调彰显和保护古镇中的物质和非物质的文化形态。物质形态主要体现在乡土建筑的空间形态等方面，非物质形态主要体现在乡风民俗等方面。因此，古镇文化的彰显是古镇地点性的核心体现，其营造设计的好坏将直接关系到游客地点意象的生成。在地点营建对策上，应对物质的文化载体加强保护，如古建筑、古井、院落等；对非物质文化要素应该强化继承意识，如古镇中的民俗、民间文学、书法、舞蹈、戏曲、传统技艺等。

二　民居建筑

民居建筑是古镇居民生活和生产的载体。与城镇住宅不同，除了居住功能外，古镇民居还有家庭生产活动的功能，如作为饲养场所、传统手工业制作场所等。而这些功能对长期生活在城镇中的居民来说，具有一定的新奇性。因此，民居建筑是彰显古镇游憩空间地点性特征的基本要素，包括地域特征和文化理念。不同地点的古镇往往具有不同的建筑风格。漩涡古镇的民居建筑应体现陕南地域特色，以明清古建筑作为设计的主流，以明清时期的作坊、街道、建筑形态、院落作为设计要素，通过改建、重建等方式，力图整体营造具有地域文化特色的聚落氛围。而对那些非地点性的民居建筑则应进行改建，以使其有利于彰显地点性。

三　古镇绿化

绿化是古镇景观的重要内容，是维持古镇良好生态环境意象的基本要素。在漩涡古镇的调研中发现，漩涡古镇存在环境绿化不足的问题。因此，在未来的漩涡古镇绿化环境景观设计中，应该营造一种"古树名木""房在绿中"的空间状态，充分体现绿景和古镇的融合，展示漩涡古镇的乡土风情，营造漩涡古镇独有的文化特性。在漩涡古镇部分节点位置，可以自由设计，配置桥头、古镇入口、古树、花坛等元素，从而实现古镇和自然的有机融合。在具体的布局形式上，可以与地形地貌相耦合，沿水而展，遇房而变，从而真正实现乡土化，展示出古镇的地点意象。

四　公共空间

公共空间的地点性设计主要体现在古镇入口的意向设计上。古镇的生活习俗、故事传说、地点语言等，往往在古镇公共空间中得到传播和交流，因此，构建独具特色的古镇公共空间是营造地点性情境的基本要素。在具体设计中，针对古镇入口片区，应在设计中表达人们对古镇的情感认同，如在古镇入口区广场的景观营造上，建立绿色生态体系，可以种植高大乔木作为古镇入口的标志，并且通过一定规模的植物群组来塑造色彩醒目、层次丰富的景观体系，烘托古镇入口效果。在古镇入口建筑营造上，可以配置管理用房、商店、餐饮等服务设施点，并结合地形地貌，设置山石、雕塑、牌楼等构筑物或小品来提示古镇入口的地点性。

五　民俗风情

民俗风情是古镇旅游生命力、竞争力之所在，也是彰显漩涡古镇地点意象的关键因素。漩涡古镇的规划设计必须高度重视对民俗风情要素的挖掘、展示、保持、继承和发扬，尽可能凸显漩涡古镇的地域文化特色。在民俗风情的展示上，可以关注古镇节庆、生产农具展示、手工作坊展示、特色商品生产、传统技艺展示等各方面，从而凸显古镇地域文化内涵，反映地点性的非物质文化特征。例如，可以在漩涡古镇的部分节点上展示汉阴小调、古码头文化、戏曲文化、特色小吃文化、湖广移民文化、古建筑文化等带有地点特色的民俗风情要素，从而诱发游客产生地点意象。

漩涡古镇地点意象的生产机制见图 18 - 2。

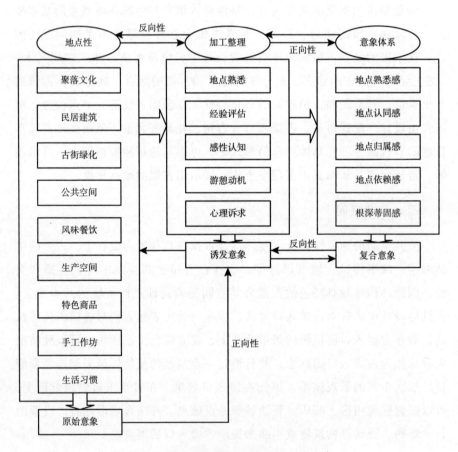

图 18 - 2   漩涡古镇地点意象的生产机制

资料来源：笔者自制。

第四节 小结

　　具有历史文化特色的古镇是彰显地点性的重要载体。古镇意象构建不仅要体现古镇风貌特色、建筑格局以及文物遗迹，更要渗透历史脉络，彰显古镇的地点精神。游客在古镇空间中进行休闲旅游，更有可能获得一种对古镇地点意象的感知。通过古镇游憩活动的开展，彰显古镇的地点性和培植游客的地点意象，不仅可以在一定程度上加强游客对传统古镇聚落的保护和传承意识，宣传和弘扬古镇的地点性文化，还可以让更多的人了解特定地点的人文特色，有助于规划设计师从人的地点意象情境中获得规划设计理念，更好地参与历史文化古镇的规划建设。

调研问卷

大明宫国家遗址公园地点营建特征感知的调查问卷

尊敬的朋友：

您好，我是×××单位的科研人员，目前正承担×××科研课题，为了对大明宫国家遗址公园的发展现状以及存在的问题进行深入研究，现向您征集有关大明宫国家遗址公园发展的意见。您所填写的资料仅供学术使用，不另作他用，请放心填写。谢谢支持！

说明：

1. 您只需在认可的选项前（或表格相应位置）画勾；
2. 请按题后括号内的说明填写。

一 游客基本情况调查

（1）您的性别（选一项）

□1. 男　　　　□2. 女

（2）您当前月平均收入（含隐性收入）是多少？（选一项）

□1. 500 元及以下　　　□2. 501～1000 元

□3. 1001～5000 元　　　□4. 5001～10000 元

□5. 10000 元以上

（3）您的年龄段（选一项）

□1. 18～25 岁　　　□2. 26～35 岁　　　□3. 36～55 岁

□4. 56～60 岁　　　□5. 60 岁以上

（4）您的文化程度（选一项）

☐1. 没读过书 　　　☐2. 小学 　　　☐3. 初中

☐4. 高中 　　　☐5. 中专或技校 　　　☐6. 大专

☐7. 本科及以上

（5）您的职业（选一项）

☐1. 公务员 　　　☐2. 专业技术人员 　　　☐3. 经理

☐4. 工人 　　　☐5. 私营业主 　　　☐6. 学生

☐7. 离退休人员 　　　☐8. 农民 　　　☐9. 待业

☐10. 其他

（6）您的婚姻状况（选一项）

☐1. 未婚 　　　☐2. 已婚 　　　☐3. 离婚

☐4. 丧偶

（7）您来大明宫国家遗址公园时用的交通工具（最多三项）

☐1. 自行车 　　　☐2. 摩托车 　　　☐3. 公共汽车

☐4. 自家汽车 　　　☐5. 火车 　　　☐6. 飞机

☐7. 其他

（8）您通信工具的主要用途（最多选三项）

☐1. 工作联络 　　　☐2. 家人联系 　　　☐3. 亲戚联系

☐4. 朋友联系 　　　☐6. 与大众传媒联系☐7. 不适用（没有）

（9）您对大明宫国家遗址公园熟悉吗？

☐1. 非常熟悉 　　　☐2. 比较熟悉 　　　☐3. 一般了解

☐4. 并不熟悉

（10）您觉得大明宫国家遗址公园跟别的遗址公园差不多，能否被别的区域替代吗？

☐1. 是的 　　　☐2. 不是 　　　☐3. 不清楚

二　游客对大明宫国家遗址公园的认知调查

（11）您对大明宫国家遗址公园的整体物质空间形态的评价？

☐1. 差　☐2. 一般　☐3. 好　☐4. 较好　☐5. 非常好

（12）您对大明宫国家遗址公园的整体物质空间形态的具体评价？

具体评价		参评依据
历史地形是否具有特色	□1. 差　□2. 一般 □3. 好　□4. 较好 □5. 非常好	公园设计当中是否有微地貌单元？地形变化跟公园景观视觉变化之间是否有某种关联，从而创造某种特色
公园尺度是否合理	□1. 差　□2. 一般 □3. 好　□4. 较好 □5. 非常好	公园设计是否考虑到位置及环境的不同？公园设计时是否考虑到人的适宜尺度
公园边界是否具有典型特征	□1. 差　□2. 一般 □3. 好　□4. 较好 □5. 非常好	公园的边界变化是否能将公园和人行道划分开来，同时又不会在视觉和功能上阻碍行人对公园的接近
功能分区是否合理	□1. 差　□2. 一般 □3. 好　□4. 较好 □5. 非常好	公园是否有清晰的主题功能分区？各分区边界是否较为明显
路网格局是否合理和凸显特色	□1. 差　□2. 一般 □3. 好　□4. 较好 □5. 非常好	公园的道路布局是否体现出一定的景观性？公园的道路布局是否能使人们方便地到达各个景观节点？公园路网的布局是否适应步行者在空间中心行走

（13）您对大明宫国家遗址公园整体景观的评价？

□1. 差　□2. 一般　□3. 好　□4. 较好　□5. 非常好

（14）您对大明宫国家遗址公园景观特色的具体评价？

具体评价		参评依据
雕塑小品是否具有特色	□1. 差　□2. 一般 □3. 好　□4. 较好 □5. 非常好	如果公园中有雕塑，它们是否同公园本身成比例？是否有部分雕塑是可体验的？雕塑是否体现遗址公园的主题文化内涵
广场是否具有特色	□1. 差　□2. 一般 □3. 好　□4. 较好 □5. 非常好	广场是否有适宜的尺度？广场是否提供适宜的座位？广场是否设置艺术小品和景观雕塑？广场是否体现历史文化主题特色
水景观是否具有特色	□1. 差　□2. 一般 □3. 好　□4. 较好 □5. 非常好	是否对历史时期的水系、水景进行了充分的彰显？是否设置水景能够让休闲旅游者触手可及
绿化种植是否具有特色	□1. 差　□2. 一般 □3. 好　□4. 较好 □5. 非常好	是否利用了多样化的种植来丰富使用者对颜色、光线、地形坡度等的感受？草坪设计是否鼓励野餐、睡觉、阅读、晒太阳、懒洋洋地躺着以及进行其他随意活动
建筑形态是否具有特色	□1. 差　□2. 一般 □3. 好　□4. 较好 □5. 非常好	主要建筑是否体现历史时期的风格和特色？建筑格局是否进行了完整的复原还是有所变化和创新？建筑布局和组合是否考虑一定时期的历史文化内涵

（15）您对大明宫国家遗址公园的旅游服务配套设施的评价？

□1. 差　□2. 一般　□3. 好　□4. 较好　□5. 非常好

（16）您对大明宫国家遗址公园旅游服务配套设施的具体评价？

具体评价		参评依据
标识体系是否具有特色	□1. 差　□2. 一般 □3. 好　□4. 较好 □5. 非常好	公园大门及内部景观节点的主入口是否醒目？公园旅游咨询和接待处是否能够清楚地被识别？是否有标识引导游客去卫生间、公交站、出租车站、餐厅、咖啡厅或附近主要街道？是否有整个公园的旅游导游图及公园与周边街区之间的清晰地图
节庆活动是否具有特色	□1. 差　□2. 一般 □3. 好　□4. 较好 □5. 非常好	公园内部的广场设计是否鼓励人们在此举办各类节事活动？公园内是否包括一些功能性的舞台？广场是否有招贴活动日程和告示的场所，并容易被看到
旅游产品是否具有特色	□1. 差　□2. 一般 □3. 好　□4. 较好 □5. 非常好	旅游产品类型设计是否体现多样化？旅游产品设计是否体现遗址公园的主题文化特色
公共艺术是否具有特色	□1. 差　□2. 一般 □3. 好　□4. 较好 □5. 非常好	公园设计中是否包含公共艺术？是否能够给游人创造一种欢乐感、愉悦感，并促进游人之间交流
服务设施是否配置健全	□1. 差　□2. 一般 □3. 好　□4. 较好 □5. 非常好	公园内部是否在景点之间设置一些游人步行可达的商业服务设施？是否有足够的、舒适的空间以供人们坐下来吃自带的午餐？是否设置了多样化交通乘坐设施

（17）您对大明宫国家遗址公园地点性特征的整体评价？

□1. 差　□2. 一般　□3. 好　□4. 较好　□5. 非常好

（18）您对大明宫国家遗址公园地点性特征的具体评价？

具体评价		参评依据
是否反映了遗产的真实性	□1. 差　□2. 一般 □3. 好　□4. 较好 □5. 非常好	大明宫国家遗址公园的产品设计、形态设计、文化诠释是否依据真实的考古资源
是否反映了公园价值的独特性	□1. 差　□2. 一般 □3. 好　□4. 较好 □5. 非常好	大明宫国家遗址公园跟周边其他遗址公园（如汉长安城遗址公园、曲江遗址公园等）相比是否具有景观的同质性？是否可以被替代

续表

具体评价		参评依据
是否反映了公园的美观性	□1. 差　□2. 一般 □3. 好　□4. 较好 □5. 非常好	大明宫国家遗址公园景观建造是否具有美的价值？是否突出艺术性、文化性？是否赏心悦目
是否反映了公园的舒适性	□1. 差　□2. 一般 □3. 好　□4. 较好 □5. 非常好	公园整体空间氛围是否舒适？道路设计是否无障碍？公园小品、雕塑是否具有特色？是否有益于开展各种活动
是否反映了公园的可达性	□1. 差　□2. 一般 □3. 好　□4. 较好 □5. 非常好	公交设施是否具有可达性？步行交通是否方便？公园内部是否有多种交通工具？乘坐交通工具是否能带来愉悦的感受

（19）您对大明宫国家遗址公园地点感特征的整体评价？

□1. 差　□2. 一般　□3. 好　□4. 较好　□5. 非常好

（20）您对大明宫国家遗址公园地点感特征的具体评价？

具体评价		参评依据
地点熟悉感	□1. 差　□2. 一般 □3. 好　□4. 较好 □5. 非常好	我对大明宫国家遗址公园有一种熟悉的感觉，以前好像来过此处，有某种印象
地点归属感	□1. 差　□2. 一般 □3. 好　□4. 较好 □5. 非常好	我非常喜欢大明宫国家遗址公园，我非常熟悉公园的每一处角落，我能区别大明宫国家遗址公园跟其他公园
地点认同感	□1. 差　□2. 一般 □3. 好　□4. 较好 □5. 非常好	大明宫国家遗址公园建造得非常有特色；当别人批判它的不足之处时，我更加认同它的好处；我觉得它让我身心愉悦
地点依赖感	□1. 差　□2. 一般 □3. 好　□4. 较好 □5. 非常好	游览大明宫国家遗址公园成为我日常生活的一部分
地点根深蒂固感	□1. 差　□2. 一般 □3. 好　□4. 较好 □5. 非常好	我出生在或居住在周边，它是我生命中的一部分；大明宫国家遗址公园对我的人生价值观产生了重要的影响

西安回民街地点营建特征感知的调研问卷

尊敬的女士/先生，您好！我们是×××单位的科研人员，正在进行有关地点性和地点感的课题研究。本次问卷不涉及您的个人信息和隐私，您真实的表达即是最正确的答案，对我们课题组的帮助预计会花费您 4~6 分钟。

一 对回民街的整体感受

请根据您的真实感受，对下列表述给出您的态度，在相应的地方打"√"即可。

态度表述	完全同意	同意	一般	不同意	完全不同意
如果来西安只能游览一个地点,我选择回民街					
回民街的历史文化氛围浓厚					
回民街的室外空间感觉较好					
回民街的建筑富有特色					
这里的景观设计体现了回民街的特点					
雕塑设计得很好,我喜欢和它们合影					
指示牌挺有特色的,体现了回民街的特质					
回民街的休息设施很方便我累时使用					
这里的伊斯兰宗教氛围浓厚					
这次回民街游览让我很失望					
回民街和其他历史文化街区没有什么差别					
到这儿的交通很方便,增进了我对这里的好感					
相较于之前,我对回民街的感情加深了					

如有未尽表述，可于此写出＿＿＿＿＿＿＿＿＿＿＿。

二 选择游览回民街（历史文化街区）的原因

请根据您的真实感受，对下列表述给出您的态度，在相应的地点打"√"即可。

我选择来回民街的原因是	完全同意	同意	一般	不同意	完全不同意
感受西安的历史文化氛围					
游览古建筑					
了解它的历史					
体验伊斯兰文化					
品尝美食					
这里比较热闹					
很多人都来这里					
亲朋推荐					
没有什么特定原因					

如有未尽表述，可于此写出＿＿＿＿＿＿＿＿＿＿＿。

三 回民街中有助于体现历史文化街区氛围的要素

请根据您的真实感受，对下列表述给出您的态度，在相应的地方打"√"即可。

我认为＿＿较能体现历史文化街区的氛围	完全同意	同意	一般	不同意	完全不同意
建筑					
地面铺装					
植物					
文化符号的运用					
当地方言					
本地居民的生活					
传统服饰					
店铺招牌					
店铺装修					
民族、民俗活动					

如有未尽表述，可于此写出＿＿＿＿＿＿＿＿＿＿＿。

四 有助于体现历史文化街区氛围的建筑材料

请根据您的真实感受，对下列表述给出您的态度，在相应的地方打"√"即可。

____较能体现回民街的历史文化街区氛围	完全同意	同意	一般	不同意	完全不同意
青砖					
灰瓦					
木材					
糙面石材					
光面石材					
有文化符号和图案的面砖或墙面					
柏油路面					
水泥路面					
青砖路面					
金属					
玻璃					

五 影响您对回民街感情的要素

请根据您的真实感受，对下列表述给出您的态度，在相应的地方打"√"即可。

态度表述	完全同意	同意	一般	不同意	完全不同意
好的旅游购物体验加深了我对回民街的感情					
和某人同游的经历加深了我对回民街的感情					
在这里认识了新朋友加深了我对回民街的感情					
人们的热情加深了我对回民街的感情					
在这里参与的活动加深了我对回民街的感情					
完整的历史风貌加深了我对回民街的感情					
在这里拍的照片能延续我对回民街的感情					

续表

态度表述	完全同意	同意	一般	不同意	完全不同意
在这里买的纪念品能延续我对回民街的感情					
历史风貌特色的不足减弱了我对回民街的感情					
餐饮的不卫生减弱了我对回民街的感情					
同质化的旅游项目减弱了我对回民街的感情					
本地居民的缺少减弱了我对回民街的感情					
店铺装修风格的缺失减弱了我对回民街的感情					
人群的拥挤减弱了我对回民街的感情					

六　您对一个地点产生情感的原因

请根据您的真实感受，对下列表述给出您的态度，在相应的地方打
"√"即可。

____会加深我对某个地点的感情	完全同意	同意	一般	不同意	完全不同意
那里独特的建筑空间感受					
那里秀丽的自然风景					
诗词歌赋等文学作品的提及					
影视作品中故事情节发生在那里					
有名人去过那里					
在那里的生活经历					
曾到过那里					
曾和某人或某些人到过那里					
使用或吃过产自那个地点的物品					

（下为一些基本信息，不涉及个人隐私，对本课题研究较为重要，仅
用于学术分析，不作他用，尽可放心填写）

您的性别是：□男□女（打勾）；您的家乡是_____（省份即可）

您的年龄是：

□18 岁以下　　□18~30 岁　　□31~40 岁　　□41~50 岁

□51~60岁　　□60岁以上

您目前的受教育程度：

□小学　　　　　□初中　□高中　□大学本科　□硕士研究生

□博士研究生　□更高

您目前的职业是：

□一般企业员工　□企业管理人员　　　□公务员　□专业技术人员

□教师　　　　　□个体/自由职业者　□学生　　□军人

□离退休人员　　□其他

您目前的月收入：

□暂无收入　□3000元及以下　□3001~5000元

□5001~10000元　□10000元以上

您与西安的关系是：

□西安本地人　　　　　　　□陕西省内其他地市人

□暂时在西安学习或工作的外地人

□曾在西安学习或工作的外地人

□有亲朋在这座城市　　　　□其他：_____

您此次来西安是因为：

□个人旅游　□跟团旅游　□参加会议　□参加节庆活动

□顺路游玩　□探望亲友　□其他：_____

西安袁家村地点营建特征感知的调研问卷

　　您好，我们是×××单位的科研人员，我们正在进行一项关于袁家村地点感的调查，想邀请您用几分钟时间帮忙填答这份问卷。本问卷实行匿名制，所有问题只用于统计分析，请您放心填写。题目选项无对错之分，请您按自己的实际情况填写。在您满意的选项前画"√"，谢谢您的帮助。

一　个人信息

1. 您与袁家村的关系是？

□西安市本地人　　　　□暂时在西安学习或工作的外地人

□有亲朋在这座城市　　□来自郊县　□其他

2. 您的性别是？

□男　　　　□女

3. 您的年龄属于以下哪个区间？

□15 岁以下　　　□15～25 岁　　　□26～45 岁

□46～50 岁　　　□51～60 岁　　　□60 岁以上

4. 您的教育水平是_____

□初中以下　　□初中　　□高中、中专及职高　　□大学

□研究生及以上

5. 您的个人收入属于以下哪个区间？

□1000 元及以下　　　□1001～3000 元　　　□3001～5000 元

□5001～10000 元　　　□10000 元以上

6. 您的具体职业是_____

□政府公职人员　□旅游相关专业　□学生　□工人

□农民　　　　　□离退休人员　　□其他

7. 您来袁家村游玩次数

□1 次　　　　□2 次　　　　□3 次及以上

二　选择游览袁家村（乡村旅游区）的原因

请根据您的真实感受，对下列表述给出您的态度，在相应的地方打"√"即可。

我选择来袁家村的原因是	完全同意	同意	一般	不同意	完全不同意
感受历史文化氛围					
游览古建筑					
了解它的历史					
品尝美食					
这里比较热闹					
很多人都来这里					
亲朋推荐					
精美的工艺品					
没有什么特定原因					

三 影响您对袁家村感情的要素

请根据您的真实感受，对下列表述给出您的态度，在相应的地方打"√"即可。

态度表述	完全同意	同意	一般	不同意	完全不同意
好的旅游购物体验加深了我对袁家村的感情					
和某人同游的经历加深了我对袁家村的感情					
在这里认识了新朋友加深了我对袁家村的感情					
人们的热情加深了我对袁家村的感情					
在这里参与的活动加深了我对袁家村的感情					
完整的历史风貌加深了我对袁家村的感情					
在这里拍的照片能延续我对袁家村的感情					
在这里买的纪念品能延续我对袁家村的感情					
餐饮的不卫生减弱了我对袁家村的感情					
同质化的旅游项目减弱了我对袁家村的感情					
店铺装修风格的缺失减弱了我对袁家村的感情					

四 有助于体现乡村旅游区氛围的建筑材料

请根据您的真实感受，对下列表述给出您的态度，在相应的地方打"√"即可。

＿＿较能体现袁家村的乡村旅游氛围	完全同意	同意	一般	不同意	完全不同意
青砖					
灰瓦					
木材					
糙面石材					
光面石材					
文化符号和图案的面砖或墙面					
柏油路面					
水泥路面					
青砖路面					
金属					
玻璃					

五　对一个地点产生情感的原因

请根据您的真实感受，对下列表述给出您的态度，在相应的地方打"√"即可。

＿＿会加深我对某个地点的感情	完全同意	同意	一般	不同意	完全不同意
那里独特的建筑空间感受					
那里秀丽的自然风景					
诗词歌赋等文学作品的提及					
影视作品中故事情节发生在那里					
有名人去过那里					
在那里的生活经历					
曾和某人或某些人到过那里					
使用或吃过产自那个地点的物品					
景区服务良好					

六　回访意向

请根据您的真实感受，对下列表述给出您的态度，在相应的地方打"√"即可

态度表述	完全同意	同意	一般	不同意	完全不同意
我会向他人展示在袁家村购买的特产或者纪念品					
我会向他人推荐到袁家村游玩					
如果我再来西安，袁家村是我的首选					
我不会来袁家村					

七　对袁家村的整体感受

请根据您的真实感受，对下列表述给出您的态度，在相应的地方打"√"即可。

态度表述	完全同意	同意	一般	不同意	完全不同意
如果来西安只能游览一个地点，我选择袁家村					
袁家村的历史文化氛围浓厚					
袁家村的室外空间感觉较好					
袁家村的建筑富有特色					
袁家村的公共设备齐全					
袁家村的游览路线有序					
这次袁家村游览让我很失望					
袁家村和其他旅游乡村没有什么差别					
相较于之前，我对袁家村的感情加深了					
感觉与袁家村是一个大家庭					

新城市（都市）主义宪章

新都市主义大会认为城市中央的衰落、没有地点感的无序蔓延的广泛传播、种族和收入不断增长的差距、环境恶化、农田和野生生态的丧失以及对社会业已形成的传统的侵蚀成为社区建设所面临的一个相互联系的挑战。

我们主张恢复都市地区中的现有城市中心和市镇，重新配置无序蔓延的郊区成为具有真正社区和多样化的城区，保护自然环境，以及保护我们已有的传统遗产。

我们认识到仅仅有物质环境方案还解决不了社会和经济问题，但是没有一个紧密和相互支持的物质结构，经济活力、社区稳定和环境健康也无法维持。

我们提倡重新构筑我们的公共政策和发展实践来支持以下原则：社区应该在使用和人口上多样化；社区设计应该为步行和公共交通以及汽车服务；城市和城镇应该由物质环境明确的完全开放的公共空间和社区机构构成；城市地方应该通过适应地方历史、气候、生态和建筑实践的建筑和景观设计来形成。

我们代表了一个具有广泛基础的市民群体，由政府和私人部门的领袖、社区积极分子，以及各种的专业人士组成。我们致力于通过有市民广泛参加的规划和设计来重新建立建筑艺术和社区形成的联系。

我们愿意为了重新夺回我们的家、街区、街道、公园、社区、市区、市镇、城市、地区和环境而努力。

我们主张通过以下原则来指导公共政策、开发实践、城市规划和设计。

大都市、城市和城镇

（1）大都市地区是由地形、流域、岸线、农田、地区公园和河流盆地为地理边界而确定的许多地方组成。

（2）大都市地区是当代世界的一个基本经济单元。政府合作、公共政策、物质规划和经济战略必须反映这个新的现实。

（3）大都市与其内地和自然景观有一个必然的和脆弱的联系，这种联系是环境、经济和文化上的。耕地和自然对大都市就像花园对它的住宅一样重要。

（4）开发模式不应该模糊或彻底破坏大都市的边界。在现有城市地区内填空式的发展，以及重新开垦边缘和被抛弃的地区可保护环境资源、经济投资和社会网络。大都市地区应该发展某些战略来鼓励这样的填空式开发，而不是向边缘扩张。

（5）只要适当，朝向城市边缘的新开发应该以社区和城区的方式组织，并与现有城市形式形成一个整体。非连续性的开发应按照城镇和村庄的方式组织，有他们自己的城市边缘，并规划达到工作和住宅平衡，而不是一个卧室型的郊区。

（6）城市和城镇的开发和再开发应该尊重历史形成的模式、常规和边界。

（7）城市和城镇应该带来尽量多的公共和私人使用，以支持地区经济并授急于所有收入的人群。经济住宅应该在地区范围内广泛分配，来适应工作机会和避免贫穷的集中。

（8）地区的物质规划应该被众多的交通选择所支持。公共交通、步行和自行车系统应该在全区域范围最大限度地畅通，以减少对汽车的依赖。

（9）收入和资源应该在区域内的城市和中心之间共同分配，以避免对税收的恶性竞争，并促进交通、休闲娱乐、公共服务、住房和社区机构的理性的协调。

社区、城区和条形走廊

（1）社区、城区和条形走廊是大都市开发和再开发的基本元素。它们形成了可确认的地区来鼓励市民对其维护和发展担负责任。

（2）社区应该是紧凑的、步行友善和混合使用的。城区总体上强调一个特别的使用，如果可能应遵循社区设计的原则。走廊是地区内社区和城区的连接体，他们包括大道、铁路、河流和公园大道。

（3）日常生活的许多活动应该发生在步行距离内，使不能驾驶的人群特别是老年人和未成年人有独立性。相互连接的街道网络应该设计为鼓励步行，减少机动车的出行次数和距离，节约能源。

（4）在社区内，广泛的住宅类型和价格层次可以使年龄、种族和收入多样化的人群每天交流，加强个人和市民的联系，这对一个真正的社区很重要。

（5）在合理规划和协调的前提下，公共交通走廊可以帮助组织大都市的结构和复苏城市中心。相反，高速公路走廊不应该从现有城市中心转移出投资。

（6）适当的建筑密度和土地使用应该在公共交通站点的步行距离内，使得公共交通成为机动车的一个可行替代物。

（7）集中的市政、机构和商业活动应该置身于社区和城区内，不是在遥远的单一用途的建筑综合体内与世隔绝。学校的规模和位置应在孩童可以步行或使用自行车的范围。

（8）通过明确的城市设计法规作为可以预见发展变化的指南，社区、城区和走廊的经济健康与和谐发展可以得到改进。

（9）一系列的公园、从小块绿地和村庄绿化带到球场和社区花园，应该分布于全社区内。受保护地和开敞土地应用于确定和连接不同的社区和城区。

街区，街道和建筑

（1）所有城市建筑和景观设计的最基本任务是在物质上定义街道和

公共空间，多种用途的地方。

（2）单独的建筑项目应该完美地与它的周围相连接，这比独特风格更重要。

（3）城市地方的复苏依赖于安全保卫。街道和建筑的设计应加强安全的环境，但不能牺牲开放性和方便使用性。

（4）在当代的大都市，开发必须要充分地适应机动车交通。它只能以尊重步行和公共空间形态的方式完成。

（5）街道和广场应该对步行者安全、舒适和有吸引力。合理的布局鼓励步行并使邻居相识和保卫他们的社区。

（6）建筑和景观设计应植根于当地的气候、地形、历史和建筑实践。

（7）市政建筑和公共集散地要求重要的地点以加强社区标志和民主文化。他们应得到与众不同的形式，因为它们对形成城市网络的作用与其他建筑和地点不同。

（8）所有建筑应该提供给它的居住者以清晰的地点、气候和时间感。自然方式的采暖通风比机械系统有更高的资源效率。

（9）历史建筑、城区和景观的保护和更新并保持城市社会的连续和演变。

参考文献

［1］〔丹麦〕杨·盖尔、拉尔斯·吉姆松：《公共空间·公共生活》，汤羽扬等泽，中国建筑工业出版社，2003，第 55~56 页。

［2］〔丹麦〕杨·盖尔：《人性化的城市》，欧阳文、徐哲人译，中国建筑工业出版社，2010。

［3］〔德〕阿尔夫雷特·赫特纳：《地理学——它的历史、性质和任务》，王兰生译，商务印书馆，1986。

［4］〔德〕海德格尔：《存在与时间》，陈嘉映译，生活·读书·新知三联书店，1987，第 45 页。

［5］〔德〕海德格尔：《海德格尔的存在哲学》，孙周兴译，九州出版社，2004，第 40 页。

［6］〔德〕胡塞尔：《欧洲科学危机和超验现象学》，张庆熊译，上海译文出版社，1998，第 8 页。

［7］〔德〕胡塞尔：《现象学的方法》，倪梁康译，上海译文出版社，2005，第 112 页。

［8］〔法〕梅洛·庞蒂：《知觉现象学》，姜志辉译，商务印书馆，2001，第 357 页。

［9］〔法〕塞尔日·莫斯科维奇：《还自然之魅：对生态运动的思考》，庄晨燕译，生活·读书·新知三联书店，2005。

［10］〔加拿大〕艾伦·卡尔松：《自然与景观》，陈季波译，湖南科学技术出版社，2006，第 60 页。

［11］〔美〕南·艾琳：《后现代城市主义》，张冠增译，同济大学出版社，2007，第 89~95 页。

［12］〔美〕阿尔弗雷德·许茨：《现象学哲学研究》，霍桂桓译，浙江大

学出版社，2012，第 12~80 页。

[13] 〔美〕贝纳特：《非理性的人》，段德智译，上海译文出版社，1992，第 25~45 页。

[14] 〔美〕格尔兹：《地方性知识：阐释人类学论文集》，王海龙等译，中央编译出版社，2004。

[15] 〔美〕格伦·A. 洛夫：《实用主义生态批评》，胡志红等译，北京大学出版社，2010，第 107 页。

[16] 〔美〕哈特向：《地理学性质的透视》，黎樵译，商务印书馆，1997。

[17] 〔美〕赫伯特·施皮格伯格：《现象学运动》，王炳文、张金言译，商务印书馆，2011，第 50 页。

[18] 〔美〕加尔布雷思：《富裕社会》，赵勇、周定瑛、舒小昀译，江苏人民出版社，2009。

[19] 〔美〕简·雅各布斯：《美国大城市的死与生》（纪念版），金衡山译，译林出版社，2010。

[20] 〔美〕凯文·林奇：《城市形态》，林庆怡等译，华夏出版社，2002。

[21] 〔美〕凯文·林奇：《城市意象》，方益萍、何晓军译，华夏出版社，2001。

[22] 〔美〕拉普卜特：《住屋形式与文化》，张玫玫译，台北：境与象出版社，1997，第 55 页。

[23] 〔美〕刘易斯·芒福德：《城市发展史：起源、演变和前景》，宋俊岭、倪文彦译，中国建筑工业出版社，2005。

[24] 〔美〕罗杰·特兰西克：《寻找失落空间——城市设计的理论》，朱子瑜、张播等译，中国建筑工业出版社，2008，第 120~125 页。

[25] 〔美〕普雷斯顿·詹姆斯：《地理学思想史》，李旭旦译，商务印书馆，1982。

[26] 〔美〕史蒂文·瓦葛：《社会变迁》，王晓黎等译，北京大学出版社，2007。

[27] 〔美〕斯蒂芬·R. 凯勒特：《生命的栖居：设计并理解人与自然的联系》，朱强、刘英等译，中国建筑工业出版社，2008，第 54~61 页。

[28] 〔美〕苏珊·汉森：《改变世界的十大地理思想》，肖平、王方雄、

李平译，商务印书馆，2009，第205页。

[29] 〔美〕韦恩·奥图、唐·洛干：《美国都市建筑：城市设计的触媒》，王劭方译，台北：创兴出版社，1994。

[30] 〔美〕沃姆斯利：《行为地理学导论》，王兴中译，陕西人民出版社，1988。

[31] 〔美〕约瑟夫·劳斯：《知识与权力：走向科学的政治哲学》，盛晓明、邱慧、孟强译，北京大学出版社，2004。

[32] 〔挪威〕克里斯蒂安·诺伯格·舒尔兹：《建筑现象学丛书·居住的概念：走向图形建筑》，黄士钧译，中国建筑工业出版社，2012，第10~55页。

[33] 〔挪威〕克里斯蒂安·诺伯格·舒尔兹：《场所精神——迈向建筑现象学》，施植明译，华中科技大学出版社，2010。

[34] 〔日〕林部恒雄：《文化人类学的十五种理论》，周星译，贵州人民出版社，1988，第19页。

[35] 〔日〕芦原信义：《街道的美学》，尹培桐译，百花文艺出版社，2006。

[36] 〔英〕S.马尔霍尔：《海德格尔与"存在与时间"》，校盛译，广西师范大学出版社，2007，第239页。

[37] 〔英〕戴维·哈维：《后现代的状况：对文化变迁之缘起的探究》，阎嘉译，商务印书馆，2003。

[38] 〔英〕朵琳·马西：《保卫空间》，王爱松译，江苏教育出版社，2013，第221页。

[39] 〔英〕弗雷德里克·杰姆逊：《后现代主义与文化理论》，唐小兵译，北京大学出版社，1997。

[40] 〔英〕迈尔森：《萨特与"存在主义和人文主义"》，巫和雄译，中国社会科学出版社，2015，第11~73页。

[41] 〔英〕斯蒂尔·迈尔斯：《消费空间》，孙民乐译，江苏教育出版社，2013，第112~175页。

[42] 〔英〕伊格尔顿：《文化的观念》，方杰译，南京大学出版社，2006，第15~50页。

[43] 安东尼·吉登斯：《社会的构成》，李康等译，生活·读书·新知三联书店，1998，第29~100页。

［44］包亚明：《后现代性与地理学的政治》，上海教育出版社，2001，第 18 页。

［45］包亚明：《游荡者的权力：消费社会与都市文化研究》，中国人民大学出版社，2004。

［46］蔡运龙，Bill Wyckoff：《地理学思想经典解读》，商务印书馆，2011。

［47］曹杰勇：《新城市主义理论——中国城市设计新视角》，东南大学出版社，2011，第 80 页。

［48］董鉴泓：《中国城市建设史》，中国建筑工业出版社，2004，第 240～252 页。

［49］段义孚：《逃避主义》，周尚意、张春梅译，河北教育出版社，2005。

［50］冯雷：《理解空间：现代空间观念的批判和重构》，中央编译出版社，2008。

［51］冯瑜：《"地方性"的尝试》，知识产权出版社，2012。

［52］胡志红：《西方生态批评研究》，中国社会科学出版社，2006。

［53］黄颂杰：《西方哲学名著提要》，江西人民出版社，2002。

［54］黄宗智：《学术理论与中国近现代史研究——四个陷阱和一个问题》，社会科学文献出版社，2003，第 119～122 页。

［55］〔英〕卡尔·波普尔、舒炜光：《客观的知识：一个进化论的研究》，舒炜光、卓如飞、梁咏新等译，中国美术学院出版社，2003。

［56］李天英：《存在主义美学智慧和人文精神》，中国社会科学出版社，2015。

［57］李琰君：《陕西关中传统民居建筑与居住民俗文化》，科学出版社，2011。

［58］李照、徐健生：《关中传统民居的适应性传承设计》，中国建筑工业出版社，2016。

［59］练力华：《中国环境地理学（上）》，中央编译出版社，2014，第 22～40 页。

［60］刘大椿：《从辩护到审度：马克思科学观与当代科学论》，首都师范大学出版社，2009。

［61］刘沛林：《家园的景观与基因》，商务印书馆，2014。

［62］蒙本曼：《知识地方性与地方性知识》，中国社会科学出版社，2016。

［63］孟德斯鸠：《论法的精神》（第一卷），张雁深译，商务印书馆，1961。

［64］苗长虹、魏也华、吕拉昌：《新经济地理学》，科学出版社，2011。

［65］倪梁康：《胡塞尔现象学概念通释》，生活·读书·新知三联书店，2007。

［66］潘德荣：《西方诠释学史》（第二版），北京大学出版社，2016。

［67］沈克宁：《建筑现象学》，中国建筑工业出版社，2008。

［68］沈玉麟：《外国城市建设史》，中国建筑工业出版社，2012。

［69］唐文跃：《旅游地地方感研究》，社会科学文献出版社，2013。

［70］童强：《空间哲学》，北京大学出版社，2011。

［71］汪晖：《去政治化的政治：短20世纪的终结与90年代》，生活·读书·新知三联书店，2008。

［72］王恩涌等：《人文地理学》，高等教育出版社，2000。

［73］王建国：《城市设计》，中国建筑工业出版社，2009。

［74］王珏：《人居环境视野中的游憩理论与发展战略研究》，中国建筑工业出版社，2009。

［75］王茜：《现象学生态美学与生态批评》，人民出版社，2014。

［76］王晓东：《西方哲学主体间性理论批判》，中国社会科学出版社，2004。

［77］王兴中：《城市社区体系规划原理》，科学出版社，2012。

［78］王兴中：《中国城市商娱场所微区位原理》，科学出版社，2009。

［79］王兴中：《中国城市社会空间结构研究》，科学出版社，2000。

［80］王兴中：《中国城市生活空间结构规划》，科学出版社，2005。

［81］魏金声：《人文主义和存在主义研究》，人民出版社，2014。

［82］魏秦：《地区人居环境营建体系的理论方法与实践》，中国建筑工业出版社，2013。

［83］吴良镛：《人居环境科学导论》，中国建筑工业出版社，2001。

［84］西蒙兹、程里尧：《大地景观：环境规划指南》，中国建筑工业出版

社，1990。

[85] 夏铸九、王志弘：《地理学问题：空间的文化形式与社会理论读本》，台湾明文书局，2002。

[86] 杨大春：《感性的诗学》，人民出版社，2005。

[87] 余虹：《思与诗的对话——海德格尔诗学引论》，中国社会科学出版社，1991。

[88] 俞孔坚：《景观：文化、生态与感知》，科学出版社，1998。

[89] 张兵：《关系、网络与知识流动》，中国社会科学出版社，2014。

[90] 张京祥：《西方城市规划思想史纲》，东南大学出版社，2005。

[91] 张峻、刘晓干：《黄土地的变迁——以西北边陲种田乡为例》，甘肃人民出版社，2011。

[92] 张猛：《人的创世纪》，四川人民出版社，1987。

[93] 张泉、梅耀林、赵庆红：《村庄规划》，中国建筑工业出版社，2011。

[94] 张祥龙：《海德格尔思想与中国天道》，生活·读书·新知三联书店，1996。

[95] 赵林：《从哲学思辨到文化比较》，人民教育出版社，2014。

[96] 赵玉燕：《惧感、旅游与文化再生产：湘西山江苗族的开放历程》，甘肃人民出版社，2008。

[97] 周尚意、孔翔、朱华：《地方特性发掘方法—对苏州东山的地理调查》，科学出版社，2016。

[98] 周伟林：《企业选址智慧——地理、文化、经济维度》，东南大学出版社，2008。

[99] 〔德〕U. 梅勒：《生态现象学》，柯小刚译，《世界哲学》2004年第4期。

[100] 〔加拿大〕罗伯特·斯特宾斯：《休闲与幸福：错综复杂的关系》，《浙江大学学报》（人文社会科学版）2012年第1期。

[101] Geor、金广君：《当代城市设计诠释》，《规划师》2000年第6期。

[102] Witold Rybczynski等：《纽约中央公园150年演进历程》，《国际城市规划》2004年第2期。

[103] 白光润：《微区位研究》，《上海师范大学学报》（哲学教育社会科

学）2003 年第 3 期。

[104] 白凯：《旅游目的地意象定位研究述评——基于心理学视角的分析》，《旅游科学》2009 年第 2 期。

[105] 蔡运龙：《西方地理学思想史略及其启示——克拉瓦尔"地理学思想史"评介》，《地域研究与开发》2008 年第 5 期。

[106] 陈晨谭等：《历史文化街区保护的困境与展望——以沈阳市中山路为例》，《城市规划》2016 年第 4 期。

[107] 陈春生：《乡村的故事与国家的历史——以樟林为例兼论传统乡村社会研究的方法问题》，《中国乡村研究》2003 年第 2 期。

[108] 陈磊：《大卫·哈维"后现代的状况"中的政治经济学批判路径》，《江苏第二师范学院学报》2014 年第 7 期。

[109] 陈柳钦：《田园城市：统筹城乡发展的理想城市形态》，《城市管理与科技》2011 年第 3 期。

[110] 陈文福：《西方现代区位理论述评》，《云南社会科学》2004 年第 2 期。

[111] 陈志华：《谈文物建筑的保护》，《世界建筑》1986 年第 3 期。

[112] 戴晓晖：《新城市主义的区域发展模式——Peter Calthorpe 的"下一代美国大都市地区：生态、社区和美国之梦"读后感》，《城市规划学刊》2000 年第 5 期。

[113] 方远平等：《西方流通服务业区位研究述评》，《商业研究》2008 年第 4 期。

[114] 耿暖暖等：《袁家村旅游休闲村落规划设计与开发经验探究》，《大众文艺》2012 年第 2 期。

[115] 顾朝林、宋国臣：《北京城市意象空间及构成要素研究》，《地理学报》2001 年第 1 期。

[116] 何可人：《新城市主义宪章》，《建筑师》2003 年第 3 期。

[117] 胡天新、杜澍、李壮：《生活质量导向的城市规划：意义与特征》，《国际城市规划》2013 年第 1 期。

[118] 黄向等：《场所依赖：一种游憩行为现象的研究框架》，《旅游学刊》2006 年第 9 期。

[119] 姜梅、姜涛：《"规划中的沟通"与"作为沟通的规划"——当代

西方沟通规划理论概述》，《城市规划学刊》2008 年第 2 期。

[120] 姜奇平：《什么是后现代经济》，《互联网周刊》2009 年第 4 期。

[121] 姜永志、张海钟：《社会表征理论视域下心理研究的人本主义回归》，《西华大学学报》（哲学社会科学版）2012 年第 5 期。

[122] 金相郁：《20 世纪区位理论的五个发展阶段及其评述》，《经济地理》2004 年第 3 期。

[123] 李宝梁：《中国城市化研究：西方有关理论的演进及其意义》，《江西社会科学》，2005 年第 4 期。

[124] 李晨：《"历史文化街区"相关概念的生成、解读与辨析》，《规划师》2011 年第 4 期。

[125] 李东：《新城市主义（上）》，《北京规划建设》2003 年第 6 期。

[126] 李瑞：《城市旅游意象及其构成要素分析》，《西北大学学报》（自然科学版）2004 年第 4 期。

[127] 李小云等：《中国人地关系演进及其资源环境基础研究进展》，《地理学报》2016 年第 12 期。

[128] 廖本全、李承嘉：《"存在空间"的诠释：传统空间规划的一个省察》，《台湾土地研究》2003 年第 1 期。

[129] 刘健：《回归城市规划的根本——由"美国大城市的死与生"引发的思考》，《北京规划建设》2006 年第 3 期。

[130] 刘沛林、刘春腊、邓运员：《我国古城镇景观基因"胞—链—形"的图示表达与区域差异研究》，《人文地理》2011 年第 1 期。

[131] 刘永海：《当代享乐主义思潮的形成、基本特征和危害》，《当代世界与社会主义》2006 年第 2 期。

[132] 刘越：《城市历史街区的保护和修复——以西安回民街为例》，《内蒙古科技大学学报》2010 年第 1 期。

[133] 柳倩月：《地方性知识：从民间文学到文人文学——以恩施土家族苗族自治州文学为例》，《文艺争鸣》2011 年第 1 期。

[134] 卢鹤立、刘桂芳：《赛博空间地理分布研究》，《地理科学》2005 年第 3 期。

[135] 鲁西奇：《人地关系理论与历史地理研究》，《史学理论研究》2001 年第 2 期。

[136] 陆大道、郭来喜：《地理的研究核心：人地关系地域系统——论吴传钧院士的地理思想与学术贡献》，《地理学报》1998 年第 2 期。

[137] 马琳：《艺术作品究竟为何"物"？——从"存有与时间"来解读海德格尔的艺术哲思》，《中山大学学报》（社会科学版）2016 年第 4 期。

[138] 苗长虹：《变革中的西方经济地理学：制度、文化、关系与尺度转向》，《人文地理》2004 年第 4 期。

[139] 潘君瑶：《基于文化导向的历史文化街区发展策略研究——以西安回民街历史文化街区为例》，《湘南学院学报》2015 年第 3 期。

[140] 桑义明、肖玲：《商业地理研究的理论与方法回顾》，《人文地理》2003 年第 6 期。

[141] 石崧、宁越敏：《人文地理学空间内涵的演进》，《地理科学》2005 年第 3 期。

[142] 苏瑞：《行为主义演变发展及启示》，《文学教育（下）》2015 年第 3 期。

[143] 苏月：《"日常生活视野下空间营造"的探讨——读"美国大城市的死与生"引发的思考》，《湖南社会科学》2014 年第 1 期。

[144] 孙鹏、王兴中：《西方国家社区环境中零售业微区位论的一些规律（一）》，《人文地理》2002 年第 3 期。

[145] 汤茂林：《李旭旦先生的学术翻译及其反映的学术理念》，《地理研究》2013 年第 7 期。

[146] 唐文跃：《地方感研究进展及研究框架》，《旅游学刊》2007 年第 11 期。

[147] 唐相龙：《新城市主义及精明增长之解读》，《城市问题》2008 年第 1 期。

[148] 唐晓峰：《文化转向与地理学》，《读书》2005 年第 6 期。

[149] 唐子来：《城市开发与规划的作用》，《城市规划汇刊》1991 年第 1 期。

[150] 陶世龙：《水土之性：中国古代的环境地质观念》，《绿叶》2005 年第 9 期。

[151] 田野、毕向阳：《我们深信社区是可以改变的：台湾省社区营造运

动之启示》,《国外城市规划》2006 年第 2 期。

[152] 童世骏:《正义基础上的团结、妥协和宽容——哈贝马斯视野中的"和而不同"》,《马克思主义与现实》2005 年第 3 期。

[153] 汪丽、王兴中:《社会阶层化与城市社会空间的发展及其与城市娱乐业的(空间)关系》,《人文地理》2008 年第 2 期。

[154] 王爱民、缪磊磊:《地理学人地关系研究的理论评述》,《地球科学进展》2000 年第 4 期。

[155] 王海帆:《新媒体语境下基于地域文化的城市形象塑造与传播——以台州市为例》,《山东工艺美术学院学报》2016 年第 3 期。

[156] 王晓磊:《"社会空间"的概念界说与本质特征》,《理论与现代化》2010 年第 1 期。

[157] 王兴中、李胜超、李亮:《地域文化基因再现及人本观转基因空间控制理念》,《人文地理》2014 年第 6 期。

[158] 王兴中、刘永刚:《人文地理学研究方法论的进展与"文化转向"以来的流派》,《人文地理》2007 年第 3 期。

[159] 王兴中、刘永刚:《中国大城市"项链状"现代商娱场所引力圈的结构——以西安为例》,《经济地理》2008 年第 2 期。

[160] 王兴中:《社会地理学社会文化转型的内涵与研究前沿方向》,《人文地理》2004 年第 1 期。

[161] 王志弘:《多重的辩证:列文斐尔空间生产概念的三元组演绎与引申》,《地理学报》2009 年第 1 期。

[162] 韦克难:《我国城市社区福利服务的可获得性发展途径探讨》,《中国名城》2013 年第 1 期。

[163] 魏华、朱喜钢、周强:《沟通空间变革与人本的邻里场所体系架构——西方绅士化对中国大城市社会空间的启示》,《人文地理》2005 年第 3 期。

[164] 翁时秀:《"想象的地理"与文学文本的地理学解读——基于知识脉络的一个审视》,《人文地理》2014 年第 3 期。

[165] 吴良镛:《论中国建筑文化研究与创造的历史任务》,《城市规划》2003 年第 1 期。

[166] 吴庆华、董祥薇、王国枫:《浅议城市社区阶层化趋势对社区建设

的影响》,《中央社会主义学院学报》2009 年第 3 期。

[167] 吴彤:《从科学哲学的视野看地方性知识研究的重要意义——以蒙古族自然知识为例》,《中国少数民族和谐思想研究》2005 年第 4 期。

[168] 吴彤:《地方性知识:概念、意蕴和少数民族哲学研究》,《科学发展观与民族地区建设实践研究》2008 年第 10 期。

[169] 吴云:《"人地关系"理论发展历程及其哲学、科学基础》,《沈阳教育学院学报》2003 年第 1 期。

[170] 夏奥琳、杨铖、杜薇:《相对剥夺感研究回顾》,《学周刊》2015 年第 4 期。

[171] 肖毅强:《空间的意义——从现代主义空间概念谈起》,《新建筑》2001 年第 4 期。

[172] 肖应明:《少数民族地区美丽乡村多维构建途径》,《生态经济》2014 年第 9 期。

[173] 邢启顺:《乡土知识与社区可持续生计》,《贵州社会科学》2006 年第 3 期。

[174] 徐红罡、万小娟:《民族历史街区的保护和旅游发展——以西安回民街为例》,《北方民族大学学报》2009 年第 1 期。

[175] 徐美、刘春腊、陈建设、刘沛林:《旅游意象图:基于游客感知的旅游景区规划新设想》,《旅游学刊》2012 年第 4 期。

[176] 徐煜辉、张文涛:《"适应"与"缓解"——基于微气候循环的山地城市低碳生态住区规划模式研究》,《城市发展研究》2012 年第 7 期。

[177] 薛娟娟、朱青:《城市商业空间结构研究评述》,《地域研究与开发》2005 年第 5 期。

[178] 杨国庆、张津梁:《生活世界的意义及人性关怀——读舒茨"社会世界的意义构成"》,《知与行》2015 年第 2 期。

[179] 杨念群:《"地方性知识"、"地方感"与"跨区域研究"的前景》,《天津社会科学》2004 年第 6 期。

[180] 杨庭硕:《论地方性知识的生态价值》,《吉首大学学报》(社会科学版)2004 年第 3 期。

［181］杨小柳：《地方性知识和发展研究》，《学术研究》2009 年第 5 期。

［182］叶超、蔡运龙：《地理学思想史指要——杰弗里·马丁"所有可能的世界：地理学思想史"评介》，《人文地理》2009 年第 6 期。

［183］叶超、柴彦威、张小林：《"空间的生产"理论、研究进展及其对中国城市研究的启示》，《经济地理》2011 年第 3 期。

［184］叶舒宪：《地方性知识》，《读书》2001 年第 5 期。

［185］于涛方、顾朝林：《人文主义地理学——当代西方人文地理学的一个重要流派》，《人文地理》2000 年第 1 期。

［186］于艳艳：《恩格斯著作在中国早期传播的历史考察》，《当代世界与社会主义》2012 年第 6 期。

［187］俞孔坚：《城市公共空间设计呼唤人性场所》，《城市环境艺术》2002 年第 2 期。

［188］俞孔坚：《景观的含义》，《时代建筑》2002 年第 1 期。

［189］张兵：《探索历史文化名城保护的中国道路——兼论"真实性"原则》，《城市规划》2011 年第 5 期。

［190］张艳：《论机会公平》，《前沿》2006 年第 8 期。

［191］赵万里、李路彬：《日常知识与生活世界——知识社会学的现象学传统评析》，《广东社会科学》2011 年第 3 期。

［192］赵旭东：《认同危机与身份界定的政治——乡村文化复兴的二律背反》，《中国人类学评论》2007 年第 2 期。

［193］赵中枢、胡敏：《历史文化街区保护的再探索》，《现代城市研究》2012 年第 10 期。

［194］周春生：《对莫尔乌托邦理念的新认识》，《上海师范大学学报》（哲学社会科学版）2009 年第 2 期。

［195］朱昌平：《论文化尊严》，《宁夏大学学报》（人文社会科学版）2010 年第 5 期。

［196］朱竑、高权《西方地理学"情感转向"与情感地理学研究述评》，《地理研究》2015 年第 7 期。

［197］朱雪忠：《传统知识的法律保护初探》，《华中师范大学学报》（人文社会科学版）2004 年第 3 期。

［198］朱振武、张秀丽：《生态批评的愿景和文学想象的未来》，《外国文

学》2009 年第 2 期。

[199] 宗跃光：《运用边际综合效益极大化原理进行城市空间资源的公平合理分配——兼论城市规划与房地产开发的关系》，《规划师》2008 年第 4 期。

[200] 邹永华：《"人居环境科学"思想对建筑设计学科的影响初探——吴良镛先生新著"人居环境科学导论"读后感》，《规划师》2002 年第 10 期。

[201] 张暶：《从"他者"到我们——在家乡人类学研究过程中的一些理论思考》，《民间文化论坛》，2010 年第 1 期。

[202] 丁蕾：《国内外城市社会地理学研究的基本原理——城市社会空间结构及其微区位研究》，西安外国语大学硕士学位论文，2007。

[203] 程世丹：《当代城市场所营造理论与方法研究》，重庆大学博士学位论文，2007。

[204] 高鑫：《城市社区背景下文化交往型（营业性）休闲娱乐场所微区位要素及指标体系的构建——以西安为例》，西安外国语大学硕士学位论文，2007。

[205] 刘永刚：《城市空间结构之科学主义与人文主义研究方法的比较及其商娱场所（空间）结构的探讨》，西安外国语大学硕士学位论文，2007。

[206] 徐欣：《合肥新社区环境适宜居住性交往空间研究》，合肥工业大学硕士学位论文，2007。

[207] 宋秀葵：《段义孚人文主义地理学生态文化思想研究》，山东师范大学博士学位论文，2011。

[208] 孙文茜：《北京零售业态空间布局的影响因素研究》，北京工商大学硕士学位论文，2008。

[209] 张冀：《克里尔兄弟城市形态理论及其设计实践研究》，华南理工大学硕士学位论文，2002。

[210] 刘瑞强：《关中地区城乡一体化的空间尺度及规划策略研究》，西安建筑科技大学博士学位论文，2014。

[211] Agnew, J., Livingstone, D. N., Alasdair, Rogers, *Human Geography: An Essential Anthology* (Oxford UK: Blackwell Publishers Inc, 1999),

pp. 192 – 200.

[212] Akin, C. , *Location, Location, Location – How to Select the Best Site for Your Business* (HÄFTAD, Engelska, 2002) , pp. 50 – 150.

[213] Altman, I. , Low, S. M. , *Place Attachment* (New York: Plenum Press, 1992) , pp. 1 – 16.

[214] Baudrillard, J. , *The Consumer Society: Myths and Structures* (SAGE Publications, 1998) , pp. 80 – 120.

[215] Beaujeu-Garnier, J. , Delobez, A. , Beaver, S. , H. , *Geography of Marketing* (Longman, 1979) , pp: 10 – 85.

[216] Bender, T. , *Stonehenge: Making Space* (Berg, 1998) , pp. 60 – 61.

[217] Bloom, N. , D. , *Merchant of Illusion: James Rouse, America's Salesman of the Businessman's Utopia* (Columbus, OH: Ohio State University Press, 2004) , pp. 101 – 156.

[218] Brown, B. , Perkins, D. , *Disruptions in Place Attachment* (New York: Plenum, 1992) , pp. 279 – 304.

[219] Bryant, C. , G. , Jary, D. , *The Contemporary Giddens: Social Theory in a Globalizing Age* (Palgrave, 2001) , pp. 55.

[220] Castells, M. , " The Edge of Forever: Timeless Time " and "Conclusion: The Network Society, " in *The Rise of the Network Society* (Oxford: Blackwell, 1996) , pp. 429 – 478.

[221] Castells, M. , *The Power of Identity* (Oxford: Blackwell, 1997) , pp. 156 – 168.

[222] Cooke, P. , *The Associational Economy: Firms, Regions and Innovation* (Oxford University Press, 1998) , pp. 30 – 55.

[223] Cresswell, T. , *Place: A Short Introduction* (London: Blackwell, 2008) , pp. 110 – 255.

[224] Dameri, R. P. , *Smart City and ICT. Shaping Urban Space for Better Quality of Life// Information and Communication Technologies in Organizations and Society* (Springer International Publishing, 2016) , pp. 60 – 200.

[225] Davies, R. , L. , *Marketing Geography: With Special Reference to Retailing*

(Routledge, 1976), pp. 26 – 49.

[226] Dawson, J. , A. , *Validity in Qualitative Inquiry* (Routledge, 1980), pp. 155 – 202.

[227] Dear, M. , Wolch, J. , *The Power of Geography*: *How Territory Shapes Social Life* (Boston, MA: Unwin Hyman, 1989), pp. 3 – 18.

[228] Duany, A. , Plater-Zyberk, E. , Alminana, R. , *The New Civic Art. Elements of Town Planning* (New York: Rizzoli, 2003), pp. 210 – 256.

[229] Dubos, R, J. , *The Wooing of Earth* (Scribner's, 1980), pp. 7 – 100.

[230] Eade, J. , Mele, C. , *Power in Place*: *Retheorizing the Local and the Global* (Blackwell Publishers Ltd. , 2008), pp. 109 – 130.

[231] Entrinkin, J, N. , *The Betweenness of Place*: *Towards a Geography of Modernity* (London: Macmmillan, 1991), pp. 50 – 200.

[232] Fisher, A, T. , Sonn, C. C. , Bishop, B. J. , *Psychological Sense of Community*: *Research*, *Applications and Implications* (New York: Kluwer. Academic/Plenum Publishers, 2002), pp. 6 – 318.

[233] Fritz, Steele, *The Sense of Place* (CBI Publishing Company Inc. , 1981), pp. 1 – 90.

[234] Getis, Arthur, *Human Geography* (W. C. Brown, 1990), p. 220.

[235] Giddens, A. , "The Time-Space Constitution of Social Systems", *in A Contemporary Critique of Historical Materialism* (London: Macmillan, 1981), pp. 26 – 48.

[236] Giddens, A. , *The Consequences of Modernity* (London: Macmillan, 2010), pp. 325 – 327.

[237] Gilmore, J. , *Authenticity*: *What Consumers Really Want* (Beijing: Citic Press, 2010), pp. 53 – 85.

[238] Golledge, R, G. , Stimson, R. J. , *Analytical Behavioral Geography* (Croom Helm, Ltd. , 1987), pp. 120 – 143.

[239] Golledge, R, G. , Stimson, R. J. , *Spatial Behaviour*: *A Geographic Perspective* (Guilford Publications, 1997), pp. 10 – 200.

[240] Goodale, T. , Godbey, G. , *The Evolution of Leisure*: *Historical and*

Philosophical Perspectives (Venture Publishing, 1989), pp. 10 – 280.

[241] Gunn, C., Var, T., *Tourism Planning: Basics, Concepts, Cases* (Routledge, 2002), pp. 50 – 101.

[242] Gunn, C., *Designing Tourist Regions* (New York: Von Nostrand Reinhold, 1972), pp. 25 – 26.

[243] Hartshorn, T., *Interpreting City: An Urban Geography* (2nd edition) (New York: John Wiely & Sons Inc., 1992), pp. 210 – 216.

[244] Harvey, D., *Spaces of Hope* (Berkeley, CA: University of California Press, 2000), p. 105.

[245] Harvey, D., "The Art of Rent: Globalization and the Comodification of Culture," *in his "Spaces of Capital"* (New York: Routledge, 2001), p. 394 – 411.

[246] Harvey, D., *Social Justice and the City* (Edward Arnold, 1973), p. 368.

[247] Heidegger, *Poetry, Language, Thought* (New York: Harper Collins US, 1971), pp. 45 – 100.

[248] Holt, S. A., *Review of Lindgren, James Michael, Preserving South Street Seaport: The Dream and Reality of a New York Urban Renewal District* (H-Pennsylvania, H-Review, 2014), pp. 106 – 258.

[249] Hummon, D. M., *Community Attachment in Altman & SM Low Place Attachment* (New York: Plenum Press, 1992), pp. 253 – 278.

[250] Jackson, M., *Landscape: Selected Writings of Other Topics. Crabgrass Frontier: The Suburbanization of the United States* (New York: Oxford University, 1980), pp. 50 – 72.

[251] Jacob, C., *The Sovereign Map: Theoretical Approaches in Cartography Throughout History* (Chicago: University of Chicago Press, 2006), pp. 130 – 145.

[252] Johnston, R., *Geography and Geographers* (London: Edward Arnold Ltd., 1997), pp. 155 – 200.

[253] Johnston, R., Gregory, D., Pratt, G., Watts, M., *The Dictionary of Human Geography* (4th edition) (Oxford: Blackwell, 2000),

pp. 135 – 240.

[254] Lefebvre, Henri, "Space: Social Product and Use Value," in J. W. Freiberg (ed.), *Critical Sociology: European Perspective* (New York: Irvington. 1979), pp. 285 – 295.

[255] Lefebvre, Henri, *The Production of Space* (Oxford: Blaclwell, 1991), pp. 11 – 65.

[256] Ley, D., "Geography Without Human Agency: A Humanistic Critique," In Agnew John et al., ed. *Human Geography: An Essential Anthology* (Oxford UK: Blackwell Publishers Inc., 1999), pp. 192 – 210.

[257] Lovell, N., *Locality and Belonging* (Routledge, 1998), pp. 10 – 230.

[258] Lowe, J., *Human Geography: An Integrated Approach* (New York: John Wiley and Sons Inc., 1993), pp. 262 – 267.

[259] Lynch, Kevin, *Managing the Sense of the Region* (Cambridge, Mass: The MIT Press, 1976), pp. 155 – 203.

[260] Lynda, H., Schneekloth, Robert, G., Shibley, *Placemaking: The Art and Practice of Building Communities* (Wiley Publishers, 1995), p. 15.

[261] Massey, D., "Power-Geometry and a Progressive Sense of Place," in Jon Bird, Barry Curtis, Tim Putnam, George Robertson and Lisa Tickner (eds.), *Mapping the Futures: Local Cultures, Global Change* (London: Routledge, 1994), pp. 59 – 69.

[262] Matthew, Carmona, Tim, Heath, Steve, Tiesdell, *Public Place— Urban Space: The Dimension of Urban Design* (Oxford: Architectural Press, 2003), p. 55.

[263] McDaniel, Jason, *Urban Space, Spatial Theory, and Political Power: The 2001 Los Angeles Mayoral Election Paper Presented at the Annual Meeting of the The Midwest Political Science Association* (Palmer House Hilton, Chicago, Illinois, 2005), p. 190.

[264] Mitchell, Thomashow, *Ecological Identity: Becoming a Reflective Environmentalist* (Cambridge MA MIT Press, 1995), p. 20.

[265] Naveh, Z., Lieberman, A, S., *Landscape Ecology: Theory and*

Application (Springer, New York, 1984), pp. 20 – 100.

[266] Norberg, Schulz. , *Existence, Place* (New York: Rizzoli, 1980), pp. 20.

[267] Norberg, Schulz. , *Genius Loci: Toward A Phenomenology of Architecture* (New York: Rizzoli, 1980), pp. 10 – 80.

[268] Norberg, Schulz. , *The Concept of Dwelling* (New York: Rizzoli, 1980), p. 135.

[269] Parkes, Don. , Nigel, Thrift. , " *Time-geography: The Lund Approach* ", *in Times, Spaces, and Places: A Chronogeographic Perspective* (New York: John Wiley & Sons. 1980), pp. 243 – 278.

[270] Peet, R. , *Modern Geographical Thought* (Oxford: Blackwell, 1998), pp. 30 – 79.

[271] Pile. , N, Thrift. , *Mapping the Subject: Geographies of Cultural Transformation* (Routledge, London 1995), pp. 125 – 160.

[272] Porteous, J, D. , Smith, S, E. , *Domicide: The Globe Destruction of Home* (Montreal and Kingston: McGill-Queen's University, 2001), pp. 85 – 105.

[273] Portney, Kent, E. , *Take Sustainable Seriously, Economic Development the Environment and Quality of Life in American Cities* (Cambridge, MA: MIT Press, 2003), pp. 288 – 298.

[274] Raymond, Williams, *Politics and Letters* (London: New Left Books, 1979), p. 232.

[275] Rediscovering Geography Committee, *Rediscovering Geography-New Relevance for Science and Society* (Washington D C: National Academy Press, 1997), pp. 21 – 39.

[276] Relph, E. , " *Geographical Experiences and Being-in-the-Word: The Phenomenological Origins of Geography,* " in D. Seamon and R. Mugerauer eds. , *Dwelling, Place and Environment* (NY: Columbia University Press, 1989), p. 60.

[277] Relph, E. , *Place and Placelessness* (London: Pion, 1976), pp. 20 – 155.

[278] Ricci, Liana, *Interpreting the Sub-Saharan City: Approaches for Urban Development: Reinterpreting Sub-Saharan Cities Through the Concept of Adaptive Capacity* (Springer International Publishing, 2016), pp. 155 – 220.

[279] Rilke, R. M. , *The Duino Elegies* (New York, Camden House, 2008), p. 105.

[280] Rosaldo, R. , *Culture and Truth: The Remaking of Social Analysis* (Boston: Beacon, 1989), pp. 106 – 240.

[281] Rossi, A. , Ghirardo, D. , Ockman, J. , *The Architecture of the City* (The MIT Press, 1982), pp. 103 – 107.

[282] Rostow, W. W. , *Politics and the Stages of Growth* (Cambridge University Press, 1971), pp. 15 – 356.

[283] Safdie, Moshe, *Beyond Habitat* (Cambridge, MA: MIT Reprinted in Inland Architect, 1970), pp. 20 – 27.

[284] Salvaneschi, L. , *Location: How to Select the Best Site for Your Businesses* (Oasis Press, 1996), pp. 1 – 30.

[285] Sassen, S. , *The Global City* (Princenton University Press, 1991), pp. 124 – 150.

[286] Seamon, D. , Mugerauer, R. , *Dwelling, Place and Environment* (Springer Netherlands, 1989), p. 83.

[287] Shumaker, S. A. , Taylor, R. B. , *Toward a Clarification of People-Place Relationships: A Model of Attachment to Place* (New York, U. S. A: Praeger, 1983), pp. 219 – 251.

[288] Stăncioiu, A. F. , Di ţoiu, M. C. , *Place Attachment* (Springer International Publishing, 2016) .

[289] Steven, holl, *Anchoring Princeton Architectural* (Francesco: Garofalo Universe Publishing, 1989), pp. 55 – 80.

[290] Strinati, D. , *An Introduction to Theories of Popular Culture// An Introduction to Theories of Popular Culture* (Routledge, 1995), pp. 51 – 62.

[291] Valentine, G. , *Social Geographies, Space and Society* (New York:

Prentice Hall, 2001), pp. 249 - 293.

[292] Walmsley, D. J. , Lews, G. J. , *Human Geography: Behavioral Approaches* (London: Longman: Second and Third Impressions, 1985), pp. 30 - 100.

[293] Werlen, B. , "Regionalisations, Everyday-international Encyclopedia of Human Geography," *International Encyclopedia of Human Geography* (2009), pp. 286 - 293.

[294] Westwood, S. , Williams, J. , *Imagining Cites: Scripts, Signs, and Memories* (Routledge, London, 1996), p. 37.

[295] Winter, R. , *Cultural Studies: Handbuch Soziologische Theorien* (VS Verlag für Sozialwissenschaften, 2009), p. 125.

[296] Yi-fu, Tuan, "A Life of Learning," in Peter Gould and Forrest R. Pins, eds. , *Geographical Voices* (Syracuse: Syracuse University Press, 2001), pp. 30 - 324.

[297] Yi-fu, Tuan, "Desert and Ice: Ambivalent Aesthetics," in Salim Kemal and Ivan Gaskell, eds. , *Landscape, Natural Beauty and the Arts* (Cambridge: Cambridge University Press, 1993), p. 140.

[298] Yi-fu, Tuan, "Sense of Place: Its Relationship to Self and Time," in Tom Mels, ed. , *Reanimating Places: A Geography of Rhythms* (Cornwall: Ashgate Publishing Ltd, 2004), pp. 47 - 200.

[299] Yi-fu, Tuan, *Space and Place: The Perspectives of Experience* (Minneapolis: University of Minnesota Press, 1977), pp. 10 - 50.

[300] Yi-fu, Tuan, Strawn, M. , *Religion: From Place to Placelessness// Religion : From Place to Placelessness* (Center for American Places at Columbia College Chicago, 2009).

[301] Yi-fu, Tuan, *The Good Madison* (University of Wisconsin Press, 1986), pp. 10 - 240.

[302] Yi-fu, Tuan, *Topophilia: A Study of Environment Perception* (Prentice-hall, 1974), pp. 35 - 250.

[303] Adorno, T. W. , Rabinbach, A. R. , "Culture Industry Reconsidered," *in New German Critique* 75 (6), 2001, pp. 12 - 19.

[304] Alex, Anas, Richard, Arnott, Kenneth, A. , " Urban Spatial Structure," *Journal of Economic Literature* 36 (3), 1998, pp. 1426 – 1464.

[305] Alexander, C. , " A New Theory of Urban Design," *Journal of Architectural Education* 44 (2), 1987, pp. 105 – 115.

[306] Allan, Jacobs, Donald, Appleyard, " Toward an Urban Design Manifesto," *Journal of the American Planning Association* 53 (1), 1987, pp. 112 – 120.

[307] Amin, A. , Thrift, N. , "Globalisation, Institutional 'Thickness' and the Local Economy," *Managing Cities* 55 (6), 1995, pp. 20 – 220.

[308] Andrew, Sayer, "Realism through Thick and Thin," *Environment and Planning A* 26 (2), 2004, pp. 31 – 35.

[309] Ann Forsyth, Katherine Crewe, " New Visions for Suburbia: Reassessing Aesthetics and Place-making in Modernism, Imageability and New Urbanism," *Journal of Urban Design* 14 (4), 2009, pp. 415 – 438.

[310] Aravot, I. , " Back to Phenomenological Placemaking," *Journal of Urban Design* 25 (7), 2002, pp. 201 – 212.

[311] Arbaci, S. , Rae, I. , " Mixed-Tenure Neighborhoods in London: Policy Myth or Effective Device to Alleviate Deprivation," *International Journal of Urban and Regional Research* 37 (2), 2013, pp. 451 – 79.

[312] Arefi, M. , " Non-Place and Placelessness as Narratives of Loss: Rethinking the Notion of Place," *Journal of Urban Design* 4 (4), 1999, pp. 179 – 193.

[313] Aspa Gospodini, "Urban Morphology and Place Identity in European Cities: Built Heritage and Innovative Design," *Journal of Urban Design* 9 (2), 2004, pp. 225 – 248.

[314] Atkinson, "Society and Culture Community and Urban Studies," *Society and Culture* Depositor (s), 2002, pp. 151 – 157.

[315] Averitt, R. T. , "The Cultural Contradictions of Capitalism," *Journal of Economic Issues* 44 (4), 1976, pp. 243 – 244.

[316] Bassett,K. , Griffiths, R. , Smith, I. , "Cultural industries, Cultural Clusters and the City: the Example of Natural History Film-Making in Bristol," *Geoforum* 33 (2), 2002, pp. 165 – 177.

[317] Beach, D. , "Book Review: Blue Urbanism: Exploring Connections between Cities and Oceans," *Journal of Planning Education & Research* 36 (2), 2016, pp. 258 –259.

[318] Bennett, J. , "The Enchantment of Modern Life: Attachments, Crossings, and Ethics," *The Journal of Politics* 22 (4), 2002, pp. 792 –794.

[319] Brenner,N. , "Metropolitan Institutional Reform and the Rescaling of State Space in Contemporary Western Europe," *European Urban and Regional Studies* 10 (4), 2013, pp. 297 –324.

[320] Bres,K. D. , Davis, "Celebrating Group and Place Identity: A Case Study of a New Regional Festival," *Tourism Geographies* 3 (3), 2001, pp. 326 –337.

[321] Bricker,K. S. , Kerstetter, D. L. , "Level of Specialization and Place Attachment: An Exploratory Study of Whitewater Recreationists," *Leisure Sciences* 22 (4), 2000, pp. 233 –257.

[322] Bridge,H. , "Place into Poetry: Time and Space in Rilke's Neue Gedichte," *Orbis Litterarum* 61 (4), 2006, pp. 263 –290.

[323] Brown, B. B. , Altman, I. , Werner, C. M. , "Place Attachment," *International Encyclopedia of Housing & Home* 15 (5), 2012, pp. 183 – 188.

[324] Butler,T. , Robson, Garry. , "London Calling: The Middle Classes and the Re-Making of Inner London," *Bergs*, 30 (3), 2003, pp. 413 –415.

[325] Butz, D. , Eyles, J. , "Reconceptualizing Sense of Place: Social Relations, Ideology and Ecology Geografiska Annaler, Series B," *Human Geography* 79 (1), 2004, pp. 1 –25.

[326] Cai,X. , Hanlin, H. E. , "Place and Placelessness of Modern Urban High-Star Level Hotels: Case Studies in Guangzhou," *Acta Geographica Sinica* 71 (2), 2016, pp. 115 –121.

［327］ Campelo, A. , "Sense of Place: The Importance for Destination Branding," *Journal of Travel Research* 53 (2), 2013, pp. 154 – 166.

［328］ Canter, T. , "Review of Common Places," *Journal of the Society for Architectural Historians* 48 (2), 1989, p. 202.

［329］ Chris, Gibson, "Cultures at Work: Why 'Culture' Matters in Research on the 'Cultural' Industries," *Social & Cultural Geography* 4 (2), 2010, pp. 201 – 215.

［330］ Çğdem, Canbay, Türkyılmaz, "Interrelated Values of Cultural Landscapes of Human Settlements: Case of Istanbul," *Social and Behavioral Sciences* 222 (6), 2016, pp. 502 – 509.

［331］ Clark, T. N. , "Book Review: The City as an Entertainment Machine," *Urban Studies* 50 (4), 2013, pp. 846 – 848.

［332］ Conger, J. A. , Kanungo, R. N. , "The Empowerment Process: Integrating Theory and Practice," *Academy of Management Review* 13 (3), 1988, pp. 471 – 482.

［333］ Cottrell, S. P. , Vaske, J. J. , Roemer, J. M. , "Resident Satisfaction with Sustainable Tourism: The Case of Frankenwald Nature Park, Germany," *Tourism Management Perspectives* (8), 2013, pp. 42 – 48.

［334］ Cox, K. R. , Mair, A. , "From Localised Social Structures to Localities as Agents," *Environment and Planning* A23 (2), 1991, pp. 97 – 213.

［335］ Daniel, R. , Williams, A. , Michael, E. , Patterson, B. , Joseph, W. , Roggenbuck, "Beyond the Commodity Metaphor: Examining Emotional and Symbolic Attachment to Place," *Leisure Sciences* 14 (1), 1992, pp. 29 – 46.

［336］ Deem, R. , "Globalisation, New Managerialism, Academic Capitalism and Entrepreneurialism in Universities: Is the Local Dimension Still Important?" *Comparative Education* 37 (1), 2001, pp. 7 – 20.

［337］ Docherty, I. , Goodlad, R. , Paddison, R. , "Civic Culture, Community and Citizen Participation in Contrasting Neighbourhoods,"

Urban Studies 38 (12), 2001, pp. 2225 – 2250.

[338] Domhardt, K. S. , "Victor Gruen: From Urban Shop to New City," *Journal of the Society of Architectural Historians* 66 (3), 2007, pp. 411 – 412.

[339] Duncan, R. C. , "The Life-Expectancy of Industrial Civilization: The Decline to Global Equilibrium," *Population & Environment* 14 (4), 1993, pp. 325 – 357.

[340] Echtner, C. M. , "The Semiotic Paradigm: Implications for Tourism Research," *Tourism Management* 20 (3), 1999, pp. 47 – 57.

[341] Entrinkin, J. N. , "Geography's Spatial Perspective and the Philosophy of Ernst Cassirer," *Canadian Geography* 31 (3), 1977, pp. 209 – 222.

[342] Eugene, W. , Anderson, Claes, Fornell, "Foundations of the American Customer Satisfaction Index," *Total Quality Management* 11 (11), 2000, p. S869 – S882.

[343] Firey, W. , "Sentiment and Symbolism as Ecological Variables," *American Sociological Review* 35 (10), 1945, pp. 355 – 360.

[344] Francis, T. , "Archaeology in the 1990s and Beyond: The Kenyan Case," *Critical Horizons* 9 (2), 2008, pp. 189 – 213.

[345] Friedmann, J. , "The World City Hypothesis," *Development & Change* 17 (1), 1986, pp. 69 – 83.

[346] Gaffikin, F. , "Community Cohesion and Social Inclusion: Unravelling a Complex Relationship," *Urban Studies* (6), 2010, pp. 1089 – 1118.

[347] Glaeser, E. L. , Gottlieb, J. D. , "The Economics of Place-Making Policies," *National Bureau of Economic Research* 25 (10), 2008, pp. 155 – 253.

[348] Goodbody, A. , "Place-belonging in a Post-Modern World," *Sense of Place in a Changing World* (3), 2010, pp. 112 – 124.

[349] Grant, J. L. , Tsenkova, S. , "New Urbanism and Smart Growth Movements," *International Encyclopedia of Housing and Home* (2), 2012, pp. 120 – 126.

［350］ Gunila,Jive'n, Peter, J. , "Sense of Place, Authenticity and Character: A Commentary," *Journal of Urban Design* 8 (1), 2003, pp. 67 – 81.

［351］ Hammitt, W. E. , Cole, D. N. , "Wildland Recreation: Ecology and Management," *Journal of Range Management* 43 (2), 2015, pp. 50 – 60.

［352］ Harvey, D. , "Between Space and Time: Reflections on the Geographical Imagination," *Annuals of the Association of American Geographers* 80 (3), 1990, pp. 418 – 434.

［353］ Hayashi,N. , "Berry and Garrison's Central Place Theory Re-Visited," *Annuals of the Association of Economic Geographers* 32 (5), 1986, pp. 1 – 18.

［354］ Healey,P. , "Planning through Debate: The Communicative Turn in Planning Theory," *Town Planning Review* 62 (2), 1992, pp. 143 – 162.

［355］ Hillsman,E. L. , "Spatial Analysis and Location-Allocation Models," *Economic Geography* 64 (2), 1987, pp. 196.

［356］ Horlings,L. G. , "Values in Place; A Value-Oriented Approach Toward Sustainable Place Shaping," *Regional Studies Regional Science* 2 (1), 2015, pp. 256 – 273.

［357］ Jacka, T. , "Making Place: State Projects, Globalisation and Local Responses in China," *American Anthropologist* 107 (4), 2005, pp. 727 – 728.

［358］ Jackson, J. B. , "A Sense of Place, A Sense of Time," *Design Quarterly* 164 (8), 1995, pp. 24 – 27.

［359］ James,M. , "Exploring the Complementary Effect of Post-Structuralism on Sociocultural Theory of Mind and Activity," *Social Semiotics*, 23 (3) , 2013, pp. 444 – 456.

［360］ Jeffrey,H. , "Community-Driven Place Making: The Social Practice of Participatory Design in the Making of Union Point Park," *Journal of Architectural Education* 57 (1), 2005, pp. 19 – 27.

［361］ John,Benington, "Local Economic Initiatives," *Local Government Studies*

11 (5), 1985, pp. 1 – 8.

[362] Johnston, R. , "The Determinants of Service Quality: Satisfiers and Dissatisfiers," *International Journal of Service Industry Management* 6 (5), 1995, pp. 53 – 71.

[363] Jones, Moon, K. , "Medical Geography: Taking Space Seriously," *Progress in Human Geography* (17), 1993, pp. 515 – 524.

[364] Jones, K. , Simmons, J. , "Location, Location, Location: Analyzing the Retailenvironment," *Canadian Geogrophyer* 32 (1), 1988, pp. 91 – 96.

[365] Jorgensen, B. S. , Stedman, R. C. , "Sense of Place as an Attitude: Lakeshore Owner's Attitudes toward Their Properties," *Journal of Environmental Psychology* (12), 2014, pp. 233 – 248.

[366] Josef, K. , Ursula, R. , Philipp, S. , "Place Attachment and Social Ties-Migrants and Natives in Three Urban Settings in Vienna," *Population Space & Place* 21 (5), 2015, pp. 446 – 462.

[367] Kearns, A. , Parkinson, M. , "The Significance of Neighborhood," *Urban Studies* 38 (12), 2001, pp. 2103 – 2110.

[368] Ketchum, J. D. , "Research Planning in the Canadian Psychological Association. II. Report on Social psychology," *Canadian Journal of Psychology Revue Canadienne De Psychologie* 2 (1), 1948, pp. 14 – 15.

[369] Kinder, F. , "Placelessness in a Deregulated City: University Village in Colorado Springs," *Urban Geography* 32 (5), 2013, pp. 730 – 755.

[370] Krik, W. , "Historical Geography and the Concept of the Behavioural Environment," *Indian Geogr* (7), 1952, pp. 60 – 152.

[371] Lang, J. T. , "Urban Design: the American Experience," *Journal of Contemporary History* 37 (1), 1994, pp. 129 – 138.

[372] Laniado, L. , "Place Making in New Retail Developments: The Role of Local, Independently Owned Businesses," *Massachusetts Institute of Technology* 45 (6), 2005, pp. 581 – 595.

[373] Lee, C. C. , "Predicting Tourist Attachment to Destinations," *Annuals*

of Tourism Research 28 (1), 2001, pp. 229 – 232.

[374] Ley, D. , "Liberal Ideology and the Postindustrial City," *Annuals of the Association of American Geographers* 70 (2), 1980, pp. 238 – 258.

[375] Ley, D. , "Social Geography and the Taken-for-granted world," *Transactions of the Institute of British Geographers* 30 (5), 1981, pp. 498 – 512.

[376] Loomis, C. , Dockett, K. H. , Brodsky, A. E. , "Change in Sense of Community: An Empirical Finding," *Journal of Community Psychology* 32 (1), 2004, pp. 1 – 8.

[377] Loureiro, S. M. C. , "The Role of the Rural Tourism Experience Economy in Place Attachment and Behavioral Intentions," *International Journal of Hospitality Management* 40 (40), 2014, pp. 1 – 9.

[378] MacCannell, "Staged Authenticity: Arrangements of Social Space in Tourist Settings," *American Journal of Sociology* 79 (3), 1973, pp. 589 – 603.

[379] Macintyre, S. , "Area, Class and Health: Should we be Focusing on Places or People?" *Journal of Social Policy* 22 (2), 1993, pp. 213 – 234.

[380] Mansvelt, J. , "Geographies of Consumption: Engaging with Absent Presences," *Progress in Human Geography* 34 (2), 2010, pp. 224 – 233.

[381] Marsden, T. , Farioli, F. , "Natural Powers: from the Bio-Economy to the Eco-economy and Sustainable Place-Making," *Sustainability Science* 10 (2), 2015, pp. 331 – 344.

[382] Martin, Albrow, John, Eade, Neil, Washbourne, Jorg, Durrschmidt, "The Impact of Globalization on Sociological Concepts: Community, Culture and Milieu," *Innovation the European Journal of Social Science Research* 7 (4), 1994, pp. 371 – 389.

[383] Martineau, P. , "Social Classes and Spending Behavior," *Journal of Marketing* 23 (2), 1958, pp. 121.

[384] Martins, J. , "The Extended Workplace in a Creative Cluster: Exploring Space (s) of Digital Work in Silicon Roundabout," *Journal of Urban*

Design 20 (1), 2014, pp. 125 – 145.

[385] Mcavoy, L. , "Outdoors for Everyone: Opportunities that Include People with Disabilities," *Parks & Recreation* 36 (8), 2001, pp. 100 – 112.

[386] Mccracken, G. , "Culture and Consumption: A Theoretical Account of the Structure and Movement of the Cultural Meaning of Consumer Goods," *Journal of Consumer Research* 13 (1), 1986, pp. 71 – 84.

[387] Mclafferty, S. L. , Ghosh, A. , "Multipurpose Shopping and the Location of Retail Firms," *Geographical Analysis* 18 (3), 1989, pp. 215 – 226.

[388] McMillan, D. W. , "Sense of Community," *Journal of Community Psychology* 24 (4), 1996, pp. 315 – 325.

[389] Meethan, K. , "Consuming (in) the Civilized City," *Annuals of Tourism Research* 23 (2), 1996, pp. 322 – 340.

[390] Melaniphy, J. C. , "Restaurant and Fast Food Site Selection," *Restaurant & Fast Food Site Selection* 35 (2), 1992, pp. 151 – 162.

[391] Melville, C. , "Don't call it City Planning: Misguided Densification in large US Cities," *Cities*3 (4), 1986, pp. 290 – 297.

[392] Merriman, N. , "Beyond the Glass Case: the Past, the Heritage and the Public in Britain," *Museum Management & Curatorship* 19 (19), 1991, pp. 105 – 106.

[393] Mike, Crang, Nigel, Thrift, *Thinking Space* (Routledge, 2000), pp. 1 – 278.

[394] Miriam, Gleizer, "From Alienation to Dialogue – Creating a Collective Identity: The Case of Two Ideologically Different Communities," *Procedia-Social and Behavioral Sciences* 209 (12), 2015, pp. 195 – 20.

[395] Moore, R. L. , Graefe, A. R. , "Attachments to Recreation Settings: The Case of Rail-Trail Users," *Leisure Sciences* (16), 1994, pp. 17 – 31.

[396] Naisbitt, J. , "Global Paradox: The Bigger the World Economy, the More Powerful Its Smallest Players," *Magill Book Reviews* 37 (5),

1995, pp. 588 – 592.

[397] Ning, C., Dwyer, L., Firth, T., " Conceptualization and Measurement of Dimensionality of Place Attachment," *Tourism Analysis* 19 (3), 2014, pp. 323 – 338.

[398] Nourhan, H., "Egyptian Historical Parks, Authenticity vs. Change in Cairo's Cultural Landscapes," *Social and Behavioral Sciences* 225 (7), 2016, pp. 391 – 409.

[399] O'Connor, J., Wynne, D., "From the Margins to the Centre: Cultural Production and Consumption in the Post-industrial City," *Clinical Therapeutics* 26 (6), 1996, pp. 855 – 65.

[400] Oliver, P., "The Power of Place: Urban Landscapes as Public History," *Urban Design International* 1 (1), 1996, pp. 104 – 105.

[401] Ooi, J. T. L., "Towards more Sustainable Places," *Journal of Property Investment & Finance* (5), 2004, pp. 235 – 242.

[402] Owen, K. A., " The Sydney 2000 Olympics and Urban Entrepreneurialism: Local Variations in Urban Governance," *Geographical Research* 40 (3), 2002, pp. 323 – 336.

[403] Ozdemir, A., "Urban Sustainability and Open Space Networks," *Journal of Applied Sciences* (7), 2007, pp. 3713 – 3720.

[404] Pacione, M., "Urban Environmental Quality and Human Well-being— A Social Geographical Perspective," *Landscape and Urban Planning* 6 (5), 2005, pp. 19 – 30.

[405] Parkinson, M., Meegan, R., Karecha, J., " City Size and Economic Performance: Is Bigger Better, Small More Beautiful or Middling Marvellous?" *European Planning Studies* 23 (6), 2015, pp. 1054 – 1068.

[406] Parsons, T. R., Stephens, K., Lebrasseur, R. J., " Production Studies in the Strait of Georgia. Part I. Primary Production under the Fraser River Plume," *Journal of Experimental Marine Biology & Ecology* 3 (1), 1969, pp. 27 – 38.

[407] Passi, A., "Place and Region: Regional Worlds and Words," *Progress*

of Human Geography 26 (6), 2002, pp. 802 – 811.

[408] Paterson, M. , "Consumption And Everyday Life," *Journal of the Less Common Metals* 175 (2), 2006, pp. 289 – 294.

[409] Paul, Claval. , "Geography and Culture Today," *Human Geography* (7), 2002, pp. 1 – 3.

[410] Paul, Knox, "Creating Ordinary Places: Slow Cities in a Fast World," *Journal of Urban Design* 10 (1), 2005, pp. 1 – 11.

[411] Peck, J. , "Planning local Economic Development: Theory and Practice," *Cities* 13 (2), 1996, pp. 144 – 145.

[412] Peter, Hall, "Planning: Millennial Retrospect and Prospect," *Progress in Planning* 57 (3), 2002, pp. 263 – 284.

[413] Peter, J. , Larkham, Keith, D. , "Plans, Planners and City Images: Place Promotion and Civic Boosterism in British Reconstruction Planning," *Urban History* 30 (2), 2003, pp. 183 – 205.

[414] Peter, Newman, "Planning Issues and Sustainable Development," *International Encyclopedia of the Social & Behavioral Sciences* (2), 2015, pp. 198 – 201.

[415] Prakash, A. , "Contesting Globalization. Space and Place in the World Economy," *International Journal of Urban & Regional Research* 4 (3), 2006, pp. 626 – 627.

[416] Pred, A. , "Place as Historical Contingent Process: Structuration and the Time Geography of Becoming Places," *AAG* (74), 1984, pp. 279 – 297.

[417] Proshansky, H. M. , Fabian, A. K. , Kaminoff, R. , "Place-Identity: Physical World Socialization of the Self," *Journal of Environmental Psychology* (3), 1983, pp. 57 – 83.

[418] Ram, Y. , Björk, P. , Weidenfeld, A. , "Authenticity and Place Attachment of Major Visitor Attractions," *Tourism Management* (52), 2016, pp. 110 – 122.

[419] Relph, E. , "An Enquiring into the Relations between Phenomenology and Geography," *Canadian Geographer* (14), 1987, pp. 193 – 194.

[420] Riemer,K. , Johnston, R. B. , "Rethinking the Place of the Artefact in IS Using Heidegger's Analysis of Equipment," *European Journal of Information Systems* 23 (3), 2014, pp. 273 – 288.

[421] Robert,W. , Brander, "Thinking Space: Can a Synthesis of Geography Save Lives in the Surf?" *Australian Geographer* 44 (2), 2013, pp. 123 – 127.

[422] Rogerson,Robert, J. , "Quality of Life and City Competitiveness," *Urban Studies* 36 (5), 1999, pp. 969 – 985.

[423] Rollason, C. , Criticism, M. , "The Passageways of Paris; Walter Benjamin's 'Arcades Project' and Contemporary Cultutral Debate in the West," *Modern Criticism* (3), 2002, pp. 105 – 110.

[424] Rushton,C. , "Whose Place is it Anyway? Representational Politics in a Place-Based Health Initiative," *Health & Place* 26 (2), 2014, pp. 100 – 109.

[425] Sadeghi, S. H. , Zeinab, H. , "Watershed Health Assessment Based on Soil Loss Using Reliability, Resilience and Vulnerability Framework," *Pssst Meeting and Scientific Conference* (10), 2016, pp. 550 – 561.

[426] Sagoff,M. , "Settling America or the Concept of Place in Environmental Ethics," *Energy Nat. Resources & Envtl.* (1), 1992, pp. 351 – 418.

[427] Saitluanga,B. L. , "Spatial Pattern of Urban Livability in Himalayan Region: A Case of Aizawl City, India," *Social Indicators Research* 117 (2), 2014, pp. 541 – 559.

[428] Sauer,Carl. O. , "Foreward to Historical Geography," *Annuals of the Association of American Geographers* (31), 1941, pp. 1 – 24.

[429] Schein,R. H. , "The Place of Landscape: A Conceptual Framework for Interpreting an American Scene," *Annuals of the Association of American Geographers* 87 (4), 2015, pp. 660 – 680.

[430] Schwarzer,M. , "Ghost Wards: The Flight of Capital form History," *Thresholds* 16 (5), 1998, pp. 10 – 19.

[431] Smith, S. J. , "Practicing Humanistic Geography," *Annuals of the*

Association of American Geographers (74), 2003, pp. 353 – 374.

[432] Sopher, D. W. , "The landscape of Home: Myth, Experience, Social Meaning," *Research Gate* (7), 1979, 120 – 130.

[433] Southworth, M. , "New Urbanism in the American Metropolis," *Built Environment* 29 (3), 2003, pp. 210 – 226.

[434] Souza, M. E. , "Hans Hollein," *Architecton Revista de Arquitetura e Urbanismo* 39 (5), 2013, pp. 70 – 79.

[435] Stiles, C. H. , Galbraith, C. S. , "Levels of Resources For Ethnic Entrepreneurs," *International Research in the Business Disciplines* 49 (3), 2004, pp. 261 – 277.

[436] Tridib, Banerjee, "The Future of Public Space: Beyond Invented Streets and Reinvented Places," *Journal of the American Planning Association* 67 (1), 2001, pp. 9 – 24.

[437] Turner, C. , "The Bluewater Effect," *Housewares* (5), 1999, pp. 234 – 240.

[438] Ujang, N. , "Defining Place Attachment in Asian Urban Places through Opportunities for Social Interactions," *AicE-Bs 2015 Barcelona Asia Pacific International Conference on Environment-Behaviour Studies* (9), 2015, pp. 1025 – 1031.

[439] Ujang, N. , "Place Attachment and Continuity of Urban Place Identity," *Procedia-Social and Behavioral Sciences* 49 (2), 2012, pp. 156 – 167.

[440] Vaske, J. J. , Kobrin, K. C. , "Place Attachment and EnvironmentallyResponsible Behavior," *The Journal of Environmental Education* 32 (4), 2001, pp. 16 – 21.

[441] Visconti, L. M. , Maclaran, P. , Minowa, Y. , "Public Markets: An Ecological Perspective to Sustainability as a Megatrend," *Journal of Macromarketing* 34 (3), 2014, pp. 349 – 368.

[442] Vivien, Lowndes, Lawrence, Pratchett, "Local Governance Under the Coalition Government: Austerity, Localism and the 'Big Society'," *Local Government Studies* 38 (1), 2012, pp. 21 – 40.

[443] Waterton, E. , "Whose Sense of Place? Reconciling Archaeological Perspectives with Community Values: Cultural Landscapes in England International," *Journal of Heritage Studies* 11 (4), 2010, pp. 309 – 325.

[444] Weck,S. , Hanhörster, H. , "Seeking Urbanity or Seeking Diversity? Middle-Class Family Households in a Mixed Neighbourhood in Germany," *Journal of Housing and the Built Environment* 30 (3), 2015, pp. 1 – 16.

[445] Williams, D. R. , "Leisure Identities, Globalization, and the Politics of Place," *Journal of Leisure Research* 34 (4), 2002, pp. 351 – 367.

[446] Williams, D. R. , Patterson, M. E. , Roggenbuck, J. W. , Watson, A. E. , "Beyond the Commodity Metaphor: Examining Emotional and Symbolic Attachment to Place," *Leisure Sciences* 14 (4), 1992, pp. 29 – 46.

[447] Williamson, T. , Jones, D. , Shannon, S. , "As if the Future Matters: Teaching Design for Sustainable Communities," *Sustainable Futures Architecture & Urbanism in the Global South Conference* (11), 2012, pp. 219 – 223.

[448] Yi-fu, Tuan, "A View of Geography," *Geographical Review* (81), 1991, pp. 99 – 107.

[449] Yi-fu, Tuan, "Geography, Phenomenology, and the Study of Human Nature," *Canadian Geographer* (15), 1971, pp. 181 – 192.

[450] Yi-fu, Tuan, "Humanistic Geography," *Annuals of the Association of American Geography* (6), 1976, pp. 266 – 276.

[451] Yi-fu, Tuan, "In Place, Out of Place in Mils Richardson," *Geosciences and Man* (24), 1984, pp. 13 – 25.

[452] Zukin,S. , "Gentrification: Culture and Capital in the Urban Core," *Annual Review of Sociology* (3), 1987, pp. 129 – 147.

后 记

　　城乡可持续发展问题已经成为 20 世纪后期以来国际学术界研究空间问题的重要领域之一。早期对空间发展与规划问题的研究主要集中于机械功能主义层面，集中于对空间的物质经济、环境形态等几何空间结构特征的研究，近 20 年来，研究已经深入城乡各类空间的社会文化行为特征及其对应的空间价值和尊严的构成层面。研究视角从传统的空间形态主义转向如何衡量和确保空间的社会公正、空间的可持续发展策略，研究方法从传统的空间计量方法转向社会行为文化与物质结构特征相耦合的人本主义方法，尤其关注人们日常生活行为的空间载体——地点。以地点理论为代表的新人文主义思潮特别关注"空间"和"地点"两大命题，认为世界的不同地点联结起来形成"网络"，从而建构出我们赖以生存的"日常生活世界"。

　　早在 20 世纪 80 年代中期，空间诸学科（诸如地理学、建筑与城乡规划学、城市经济学、城市社会学等）就开启了建构另一种"新空间研究"的征程——空间的社会文化转向。经历了"计量与理论革命"的挫折，空间研究学者对这种"新空间研究"的感情是非常复杂的，尤其在建筑与城乡规划学领域，诸如现代功能主义学派和人文主义学派就曾呈现过相互对立、相互批判的状态。尽管一些学者对以人本主义为特征的"新空间研究"的称谓感到不满，但就空间的多维内涵特征而言，其开放性和包容性很快使一些学者接受了"新人文主义空间观"的一些重要概念和学术思想。在建筑学、地理学界中，"地点"成为一个万花筒，呈现出多元的研究状态，如建筑学界所倡导的"场所观""地区观"，地理学界所倡导的"地点（方）观"，人类生态学领域中的"地方性知识观""本土观"，城市经济学领域的"地方性产业观"，旅游学领域中的"地点感"

"地点依恋"等。

国内著名人文地理学者王兴中教授认为，现在大多数人文地理学者承认人本主义和结构主义认识空间的力量胜于实证主义，认识到人文内聚力对分析空间和地点的关联机制的重要性。因为这种方法论的认识核心是人对空间和地点构成的认知能力，包括对地点的社会行为文化感知、对物质空间环境的行为文化感知等。这样，由空间到行为，由行为到地点，伴随空间的社会文化转向趋势，世界的不同进程由不同的地点文化空间所建构着。新人本主义空间观认为，地点不仅包含"地理空间"属性，还包含"人文空间"的时空内涵。伴随空间的社会文化转向，人们更加注重对空间的"价值诉求""特色体验""诗意栖居""行为自由""彰显个性""机会均等""获得尊严"等的追求。目前多元的空间社会行为文化学派（新马克思主义学派、新经济地理学派、新城市主义学派、新生态主义学派）中，有的关注"空间的时-空再现"，有的提出"历史文化遗产保护的结构再现"，有的倡导"以人为本"的空间规划设计。以上这些理念都不同程度地关注人与地点之间的空间逻辑关系，并建构出地点理论的多维价值观，即从人对地、人对空间环境的感知角度出发，以现象哲学为基础，阐释人与地点、人与环境之间的时空关系和现象演化规律，并将空间要素与社会行为文化要素（诸如社会阶层的行为文化差异特征、社会边缘群体、女性及其他需要特殊照料的群体的行为规律等）相互结合进行分析。同时，地点理论还强调从空间的文化结构特征和空间的公平公正角度去揭示日常生活空间的结构布局规律，尤其关注城乡各类地点布局的微观行为文化（微区位）因素以及地点营建的原理和方法。因此，将地点作为基本理论元进行研究是透视城乡人本生活空间结构体系"公平公正—尊严获得—价值保护"的必然要求。人类社会的目标无非就是在人与环境之间创造一种"人心归依"的感觉，而地点理论是从人的感觉、心理、社会文化、伦理和道德角度来认识人与地点、人与环境之间的理论，地点理论的建构性研究不仅是城市空间规划的重要方面，还是营造充满特殊"人情味"的场所的基本诉求，彰显了"看得见水、望得见山、记得住乡愁"的基本价值理念。基于以上思维，也只有用以上逻辑才能阐释本书所要研究的核心内容与思想。

近年来，国内外关于地点的相关理论与实证研究日益兴起，如人文地理学、旅游地理学界对地点感问题的关注，建筑学界对"场所感"的认知，人类生态学与社会学界对地方性知识的关注，城市与区域经济学界对地方性产业集群的关注等，研究成果大多为论文以及散落在部分学术著作中的文章或观点。尽管这些成果对我们理解地点理论有很大的帮助，但我们感到，目前国内还缺乏一本能够较为系统地阐述地点理论形成和最新发展的专著。特别是对于一个对地点理论有过近十年研究的中国青年学人而言，在学术日趋全球化和本土化的今天，如何将国际上有关地点理论的前沿问题与中国的多学科（建筑与城乡规划学、地理学、人类生态学、城市与区域经济学、城市社会学、旅游管理学等）研究有机结合起来，积极推动我国相关学科领域研究的国际化、本土化和多样化，通过全球化—本土化、地区化—地方化的联结，以中国丰富多彩的区域实践，来推动中国地点理论的建设与发展，是我一直在思考的一个重大问题。

《地点理论研究》这本书，就是我和我的团队十多年来对国际有关地点的相关理论前沿进行追踪、思考并结合中国典型实证研究而结出的一枚果实。我的研究基地地处大西北的西安，西安是一个有着丰富历史文化基因的城市，对于开展地点理论实证研究构成先天的优势。在本书的撰写和出版过程中，我要特别感谢给予基金支持的全国哲学社会科学规划办公室，正是你们提供的国家社科基金后期资助项目让我坚信中国的地点理论研究必将走得更远。我还要特别感谢我的博士生导师、西安建筑科技大学建筑学院的张沛教授对我长期以来的学术指引和各方面的关心支持，尤其在本书的撰写中，张沛教授作为本课题的核心成员参与了第四章、第十章、第十五章的研究工作。还要特别感谢我在西安外国语大学人文地理研究所就读硕士研究生阶段，我的老师王兴中教授、李九全教授、潘秋玲教授、刘晓霞教授等对我的学术启迪和帮助。还要感谢西安建筑科技大学建筑学院的王新文博士、李钰副教授以及管理学院的胡振教授，在本书的撰写研究中，他们也积极提供了参考建议。还要感谢西安建筑科技大学建筑学院刘加平院士、雷振东教授、任云英教授、王树声教授对我的关心和支持。还要特别感谢社会科学文献出版社颜林柯女士、高雁女士对成果的申报建议以及本书出版过程中的辛勤劳动和高水平的编辑。感谢我的研究生焦林申、韩蕾、王敏、陈楚维，他们为本课题开展了系统、扎实的调查研究工作，并积极和我一起参与相关问题的讨论。感谢我的家人，家是心灵的港湾，让人感到舒适、愉悦与放松，让我对学术充满希望。

地点理论是一个激动人心的研究领域，其蕴含的诗意空间及情感及其所具有的时空动态问题的复杂性和综合性，将会带我们进入一个新的、多学科综合的神奇世界，而这个世界又和我们的日常生活空间、人居环境质量以及地方经济发展水平相互映照。由于笔者才学有限，书中一些新观点的提出和论证，实乃一家之言，难免存在这样、那样的问题或错误之处，因此，期待更多的学人投入这一研究领域，也期待同人对本书提出批评和建议。敬请赐教惠至 zzhdeai@163.com，不胜感谢。

张中华

2017 年 8 月 20 日于古都西安

图书在版编目（CIP）数据

地点理论研究／张中华著 . －－北京：社会科学文
献出版社，2018.1
　国家社科基金后期资助项目
　ISBN 978 - 7 - 5201 - 1825 - 5

　Ⅰ.①地… 　Ⅱ.①张… 　Ⅲ.①城市空间 - 研究 　Ⅳ.
①TU984.11

中国版本图书馆 CIP 数据核字（2017）第 289559 号

·国家社科基金后期资助项目·

地点理论研究

著　　者／张中华

出 版 人／谢寿光
项目统筹／高　雁
责任编辑／颜林柯

出　　版／社会科学文献出版社·经济与管理分社（010）59367226
　　　　　　地址：北京市北三环中路甲 29 号院华龙大厦　邮编：100029
　　　　　　网址：www. ssap. com. cn
发　　行／市场营销中心（010）59367081　59367018
印　　装／北京季蜂印刷有限公司

规　　格／开 本：787mm × 1092mm　1/16
　　　　　　印 张：30.25　字 数：491 千字
版　　次／2018 年 1 月第 1 版　2018 年 1 月第 1 次印刷
书　　号／ISBN 978 - 7 - 5201 - 1825 - 5
定　　价／128.00 元